Cuadernos de logica, epistemología y lenguaje

Volumen 13

Aventuras en el Mundo de la Lógica

Ensayos en Honor a María Manzano

Cuadernos de Lógica, epistemología y lenguaje
Series Editors   Shahid Rahman and Juan Redmond
Assistant Editor   Rodrigo Lopez-Orellana

Aventuras en el Mundo de la Lógica

Ensayos en Honor a María Manzano

editores

Enrique Alonso
Antonia Huertas
Andrei Moldovan

ISBN 978-1-84890-322-7

College Publications
Scientific Director: Dov Gabbay
Managing Director: Jane Spurr http://www.collegepublications.co.uk

Cover produced by Laraine Welch

Índice

Prólogo

La Academia no siempre es agradecida; es algo que todos sabemos y llevamos con nosotros a lo largo de nuestra peripecia vital con peor o mejor talante. Son muchos los colegas que dejan sus despachos y su docencia sin apenas una despedida, sin que los espacios de los que han formado parte durante largos años sufran la más mínima perturbación. Pero hay casos en los que permitir que esto ocurra es algo que nos afecta a todos y que disminuye la dignidad de la institución universitaria a la que servimos y en la que aún creemos.

En estas páginas os presentamos lo que sin duda es una respuesta colectiva, entusiasta y unánime ante una situación que no podía pasar desapercibida. Nuestra compañera y amiga, María Manzano, *Mara*, de quién no es necesaria ninguna presentación en el mundo de la Lógica, abandona la primera línea académica que ha ocupado de una forma ejemplar, para seguir inevitablemente ahí en la forma que ella desee y que a buen seguro se hará notar, como siempre ha sido a lo largo de su historia profesional.

Cuando nos planteamos, hace un tiempo, esta forma de cumplir con nuestra obligación moral con Mara no estábamos ciertamente seguros de ser capaces de reunir el colectivo necesario para llevar el proyecto a término. Bastó un simple correo de invitación para reunir en un tiempo sorprendentemente breve el compromiso firme de no menos de 20 investigadores de talla mundial a los que ciertamente no les sobra el tiempo ni les falta el trabajo, pero absolutamente felices de poder contribuir a este homenaje. Este no ha sido mérito nuestro, sino de Mara.

Las aportaciones recibidas son todas de una gran calidad y muestran la forma en que el contacto con nuestra compañera ha influido en sus investigaciones y en muchos casos en sus propias vidas. Mara no es una investigadora lejana y fría. Quienes la conocemos sabemos bien que sus intereses son amplios y que su forma de trabajar no está separada de su forma de entender la vida y las relaciones humanas. Por eso ha sido siempre tan fácil trabajar con ella, en proyectos ideados por ella, y también, lo que es especialmente notable, en aquellos que emprendía de forma colectiva.

Los que la conocemos de cerca sabemos que se retira obligadamente, ella sin duda podría seguir con su actividad y su energía entusiasta, y con una carga de la que se considera en parte responsable. La Lógica no atraviesa un buen momento en algunos territorios, el nuestro en particular, y queda mucho trabajo por hacer en la definición de nuestros intereses científicos y en definitiva en nuestras expectativas de supervivencia en el ámbito académico.

Pero sería del todo injusto no decir ahora, no decirle a ella, que sin su presencia y esfuerzo constante las cosas habrían sido aún peores, mucho peores. Su dedicación incansable, sus dotes para la organización de eventos y reuniones y su estímulo por la internacionalización de nuestra pequeña comunidad han sido un núcleo de resistencia, de los pocos, capaz de mantener viva la presencia de los estudios y la investigación en Lógica en muchos ámbitos de nuestro país y fuera de él.

Su pequeño paso atrás nos deja ante un reto sin duda imponente: ser capaces de suplir su empuje y trabajar con la visión y la intensidad que ha demostrado a lo largo de toda su carrera. No nos va a resultar fácil.

María Manzano: breve presentación de su figura académica

María Gracia Manzano Arjona (15 de enero, 1950) se licenció en Filosofía por la Universidad de Barcelona en 1974 y se doctoró en Lógica en 1977 por la misma universidad bajo la dirección de Jesús Mosterín. En el inicio de su carrera académica estuvo vinculada a la Universidad de Barcelona, donde fue profesora titular de Lógica hasta 1995. Posteriormente se trasladó a la Universidad de Salamanca, donde fue profesora titular y, desde 2002, catedrática del área de Lógica y Filosofía de la Ciencia y donde en 2008 recibió el premio *María de Maeztu* a la excelencia investigadora. Fue becaria Fullbright el curso 1977-1978 en la Universidad de Berkeley, California, trabajando con Leon Henkin dentro del *Group in Logic and the Methodology of Science*. Henkin fue su mentor, y su amistad y magisterio marcaron desde entonces la carrera docente e investigadora de Mara. Posteriormente ha realizado otras estancias de investigación en prestigiosos centros extranjeros entre los que se incluyen: el CSLI de Stanford (con Johan van Benthem), el *Langue et Dialogue* del INRIA de Nancy, la CUID de la Universidad de Roskilde (con Patrick Blackburn y Carlos Areces).

Su investigación en Lógica se ha enfocado en el estudio de lógicas no clásicas, modales y de orden superior, y en el ámbito de la metalógica, especialmente en las traducciones entre las lógicas. En estos campos ha publicado un gran número de libros y de artículos, sola o en colaboración, en revistas como *Journal of Philosophical Logic*, *Synthese*, *Logic Journal of the IGPL*, *History and Philosophy of Logic*, *Bulletin of the Section of Logic, Studia Logica, IFCoLog Journal of Logic and its Applications.* Entre sus libros destacan *Teoría de Tipos* (Ediciones Universidad de Barcelona, 1980), *Teoría de Modelos* (Alianza Editorial, 1989), *Model Theory* (Oxford University Press, 1999), *Extensions of First-Order Logic* (Cambridge University Press, 2005) y *The Life and Work of Leon Henkin: Essays on His Contributions* (Springer, 2014) editado, este último, junto con Ildikó Sain y Enrique Alonso.

En su larga carrera universitaria, ha dirigido numerosos proyectos de investigación financiados por diferentes agencias públicas españolas. Entre los últimos se encuentra el proyecto "Nociones de Completud" (2008-2012), dedicado a la investigación de la noción de completud en diversos tipos de lógicas; entre sus resultados destacan los artículos publicados junto con Enrique Alonso "Completeness from Gödel to Henkin", *History and Philosophy of Logic*, 2014, 35 (1) y "Visions of Henkin", *Synthese*, 2015, 192(7). El proyecto "Lógica Intensional Híbrida" (2012-2016) abre un programa de investigación sobre la combinación de la teoría de tipos con lógica híbrida para resolver problemas históricos y contemporáneos en lógica intensional. Entre sus resultados más importantes se encuentra el artículo publicado con Carlos Areces, Patrick Blackburn y Antonia Huertas "Completeness in Hybrid Type Theory", *Journal of Philosophical Logic*, 2014, 43 (2–3). El proyecto "Intensional Logic as a Unifier: Logic, Language and Philosophy" (2018-2019) extiende la línea de investigación del proyecto anterior. Uno de sus resultados es el artículo publicado con Manuel Martins y Antonia Huertas "Completeness in Equational Hybrid Propositional Type Theory", *Studia Logica*, 2018. A destacar en esta línea "Quantifiers and Conceptual Existence", publicado junto a Manuel Crescencio Moreno en el libro *Mario Bunge: A Centenary Festschrift*, Michael R. Matthews (Ed.) Springer, 2019.

Pero, además de ser una investigadora excelente, Mara es también una profesora comprometida con la docencia de la lógica y ha impulsado mediante su actividad el desarrollo del área de Lógica y Filosofía de la Ciencia en España. Una de sus contribuciones más destacadas es la creación del Máster Interuniversitario en Lógica y Filosofía de la Ciencia, que empezó a impartirse en el curso 2007-2008, y que actualmente cuenta con unos 40 profesores procedentes de la mayoría de las universidades españolas. Representa el proyecto educativo de mayor alcance en el área de Lógica y Filosofía de la Ciencia en España, atrayendo estudiantes de todo el mundo, sobre todo de países latinoamericanos. Además, Mara fue directora del Doctorado Interuniversitario en Lógica y Filosofía de la Ciencia, un programa que nació del mismo proyecto de estudios de posgrado.

En el ámbito de la didáctica de la lógica se enmarcan también varios de sus libros, entre los cuales destaca *Lógica para principiantes* (Alianza Editorial, España, 2004), escrito junto con Antonia Huertas, texto que cuenta con varias reediciones (2005, 2006 y 2011) y que es usado como manual para la enseñanza de la lógica en muchas universidades. También en el ámbito de la promoción de la lógica y la mejora de su docencia destaca el Proyecto ALFA de la UE, Tools for Teaching Logic y la organización de las cuatro ediciones del congreso internacional del mismo título (2000, 2006, 2011 y 2015), que han tenido una enorme repercusión a nivel internacional, contando siempre con la participación de importantes figuras del mundo de la lógica. Las contribuciones de la edición de 2011 se han publicado por la editorial Springer, llegando a tener 30.000 descargas desde su página. Fruto de esos encuentros es también el artículo: "Leon Henkin: A logician's view on mathematics education", publicado junto a las exalumnas de Henkin, Nitsa Movshovitz-Hadar and Diane Resek, *IFCoLog Journal of Logic and its Applications*, 2017, 4(1).

Otro de sus proyectos notables es la biblioteca digital *Summa Logicae* http://logicae.usal.es, obra de referencia para los estudiantes e investigadores de lógica, especialmente los de habla española, y claramente comprometida con la innovación y la sistematización de la tarea educativa. La página web cuenta también con una biblioteca de software didácticos para la enseñanza de la lógica.

Finalmente, pero no menos importante, debemos mencionar su rica participación como conferenciante en multitud de congresos de ámbito nacional e internacional, y su reconocida capacidad para crear grupos y espacios de debate amigables, creativos e intelectualmente estimulantes.

Lógica e Informática: Un matrimonio ideal

Atocha Aliseda

Instituto de Investigaciones Filosóficas, U.N.A.M.

RESUMEN

En esta comunicación, en primer lugar, reproduzco una entrevista que le hice a Mara Manzano en el 2008 sobre su libro con Antonia Huertas Lógica para principiantes [11]. En segundo lugar, complemento las preguntas y respuestas con algunos comentarios y con mi opinión sobre el enfoque semántico de este libro, con especial atención al método de los tableaux semánticos. En particular, me detendré en uno de los usos que se le da a este método, hallar la solución razonable de un problema y haré una propuesta de cómo modificarlo para dar cuenta de la abducción.

Introducción

La primera vez que supe de la existencia de Mara Manzano —en los tempranos noventas del siglo pasado— fue cuando me encontré con su artículo la Bella y la Bestia [10]. Me llamó mucho la atención ver cómo se pueden presentar —desde el título— los lazos entre la lógica y la computación (o informática como le dicen en España), de una manera tan lúdica.

En el resumen de este artículo, la autora nos dice:

> En la Introducción destaco los distintos niveles en los que podemos situarnos para describir el funcionamiento de un programa, haciendo especial hincapié en el hecho de que en cada uno de ellos utilizamos un lenguaje formal. Desde el nivel inferior, pisando tierra, en donde se sitúa el computador con su unidad central, su memoria de registros, hasta el nivel metateórico en donde los programas son los objetos de estudio, la lógica formal constituye la fuente inagotable de recursos teóricos.

Desde luego que la Bella es la lógica. Por otra parte, para Mara, la Bestia informática: "ofrece una tierra nueva, rica en problemas filosóficos que pueden ser investigados con la poderosa maquinaria de la lógica formal. Es en la Lógica de Programas en donde se lleva a cabo esta empresa fascinante, en donde el maridaje entre Lógica e Informática es mejor entendido y cultivado".

En ese tiempo yo apenas había terminado mis estudios de licenciatura y al menos en México, no existía la carrera de computación; quienes nos interesábamos por estos temas tomábamos cursos tanto de lógica como de computación, y así nos entrenábamos como lógicos computacionales en la curricula de la licenciatura en matemáticas.

A mí me fascinó este enfoque, me pareció que abordar los procedimientos computacionales desde la lógica de una manera tan rigurosa pero a la vez tan aterrizada, era algo increíble. Apenas comprendía que este estilo de investigación es propia de la computación teórica. Creo que me topé con este artículo cuando realizaba una estancia de investigación en el Instituto de Investigaciones Filosóficas de la UNAM, después de haberme graduado con un programa implementado en Prolog para la enseñanza de la lógica [2] y antes de mi partida a la Universidad de Stanford a cursar el doctorado en *Filosofía y Sistemas Simbólicos*.

Tiempo después, conocí a Mara en persona, cuando ella hizo una estancia en el Center for the Study of Language and Information (CSLI) y yo estaba en la recta final con mi tesis de doctorado. Fue para mí muy grato conocerla y se convirtió desde entonces en un modelo para mí. Me encontré con una mujer que viajaba con su hijo pequeño y hacia lógica a grandes alturas; una persona muy agradable y muy divertida. Sabía mil chistes y acertijos de lógica, cocinaba de maravilla y ¡confeccionaba sus propios modelos de ropa!

Desde entonces, hemos compartido una estrecha relación de amistad. Aún cuando no hemos colaborado de manera directa en nuestras investigaciones, compartimos varios espacios académicos en congresos, con alumnos y una red de reflexiones sobre el lugar de la lógica en la academia, en tanto materia interdisciplinaria, en nuestros países, escuelas y Universidades.

Ya de regreso a México, después de usar un libro formal pero un tanto árido para el curso de lógica en la maestría de filosofía de la ciencia [7], buscaba otro libro de texto para mis clases de lógica básica en la maestría de ciencias de la computación y para la licenciatura de filosofía en la facultad de filosofía y letras, ambas de la UNAM. Elegí el libro que Mara escribió con Antonia Huertas *Lógica para principiantes* [11]. Este es un libro de amplio espectro para carreras de filosofía e informática, con énfasis en el aspecto semántico de la lógica con un fuerte uso de los Tableaux Semánticos, mi herramienta lógica favorita. Ofrece también diversos cálculos (resolución y deducción natural). Asimismo, goza de un mar de ejercicios prácticos de apoyo, contenidos en un CD.

En esta comunicación, en primer lugar, reproduzco una entrevista que le hice a Mara Manzano en el 2008 sobre este libro. Haré breves comentarios a pie de página en algunas de la respuestas a las preguntas. En segundo lugar, comentaré su enfoque semántico con especial atención al método de los tableaux semánticos[1]. En particular, me detendré en uno de los usos que Mara da a este método, *hallar la solución razonable de un problema* y haré una propuesta de cómo modificarlo para dar cuenta de la abducción.

---

[1]El texto original de la entrevista que aquí se reproduce está originalmente publicado en [4]. Nótese que hice algunos cambios en el orden de las preguntas y mínimamente en su texto.

Entrevista

1. **¿Cuáles son los antecedentes que las inspiraron a escribir este libro?**

   Respuesta:

   Este libro es uno de los resultados de nuestra investigación en didáctica de la lógica y lo escribimos tras una dilatada experiencia docente y después de haber llevado a término un proyecto de la Unión Europea de didáctica de la lógica, un proyecto ALFA de innovación y sistematización de la tarea educativa. Ese proyecto lo emprendimos en 1998 un nutrido grupo formado por decenas de investigadores de diez universidades europeas y latinoamericanas, así que además de nuestra opinión, contamos con la de numerosos colegas de ambos continentes[2].

2. **¿Cuál es fue el objetivo al escribir este libro y a qué público está dirigido?**

   Respuesta:

   Se trata de un libro básico de lógica, el primero que usan nuestros estudiantes universitarios de filosofía e informática. Se caracteriza por su decidido carácter innovador, en el que se han tenido muy en cuenta las recomendaciones de la *Association for Symbolic Logic* (ASL) expresadas en sus recomendaciones para la enseñanza de la lógica [1].

   En particular, nuestro objetivo era hacer un libro con énfasis en la semántica y que ofreciera una cierta perspectiva lógica. Esto es, un libro que muestre a la lógica no sólo como herramienta, sino el porqué de la misma, el origen de los conceptos y herramientas en ella usados, una cierta reflexión filosófica. Por otra parte, nos esforzamos enormemente en la elaboración de ejercicios, creo que es el libro con mayor número de ejercicios de lógica originales.

---

[2]Para información sobre esta red de investigación de nombre ARACNE, ver: http://aracne.usal.es/ Este proyecto culminó con un maravilloso congreso en Salamanca "First International Congress on Tools for Teaching Logic", el primero de su serie.

En cuanto al público al que está dirigido, este libro está dirigido a estudiantes de licenciatura, ya sea de Filosofía o Informática o a aquellos interesados en aprender lógica por vez primera.

En la Universidad de Salamanca, el libro lo uso en la carrera de informática, en la asignatura de Lógica Matemática, en la que dedicamos un cuatrimestre, cuatro horas de clase a la semana. En Filosofía, por otra parte, se usa en las asignaturas de Lógica I y Lógica II, se da en dos cuatrimestres, tres horas cada semana.

3. **Describe los contenidos del libro**

Respuesta:

El libro consta de 422 páginas y lo acompaña un CD-Rom con más de 2000 ejercicios interactivos y un apéndice de 90 páginas (dos capítulos dedicado a la Metalógica cuyo nivel excedía el de un curso introductorio). Consta de 12 capítulos y 4 apéndices, organizados en cuatro partes: Lógica Proposicional (capítulos 1 a 5), Conjuntos y Diagramas (capítulos 6 a 8), Lógica de Primer Orden (capítulos 9 a 12) y Apéndices (A al D).

En nuestra experiencia, para introducir al alumno en la Lógica de Primer Orden, es preciso tener nociones básicas de Teoría de Conjuntos y el momento adecuado para estudiarla es entre la Lógica Proposicional y la Lógica de Predicados. En ese mismo momento aprovechamos para introducir un lenguaje intermedio entre el Lenguaje Proposicional y el del Primer Orden, el de predicados monarios con un solo cuantificador, esto es, el de la silogística Aristotélica. Evidentemente no la usamos como procedimiento de cálculo; en vez de ello empleamos los diagramas de Venn, pues son mucho más efectivos y didácticos que la silogística.

Como ya dije, hicimos un gran énfasis en los ejercicios. Hay tres bloques: Mafia, Silogística aventurera y Acertijos fantásticos. Los enunciados de estos ejercicios son en gran parte producto de muchos años de experiencia docente y con frecuencia han sido elaborados por los propios alumnos. En particular en los ejercicios de Mafia se usa el procedimiento de los Tableaux para extraer conclusiones de un conjunto de hipótesis. Por otra parte, en los ejercicios de la silogística aventurera se utilizan diagramas de Venn para solucionar argumentos de la lógica de predicados unarios. Así la enseñanza del curso se complementa con prácticas en el laboratorio. Usamos tres programas, dos de ellos elaborados por los propios alumnos de informática: Mafia, Diagramas de Venn y el de *Tarski's World* [5].

Otro de los aspectos que consideramos importante de este libro, es el curso de metamatemática contenido en el CD, allí se prueban los teoremas de completud y corrección y se introduce al alumno en las demostraciones por inducción. Este material se usa sobre todo en cursos de lógica matemática.

4. **¿Cómo se compara con otros libros en la estrategia que utilizas para la enseñanza de la lógica?**

Respuesta:

La receta empleada en el libro es la siguiente:

(a) Entusiasmar e implicar al alumno (no ofender su inteligencia, hacerle descubrir las respuestas y crear nuevo material educativo -MAFIA, SILOGÍSTICA AVENTURERA, ACERTIJOS FANTÁSTICOS-)

(b) Texto ameno, de fácil lectura (estilo directo, nada enrevesado; ejemplos divertidos, interesantes, del mundo real)

(c) En clave de futuro investigador riguroso (se apuntan los grandes temas de la lógica, se le invita a la reflexión, demostraciones matemáticas rigurosas de los metateoremas fundamentales, definiciones matemáticas precisas tras la idea intuitiva; se incluye glosario de términos)

(d) Estudio de mercado del producto (la lógica es la materia interdisciplinar por excelencia, es una herramienta aplicable en Informática y Filosofía, posee una potente teoría que desarrollar, mejorar y adaptar a necesidades diversas para su aplicación al lenguaje, la informática, las matemáticas, la economía, la ética, la ciencia de la transmisión de información, etc.)

Nuestro libro se caracteriza por su énfasis en la semántica, cuando con frecuencia los libros introductorios están todavía muy orientados a la enseñanza del cálculo. Algo que también lo singulariza es que a lo largo de todo el libro, hay una reflexión filosófica. Por ejemplo, en el apartado "Atrapar la lógica", se cuestiona si el conjunto de fórmulas válidas caracteriza la logicidad de un sistema. Cuando en el libro se introduce un concepto, normalmente se comienza por describirlo en su uso cotidiano y al final se suelen ofrecer dos alternativas para precisarlo, una semántica y otra sintáctica y se hace énfasis en que ambas alternativas son equivalentes.

Una de las ideas claves de este libro es que para definir qué es la lógica nos basamos en el concepto de consistencia en vez de en el de consecuencia, entendida la primera como compatibilidad o coherencia de creencias y la segunda como el proceso de extraer conclusiones a partir de ciertas hipótesis. Esta última se caracteriza por la imposibilidad de encontrar una situación donde las hipótesis sean verdaderas y la conclusión falsa. Aprovecho para decir que este planteamiento no es original, pues se encuentra así en el libro de Hodges, Logic [9]. Desde esta perspectiva, el cálculo de los Tableaux es el adecuado.

Aunque en el libro sólo se estudia la lógica clásica, nuestra postura ante la variedad de lógicas existentes es politeista, en oposición al monoteísmo de lógicos como Quine. Reconocemos que hay muchos sistemas lógicos y no debería ser objetivo ni intención de la lógica el trazar fronteras para desterrar a la mayor parte de los sistemas lógicos. Al final del primer capítulo mostramos una balanza para evidenciar que en toda lógica hay que calibrar su capacidad expresiva con su capacidad computacional; a mayor expresividad, menor capacidad computacional. Somos nosotros los que decidimos qué priorizar y así usar una lógica conforme a esa elección.

5. **Aunque en el libro introduces varios cálculos, ¿porqué tu énfasis en los Tableaux?**

   Respuesta:

   He probado enseñando cálculos axiomáticos, de deducción natural, de resolución, etcétera. La ventaja de los Tableaux desde el punto de vista didáctico, es que se aprenden muy fácilmente; y desde un punto de vista informático, su presentación conlleva a una automatización casi inmediata. Algo similar sucede con los de Resolución, que también añadimos al libro. En el caso de la Lógica Proposicional este cálculo ofrece un algoritmo efectivo: o bien una prueba del teorema o bien un modelo que sirve de contraejemplo. Sin embargo, los cálculos de deducción natural, aunque son más difíciles de aprender, sirven mejor como introducción a la pruebas matemáticas en la lógica como disciplina. Los cálculos de secuentes tienen además la ventaja de que las demostraciones de resultados metalógicos son más sencillas. Los que menos me gustan para cursos introductorios son los cálculos axiomáticos: no son fáciles de aprender y las demostraciones distan de ser intuitivas.

6. **¿Cómo se ha recibido este libro en el mundo Iberoamericano?**

   Respuesta:

   Está teniendo mucha aceptación, se hizo la primera reimpresión antes de acabar el primer año y ya se han hecho otras dos. Se está usando como texto recomendado en muchas universidades españolas y latinoamericanas, en 2005-2006 aparecía en las guías de las asignaturas de Lógica de Filosofía y de Lógica Matemática (o similares) de Informática de las universidades de: Albacete, Alicante, Autónoma de Barcelona, Autónoma de Madrid, Cádiz, Carlos III, Castilla la Mancha, Complutense de Madrid, Granada, León, Rey Juan Carlos, Salamanca, Santiago de Compostela, Sevilla, UNED, UOC, Valencia etc. También se emplea en algunas universidades mexicanas, argentinas, venezolanas y peruanas[3].

7. **¿Porqué dedican su libro a Henkin? ¿en qué influyó en el material de este libro que nos concierne?**

   Respuesta:

   En primer lugar, Leon Henkin fue mi mentor y además de ser un lógico muy importante con contribuciones originales, él mismo

---

[3]Nótese que la información aquí vertida tiene ya, al menos, diez años desde que se hizo la entrevista. Desde entonces otros libro de texto han aparecido; el libro que nos ocupa sigue en uso en muchas de estas Universidades y en otras más.

era un excelente docente y estaba muy interesado en la enseñanza de la lógica y de la matemática, incluso en las fases previas a la Universidad[4].

8. **Si tuvieras la oportunidad de reescribir este libro, ¿qué quitarías? ¿qué agregarías?**

   Respuesta:

   En realidad, escribiría dos libros, uno más parecido a *Lógica para Principiantes* y otro en donde usara el material del apéndice y que resultara un libro para enseñar a hacer demostraciones, no en el cálculo per sé, esto es, no como herramienta sino como ciencia.

Mis comentarios

1. **Semántica**

   El enfoque de este libro es semántico, como la propia autora nos lo indica en su respuesta a la cuarta pregunta. Para tal fin, depende de algunos de los elementos básicos de la noción semántica de estructura, como es la de conjunto; y utiliza diagramas de Venn en la *logística aventurera*, como ya bien señala Mara en su respuesta a la tercera pregunta. De hecho, parte de la noción de consistencia, a la que refiere intuitivamente como *compatibilidad* o *coherencia* entre creencias, lo cual la lleva a introducir de manera muy natural la noción de satisfacibilidad y eventualmente la noción de estructura y de modelo. Su enfoque es también sumamente computacional, opta por las herramientas formales que más se adecúan a una implementación en un lenguaje de programación. Así, aprovecha la unión entre la Bella y la Bestia y nos lleva de lo intuitivo a lo formal y de ahí a lo computacional. Aunque sobre esto último

---

[4]En la página de Mara (http://logicae.usal.es/mara/) encontramos una foto de Leon Henkin, de la cual se accede a un obituario escrito por ella y Enrique Alonso y que termina así: "[Henkin] fue un lógico extraordinario, un maestro excelente, un profesor dedicado y una persona excepcional, de gran corazón y muy comprometida con sus ideas. Pacifista, progresista, de izquierdas, impulsor de numerosos programas de defensa de las minorías; no sólo creía en la igualdad, sino que trabajaba activamente para que se produjese."

cabe recordar que este libro no es informático en el sentido de que proponga algoritmos o muestre implementaciones en lenguajes de programación. Justamente lo que este libro ofrece, de una manera muy atractiva, es la base lógica teórica que cualquier profesionista de las ciencias de la computación debiera aprender en sus años de formación académica.

2. Tableaux Semánticos Proposicionales

En este contexto, el uso del método de tableaux semánticos es muy adecuado, pues es tanto lógico como computacional, tan hermoso como bestial. ¿A qué me refiero? Antes de responder a esta pregunta, sin embargo, recordaré al lector en que consiste este método. El marco lógico de los tableaux semánticas es un método de refutación creado en los años 50's del siglo pasado, de manera independiente, por Everett Beth [6] y Jaako Hintikka [8]. Una versión un tanto más moderna la presenta Raymund Smullyan [12] y es la que uso y a la que me refiero (aunque el uso del término en francés tableau es original de Beth).

La idea general de las tablas semánticas en lógica proposicional es la siguiente:

Para probar si una fórmula C es consecuencia de un conjunto satisfacible de premisas T, se construye un tableau para $T \vee \{\neg C\}$. El tableau es un árbol binario que se construye a partir del conjunto inicial de enunciados y la negación de la conclusión usando las reglas de los conectivos lógicos, mismas que especifican cómo es que el árbol se va extendiendo a través de sus ramas. Si el tableau final es cerrado, esto es, si cada rama del árbol contiene una fórmula atómica y su negación, se concluye que la fórmula C es una consecuencia de T. Por el contrario, si el tableau resultante tiene ramas abiertas, se concluye que la fórmula C no se sigue de T.

Los tableaux semánticos son esencialmente un método de refutación. Desde un punto de vista procedimental, lo que estamos haciendo con la construcción del árbol es, de hecho, intentando construir un modelo para $T \vee \{\neg C\}$; y cuando esto es posible, obtenemos como producto un contraejemplo. Esto es, el método de los tableaux no solamente nos da una respuesta a la pregunta de si una conclusión C se sigue de un conjunto de premisas T, sino que en el caso de que C no lo sea, nos ofrece una interpretación que constituye el contraejemplo.

Como lo dice Mara en su respuesta a la quinta pregunta, ella utiliza este cálculo porque es muy didáctico para los lógicos, a diferencia de los cálculos axiomáticos. Asimismo, los tableaux semánticos proveen a los informáticos de una directa automatización. En las páginas 89-90 del libro, Mara nos presenta una lista de cuatro usos que se le puede dar a este método, misma que yo resumo a continuación. Me detengo en el cuarto uso, pues es poco usual como tal y vale la pena comentarlo, para después conectarlo con mi propio uso de los tableaux, como un marco para la representación y manejo de la abducción.

3. **¿Cómo podemos usar los tableaux?**

   (a) Para determinar la satisfaciblidad (insatisfacibilidad) de un conjunto T de fórmulas.

   (b) Para determinar consecuencia (independencia) entre un conjunto T de fórmulas y una fórmula C.

   (c) Para clasificar fórmulas entre contradicciones y satisfacibles (y éstas a su vez, entre tautologías o contingencias).

   Hasta aquí los usos de los tableaux son bien conocidos. Veamos el que sigue, no tan usual, en detalle:

   (d) Para hallar la solución razonable de un problema

   Problema planteado: Tenemos un conjunto T de fórmulas y queremos extraer una solución razonable a partir de T.

   Ejecución:

     i. Construimos un tableau para T para comprobar que el conjunto de las hipótesis es satisfacible.

       A. Si el conjunto es insatisfacible, no hay solución razonable, pues en ese caso, cualquier fórmula C es consecuencia de T. El tableau de $T \vee \{\neg C\}$ tiene todas las ramas cerradas, puesto que bastaban las fórmulas de T para cerrarlo.

Respuesta: No hay solución razonable

B. Si el conjunto es satisfacible, la ejecución continúa:

ii. Tomamos las ramas abiertas –por ejemplo $R_1, \ldots R_n$ y para cada R_i formamos el conjunto $\{C_{i1}, \ldots C_{ip}\}$ de sus literales – las fórmulas atómicas y negación de atómicas que en ella aparezcan –. Hacemos la intersección de estos conjuntos y obtenemos el conjunto $\{A_1, \ldots A_m\}$.

A. Si el conjunto es vacío:

Respuesta: No hay solución razonable

B. Si el conjunto no es vacío:

Respuesta: La solución es la conjunción de las anteriores:

$$A_1 \wedge \cdots \wedge A_m$$

El ejemplo que Mara usa para ilustrar este uso de los tableaux y que introduce desde el capítulo 1, es el siguiente:

Robo de archivos

Al llegar el Padrino a su despacho notó que alguien había entrado en él, ¡incluso había revuelto los sus archivos! Pudo comprobar que faltaban algunos documentos comprometedores.

La investigación del caso arroja estos datos:

A:- Nadie más que P, Q y R están bajo sospecha y al menos uno es traidor.

B:- P nunca trabaja sin llevar al menos un cómplice.

C:- R es leal.

Después de solicitar formalizar los enunciados anteriores, la autora le pide al lector que compruebe que los datos sean compatibles y si es así, que extraiga consecuencias de los datos, demostrando su validez. Este ejemplo forma parte de los espeluznantes archivos de MAFIA, sobre los cuales hay muchos ejercicios en el CD. Capítulos después, en el que expone el método de los tableaux semánticos,

Mara retoma este ejemplo y lo resuelve por medio del cuarto uso de los tableaux.

A continuación, hago un breve recuento de la aplicación del cuarto uso a este ejemplo: para comprobar que el conjunto formado por los datos $\{A, B, C\}$ es compatible (satisfacible), se construye el tableau correspondiente, en el cual hay tres ramas abiertas, lo que indica que el conjunto original es efectivamente satisfacible y como se indica en el inciso b), se construye el conjunto resultante de la intersección de las literales en las ramas abiertas, lo cual, en este caso, resulta en: q, no r. Enseguida se construye el árbol correspondiente a $\{A, B, C\} \vee \{q, \neg r\}$. En el tableau resultante, todas las ramas están cerradas, por lo que se puede concluir que $q \wedge \neg r$ es una solución razonable para el problema, esto es, se concluye que a partir de los datos que arroja el problema, q es el traidor (y r no lo es, pero eso ya lo sabíamos por la premisa C).

Con este uso de los tableaux, es muy atractivo enseñarles a los estudiantes que este método no es solo uno de decisión, sino que va más allá al convertirse en un método por medio del cual se producen conclusiones a partir de un conjunto de premisas. Por supuesto que para evitar la producción de un conjunto infinito y por el contrario trabajar con uno manejable, el uso cuarto se limita a producir fórmulas atómicas y sus negaciones. Aquí vemos, otra vez, la maestría de combinar lógica e informática: la Bella, tan hermosa como eterna, produce soluciones infinitas, mientras que la Bestia, tan fea como práctica, se encarga de acotar el resultado a un conjunto finito de soluciones!

Tableaux Abductivos Proposicionales

Veamos ahora cómo podríamos incorporar un quinto uso de los tableaux semánticos introduciendo la abducción. Esto lo podemos hacer con una simple modificación de este cuarto uso de las tableau que Mara nos propone. Regresemos a nuestro ejemplo y modifiqué-moslo un poco: ahora vamos a suponer que solamente tenemos los datos contenidos en las premisas A y B y que a diferencia de nuestro ejemplo, queremos ver a Q culpable a como de lugar. Después de todo, estamos en el territorio de la MAFIA donde con toda seguridad, sacrificar a colaboradores se hace sin escrúpulo alguno, cuando saben demasiado o son rebeldes o ya no nos sirven. Al Padrino, además, no le importaría sacrificar a P, pues como sabemos por B, él no actúa solo. Así, tenemos lo siguiente:

A:- Nadie más que P, Q y R están bajo sospecha y al menos uno es traidor.

B:- P nunca trabaja sin llevar al menos un cómplice.

El Padrino quiere hacer culpable a Q, a partir de la información anterior y de lo que haga falta!

En este caso, construimos la tabla semántica para $\{A, B\} \vee \{\neg q\}$, esto es, a partir de las premisas que ya tenemos, queremos concluir que q. En este caso, quedan varias ramas abiertas, estamos ante un caso de abducción!

Antes de continuar, hago un paréntesis para motivar la abducción en este marco lógico. Como hemos visto, cuando C no es una consecuencia de T, conseguimos todos los casos en los que esa consecuencia falla, representados por las ramas abiertas. Este hecho del método de tableaux es muy atractivo para nuestros fines abductivos, pues sugiere que si estos contraejemplos fueran *corregidos* arreglando la teoría, esto es, añadiendo más premisas, podríamos tal vez hacer de C una consecuencia de una teoría mínimamente corregida T' a partir de T. Esto es en esencia de lo que trata la abducción[5]. Por lo tanto, la abducción puede caracterizarse como un proceso de extensión con fórmulas apropiadas que cierren las ramas abiertas. Desde luego que cualquier extensión con la negación de algún enunciado original cerraría la(s) rama(s), construyendo una T' inconsistente. Por lo tanto, la idea de la abducción es justamente la de extender el tableau de una manera consistente, de manera razonable nos diría Mara, apelando a su cuarto uso.

Sigamos con nuestro ejemplo. Como indicamos arriba, el tableau

---

[5]En [3] dedico un capítulo (Abduction as Computation) a caracterizar a la abducción como un proceso computacional en los tableaux semánticos. Aquí lo he presentando como un caso muy parecido al cuarto uso 4 que Mara Manzano hace de este marco lógico.

semántico para $\{A, B\} \vee \{\neg q\}$ tiene ramas abiertas. Nos encontramos entonces en el caso del inciso b). Por tanto, construimos el conjunto resultante de la intersección de las literales en las ramas abiertas, lo cual resulta en el conjunto unitario no r. Esto es, si el Padrino asume que r no es el traidor y lo añade como dato inicial, tiene todo lo necesario para mostrar que los datos inculpan a q sin lugar a dudas! Este es otro uso de las tablas semánticas que Mara podría añadir a su libro. Ojalá se anime a publicar otra edición y añada a la abducción.

Por último, quiero resaltar de este libro que no solamente nos muestra las reglas de incorporación de las fórmulas al tableau, sino que nos ofrece consejos y estrategias para construirlo de manera más eficiente (c.f. Consejos y Estrategias, p. 84). Por ejemplo, nos aconseja: "Descomponer primero las fórmulas que no abran ramas". Esta estrategia nos asegura la construcción del árbol con las menos ramas posibles, lo que computacionalmente hace más fácil la búsqueda en una estructura de datos de forma arbórea, como es ésta. Esta es una parte esencial en donde entra la Bestia en acción –y que el alumno tiene que aprender a aplicar— el trabajo computacional de búsqueda heurística en el mar de los datos.

4. Y la Bella y la Bestia?

Regresemos al artículo de Mara, La Bella y La Bestia [11], con el verso que ella reproduce y que da sentido a la expresión en su título:

> No llores, mujer hermosa, ningún mal has temer.
> Aquí estás para mandarme, y yo, para obedecer[6]

Estos versos reflejan muy bien la unión entre lógica e informática. La Bella y correcta lógica anhela ser completa de cuando y cuando, aunque siempre teme desaparecer de la literatura y quedar en el olvido. La Bestia está ahí para llevar a cuestas la fuerza bruta de la ejecución de las virtudes de su contraparte, en formas finitas y

---

[6]Madame de Villeneuve, *Revista Farolito*, nº 18, 1951. Buenos Aires.

procedimentales. En todo caso, una y otra se necesitan entre sí, forman un matrimonio ideal.

Deseo una larga vida tanto a Mara como al material de este libro! Desde la silogística aventurera hasta los acertijos fantásticos, pasando por los espeluznantes archivos de MAFIA, la combinación del humor y rigor tan característico de Mara Manzano está impreso en cada página y en cada uno de los que hemos tenido la gran fortuna de conocerla.

Referencias

[1] Association for Symbolic Logic. [1995]. "Guidelines for Logic Education". *Bulletin of Symbolic Logic*, 1(1): 4-7. doi:10.2307/420944

[2] Aliseda, Atocha [1989]. *Un Sistema de Apoyo Automatizado para los Cursos de Lógica Matemática I y II*. Tesis de Licenciatura en Matemáticas. Facultad de Ciencias, U.N.A.M. México.

[3] Aliseda, Atocha [2010]. "Reseña del libro [9]". En: *MATHESIS, Filosofía e Historia de las ideas matemáticas*, UNAM. 3(2): 373-378.

[4] Aliseda, Atocha [2006]. *Abductive Raasoning: Logical Investigations into Discovery and Explanation*. Synthese Library, vol. 330. The Netherlands: Springer.

[5] Barwise, Jon and John Etchemendy [1993]. *Tarski's World*. Stanford CA: Center for the Study of Language and Information (CSLI).

[6] Beth, Evert W. [1959]. *The Foundations of Mathematics*. Amsterdam: North-Holland.

[7] Enderton, Herbert [2004]. *Una introducción matemática a la lógica* 2ª Edición. UNAM, México: Instituto de Investigaciones Filosóficas. (Traducción de la segunda edición en inglés, 2001 por José Alfredo Amor).

[8] Hintikka, Jaakko [1955]. "Two Papers on Symbolic Logic: Form and Quantification Theory and Reductions in the Theory of Types", *Acta Philosophica Fennica*, Fasc VIII.

[9] Hodges, Wilfrid [1977]. *Logic. An Introduction to Elementary Logic.* Middlesex: Penguin.

[10] Manzano, María [1991]. "La Bella y la Bestia (perdón, lógica e informática)". *Arbor*, 543: 17-42.

[11] Manzano, María y Antonia Huertas [2004]. *Lógica para Principiantes.* Colección Filosofía y Pensamiento. Madrid, España: Alianza Editorial.

[12] Smullyan, Raymond M. [1968]. *First Order Logic.* Springer Verlag.

¿Qué Lógica cabe hacer?

Enrique Alonso

Facultad de Filosofía y Letras. Universidad Autónoma de Madrid

RESUMEN

En este trabajo propongo una aproximación polémica a los logros y los fracasos de la Lógica formal contemporánea con el ánimo de hacer una evaluación crítica del estado actual de la cuestión. Valoro asimismo dos posibles líneas de investigación menos desarrolladas que podrían dar nuevo impulso a la disciplina en el momento presente.

Muchas cosas por hacer, aún...

A lo largo de los años he tenido la oportunidad de trabajar com Mara en diversas ocasiones, se trató de trabajo ciertamente y uno muy duro en ocasiones, pero hubo momentos en los que pude disfrutar de la Lógica, algo que muy rara vez he conseguido en mi vida profesional, salvo con ella.

Visto en perspectiva todas nuestras colaboraciones tienen un cierto punto en común: el interés por el papel de la Lógica en el vasto programa de fundamentación del conocimiento que dio lugar a su refundación a lo largo de los siglos xix y xx. Quizá no lo hayamos hecho explícito, pero ambos sabemos que está ahí. Fue así como nos interesamos por el uso de la *diagonalización* en el nacimiento de la teoría de la computación [9] o por la interpretación que Gödel, de un lado, y Henkin de otro, hicieron de sus respectivas pruebas de completud en el contexto de la época [10]. Revivimos la Lógica en su máximo esplendor acercándonos tanto como fuimos capaces a la emoción que los actores de aquellos episodios fundacionales pudieron sentir en su momento. Y debo decir que fue altamente reconfortante [11].

De ese periodo de colaboración han quedado varios proyectos pendientes.[1] Pero no todo son acuerdos, ni tampoco sería bueno que fuera así. Este trabajo está dedicado precisamente a poner encima de la mesa algunos puntos de vista que solo compartimos en parte o incluso en los que mostramos desacuerdo.

Hace algunos años empecé a reflexionar sobre aquellos proyectos en los que la Lógica había defraudado las expectativas puestas en ella. Unas veces por una mala interpretación de sus fines y otras por una incorrecta evaluación de los objetivos a cumplir. No me refiero en esta ocasión a aquellos fracasos a los que habitualmente nos referimos como *teoremas de limitación* y que lejos de parecerme derrotas los interpreto mejor como la demostración más tangible de la capacidad de la mente humana para identificar positivamente sus limitaciones. Se que Mara no considera del mismo modo que yo estos fracasos menores a los que hago referencia y que trataré en breve, y que ese es un punto de disenso, pero soy consciente de que es un asunto de la suficiente relevancia como para convertirlo en objeto de discusión.

Lo que se plantea en las lineas que siguen no es sino una evaluación crítica de la tarea de la Lógica en el presente inmediato. Se trata de ver si esa tarea resulta aún viable o si por el contrario nos deberíamos replantear su contenido. Algunas de las opiniones que aquí se van a verter les resultarán a muchos radicales y faltas de una correcta funda-

---

[1] Al menos tres: uno destinado a representar geométricamente la noción de *teoría* y que ya ha sido presentado en alguna reunión científica, un estudio histórico del asunto de la *completitud* en la lógica contemporánea y el análisis del equilibrio entre *control computacional y capacidad expresiva de una teoría*. Confío en que los podamos retomar cuando llegue el momento, ni antes, ni después, simplemente cuando estemos preparados para disfrutar de nuevo con la Lógica.

mentación. Admito que solo se trata de un trabajo preliminar orientado más a abrir un debate que a solventar una cuestión más allá de toda duda. ¿Tiene sentido en la era de la información seguir trabajando con una Lógica que nació como herramienta definitiva para el tratamiento y axiomatización de nuestras teorías? ¿Es posible reformular sus objetivos de manera que podamos seguir aprendiendo de su indudable capacidad para sorprendernos? Muchos de los que un día hicieron Lógica y abandonaron sus lindes en el curso de sus investigaciones considerarán, por contra, que mis propuestas son obvias. Quizá encontrarán en ellas parte de las razones que les llevaron a dicho abandono, pero esa no es mi intención. No se trata de justificar su posición, sino de ver si podemos replantear los objetivos de la investigación formal desde dentro, no desde fuera. Es en este sentido, y por encima de cualquier otra consideración, que me sigo considerando un *lógico* y por tanto ciudadano del mismo territorio que Mara habita y que tanto ha contribuido a mejorar con su trabajo.

Parte I: La edad de oro de la Lógica

La búsqueda de la perfección

El móvil que alimentó la refundación de la Lógica a finales del siglo xix podría resumirse en la siguiente pregunta: ¿qué hace de una teoría una buena teoría? No se trata en este caso de una moda pasajera o una novedad del momento, sino de una preocupación latente durante toda la Modernidad y que fue atendida con mayor o menor cuidado dependiendo de autores y épocas concretas.

Con frecuencia se ha dicho que el modelo adoptado para responder a esta pregunta era el suministrado por la Geometría Euclidea, pero esto solo es cierto en parte. Es correcto afirmar que la aspiración de ver todas las verdades de una teoría como consecuencias de unos pocos principios de las que se siguieran las demás, a través del uso claro y distinto de una serie de principios inferenciales, estaba en el centro de la respuesta, pero no era toda la respuesta. La irrupción de los lenguajes formales inspirados en la vieja idea leibniziana de una *Characteristica Universalis* resulto ser tan o más importante en este proceso.[2]

La posibilidad de reducir el hallazgo de nuevos teoremas a un proceso mecánico de tipo puramente simbólico fue lo que realmente alumbró una nueva *edad de oro* para la Lógica en la que la realización del *sueño ilustrado* de una fundamentación racional del conocimiento parecía por fin al alcance, próximo de hecho.

El ideal *fundamentista* del modelo axiomático euclídeo tuvo que hibridar con el sueño leibniziano de hallar una *Characteristica Universalis* para dar resultado. El trabajo de Frege expuesto en su *Begriffsschrift* supuso un paso definitivo en esa dirección, pero no fue el único. La exploración de los lenguajes abstractos, de sus posibilidades para facilitar una manipulación mecánica de símbolos perfectamente bien definidos fue un tópico cercano a la obsesión durante todo el siglo xix.

Este estado de cosas, casi podría decirse de ánimo, es el que explica la respuesta que la Lógica aún naciente ofreció a la cuestión de *¿qué es una buena teoría?*

La identificación de los rasgos que hacían de una teoría axiomática formalizada una buena teoría fue una labor compleja que avanzó de forma significativa en las dos primeras décadas del siglo xx y que permitió dar lugar a los descubrimientos fundamentales habidos en la década de 1930.

La pregunta inicial se transformó así de manera progresiva en una cuestión mucho más precisa: ¿qué colecciones presumiblemente finitas de axiomas bastan para caracterizar una teoría dada, de tal forma que resulte ser demostrablemente consistente y completa además de decidible?

La generación de jóvenes matemáticos que formaba el entorno de Hilbert no dudaban que, pese a la complejidad del proyecto, la caracterización axiomática de buena parte de la matemática contemporánea estaba a la mano. Era una agenda precisa, bien definida y soportada además en una *tropa* de investigadores perfectamente dotada para realizar la hazaña, para culminar el sueño de la Modernidad de una vez por todas.

---

[2]A este respecto es especialmente interesante el estudio de Javier de Lorenzo [8] en el que se analiza la deuda que Frege reconoce en su *Conceptografía* a las sugerencias de Leibniz.

El fracaso con la Aritmética de Peano fue solo uno de entre muchos resultados negativos que en cierta forma ya se venían atisbando en el horizonte. El primero de ellos quizá se presentó en forma de advertencia dentro de lo que aparentemente era un éxito rotundo: la prueba de la completitud de la Lógica de Primer Orden ofrecida por Gödel en 1930. Esta solución violaba los requisitos constructivos asociados al programa formalista, pero tal vez existiera otra prueba mejor, una al gusto de Hilbert y sus discípulos.[3]

La solución negativa al *Entscheidungsproblem* ofrecida indpendientemente por Church y Turing en 1936—37 demostró que no existía un mejor procedimiento y que como sutilmente advirtiera Gödel años antes, las verdades de la Lógica eran caracterizables como teoremas —forman un conjunto r.e.— solo al precio de dejar el resto de las fórmulas más allá de cualquier procedimiento efectivo de decisión —las fórmulas inválidas de la Lógica de Primer Orden no son recursivamente enumerables—.

La formalidad no era pues la respuesta, o solo lo era de una forma mucho más limitada de lo esperado. En el entretanto Gödel había demostrado que tampoco lo era el contenido matemático formalizado. No solo había que renunciar a una axiomatización demostrablemente consistente de las verdades de la Aritmética, sino que además y por primera vez quedaba constancia de que el problema no se debía a la insuficiencia de los recursos empleados, sino a una sobreabundancia indeseada pero inevitable. De los varios teoremas fundamentales demostrados en su trabajo seminal sobre la incompletitud de la Aritmética de Peano [6], el menos citado con diferencia es el *Teorema X* [6, p. 187], conocido también como el *teorema de incompletitud esencial de PA*. Sin embargo, y pese a ello, es el que mejor sirve para constatar el exceso que el sueño ilustrado había impuesto al programa de formalización y mecanización del conocimiento matemático. La aritmética elemental, representada en esta ocasión por la Aritmética de Peano, o Aritmética de Primer Orden, padece simplemente de un exceso de potencia expresiva: contiene las

---

[3]A este respecto siempre me ha resultado especialmente destacables las palabras que Gödel emplea en su Introducción a *On the completeness of the calculus of logic* [5] para reivindicar la improvabilidad de una prueba constructiva de *completitud* que, inevitablemente hubiera conllevado la *decidibilidad* de la Lógica de Primer Orden.

suficientes herramientas como para generar autorreferencia codificando su propia sintaxis en su dominio de definición, los naturales. Cualquier teoría que la contenga, sufrirá, por exceso de potencia expresiva, de las mismas limitaciones. No se me puede ocurrir mayor refutación del sueño ilustrado que esta. La tendencia natural de nuestros procesos cognitivos, fraguados a lo largo de siglos de cultura, interpreta cualquier fallo en el cumplimiento de nuestros objetivos, sean del tipo que fueren, como una falta de recursos que siempre y en última instancia, puede resolverse reforzandolos de alguna manera. Nunca se nos hubiera ocurrido que aquello que no podemos satisfacer legítimamente es fruto de la sobreabundancia de recursos. Para mi, más que ninguna otra cosa, que ninguna otra doctrina o teoría, es este hecho fundamental el que decreta el *fin de la modernidad*. La razón había encontrado sus límites, el sueño ilustrado estaba roto.

Para la comunidad matemática era del todo evidente que *el pescado estaba vendido* no más tarde de finales de los años 30 -véase [4]-. Poco quedaba por hacer y si quedaba algo no cabía esperar buenas noticias. La independencia de CH con respecto a ZF, probada en su mitad por Gödel en 1940 fue finiquitada por Cohen en 1963 cerrando así un proceso de amargas decepciones que sin embargo no todos supieron o quisieron interpretar.

En cierto modo el ideal fregeano reinterpretado por Hilbert en términos más modestos, pero no menos ambiciosos, había tocado techo.

Mi experiencia en el ámbito de la programación me ha enseñado a valorar muy cuidadosamente algo que en este periodo fundacional se entendía de una forma claramente distinta y que quizá arroje luz sobre el problema que late en el fondo. El diseño de una aplicación exige tomar decisiones en las que la relación coste/beneficio siempre está presente. Hay tareas que requieren entornos complejos y lenguajes de programación sofisticados y otras que no son tan exigentes en recursos. Para elegir la opción más costosa, el programador o su equipo tienen que valorar muy cuidadosamente cuáles son las ventajas reales de invertir tiempo y esfuerzo en unas herramientas cuyos logros podrían no justificar tal dispendio. Solo si la ventaja es evidente se elegirá la opción más costosa renunciando a otros métodos más asequibles, o simplemente más conocidos, que hubieran podido servir, quizá con menor eficiencia, para la tarea en cuestión. Este razonamiento es perfectamente aplicable al proyecto de la formalización de una teoría. Formalizar una teoría previamente dada no es una tarea sencilla. Requiere probar, al menos, la *suficiencia*[4] de sus axiomas, su mutua independencia y la consistencia del sistema. Todo ello con el fin manifiesto de *mecanizar* las pruebas, antes puramente informales, de los teoremas de la teoría, es decir, de las verdades de dicha teoría. Y todo ello en el contexto de un lenguaje formal que pudiera describir con total precisión las categorías formales[5] necesarias y las reglas inferenciales que resultan suficientes para realizar la tarea sin probar demasiado, es decir, sin generar inconsistencia. ¿Se justifica el coste de dicho proceso a la vista de los beneficios esperables? Los resultados habidos durante la década prodigiosa de 1930 y que justamente calificamos como *teoremas de limitación* dejaban poco margen a la esperanza. Formalizar teorías, incluso con los lenguajes menos potentes que se pudieran tomar en consideración, fracasaba a la hora de mecanizar completamente los mecanismos de prueba. O si se quiere, eran capaces de mecanizar las pruebas de los teoremas, pero inútiles de forma general a la hora de mecanizar las refutaciones del resto de las fórmulas del sistema.

A continuación me dedicaré a describir algunas de las lineas de fuga que permitieron que la Lógica matemática continuase, pese a todo, gozando de un innegable prestigio durante al menos cinco décadas más y que fuera capaz de atraer la atención de otros ámbitos del conocimiento capaces de ver en ella una herramienta de valor innegable.

El Círculo de Viena y su legado

El *Círculo de Viena*, formado en torno a figuras como Schlick, Carnap o Neurath, mantuvo por un tiempo el ideal de una ciencia reconstruida en torno al formalismo de la Lógica matemática del siglo xx [3]. Ya al final de la Guerra Mundial, los principios fundacionales del Círculo prendieron en el ámbito anglosajón [3, pp. 13 y ss] popularizando la idea según la cual el éxito predictivo y explicativo de las teorías científicas residía en

---

[4]Hoy en día hablaríamos de *completitud*, pero este es un término que fue ampliamente difundido en las primeras décadas del siglo xx y que quizá refleja con más tino lo que estaba en juego.

[5]Hoy en día podríamos hablar abiertamente de *tipos*.

la estructura formal subyacente que el uso de los recursos de la Lógica matemática podría llegar a hacer emerger y mostrar con toda claridad.

Los modelos explicativos de Hempel y tantos otros situó a la Lógica formal como una especie de anillo interno del que dependía todo un vasto proyecto epistemológico y científico por más que el recurso a herramientas formales a duras penas fuera más allá de ejemplos escolares o simples declaraciones de intención [7].

Poco a poco la Lógica fue siendo retirada de su función de lenguaje común para la explicación de las teorías científicas sin que por ello se reconociera abiertamente el error de principio cometido.[6] La Lógica no podía satisfacer tal objetivo porque las teorías científicas simplemente no tenían una forma lógica reconocible, no eran expresables como teorías formales, o si lo eran resultaban, por desgracia triviales. El abandono del ideal se debió, simplemente al agotamiento y la falta de resultados y finalmente a la aparición de modelos rivales mucho más atentos a la intrínseca complejidad del hecho científico.

Para la década de 1960 la Lógica no solo había perdido su papel como tribunal último de la razón sino que además daba un paso atrás a la hora de explicar el éxito y valor de las únicas teorías realmente existentes en la época, las procedentes de las ciencias naturales.

Sin embargo no todos sacaron de este progresivo abandono las mismas conclusiones. Muy bien pudiera ser que el foco se hubiera puesto solo en los aspectos más superficiales de las teorías científicas, aquellos relacionados con los mecanismos de prueba que la Lógica había llegado a entender como nunca antes en su historia. Los avances experimentados en Teoría de Modelos a partir de la década de 1950 permitió ensayar otras posibilidades basadas esta vez, no en la Teoría de la Prueba, sino en esta disciplina recién llegada al dominio de la Lógica formal. El estructuralismo de Sneed, Stegmüller, et al. se lanzó a una investigación de complejidad creciente en la que las teorías científicas eran consideradas estructuras susceptibles de ser puestas en relación con ciertas clases de modelos. Evaluar el destino de esta nueva vía va más allá de los fines de

---

[6]Obsérvese que hasta este momento muy bien podríamos haber caracterizado la Lógica como la expresión continental e incluso alemana de las ciencias formales dejando al hegelianismo británico y al utilitarismo norteamericano la expresión del pensamiento anglosajón.

este trabajo pero todo indica a fecha de hoy que el estructuralismo no ha cuajado en ningún centro de referencia mundial con capacidad para mantener y reproducir sus objetivos elementales.

El análisis del discurso

El Círculo de Viena y sus prosélitos formaban en realidad una comunidad mucho más amplia unida quizá bajo el rótulo genérico del *positivismo lógico*. El rasgo común a todas sus corrientes era una ardiente fe antimetafísica y la creencia en que las *pseudocuestiones* de la filosofía especulativa podían ser descubiertas mediante un uso incisivo de la Lógica formal. En este sentido es imprescindible mencionar la figura de Carnap, quien desde su *Der Logische Aufbau der Welt* había popularizado la idea según la cual una de las funciones primordiales de la Lógica sería la de exponer los *pseudoproblemas* planteados por la metafísica como meros errores categoriales y sintácticos. Esta corriente, perfectamente expuesta por el propio Carnap en *La superación de la metafísica mediante el análisis lógico del lenguaje* [3, pp. 66-87] constituyó un referente, casi un *acta fundacional* de la tradición analítica en su pugna con la filosofía continental permaneciendo vigente hasta finales del siglo pasado. Pese a las sutiles apelaciones a las categorías típicas de los lenguajes formales de la época[7] el texto no tuvo las consecuencias esperadas, o al menos, es lo cabe decir a la vista de los acontecimientos. El contenido crítico fue abrazado por una cohorte de creyentes y denostado y ridiculizado por sus supuestos destinatarios dando lugar a un *frentismo* del que solo recientemente y de forma parcial nos hemos recuperado. Pero no bastaba decir *qué no era la Filosofía*, una respuesta solo negativa no era ya posible. Se necesitaba una propuesta positiva que es la que el positivismo lógico se empleó en desarrollar a través de lo que se ha conocido como la *concepción heredada* y de cuyo éxito y fracaso ya hemos hablado.

Una derivada mucho más sutil y perniciosa del planteamiento carnapiano fue la que de forma no del todo entendida, se fue instalando poco a poco en los programas formativos de la Lógica a nivel académico.[8]

---

[7]Téngase en cuenta que este texto se publica por primera vez en 1932 en la recién creada *Erkenntnis*.

[8]A este respecto puede consultarse *La Lógica contemporánea en sus manuales*.

Según esta reinterpretación de la utilidad de la Lógica su valor residiría en su capacidad como herramienta para el estudio del lenguaje ordinario con especial aplicación al lenguaje filosófico. Esta deriva es la que seguramente permite entender la insistencia de todo curso de Lógica formal y todo manual introductorio, en el planteamiento de numerosas técnicas de traducción y en la discusión de mecanismos de prueba capaces de sacar del error al filósofo más recalcitrante o al orador más avezado. Y si tal cosa no fuera posible, al menos de ponerlos en ridículo antes sus respectivas audiencias.

No es imposible que el uso de ejemplos *escolares* que proliferaban en algunos manuales de Lógica matemática ayudaran a algunos a pensar que la Lógica formal podía ser realmente considerada como un canon del discurso ordinario. Pero esta hipótesis necesitaría aún de un estudio más pormenorizado -véase [2]-.

Sea como fuere, lo cierto es que esta orientación fue predominante en centros de educación superior durante un buen periodo de tiempo, extendiéndose en algunos casos hasta nuestro días. No fue la tendencia adoptada en centros de formación científico-técnica, pero sí en los de Filosofía y Humanidades. El resultado en estos últimos fue, como parece justo reconocer, la desafección progresiva del alumnado que solo se ha hecho evidente con el paso del tiempo. Con frecuencia estos cursos, presuntamente planteados como herramienta imprescindible para el análisis del discurso filosófico, solo se dedicaban a la exposición pormenorizada de unas herramientas matemáticas de análisis que rara vez se sustanciaban en ejemplos de aplicación relevantes. En otras ocasiones, los ejemplos resultaban tan elementales que los estudiantes eran incapaces de ver su utilidad más allá de lo trivial. Simplemente se trataba de retorcer y adornar un error de planteamiento en el que la única elección plausible resultaba al fin, un replanteamiento global de los objetivos de la materia.

La renovación de los objetivos y herramientas de la Teoría de la Argumentación a mediados de la década de 1960 puso en evidencia la incapacidad de la Lógica formal para tratar apropiadamente los complejos mecanismos que actúan en todo discurso argumentativo de cierta envergadura, ya sea de carácter filosófico o de tipo mas general. Los trabajos

_1940-1980_ -[2]-.

de Toulmin y más adelante de la *pragmadialética* dejaron sin función a la Lógica formal obligando de paso un profundo replanteamiento de los planes de estudio de esta disciplina en la formación humanística–véase [1]-.

La lógica como herramienta de análisis filosófico

Este nuevo ámbito podría parecer muy próximo al anterior, de hecho lo esta, pero no debe ser confundido. El reconocimiento de la Lógica como una herramienta o incluso como una metodología para el análisis filosófico tuvo un cierto predicamento durante las décadas de 1970 y 80 dando lugar a interesantes corrientes no del todo desactivadas en nuestros días. En cierto modo puede considerarse como parte del impulso de lo que se ha venido a denominar como *metafísica analítica* aunque también está presente en la ética o la filosofía de la Religión analíticas.

En este caso no se trata de emplear la Lógica formal para denostar una cierta forma de hacer filosofía, sino de servirse de ella como un método de trabajo distinguible de otros de corte más continental pero igualmente aceptables. El auge de las Lógicas no clásicas a partir de los 50 y sobre todo en las décadas subsiguientes está relacionado en buena medida con este fenómeno.

Uno de los casos de estudio más evidentes es de las Lógicas modales, sobre todo a partir de las contribuciones de Kripke y Hintikka popularizadas a partir de la década de 1970. En cierto modo la Lógica modal fue entendida por muchos como una forma matemática y rigurosa de tratar un concepto, el de necesidad, al que la tradición filosófica había prestado atención sin lograr avances significativos desde prácticamente su origen griego.

Por fin, y gracias a la madurez de los métodos formales alcanzados por la lógica contemporánea, resultaba posible ofrecer un tratamiento matemático de un asunto filosófico que había compartido cuna con las más rancias tradiciones de la filosofía occidental. No es de extrañar que muchas otras disciplinas vieran en esa deriva su oportunidad para entrar por el recto camino de la ciencia. Si era posible dar un tratamiento formal de la necesidad entendida ahora como un operador sentencial, ¿por que no extenderlo a otras partículas caracterizables del mismo modo? El tratamiento de las obligaciones morales, del tiempo, de la identidad intensional formarían parte así del mismo viaje hacia los terrenos maduros y fértiles del progreso científico del conocimiento.

El resultado es más o menos conocido. En lugar de producirse la deseada elucidación de los conceptos filosóficos subyacentes lo que tuvo lugar fue una clara dispersión del tópico. La fauna de las lógicas modales experimentó una súbita explosión demográfica dando lugar a un ecosistema poblado por *especies* diversas sin que ninguna llegase a alcanzar de forma indiscutible la cúspide de la cadena trófica. La tarea que se esperaba de la Lógica había resultado una vez más incumplida. Lejos de aportar orden y claridad, el resultado de sus esmeros fue más ruido y confusión obtenidos, además, al precio que la Lógica tiene acostumbrado cobrarse.

Este fenómeno no puede ser considerado en este caso la excepción, sino más bien la norma. La Lógica, como a menudo ocurre también con la propia Matemática, no es capaz de elucidar por completo un territorio sino que más bien procede a encajarlo en un dominio mucho más amplio de posibilidades. Puede aducirse que este proceso hace explícitas las decisiones que en cada caso se adoptan, algo con lo que estoy de acuerdo, pero es cierto también, que al proceder así con frecuencia solo se consigue devolver el estado de la cuestión a un punto muy parecido al de partida.

El ejemplo del tratamiento formal de la noción de necesidad fue rápidamente adoptado desde otros campos dando lugar a una pléyade de sistemas formales extremadamente sugerentes en su momento. Las lógicas temporales, deónticas, epistémicas son un buen ejemplo de ello. Creo que la conclusión alcanzada con la lógica modal alética sirve en buena medida para todas ellas. No quiero decir que el esfuerzo haya sido en vano, sino que lejos de zanjar la cuestión ha tenido la consecuencia, que quizá no es poco, de evidenciar los disensos que ya estaban presentes en la discusión informal, sin conseguir expulsar del debate ninguno de los puntos de vista ya presentes. Podría decirse que la Lógica formal se ha transformado en este terreno en una herramienta de trabajo y discusión, pero en ningún caso ha logrado imponer un tratamiento científico y positivo en tales debates.

Logicidad

Y sin embargo la Lógica es un hecho. Es innegable que la cognición humana dispone de medios para reconocer esquemas inferenciales cuya validez se encuentra íntimamente asociada a la presencia de ciertas partículas y no de otras. Se trata de aquellos argumentos que resultan aceptables en virtud de su forma. ¿Por que no plegar velas y limitarnos a analizar ese hecho en su máxima generalidad?

El estudio abstracto de la consecuencia lógica no es algo nuevo. Tarski había definido ya una serie de rasgos que debían considerarse inherentes a cualquier entidad que aspirase a la denominación de sistema formal. Su tratamiento general de la operación de consecuencia fue retomado para iniciar un trabajo llevado esta vez al máximo nivel de abstracción. Con independencia del lenguaje específico, ¿qué se supone que debe ofrecer un sistema para ser reportado como una lógica?

La intención era buena, recordaba en mucho a una especie de llamada al diálogo tras un enfrentamiento prolongado del cual pocos recordaban su origen. Intuicionistas contra clásicos, intensionales contra extensionales, bivaluados contra multivaluados, paraconsistentes y parciales contra todos los demás. Híbridos parciales dinámicos, epistémicos, todos contra todos en la infructuosa búsqueda del Santo Grial de todas las lógicas.

Quizá el *santo cáliz* no fuera sino aquello que todos estos formalismos comparten, su logicidad. Pero ni si quiera la sagaz operación apadrinada por los defensores de la *Lógica Universal*[9] parece haber dado frutos relevantes, más allá de mantener en el aire una cierta sensación de esperanza.

Pero ¿y que tal si por una vez bajamos la mirada a la Tierra y pensamos sin complejos acerca de nuestra profesión?

Parte II: ¿Es posible una refundación?

En la sección anterior he analizado algunos de los territorios en los que la Lógica contemporánea ha tenido oportunidades de mostrar su valía como disciplina transversal en el mapa general de los saberes. Seguramente no

---

[9]Véase a este respecto la publicación periódica *Logica Universalis* editada por Jean-Yves Béziau, así como la serie de congresos *Universal Logic* que se celebran desde 2005.

están todos, pero sí algunos de los más relevantes. En todos los casos se aprecia el mismo movimiento: una posición de partida apoyada en unas altas expectativas que con el tiempo decaen hasta convertir a la propia Lógica en un incómodo compañero de viaje.

A falta de un estudio pormenorizado, y muy necesario, de las líneas de investigación activas en la actualidad, creo que es posible apreciar un cierto nivel de enclaustramiento y esoterismo sobre el que quizá deberíamos reflexionar. Tampoco sería aceptable un juicio demasiado severo, ya que estas son características propias de la práctica totalidad de la investigación académica en nuestros días, pero creo que sí sería apropiado dedicarle alguna reflexión.

Cuando hablo de *refundación* simplemente me pregunto si es posible recuperar algo de la centralidad que la Lógica obtuvo en sus inicios contemporáneos a finales del siglo xix y principios del siglo xx. No se trataría en ningún caso de recapitular sobre asuntos ya tratados, sino de encontrar un objetivo como aquel que en su momento hizo que la Lógica fuera importante. Cuando se presta atención a la Historia, cuando se sitúa a la Lógica, no como la ciencia perenne en que algunos la convierten, sino como un saber en el contexto de su época, se aprecia con una intensidad bien manifiesta que la Lógica es la hija más dotada y arrogante de la Modernidad. Esa Lógica que alcanza su madurez en el siglo xx es, a su vez, el resultado de una *refundación* que venía gestándose tiempo atrás, prácticamente desde el momento en el que el cálculo matemático empieza a mostrar su capacidad para resolver de manera efectiva problemas del tipo más variado. Primero vino el interés por la capacidad de los lenguajes abstractos por representar entidades cuya referencia pudiera cambiar en cada caso de aplicación. A continuación se empezó a investigar la capacidad de tales lenguajes para generar procedimientos de cálculo también abstractos, aplicables en cualquier dominio. Todo ello de forma asistemática y dispersa hasta que Boole y Frege se sintieron con las fuerzas suficientes para acometer la tarea de manera ordenada. Más tarde Hilbert aportó lo que a mi juicio es el accelerante de todo el proyecto, el análisis formal de las propiedades de las teorías matemáticas vigentes, dotando a la Lógica de un objetivo claro y de la máxima centralidad.

Si la Lógica contemporánea nace ella misma de un proceso de refundación, ¿no sería conveniente plantearnos de nuevo la reconsideración de sus objetivos y aspiraciones? Pero esta no es una tarea fácil, y quizá ni siquiera posible. Porque, ¿cuál podría ser el dominio en el que la Lógica podría mostrar sus habilidades de forma destacada en nuestros días?

Parece claro que no vivimos un momento presidido por un interés manifiesto por la fundamentación del conocimiento matemático. Las cuestiones que pueden aspirar a la centralidad son ahora muy diferentes y ni siquiera están del todo definidas, o quizá aún no se nos presentan como evidentes. Los lenguajes formales que presiden nuestro mundo no están orientados a la formalización de nuestras teorías sino a algo muy distinto: la presentación y procesamiento y almacenado de datos del tipo más variado. ¿Puede la Lógica aportar algo en dicho territorio? Es posible que muchos crean que de hecho lo hace. Hay opiniones que incluso sostienen que la revolución habida en el vasto territorio de las TIC's no es sino una derivada segunda del inmenso esfuerzo desarrollado por la Lógica a lo largo del siglo xx. Si bien hay algo de cierto en ello, la conexión resulta ahora tan remota que apenas tiene sentido reivindicarla.

En un ámbito más cercano, es cierto que los trabajos en el campo de las *Lógicas del conocimiento* -véase [13]- han dado lugar a un valioso interfaz entre la Lógica puramente abstracta y los lenguajes de representación de información. Algo no muy distinto ocurrió tiempo atrás con ciertos lenguajes de programación siendo el caso más destacado el del LISP, empleado aún hoy en día en ciertos campos de la IA. Pero incluso aquí, me cuesta trabajo reconocer algo que pueda ir más allá de una cierta inspiración inicial. Es innegable que ciertos lenguajes como XMl, OWL, RDF, etc tienen un origen claramente inspirado en las *Kwnoledge Representation Logics* pero su viaje hace mucho que les alejó del punto de partida.

¿Puede la Lógica formal contemporánea encontrar en el estudio y teorización de los lenguajes de la Red un impulso similar al que en su día supuso el intento de desentrañar los vericuetos de la noción de *teoría formalizada*? Y por lenguajes de la Red no me refiero solo a aquellos que tienen por objeto la representación del conocimiento, como los antes citados, sino todos aquellos que contribuyen a dotar de sentido a los objetos que pueblan la Red. Esto incluiría lenguajes de representación de la

34

información, lenguajes de programación propiamente dichos, herramientas orientadas a la interacción con el usuario, a registrar y responder a su actividad sobre los objetos de un documento, y un largo etcétera que incluso sería difícil de acotar apropiadamente. ¿Es este fin suficientemente noble y elevado para las siempre altas pretensiones de la Lógica? Debo decir que al menos para mi, sí constituye una posible solución al cierto deterioro del impulso original de la Lógica contemporánea. No es este el lugar para desarrollar más una idea que necesitaría de una reflexión que aún no he visto instanciada de forma adecuada y que quizá nunca lo sea. Dejémoslo aquí, por el momento.

No quiero cerrar las opciones de futuro de la Lógica del presente con algo tan efímero y quizá tan alejado de sus fundamentos como el análisis de las estructuras formales de los objetos que conforman la Red. Volveré pués a hablar de Mara en un punto que se que nos atrae y concierne por igual. En su día convinimos que la descripción del complejo mapa de la Lógica debería incluir al menos las siguientes subdisciplinas: Teoría de Conjuntos, Teoría de la Prueba, Teoría de Modelos y Teoría de la Recursión.[10] Este esquema se aplicaría a su vez a las otras divisiones tradicionales como las que afectan a la potencia expresiva, Lógica de Primer Orden, etc, al carácter clásico o no de la interpretación de las constantes y las variables, a la incorporación de operadores sentenciales, etc.

Es un hecho evidente que cada una de las citadas subdisciplinas han acabado convertidas con el tiempo en continentes parcialmente aislados difíciles de cruzar. Sin embargo, muchos de los resultados más llamativos en cada una de estas grandes regiones suelen ser compartidos y reinterpretados en cada una ellas sin apreciar las amplias repercusiones que esto pudiera tener. ¿Sería posible encontrar una interpretación más general de los grandes teoremas de la Lógica del siglo xx elaborada a partir de categorías compartidas por todas las subdisciplinas de la Lógica? Téngase en cuenta que al fin y al cabo, lo que hemos aprendido en todas estas décadas se reduce en el fondo al descubrimiento del sutil equilibrio existente entre el hecho de la *formalidad*, la manera en que las categorías de los lenguajes apuntan al mundo -los *modelos*- y la capacidad que te-

---

[10]Este esquema fue en parte seguido a la hora de elaborar la Biblioteca *Summa Logicae siglo xxi* disponible en http://logicae.usal.es

nemos para controlar *mecánicamente* los símbolos del lenguaje. Todo está conectado de maneras increíblemente complejas destinadas, en última instancia, a analizar y comprender qué podemos significar con qué medios y que control mantenemos sobre las consecuencias que se siguen de nuestras fórmulas. ¿Hay lugar para un intento de describir este fenómeno de la forma más general posible? ¿Hay espacio para una *teoría del todo* en el dominio de la Lógica contemporánea?

Soy consciente de que este análisis, polémico maś que expositivo, puede proyectar serias dudas sobre el futuro de la Lógica. No es una ciencia fácil, todos lo sabemos: puede aletargarse durante décadas, incluso siglos, dando muestras de una teórica compleción, para revolver intempestivamente sus cimientos ofreciendo nuevas perspectivas y sobre todo sorpresas de la mayor intensidad imaginable. No podemos saber en qué momento nos encontramos, es cierto, pero quiero pensar vías que como las que acabo de esbozar en estas páginas pueden aún albergar esperanzas de futuro. Tampoco he pretendido ser original con ello. Soy consciente de que en mayor o menor medida son ideas que están ya en el ambiente aunque alejadas aún del foco de atención principal. Sea como fuere, aún estamos a tiempo de decir lo que corresponde y creo además que hacerlo, en un clima reposado y abierto a la discusión, es parte de nuestra responsabilidad presente. Aunque quizá y como Doxiadis y Papadimitriou hacen decir a un joven Wittgenstein en su *Logicomix*, "La Lógica es demasiado vital para dejarla en manos de los lógicos".

Agradecimientos

Este investigación ha sido financiada por FEDER/ Ministerio de Ciencia, Innovación y Universidades, Agencia Estatal de Investigación/ Proyecto Prácticas argumentativas y pragmática de las razones ($Parg_Praz$), número de referencia PGC2018-095941-B-I00.

Referencias

[1] Alonso, Enrique [2019-20]. "Lógica y Teoría de la Argumentación Anatomía de una Reforma". Aceptado para publicación en *Quadri-*

partia Ratio.

[2] Alonso, Enrique y Víctor Aranda [2019-20]. "La Lógica contemporánea en sus manuales. 1940-1980". Sometido a revisión en *Éndoxa.*

[3] Ayer, Alfred J. [1959]. *Logical positivism.* Chicago: The Free Press of Glencoe.

[4] Gandy, Robin [1988]. "The confluence of ideas in 1936". En Rolf Herken (Ed.), *A half-century survey on The Universal Turing Machine.* New York: Oxford University Press.

[5] Gödel, Kurt [1929]. "On the completeness of the calculus of logic". En Solomon Feferman, et al. (eds.), *Kurt Gödel. Complete Works*, Vol I. New York: Oxford University Press.

[6] Gödel, Kurt [1930]. "On formally undecidable propositions of *Principia mathematica and related systems I*". En Solomon Feferman, et al. (Eds.), *Kurt Gödel. Complete Works*, Vol I. New York: Oxford University Press.

[7] Hempel, Carl G. [1965]. *Scientific Explanation. Essays in the Philosophy of Science.* New York: The Free Press.

[8] de Lorenzo, Javier [1991]. "Leibniz-Frege, ¿Utopias de la razón conceptual?", *Theoria: An International Journal for Theory, History and Foundations of Science*, 6(14/15): 97–114.

[9] Manzano, María y Alonso, Enrique [2005]. "Diagonalisation and Church's Thesis: Kleene's Homework", *History and Philosophy of Logic*, 26(2): 93 - 113.

[10] Manzano, María y Alonso, Enrique [2014]. "Completeness: from Gödel to Henkin". *History and Philosophy of Logic.* 35(1): 50-75.

[11] Manzano, María, Ildikó Sain y Enrique Alonso (Eds.) [2014]. *Leon Henkin. The Life and Work of Leon Henkin.* Heildelberg: Birkhäuser, Springer.

[12] Manzano, María y Enrique Alonso [2015]. "Visions of Henkin". *Synthese*. 92(7): 2123-2138.

[13] Sowa, John F. [1999]. *Knowledge Representation: Logical, Philosophical, and Computational Foundations*. Pacific Grove: Brooks/Cole Publishing Co.

The Many Logics of Graph Games

Carlos Areces

Facultad de Matemática, Astronomía, Física y Computación,
Universidad Nacional de Córdoba and CONICET, Córdoba, Argentina

ABSTRACT

We will discuss connections between graph games (i.e., games that are played over a graph) and logic. After setting the general "board" we will show how graph games naturally give rise to interesting *dynamic* modal logics. We aim to paint a rather impressionist picture, drawing from previous results, counting on the reader's experience, and with no intention of being self contained. Hopefully, as with any fascinating picture, what is implied but not said is more important than what is actually there.

Introduction

If I have to chose one word to describe my encounters with Mara in the many years since I first met her it would be *fun*. If you have met Mara personally, then you know what I am talking about — just remember that special spark in her eyes. So I wanted to write about something fun (at least by a logician's standard) and I thought about the connection between logics and games. Knowing Mara's fondness for logics and thinking again on that mischievous spark in her eyes, I am confident she will enjoy this piece.

Logics and games have gone hand in hand for quite some time. One can already find connections between logic and argumentation games in Aristotle's work on syllogisms [17]. Nowadays, logical games are fundamental tools in a multitude of settings: there are games for model comparison [12, 10], argumentation and dialogue [20], model checking [15], as well as for building models for a given formula [16].

More recently, we (modal logicians) have been investigating the opposite direction: can we use logical languages to study games? The main reference here would be (of course) Johan van Benthem (see, e.g., [5]). For instance, games of imperfect information can be naturally modelled using epistemic logic [8], and certain common computational tasks might be 'gamifiable', which then facilitates their analysis from the perspective of modal logic. An early example of this application is the *sabotage game* [4], a two-player zero-sum game played on graphs. In a sabotage game, one player tries to get from one node of a graph to another, while the other player tries to prevent this by deleting edges. In other words, a sabotage game is a version of the *graph reachability* problem: one player tries to find a path between two nodes, while the other makes edge-deleting moves, trying to render the target inaccessible. In order to model this game, [4] introduces a modal calculus, *sabotage modal logic*, equipped with a transition-deleting modality which modifies the underlying model. This means that sabotage modal logic, as opposed to standard modal logic, can express changes of transition systems, on top of the usual properties of static models.

We will introduce the sabotage game and related modal logics in more detail later, and discuss some of their properties. We will also present the *poison game*, another game played on graphs first introduced by [9] to characterized the existence of *local kernels* in graphs. They will serve as examples of the kind of graph games that can be used as inspiration to define new dynamic modal logics. More generally, we pose the following questions. Consider a group of players taking turns to make 'moves' over a board that can be described as a labelled graph. All moves are well defined, and they consists on changes to the information encoded in the graphs (e.g., they alter the configuration of the edges in the graph, or the labeling function). What would be a suitable modal logic to reason about these games? What are the interesting properties we want to model? Which inference tasks (e.g., satisfiability, model checking, bisimulation checking, minimalization, ...) would be relevant?

Some Basic Definitions

Some definitions are needed to set up basic notions and notations. We will assume familiarity with classical modal logics (see [7]). We will call $\mathcal{ML}$ the basic modal logic with the following syntax and semantics.

Definition 1 (Syntax) *Let PROP be a countable, infinite set of propositional symbols. The set FORM of formulas of the basic modal logic $\mathcal{BML}$ over PROP is defined as:*

$$FORM ::= p \mid \neg\varphi \mid \varphi \wedge \psi \mid \Diamond\varphi,$$

where $p \in PROP$ and $\varphi, \psi \in FORM$. Other operators are defined as usual.

Semantically, formulas of $\mathcal{BML}$ are evaluated in relational models.

Definition 2 (Models) *A model $\mathcal{M}$ is a triple $\mathcal{M} = \langle W, R, V \rangle$, where W is the domain, a non-empty set whose elements are called points or states; $R \subseteq W \times W$ is the accessibility relation; and $V : PROP \mapsto 2^W$ is the valuation. For $\mathcal{M}$ a model, we usually write $|\mathcal{M}|$ for its domain.*

Let w be a state in $\mathcal{M}$, the pair $(\mathcal{M}, w)$ is called a pointed model; we usually drop parentheses and call $\mathcal{M}, w$ a pointed model.

Definition 3 (Semantics) *Let $\mathcal{C}$ be a class of models, $\mathcal{M} = \langle W, R, V \rangle$ be a model in $\mathcal{C}$, $w \in W$ a state. Let φ be a formula in $\mathcal{BML}$. We say that $\mathcal{M}, w$ satisfies φ, and write $\mathcal{M}, w \models \varphi$, when*

$$
\begin{array}{lll}
\mathcal{M}, w \models p & \textit{iff} & w \in V(p) \\
\mathcal{M}, w \models \neg\varphi & \textit{iff} & \mathcal{M}, w \not\models \varphi \\
\mathcal{M}, w \models \varphi \wedge \psi & \textit{iff} & \mathcal{M}, w \models \varphi \textit{ and } \mathcal{M}, w \models \psi \\
\mathcal{M}, w \models \Diamond\varphi & \textit{iff} & \textit{for some } v \in W \textit{ s.t. } (w, v) \in R, \mathcal{M}, v \models \varphi
\end{array}
$$

φ *is satisfiable if for some pointed model* $\mathcal{M}, w$ *we have* $\mathcal{M}, w \models \varphi$.
For a language $\mathcal{L}$, *we write* $\mathcal{M}, w \equiv_{\mathcal{L}} \mathcal{N}, v$ *when for all* $\varphi \in \mathcal{L}$, $\mathcal{M}, w \models \varphi$
if and only if $\mathcal{N}, v \models \varphi$.

We will also compare different logics in term of expressive power.

Definition 4 *Let* $\mathcal{L}$ *and* $\mathcal{L}'$ *be two logics. We say that* $\mathcal{L}'$ *is* at least as
expressive as $\mathcal{L}$ *(in symbols,* $\mathcal{L} \leq \mathcal{L}'$ *) if there is a translation* $\mathsf{T} : \mathcal{L} \to \mathcal{L}'$
such that, for every model $\mathcal{M}$, *every* w *in* $\mathcal{M}$ *and every* $\varphi \in \mathcal{L}$,

$$\mathcal{M}, w \models_{\mathcal{L}} \varphi \text{ iff } \mathcal{M}, w \models_{\mathcal{L}'} \mathsf{T}(\varphi),$$

where $\mathcal{M}$ *is an* $\mathcal{L}$*-model on the left and an* $\mathcal{L}'$*-model on the right, and,*
in each case, we use the appropriate semantic relation ($\models_{\mathcal{L}}$ *and* $\models_{\mathcal{L}'}$,
respectively). $\mathcal{L}'$ *is* strictly more expressive *than* $\mathcal{L}$ *(*$\mathcal{L} < \mathcal{L}'$*) if* $\mathcal{L} \leq \mathcal{L}'$
but $\mathcal{L}' \not\leq \mathcal{L}$.

The Sabotage Game (and Variants)

Modal logics are particularly well suited to *describe* graphs, and this is
fortunate as many situations can be modeled using graphs: an algebra,
a database, the execution flow of a program or, simply, the arbitrary
relations between a set of elements. But if we want to describe and
reason about *dynamic aspects* of a given situation, e.g., how the relations
between a set of elements *evolve* through time or through the application
of certain operations, the use of modal logics (or actually, any kind of
logic with classical semantics) becomes less clear. We can always resort
to modeling the whole space of possible updates of the system as a graph,
but this soon becomes unwieldy. It would be more elegant to use truly
dynamic modal logics with operators that can mimic the changes that
the structure will undergo.

Consider the following *sabotage game*. It is played on a graph with
two players, Runner and Blocker. Runner can move on the graph from
node to accessible node, starting from a designated point, and with the
goal of reaching a given final point. He should move one edge at a time.
Blocker, on the other hand, can delete one edge from the graph, every
time it is his turn. Runner wins if he manages to move from the origin to

the final point in the graph, while Blocker wins otherwise. [4] discusses how to transform the sabotage game into a modal logic. This original idea has been studied in several other works [19, 18, 23, 13] where the semantics of the (global) sabotage operator $\blacklozenge_{\mathsf{gsb}}$ is defined as:

$$\mathcal{M}, w \models \blacklozenge_{\mathsf{gsb}}\varphi \text{ iff } \text{ there is a pair } (u, v) \text{ of } \mathcal{M} \text{ such that } \mathcal{M}^{-}_{(u,v)}, w \models \varphi,$$

where $\mathcal{M}^{-}_{(u,v)}$ is identical to $\mathcal{M}$ except that the edge (u, v) has been removed from the accessibility relation.

It is clear that the $\blacklozenge_{\mathsf{gsb}}$ operator *changes* the model in which a formula is evaluated. As van Benthem puts it, $\blacklozenge_{\mathsf{gsb}}$ is an "external" modality that takes evaluation to another model, obtained from the current one by deleting some transition. It has been proved that solving the sabotage game is PSPACE-hard, while the model checking problem of the associated modal logic is PSPACE-complete and the satisfiability problem is undecidable. The logic fails to have both the finite model property and the tree model property.

But $\blacklozenge_{\mathsf{gsb}}$ is just one of many possible moves a player can make over a graph. Let us introduce the general setting, starting by the notion of model update function.

Definition 5 (Model update functions) *Given a domain W, a model update function for W is a function $f_W : W \times 2^{W^2} \to 2^{W \times 2^{W^2}}$, that takes a state in W and a binary relation over W and returns a set of possible updates to the state of evaluation and accessibility relation.*

Let $\mathcal{C}$ be a class of models, a family of model update functions f is a class of model update functions, one for each domain of a model in $\mathcal{C}$:

$$f = \{f_W \mid \langle W, R, V \rangle \in \mathcal{C}\}.$$

$\mathcal{C}$ is closed under a family of model update functions f if whenever $\mathcal{M} = \langle W, R, V \rangle \in \mathcal{C}$, then $\{\langle W, R', V \rangle \mid f_W \in f, w \in W, (v, R') \in f_W(w, R)\} \subseteq \mathcal{C}$.

Clearly, the class of all pointed models is closed under any family of model update functions. In the rest of the section we focus on the class of all models. Notice, in the definition above, that a model update function is defined relative to a domain. We specifically require that all models with the same domain have the same model update function. This constraint limits the number of operators that can be captured in the framework, but at the same time leads to operators with a more uniform behavior.

We now introduce the semantics. Let $\mathcal{C}$ be a class of models, $\mathcal{M} = \langle W, R, V \rangle$ be a model in $\mathcal{C}$, $w \in W$ a state, f a family of model update functions for $\mathcal{C}$ and $\blacklozenge_f$ its associated dynamic operator.

$$\mathcal{M}, w \models \blacklozenge_f \varphi \quad \text{iff} \quad \text{for some } (v, R') \in f_W(w, R),\ \langle W, R', V \rangle, v \models \varphi.$$

Notice, in the semantic definition, how the relation-changing modal operator $\blacklozenge_f$ potentially changes both the state of evaluation and the accessibility relation. On the other hand, the model domain remains the same, and hence all $\blacklozenge_f$ operators in a formula are evaluated using the same model update function.

Consider the following model update functions. To simplify notation we use wv as a shorthand for $\{(w, v)\}$ or (w, v); context will always disambiguate the intended use. Given a binary relation R define the following notation:

$$R_{wv}^- = R \backslash wv \qquad R_{wv}^+ = R \cup wv \qquad R_{wv}^* = (R \backslash vw) \cup wv.$$

Define now the following six model update functions, which give rise to natural dynamic modal operators: van Benthem's sabotage operator $\blacklozenge_{\mathsf{gsb}}$, and a local version $\blacklozenge_{\mathsf{sb}}$ that deletes an existing edge between the current state of evaluation and a successor state; a "bridge" operator $\blacklozenge_{\mathsf{gbr}}$ that adds an edge between two previously unconnected states, and a local version $\blacklozenge_{\mathsf{br}}$ that links the current state of evaluation and an inaccessible state; and the global and local versions ($\blacklozenge_{\mathsf{gsw}}$ and $\blacklozenge_{\mathsf{sw}}$, respectively) of a "swap" operator that inverts the direction of an edge. Let W be a domain and R a binary relation over W,

$$f_W^{\mathsf{sb}}(w, R) = \{(v, R_{wv}^-) \mid wv \in R\} \qquad f_W^{\mathsf{gsb}}(w, R) = \{(w, R_{uv}^-) \mid uv \in R\}$$
$$f_W^{\mathsf{br}}(w, R) = \{(v, R_{wv}^+) \mid wv \notin R\} \qquad f_W^{\mathsf{gbr}}(w, R) = \{(w, R_{uv}^+) \mid uv \notin R\}$$
$$f_W^{\mathsf{sw}}(w, R) = \{(v, R_{vw}^*) \mid wv \in R\} \qquad f_W^{\mathsf{gsw}}(w, R) = \{(w, R_{vu}^*) \mid uv \in R\}.$$

We will discuss dynamic logics that can be defined in the framework introduced, with particular focus on the six concrete operators $\blacklozenge_{\mathsf{sb}}$,

$\blacklozenge_{\mathsf{gsb}}$, $\blacklozenge_{\mathsf{br}}$, $\blacklozenge_{\mathsf{gbr}}$, $\blacklozenge_{\mathsf{sw}}$ and $\blacklozenge_{\mathsf{gsw}}$ associated to the six families of model update functions just defined. As mentioned, $\blacklozenge_{\mathsf{gsb}}$ is van Benthem's sabotage operator. The other operators also have natural properties. For example, local sabotage and local swap are logically stronger than the diamond operator when restricted to non-dynamic predicates, as the formulas $\blacklozenge_{\mathsf{sb}}p \to \Diamond p$ and $\blacklozenge_{\mathsf{sw}}p \to \Diamond p$ are valid. These perators are very expressive, e.g., they can force non-tree models. For example, the formula $\blacksquare_{\mathsf{sb}}\square\bot$ means that any local sabotage leads to a dead-end, hence the formula $\Diamond\Diamond\top \wedge \blacksquare_{\mathsf{gsb}}\square\bot$ can only be true at a reflexive state, a property that cannot be expressed in the basic modal language. Maybe surprisingly, given its clear dynamic spirit, the six operators can be defined in first-order logic (with equality). I.e., for these six operators it is possible to extend the standard translation from $\mathcal{BML}$ to first-order logic (but certain update functions give rise to second-order operators.).

Consider the case of $\blacklozenge_{\mathsf{sb}}$ and $\blacklozenge_{\mathsf{gsb}}$. Let VAR be a set of first-order variables. $S \subseteq$ VAR$\times$VAR is to be interpreted as the set of modified edges in the model. We write xy for (x, y), and use the following notation:

$$nm \neq xy \quad \text{is a shorthand for} \quad n \neq x \ \vee \ m \neq y$$
$$nm \notin S \quad \text{is a shorthand for} \quad \bigwedge_{xy \in S} nm \neq xy,$$

where S is a finite set of pairs of variables. In particular $nm \notin \emptyset$ is a notation for $\top$. The translation for $\Diamond$, $\blacklozenge_{\mathsf{sb}}$ and $\blacklozenge_{\mathsf{gsb}}$ would be:

$$\begin{aligned}
\mathsf{ST}_{x,S}(\Diamond\varphi) &= \exists y.(r(x, y) \wedge xy \notin S \wedge \mathsf{ST}_{y,S}(\varphi)) \\
\mathsf{ST}_{x,S}(\blacklozenge_{\mathsf{sb}}\varphi) &= \exists y.(r(x, y) \wedge xy \notin S \wedge \mathsf{ST}_{y,S\cup xy}(\varphi)) \\
\mathsf{ST}_{x,S}(\blacklozenge_{\mathsf{gsb}}\varphi) &= \exists y.\exists z.(r(y, z) \wedge yz \notin S \wedge \mathsf{ST}_{x,S\cup yz}(\varphi)),
\end{aligned}$$

where y and z are variables which have not been used yet in the translation.

Notice that S is not a relational symbol but a set of pairs of variables, that refer to deleted edges in the model. It does not appear in the final formula and is used only during the translation.

Proposition 6 *Given φ a formula of $\mathcal{BML}$ extended with $\blacklozenge_{\mathsf{sb}}$ and $\blacklozenge_{\mathsf{gsb}}$, and $\mathcal{M}, w$ a pointed model, we have $\mathcal{M}, w \models \varphi$ iff $\mathcal{M}, g_w^x \models \mathsf{ST}_{x,\emptyset}(\varphi)$, where g is an arbitrary first-order assignment and g_w^x is identical to g except perhaps in that $g(x) = w$.*

Similar translations can be defined for the bridge and swap operators. Let us turn now to expressive power. In modal model theory, the notion of bisimulation is a crucial tool. Typically, a bisimulation is a binary relation linking elements of the domains that have the same atomic information, and preserving the relational structure of the model. Because we need to keep track of the changes on the accessibility relation that the dynamic operators can introduce, we will define bisimulations as relations that link pairs of a state together with the current accessibility relation.

Definition 7 *Let* $\mathcal{M} = \langle W, R, V \rangle$, $\mathcal{M}' = \langle W', R', V' \rangle$ *be two models, and* f *a family of model update functions. A non empty relation* $Z \subseteq (W \times 2^{W^2}) \times (W' \times 2^{W'^2})$ *is an* $\mathcal{BML}(\blacklozenge_f)$-*bisimulation if it satisfies the following conditions. If* $(w, S)Z(w', S')$ *then*

(atomic harmony) *for all* $p \in \mathsf{PROP}$, $w \in V(p)$ *iff* $w' \in V'(p)$;

(zig) *if* $(w, v) \in S$, *there is* $v' \in W'$ *s.t.* $(w', v') \in S'$ *and* $(v, S)Z(v', S')$;

(zag) *if* $(w', v') \in S'$, *there is* $v \in W$ *s.t.* $(w, v) \in S$ *and* $(v, S)Z(v', S')$;

(f-zig) *if* $(v, T) \in f_W(w, S)$, *there is* $(v', T') \in f_{W'}(w', S')$ *s.t.* $(v, T)Z(v', T')$;

(f-zag) *if* $(v', T') \in f_{W'}(w', S')$, *there is* $(v, T) \in f_W(w, S)$ *s.t.* $(v, T)Z(v', T')$.

Given two pointed models $\mathcal{M}, w$ *and* $\mathcal{M}', w'$ *they are* $\mathcal{BML}(\blacklozenge_f)$-*bisimilar (notation,* $\mathcal{M}, w \underline{\leftrightarrow}_{\mathcal{BML}(\blacklozenge_f)} \mathcal{M}', w'$*) if there is an* $\mathcal{BML}(\blacklozenge_f)$-*bisimulation* Z *such that* $(w, R)Z(w', R')$ *where* R *and* R' *are the relations of* $\mathcal{M}$ *and* $\mathcal{M}'$.

For instance, according to the above definition instantiating f with f^{sb} we get the following conditions:

(f^{sb}-zig) If $(w, v) \in S$, there is $v' \in W'$ s.t. $(w', v') \in S'$ and $(v, S^-_{wv})Z(v', S'^-_{w'v'})$;

(f^{sb}-zag) If $(w', v') \in S'$, there is $v \in W$ s.t. $(w, v) \in S$ and $(v, S^-_{wv})Z(v', S'^-_{w'v'})$.

Theorem 8 *Let f be a family of model update functions, then $\mathcal{M}, w \underleftrightarrow{}_{\mathcal{BML}(\blacklozenge_f)} \mathcal{M}', w'$ implies $\mathcal{M}, w \equiv_{\mathcal{BML}(\blacklozenge_f)} \mathcal{M}', w'$.*

We can use bisimulations to prove that each operator gives rise to a different logic. Formally, we need models $\mathcal{M} = \langle W, R, V \rangle$ and $\mathcal{M}' = \langle W', R', V' \rangle$ and states $w \in W, w' \in W'$ such that (w, R) and (w', R') belong to an $\mathcal{L}'$-bisimulation between $\mathcal{M}$ and $\mathcal{M}'$, together with an $\mathcal{L}$ formula φ differentiating $\mathcal{M}, w$ and $\mathcal{M}', w'$. Figure 1 shows what is needed. Notice that, in particular, we have shown that the local versions of sabotage and bridge, cannot be simulated by a combination of their global versions and the classical diamond. The case for $\mathcal{BML}(\blacklozenge_{sw})$ and $\mathcal{BML}(\blacklozenge_{gsw})$ remains open (in particular it is unknown if there is a translation from $\mathcal{BML}(\blacklozenge_{sw})$ to $\mathcal{BML}(\blacklozenge_{gsw})$ or not), but we conjecture that their expressive power is also incomparable.

Proposition 9 *The expressive power of all pairs of different logics among $\mathcal{BML}(\blacklozenge_{sb})$, $\mathcal{BML}(\blacklozenge_{br})$, $\mathcal{BML}(\blacklozenge_{sw})$, $\mathcal{BML}(\blacklozenge_{gsb})$, $\mathcal{BML}(\blacklozenge_{gbr})$ and $\mathcal{BML}(\blacklozenge_{gsw})$ are incomparable, except perhaps for the pair of $\mathcal{BML}(\blacklozenge_{sw})$ and $\mathcal{BML}(\blacklozenge_{gsw})$.*

For a detailed discussion of relation-changing logics, see, e.g., [11, 3].

In this section, we started with one possible move in a graph game (an edge deletion in van Bethem's sabotage game) and explored a wide range of possible variations for relation changing operators. In the next section we will focus in one particular graph game and, step by step, distill better suited logics to describe it.

The Poison Game

Let (G, R) be a directed graph and $s \in G$ a distinguished *starting node*. The poison game proceeds as follows: the two players, Traveller and Poisoner, alternate moves and, at each step, choose a node that is a successor of the node previously chosen by the other player. The game begins at the starting node s. Poisoner makes the first move by choosing a successor s' of s, which she then poisons. Of course, she is immune to this poison, i.e., the move renders s' inaccessible to Traveller, but not to Poisoner. Then, Traveller has to choose a non-poisoned successor of

$\mathcal{M}, w$	$\mathcal{M}', w'$	Differentiated by	Bisimilar for
w	w'	$\blacklozenge_{br}\blacklozenge_{br}\top$ $\blacklozenge_{gbr}\blacklozenge_{gbr}\top$ $\blacklozenge_{gsb}\top$ $\blacklozenge_{gsw}\top$	$\mathcal{BML}(\blacklozenge_{sb})$ $\mathcal{BML}(\blacklozenge_{sw})$
 w	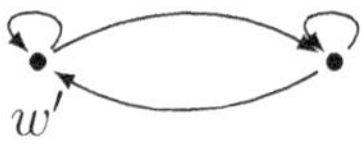 w'	$\blacklozenge_{sb}\Diamond\top$ $\blacklozenge_{gsb}\Diamond\top$	$\mathcal{BML}(\blacklozenge_{sw})$ $\mathcal{BML}(\blacklozenge_{br})$ $\mathcal{BML}(\blacklozenge_{gsw})$ $\mathcal{BML}(\blacklozenge_{gbr})$
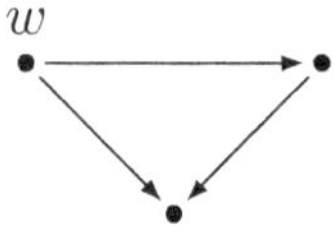 w	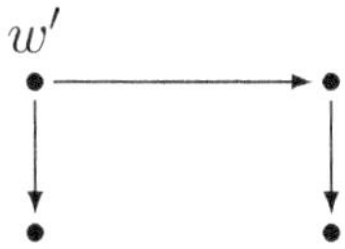 w'	$\blacklozenge_{sw}\Diamond\Diamond\Diamond\Box\bot$ $\Diamond\blacklozenge_{gsw}\Diamond\Diamond\Diamond\Box\bot$ $\blacklozenge_{br}\blacklozenge_{br}\top$ $\blacklozenge^6_{gbr}\blacklozenge_{gbr}\top$	$\mathcal{BML}(\blacklozenge_{gsb})$ $\mathcal{BML}(\blacklozenge_{sb})$
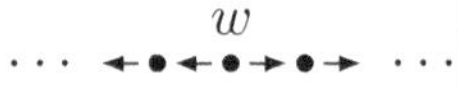 w	 w'	$\blacklozenge_{sw}\Diamond\Box\bot$ $\blacklozenge_{gsw}\Box\bot$	$\mathcal{BML}(\blacklozenge_{br})$ $\mathcal{BML}(\blacklozenge_{gbr})$
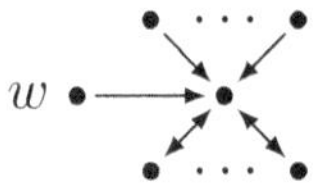 w	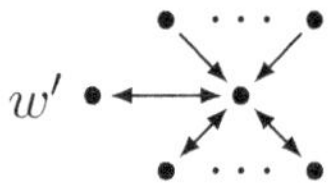 w'	$\blacklozenge_{sb}\Diamond\Box\bot$	$\mathcal{BML}(\blacklozenge_{gsb})$
w	w'	$\blacklozenge^3_{br}\top$ $\blacklozenge^3_{gbr}\top$	$\mathcal{BML}(\blacklozenge_{gsw})$
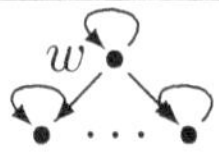 w	 w'	$\blacklozenge_{br}\top$	$\mathcal{BML}(\blacklozenge_{gbr})$

Figure 1: Bisimilar models and distinguishing formulas.

s', and so on. The winning conditions are as follows. Traveller wins the poison game if either (i) she manages to keep choosing non-poisoned successors no matter what vertices Poisoner selects, or (ii) she begins her turn at a node with no successors, or (iii) Poisoner begins her turn at a node with no successors. Otherwise, Poisoner winds. The poison game is interesting for graph theory because for any progressively and outwardly finite directed graph, Traveller can survive the poison game if and only the graph has a *local kernel* (see [9] for details).

Let us consider possible logics to model the poison game. Since Poisoner marks a node when she poisons one, memory logics [1, 21, 2] is a natural starting point, for they have the ability to store states into a memory. We will consider three memory logics of decreasing expressive power but increasing fit with the poison game. The first one is the basic memory logic restricted to the initial class of models with an empty memory, which we denote as $\mathcal{ML}_\emptyset$. The other two are syntactic fragments of $\mathcal{ML}_\emptyset$, which we respectively denote as $\mathcal{PML}$ and $\mathcal{PSL}$. For further details on the poison game see [22, 25, 14, 24].

The Memory Logic $\mathcal{ML}_\emptyset$. The simplest memory logic $\mathcal{ML}_\emptyset$ extends the basic modal language with two operators: Ⓚ and Ⓡ. A model for this logic is a tuple $\mathcal{M} = (W, R, V, M)$, where (W, R, V) is a relational structure, and $M \subseteq W$ is the *memory* of the model. The semantics of the new operators is:

$$\mathcal{M}, w \models ⓚ \quad \text{iff} \quad w \in M$$
$$\mathcal{M}, w \models ⓡ\varphi \quad \text{iff} \quad \mathcal{M}[w], w \models \varphi \text{where } \mathcal{M}[w] = (W, R, V, M \cup \{w\}).$$

The Ⓚ operator allows to check whether the current state has been memorised, while the Ⓡ operator elicits the memorisation of the current state and the subsequent evaluation of φ there. We focus on the class of models where $M = \emptyset$, i.e., we start with an empty memory.

$\mathcal{ML}_\emptyset$ can express that the point of evaluation has a successor that has itself as its only successor via the formula $\Diamond ⓡ(\Diamond ⓚ \wedge \Box ⓚ)$. This implies that $\mathcal{ML}_\emptyset$ does not have the tree model property.

In this language, we can use formulas of the form $\Diamond ⓡ\varphi$ to model Poisoner's moves and formulas of the form $\Diamond \neg ⓚ$ to model Traveller's moves.

$\mathcal{ML}_\emptyset$ can express the property that Traveller can survive at least n rounds of a poison game by means of the following inductive scheme:

$$\rho_1 = \Box ⓡ(\Box \bot \vee \Diamond \neg ⓚ) \qquad \rho_n = \Box ⓡ(\Box \bot \vee \Diamond(\neg ⓚ \wedge \rho_{n-1})).$$

One could extend $\mathcal{ML}_\emptyset$ with least and greatest fixpoint operators (μ and ν respectively) and express that Traveller has a winning strategy (from the current position in the graph) with the formula

$$\nu q.\Box\textcircled{r}(\Box\bot \lor \Diamond(\neg\textcircled{k} \land q)).$$

Notice that $\textcircled{r}$ does not, by itself, naturally correspond to Poisoner's moves, for it allows one to memorise the current state, while Poisoner must always poison a *successor* of the current state. In other words, $\mathcal{ML}_\emptyset$ seems to be too expressive. In addition, $\mathcal{ML}_\emptyset$ is not computationally well-behaved:

Theorem 10 *The satisfiability problem for $\mathcal{ML}_\emptyset$ is undecidable.*

Can we find a logic that is closer to the poison game?

Restricting modalities in $\mathcal{ML}_\emptyset$: the logic $\mathcal{PML}$. We can focus on the fragment of $\mathcal{ML}_\emptyset$ that extends the basic modal language with two operators, $\textcircled{p}$ and $\langle p \rangle$, respectively defined as $\textcircled{p} \leftrightarrow \textcircled{k}$ and $\langle p \rangle \varphi \leftrightarrow \Diamond \textcircled{r}\varphi$. We will refer to this logic as $\mathcal{PML}$ (poison memory logic). We use $\textcircled{p}$ instead of $\textcircled{k}$ simply because the former is more suggestive of the *poison* game. Also note that $\mathcal{PML}$ models are the same as in $\mathcal{ML}_\emptyset$.

As in the case of $\mathcal{ML}_\emptyset$, the following inductive scheme expresses that Traveller can survive at least n rounds of a poison game:

$$\rho_1 = [p](\Box\bot \lor \Diamond\neg\textcircled{p}) \qquad \rho_n = [p](\Box\bot \lor \Diamond(\neg\textcircled{p} \land \rho_{n-1}))$$

Again, using the appropriate modal μ-calculus, we can express that Traveller has a winning strategy via the formula

$$\nu q.[p](\Box\bot \lor \Diamond(\neg\textcircled{p} \land q)).$$

Note that the $\mathcal{ML}_\emptyset$-formula $\Diamond\textcircled{r}(\Diamond\textcircled{k} \land \Box\textcircled{k})$ forcing non-tree models falls within $\mathcal{PML}$ (we can write it as $\langle p \rangle(\Diamond\textcircled{p} \land \Box\textcircled{p})$). Hence, $\mathcal{PML}$ lacks the tree model property, too.

We can show that $\mathcal{PML}$ is strictly less expressive than $\mathcal{ML}_\emptyset$, by using the notion of $\mathcal{PML}$ bisimulation adding the following clauses to the standard notion of bisimulation. Let Z denote a bisimulation between models $\mathcal{M} = (W, R, V, P)$ and $\mathcal{N} = (W', R', V', P')$:

Non-empty: there are $w \in W$ and $w' \in W'$ with $(P, w)Z(P', w')$;

Agree: if $(S, u)Z(S', u')$, then

(1) $\mathcal{M}, u \models q$ if and only if $\mathcal{N}, u' \models q$ for any proposition letter q, and

(2) $u \in S$ if and only if $u' \in S'$;

Zig$_{\langle p \rangle}$: if $(S, u)Z(S', u')$ and there exists $v \in W$ with $(u, v) \in R$, then there exists $v' \in W'$ with $(u', v') \in R'$ and $(S \cup \{v\}, v)Z(S' \cup \{v'\}, v')$;

Zag$_{\langle p \rangle}$: if $(S, u)Z(S', u')$ and there exists $v' \in W'$ with $(u', v') \in R'$, then there exists $v \in W$ with $(u, v) \in R$ and $(S \cup \{v\}, v)Z(S' \cup \{v'\}, v')$.

Theorem 11 *Let* $\mathcal{M} = (W', R', V', P')$ *and* $\mathcal{N} = (W', R', V', P')$ *be two* $\mathcal{PML}$*-models,* $w \in W$ *and* $w' \in W'$. *If* Z *is a bisimulation linking* (P, w) *and* (P', w'), *then* $\mathcal{M}, w \equiv_{\mathcal{PML}} \mathcal{N}, w'$.

It is possible to show two models that are bisimilar for $\mathcal{PML}$ but distinguishable by a formula of $\mathcal{ML}_\emptyset$. Hence:

Proposition 12 $\mathcal{PML} < \mathcal{ML}_\emptyset$.

Since it is a fragment of $\mathcal{ML}_\emptyset$, the logic $\mathcal{PML}$ is a fragment of first-order logic [1, 21]. In spite of being strictly less expressive than $\mathcal{ML}_\emptyset$, the satisfiability problem for $\mathcal{PML}$ is still undecidable. Indeed, $\mathcal{PML}$ does not have the finite model property (which can be proved using a 'spy-point technique' [6]). Once that is achieved it is possible to show that the $\omega \times \omega$ tiling problem can be encoded.

Theorem 13 *The satisfiability problem for* $\mathcal{PML}$ *is undecidable.*

Poison Sabotage Logic: $\mathcal{PSL}$. Besides undesirability, one reason to be unhappy with $\mathcal{PML}$ as a logic for the poison game concerns the ⓟ operator. When used in conjunction with $\diamond$, ⓟ allows to talk about Traveller's moves. However, ⓟ by itself does not have a counterpart in the poison game.

We will now consider the fragment of $\mathcal{PML}$ (and, *a fortiori*, $\mathcal{ML}_\emptyset$) that does not feature the basic $\diamond$ modality, but which includes $\langle p \rangle$ and the operator $\langle t \rangle$, defined as $\langle t \rangle \varphi \leftrightarrow \diamond(\neg \circledp \wedge \varphi)$. As before, the $\langle p \rangle$ operator captures Poisoner's moves. The $\langle t \rangle$ modality, on the other hand, captures Traveller's *safe* moves: i.e., moves along edges that do not lead to a poisoned state. We will refer to this logic as $\mathcal{PSL}$ (poison sabotage logic). Even though there are no modalities to explicitly delete edges, $\mathcal{PSL}$ is rather close to sabotage modal logic. This is because we could also think of $\langle t \rangle$ as the modality associated with a second graph relation, one that corresponds to Traveller's 'safe accessibility' relation and which shrinks over time, as more and more states get poisoned. Under this interpretation, the poison modality $\langle p \rangle$ behaves analogously to the sabotage modality, in that poisoning moves result in the deletion of links from the safe accessibility relation. The crucial difference between sabotage modal logic and $\mathcal{PSL}$, however, is that, while sabotaging only allows to remove one link at a time, poisoning prompts the deletion of *all* safe links leading to the poisoned state.

As before, $\mathcal{PSL}$ can express that Traveller has a strategy for surviving at least n rounds of a poison game via the inductive scheme below:

$$\rho_1 = [p]([p]\bot \vee \langle t \rangle \top) \qquad \rho_n = [p]([p]\bot \vee \langle t \rangle \rho_{n-1})$$

And using the modal μ-calculus we can express that Traveller has a winning strategy as

$$\nu q.[p]([p]\bot \vee \langle t \rangle q).$$

We can also express the property that (i) the current state has a safely accessible successor that has itself as its only safely accessible successor, and that (ii) every state that is safely accessible from the current state is either an endpoint or has itself as its only safely accessible successor via the formula $\langle t \rangle \langle t \rangle \top \wedge [p][t]\bot$. It follows that the tree model property fails for $\mathcal{PSL}$.

The notion of $\mathcal{PML}$ bisimulation can be easily adapted to the case of $\mathcal{PSL}$ by replacing the standard clauses for $\diamond$ with the following clauses for $\langle t \rangle$:

Zig$_{\langle t \rangle}$: if $(S,u)Z(S',u')$ and there exists $v \in W$ with $(u,v) \in R$ and $v \notin S$, then there exists $v' \in W'$ with $(u',v') \in R'$ and $v' \notin S'$, and $(S,v)Z(S',v')$;

Zag$_{\langle t \rangle}$: if $(S, u)Z(S', u')$ and there exists $v' \in W'$ with $(u', v') \in R'$ and $v' \notin S'$, then there exists $v \in W$ with $(u, v) \in R$ and $v \notin S$, and $(S, v)Z(S', v')$.

Theorem 14 *Let* $\mathcal{M} = (W, R, V, P)$ *and* $\mathcal{N} = (W', R', V', P')$ *be two* $\mathcal{PSL}$ *models,* $w \in W$ *and* $w' \in W'$. *If* Z *is a bisimulation linking* (P, w) *and* (P', w'), *then* $\mathcal{M}, w \equiv_{\mathcal{PSL}} \mathcal{N}, w'$.

Using the above notion of $\mathcal{PSL}$ bisimulation, we can show that $\mathcal{PSL}$ is strictly less expressive than $\mathcal{PML}$:

Proposition 15 $\mathcal{PSL} < \mathcal{PML}$.

$\mathcal{PSL}$ appears to be particularly well-suited to talk about the poison game. It allows to describe each stage of the game from the local perspective of the node currently occupied by the players, and quantification is restricted so as to precisely match the possible moves of the players: the $\langle t \rangle$ and $\langle p \rangle$ modalities capture exactly statements of the form 'there is an available move by Traveller/Poisoner resulting in φ'. Note, in particular, the elegant way in which $\mathcal{PSL}$ expresses n-round survival for the two players: with every application of a modal operator corresponding to a player's move. These considerations render the decidability question for $\mathcal{PSL}$ especially poignant. The question is open: should $\mathcal{PSL}$ satisfiability be decidable, we would then have a logic that strikes a pleasing balance between close fit with the original game, expressivity and good computational behaviour.

Final Remarks

In this paper, we discussed some logics for modelling graphs games. Hopefully, the presentation made clear that methods from modal logic are well-suited for modelling graph games or, more broadly, 'evolving' relational structures. Still the gap between the logic and the game is large, and the computational differences between actually *playing a game* and *reasoning about it* are important. The methodological question here is which logics are the natural candidates for studying a given class of games, and how do such design choices affect significant properties of these logics?

The landscape of modal logics nowadays is rich and the choices are ample. When designing a modal system to model a graph game, one is immediately confronted with the question of which language is best suited for capturing the game, and of which minimal requirements a logic should meet in order to qualify as a plausible contender. For instance, it should be possible to represent the moves of both players and to express the existence of winning strategies. Modal languages seems to be particularly well-suited to describe the current stage of the game, step-by-step, by capturing local (and dynamic) properties of the graph as seen from the vantage point of the node being currently occupied. From this perspective, a good fit between the logic and the game also means that the logic should not be excessively expressive: i.e., it should not be possible to express properties that have no natural counterpart in the game. Still what is the *best* logic for a given game is far from clear — and in many cases the answer is probably 'it depends'.

Acknowledgements.   All results discussed in this article have been developed by, and/or in collaboration with, fellow modal logicians. I refer the reader to the references for suitable pointers.

References

[1] Areces, Carlos [2007] "Hybrid Logics: The Old and the New". *Proceedings of LogKCA-07*, 15-29. Universidad del Pais Basco Servicio Editorial. San Sebastian, Spain.

[2] Areces, Carlos and Diego Figueira and Santiago Figueira and Sergio Mera [2011]. "The Expressive Power of Memory Logics". *Review of Symbolic Logic* 4 (2), 290-318.

[3] Areces, Carlos and Raul Fervari and Guillaume Hoffmann [2015]. "Relation-changing modal operators". *Logic Journal of the IGPL*, 601-627.

[4] van Benthem, Johan [2005]. "An Essay on Sabotage and Obstruction" In Dieter Hutter and Werner Stephan (Eds.) *Mechanizing Mathematical Reasoning*, LNCS, Springer, 268-276.

[5] van Benthem, Johan [2014]. *Logic in Games*. The MIT Press.

[6] Blackburn, Patrick and Jerry Seligman [1995]. "Hybrid languages". *Journal of Logic, Language and Information, (Special issue on decompositions of first-order logic) 4 (3)*, 251-272.

[7] Blackburn, Patrick and Frank Wolter and Johan van Benthem [2007]. *Handbook of Modal Logic*. Elsevier, 821-868.

[8] van Ditmarsch, Hans and Wiebe van der Hoek and Barteld Kooi [2007]. *Dynamic Epistemic Logic*. Springer.

[9] Duchet, Pierre and Henry Meyniel [1993]. "Kernels in directed graph: a poison game". *Discrete Mathematics* 115, 273-276.

[10] Ehrenfeucht, Andrzej [1961]. "An Application of Games to the Completeness Problem for Formalized Theories". *Fundamenta Mathematicae* 49, 129-141.

[11] Fervari, Raul [2014]. *Relation-Changing Modal Logics*. Phd thesis. Universidad Nacional de Córdoba, Argentina.

[12] Fraïssé, Ronald [1954]. "Sur quelques classifications des systèmes de relations". *Publications des Sciences de l'Université de l'Algérie*, Série A1, 35-182.

[13] Gierasimczuk, Nina, Lena Kurzen and Fernando Velázquez-Quesada [2009]. "Learning and Teaching as a Game: A Sabotage Approach". In Xiangdong He and John Horty and Eric Pacuit (Eds.), *Logic, Rationality, and Interaction, Second International Workshop (LORI'09)*, LNCS 5834, 119-132. Springer.

[14] Grossi, Davide and Simon Rey [2019]. "Credulous Acceptability, Poison Games and Modal Logic". *Proceedings of SYSMICS 2019*.

[15] Hintikka, Jaakko [1973]. *Logic, Language-Games and Information: Kantian Themes in the Philosophy of Logic*. Clarendon Press. Oxford.

[16] Hodges, Wilfrid [2006]. *Building Models by Games*. Dover Publications.

[17] Hodges, Wilfrid [2013]. "Logic and Games". In *Edward N. Zalta (Ed.), The Stanford Encyclopedia of Philosophy (Spring 2013 Edition)*.

[18] Löding, Christof and Philipp Rohde [2003a]. "Solving the Sabotage Game is PSPACE-hard". In Branislav Rovan and Peter Vojtás (eds.), *Proceedings of the 28th International Symposium on the Mathematical Foundations of Computer Science (MFCS 2003)*. LNCS 2747, 531-540. Springer-Verlag. Bratislava, Slovakia.

[19] Löding, Christof and Philipp Rohde [2003b]. "Model Checking and Satisfiability for Sabotage Modal Logic". In Paritosh Pandya and Jaikumar Radhakrishnan (Eds.), *Proceedings of the 23rd Conference on the Foundations of Software Technology and Theoretical Computer Science (FSTTCS 2003)*. LNCS 2914, 302-313. Springer-Verlag. Mumbai, India.

[20] Lorenzen, Paul [1955]. *Einführung in die Operative Logik und Mathematik*. Berlin: Springer-Verlag.

[21] Mera, Sergio [2009]. *Modal Memory Logics* (PhD thesis). Universidad de Buenos Aires, Buenos Aires, Argentina and Université Henri Poincaré, Nancy, France.

[22] Mierzewski, Krzysztof and Francesca Zaffora Blando [2016]. *The Modal Logic(s) of Poison Games*. Manuscript, Stanford University.

[23] Rohde, Philipp [2005]. *On Games and Logics over Dynamically Changing Structures*. RWTH Aachen University. Aachen, Germany.

[24] Vreeswijk, Gerard and Henry Prakken [2000]. "Credulous and Sceptical Argument Games for Preferred Semantics". *Proceedings of*

the 7th European Workshop on Logic for Artificial Intelligence (JELIA'00), 239-253.

[25] Zaffora Blando, Francesca and Krzysztof Mierzewski and Carlos Areces [2018]. "The Modal Logics of the Poison Game". *Proceedings of the 4th Asian Workshop on Philosophical Logic (AWPL 2018)*.

Vistas from a Drop of Water

Johan van Benthem

Institute for Logic, Language and Computation, University of
Amsterdam & Department of Philosophy, Stanford University &
School of Humanities, Tsinghua University

"From a drop of water a logician could infer the possibility of an Atlantic
or a Niagara without having seen or heard of one or the other."
Arthur Conan Doyle.

ABSTRACT

We explore several substantial ways in which observed
single facts can yield general conclusions. The first kind of
transfer is broadcasting via similarity relations, related to the
topic of model-theoretic preservation theorems in logic. The
second kind of transfer works via correlation of situations,
linking up with current logics of dependence. The third kind
of transfer, less automatic, consists in reflecting on the reasons for the truth of a given individual fact and extracting a
more general proof. We show this third transfer at work in
the concrete setting of dynamic-epistemic logic.

What can we learn from a single fact?

Can logicians infer a Niagara from a single drop of water, as Conan Doyle said? We only observe singular facts. Can we draw any general conclusions from these? Logicians might give answers like this. We can never infer general laws from singular observations, but individual facts can refute general laws, bringing down the mighty. Or more precisely, the only general things we can infer from single facts are pompous reformulations, as in the valid inference from Pa to $\forall x(x = a \rightarrow Px)$.

But this cannot be the whole story. The theme of inferring further new things from concrete instances arises in many places. Consider the 'problem of Locke-Berkeley' as discussed in [15]: how can we infer general geometrical statements from the contemplation of a single triangle? Beth himself thought there was a confusion here that is easily dispelled by understanding how the rule of Universal Generalization functions in logical proof. But the debate about 'arbitrary objects', 'generic structures' and other ways in which observing typical objects can yield generality, both in daily life and in science, continues – and logic can even inform us about how much generality can be extracted from what ([6], [18]).

In this piece, I will ignore the generic object perspective, interesting though it is, and focus on facts about ordinary situations and what these can tell us in general.

To start at base level, consider the simplest pattern of an inference that appeals to *analogy*:

from $Px, x \sim y$ to Py.

This is perhaps the most frequent occurrence of reasoning in practice, with long historical credentials in many logical traditions. If P holds of object or situation x, and x stands in some suitable relationship to y, we conclude that P holds of y. But what is this relation $\sim$, and does standard logic endorse this sort of inference?

For a first illustration, let us simplify Conan Doyle's ambition to just the following. If x is a drop of water with property P, what objects y are sufficiently connected to x to allow for the conclusion Py? Various candidates come to mind. Topologically, drops of water are isomorphic to the whole space they live in, so the topological structure we can observe in the small holds in the large.[1] But of course, not everything goes: specific metric assertions about the size of the drop will not transfer.

From this brief and simplified formulation of the raindrop example, we can take two points. Transfer is possible when there is enough *similarity* between situations, where similarity can be defined in precise mathematical terms. But crucially also: what can be transferred depends on our *language* for describing properties. We will discuss this combined perspective in Section 2 below.

Our second example comes from ancient Indian logic [16]. Simplifying a bit, we are at the foot of a mountain, a situation where we would like to draw inferences about what is the case on top of the mountain, a situation that is inaccessible to us. We see smoke, and we conclude that there is a fire on top of the mountain, using the connecting statement that "smoke means fire". Examples like this are persistent in the history of logic, witness the following version from Moist logic in ancient China [23]. You see an object in a dark room, but not its color. You see an object outside that is white. Someone tells you the two objects have the same color. You conclude that the object inside the room is white.[2]

Similar examples with transfer from actual situations to inaccessible situations occur right in modern times in situation theory [5].

Examples like these do not turn on similarity between the two situations at issue. To see this, consider again the above inference pattern

from $Px, x \sim y$ to Py.

This time the relation $\sim$ is different. What matters to the information flow and its admissible inferences in the second type of scenarios is *correlation* of facts in situations, or in more general settings, between the behavior of situations over time. This is a serious alternative perspective that we will discuss in Section 3 below.

But there is a further relevant distinction to be made. The preceding two perspectives on achieving generality might be called static, focusing

---

[1] The same analogy inference even holds for a wide range of suitably stated material properties if one believes in the well-known principle of Homogeneity for the physical universe.

[2] The Chinese example was meant to highlight the three types of information coming together here: observation, communication, and inference – but what matters for us here is the transfer pattern.

on *what* is the case. The situation we have access to satisfies some fact, there is a connection with another situation, and the fact (or some suitably adapted variant of it) also holds there. This transfer is automatic. But there is also another, equally ubiquitous, sense of learning from truth in single instances, where we have to do serious work, by reflecting on the *how*. We identify the *reason* for our saying that some fact holds in a particular situation, and then see, by reflecting on this reason, that it applies more generally.

For a concrete illustration, consider standard game-theoretic semantics for first-order logic (cf. the survey in [9]). A first-order formula φ is true in model M with variable assignment s iff Verifier has a winning strategy against Falsifier in the evaluation game for φ in (M, s). These winning strategies (there can be more than one) are not just truth values: different winning strategies stand for different reasons why φ is true in M – and described in suitable generic terms, they can be played elsewhere, allowing us to see φ that holds in other models as well.

Now this brings us to a potential controversy. In the above terms, model checking, testing whether a given formula φ is true in a given finite model M, starts looking like *proof*, showing that φ follows from premises Π identified in the process of model checking. But these things are very different: a statement $\Pi \models \varphi$ tells us something about all models of Π. And this difference also shows up in computational complexity. For first-order logic, model checking is decidable, but testing for validity is undecidable. So, our jump to generality seems to disregard an unavoidable serious barrier in complexity: and as we all know, miracles do not happen in logic.[3]

Even so, the interplay of semantic truth and proof is natural, and we will take it on board as a running theme in discussing transfer from the particular to the general.

It is easy to identify further ways in which singular facts can lead to general conclusions, especially if we also consider inductive and abductive reasoning. But we will not go there: our aim with this article is not to exhaust, but to instruct and alert.

---

[3]Model checking and testing for validity do coincide for suitably weak sublanguages of first-order logic admitting minimal models [17]. Also, model checking, validity testing and model construction get entangled in practical tasks [19].

Similarity and preservation

Many relations between models support transfer of properties expressed in some matching language. A typical instance in logic textbooks is the

Isomorphism Lemma. If f is an isomorphism from model M to N, then, for all first-order formulas φ, $M, s \models \varphi$ iff $N, f \bullet s \models \varphi$, where $f \bullet s$ is the assignment that sends variables x to $f(s(x))$.

In fact, all standard logical systems have this property, which is therefore one of the basic defining features of logical systems in Abstract Model Theory.

But isomorphic images of given models are not all that interesting, since they are really just presentations of the very same structure in different guise. Transfer gets more interesting when we weaken the language, and concomitantly, coarsen the structural relation between models. For instance, *modal formulas* are invariant for *bisimulation*, a much less demanding notion of structural similarity than isomorphism, which connects a given model (M, s) to many more variants. And there are many further similarity relations, each coming with their own special syntax for the invariant structural properties (cf. [10] for a survey).[4]

Summarizing all of this, picture a single model as a *radio transmitter* in a vast universe. Its truths transfer in circles around it, where larger circles represent weaker similarity relations, and what gets through gets ever less detailed, requiring ever more restricted, less expressive syntax. This broadcast metaphor supports generality from individual facts, of the first kind discussed in our introduction.

But this perspective can still be generalized. So far, we considered equivalences of truth between models, but this is not needed at all. The standard *preservation theorems* of logical model theory tell us that special syntax supports unidirectional generality. For instance, a positive sentence true in a model M will still hold in all homomorphic images of M, and many further such preservation results exist.

And going yet one step further, there is no need to just have the same

---

[4]We can even make the similarity dependent on the particular formula φ we started with, demanding only structural equivalence of models up to the quantifier depth of φ, by playing Ehrenfeucht-Fraïssé games up to a fixed finite length, or yet finer pebble versions thereof [9].

formula transferred to other situations, witness the following generalized notion of consequence proposed in [4]. Let R be any binary relation between models (such as isomorphism, bisimulation, homomorphic image, submodel, ...).

Formula φ *entails* ψ *along* R if, whenever MRN, and $M \models \varphi$, then $N \models \psi$.

One motivation for this goes back to our earlier examples: we observe φ in our actual situation M to learn that ψ in some inaccessible (but still related) situation N. Standard logical consequence is then the special, somewhat timid, case of inference where R is the identity relation. Entailment along relations has interesting properties, such as supporting new types of interpolation theorem for logical systems, but these need not detain us here. Our main point is that generality from similarity and transfer is entirely feasible, when we keep a clear view of the balance involved between similarity relations and the syntax of the observed individual facts.

The above discussion of the broadcast setting naturally shifted to consequence relations, and thus, it also suggests a proof-theoretic perspective. By the completeness theorems for many logics, there is a proof system for transfer consequences if the model relation can be defined in the language of the logic. Whether this is possible depends. Definability holds for transfer under isomorphism and homomorphism in first-order logic, but the crucial modal invariance of bisimulation is not definable inside the modal language [11].[5]

A particular case of definable cross-model relations arises when we think of models as situations that can be changed, for instance, by update with new information or other actions. In that case, the discussion of learning from single situations acquires a new flavor, entangled with proof, which we will discuss in Section 4.

---

[5]Axiomatizing complete meta-model-theories in this style may have its surprises. E.g., the modal logic of bisimulation relating modal models may be undecidable: the back-and-forth property of bisimulation defines a grid whose complete modal logic is known to be of high complexity.

Correlation

Next, let us return to the Smoke and Fire example of our Introduction. Here some different logical structures emerge. In the simplest case, we have two situations s_1 and s_2, one close to us, one far away: there is a fact p about s_1 that we can observe, and since s_1 and s_2 are correlated, this tells us that some other fact q holds in s_2.

To model this, we need to think about the logic of *correlations* (cf. [14], a discussion of the great variety of notions of information found in contemporary logic). We have a possibly large set of situations or locations that can have various properties, and there may be constraints on the occurrence of these: in the simplest case, as equivalences $p : s_1 \leftrightarrow q : s_2$. In this setting, transfer is not by similarity, but by constraints or correlations among situations.

Correlations can have many sources: from ontological (say, through laws of nature) to conventional (say, notes played by instruments in a performing a piece of music). These sources are not themselves logical, but there are interesting logical issues in understanding correlation. The above equivalence $p : s_1 \leftrightarrow q : s_2$ may seem just brute force stipulation, but more can be said when we enrich the setting a bit.

Consider a system of many situations evolving through time, where each situation can have or lose properties $p, q, \ldots$ This results in behaviors, histories whose stages are truth-value assignments to $p, q, \ldots$ at each situation.[6] Correlation now means that not all histories are possible: there are *gaps*. These gaps encode important information, namely, that there can be various dependencies. Say, if we fix the value of p among the admissible histories, we automatically also fix the value of q – or, if we try to change the value of p at one location inside an admissible histories, we find that that of q at another location must change as well. These are just a few options, many further natural forms of dependence can occur in a given set of behaviors.

In a stark mathematical model, we can just think of the preceding behaviors as assignments of values to variables, and what we end up with are models for first-order logic that do not have the full space of all

---

[6]Significantly, this is again a move to dynamics and time, which will occur again in Section 4.

functions from variables to objects as available assignments, but only a subset. These models validate a decidable version of first-order logic, the basic logic that remains after the standard Tarskian assumption of total independence of variables has been lifted [7].[7] Extensions of the standard first-order language with explicit information about dependencies still validate a decidable base logic [3].

Of course, it will not always be the case that knowing the value of one variable tells us the exact value of another. There can be weaker dependencies where restrictions on values of x merely induce restrictions on values of y. But these, too, may convey general information out of particular observations in our sense.

Logical languages and systems accessing this correlation structure occur in a large variety. These range from decidable first-order modal-style logics for dependence and independence ([1], [22], [3]) to second-order dependence logics in the style of [21]. In whatever format, such logics can be seen as vehicles for explaining how general information can come from observations of a single situation or variable.

In this setting, generality from facts about single situations does not arise from similarity, and it does not broadcast through the whole meta-universe of all models. The generality rather arises from constraints encoded *inside the current model* of our system of situations, our 'distributed system' in the sense of [5], and its universal spread from one situation to others is confined to the situations (or more abstractly, variables) represented inside that model.

Instead of our earlier broadcast metaphor for similarity, one can think here of a system of *linkages* through information channels – or more irreverently, of an informational puppet theatre with rods and strings between puppets and players.

This style of viewing things through linkages has great power, it applies very widely, and its potential for systematic theorizing has not been exhausted by far.

At this point, one might ask whether the similarity view and the correlation view are related: could not one subsume the other? In special

---

[7]The lower complexity is no accident. [2] discusses general assignment models as Henkin models, and clarifies connections with algebraic semantics.

cases, one can, but I do not see much advantage in undermining an illuminating conceptual distinction.[8]

Interfacing models and proofs: the case of dynamic-epistemic update

In this section, we show the *how* perspective of our introduction in action, by discussing a concrete form of information flow where single models meet with proof. A particular case of using single models can be found in the dynamic-epistemic logic of information-driven agency [8]. Consider the standard example in that literature of the Three Cards. Cards *red, white, blue* are dealt to players *1, 2, 3*, one for each. Initially, each player sees his own card only. The real distribution over *1, 2, 3* is ⟨*red, white, blue*⟩. Now player *2* asks player *1*: "Do you have the blue card?" Next, *1* answers truthfully "No". Who knows what then?

Here is the effect in words:

> Assuming the question is sincere, *2* indicates that she does not know the answer, and so she cannot have the blue card. This tells *1* at once what the deal was. But *3* does not learn, since he already knew that *2* does not have blue. When *1* says she does not have blue, this now tells *2* the deal. *3* still does not know even then. But since *3* can go through the above reasoning, he knows that the others know.

Now let us turn to models, the vehicle for our discussion so far. It is standard to picture the information flow in this scenario by means of updates in a diagram, making these considerations geometrically transparent.[9]

---

[8]Perhaps a more fruitful approach to analyzing transfer is trying to merge the two perspectives. If one were to include universes of models as in Section 2, correlation would again have to arise from gaps. We might drop some models from the relevant family of models around our model of origin, constraining the domain and range of familiar operations on, or relations between models. The effect of this move, reminiscent of 'protocol models' for dynamic-epistemic logic [13], on exploring meta-model-theory remains to be explored.

[9]Technically, these diagrams are models for epistemic logic, but details need not concern us here.

The initial situation can be represented as the epistemic model in Figure 1, with the actual deal of the cards marked as *rwb*, and the indexed lines indicating situations that the players cannot distinguish visually:

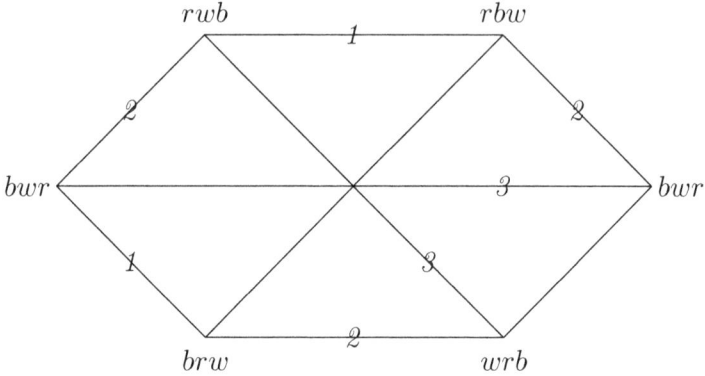

Figure 1: The initial situation.

Here are the effects of the successive updates:

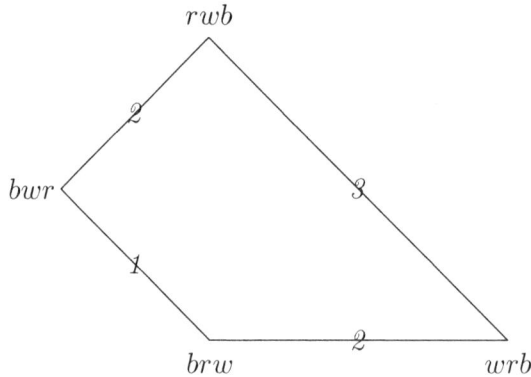

Figure 2: After 2's question.

In the final diagram of Figure 3, players *1, 2* know the initial deal *rwb*, as they have no uncertainty lines left. But *3* still does not know, given her remaining line, but she does know that *1, 2* know – and in fact, the latter fact is common knowledge. Here updates with new information

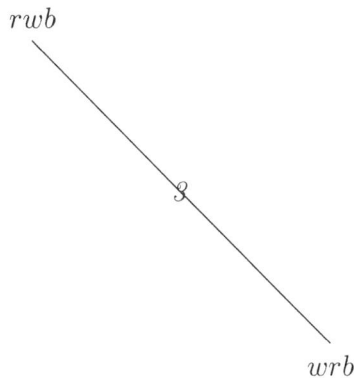

Figure 3: After 1's answer.

work as follows. Publicly learning that a statement φ is the case restricts the current model (M, s) (with actual world s) to the definable submodel $(M|\varphi, s)$ whose worlds are only those worlds in M that satisfy φ.

Now here is an issue. The graphical representation just given, though concrete and in line with diagrams that people draw naturally, is just about one single situation. But one could read the Three Cards scenario as being more general. It stipulates just some facts about the start of a game, and makes an assertion about what happens after two specific rounds of update. This should apply to any initial model satisfying the facts, so we are really aiming for a universal statement about puzzles like this, and a proof for it.

Here is some syntax to make this precise. The initial conditions of the scenario are defined by a formula φ expressing the *precondition*, the final effects are defined by a *postcondition* ψ. Updates are triggered by events $!\alpha$, where α is the true information conveyed, of which there may be one or more. Let A stand for the whole sequence. The above suggests that we want to pass on to valid general insights of the form

$$\varphi \to [A]\psi,$$

where $[A]$ is a dynamic modality stating what is the case after the action A has been executed.

Now, the single model we considered does not support these per se, but it does contain clues. Analyzing the above update events $!a$, we see

70

they validate 'recursion laws' that describe effects of an update in terms of what was true one step before. The most striking recursion law is that for knowledge of agents after update:

$$[!\alpha]K\varphi \leftrightarrow (\alpha \rightarrow K(\alpha \rightarrow [!\alpha]\phi)).$$

For the complete logic of information update, we refer to the cited literature. The key point for us is just this. Using these principles backwards, given a post-condition ψ and update sequence A, we can compute in a stepwise manner just what is needed in the initial situation for the update sequence to have the intended effect.[10] Thus, analyzing our example reveals a general pattern. Any model satisfying a pre-condition that implies the condition just computed will have the required effects.[11]

This case study of information update shows how analysis of single models and their definable updates can go hand in hand with proof analysis, where analyzing well-chosen single models can suggest useful proof-theoretic principles which can then be used to extract more generality from the initial scenario. Of course, as stated in Section 1, this does involve a shift from the broadcast scenario of Section 2, where transfer comes for free along similarity relations. One has to do real work to uncover the proof-theoretic recursion laws that induce generality.

Finally, in practice, entanglement of models and proofs is widespread. Solving real-life practical problems often involves an interplay of model-checking over diagrams, when useful and fast, with symbolic proof steps that agents already know, to bypass more tedious episodes of model-checking [12].[12]

---

[10]Technically, this procedure computes 'weakest preconditions' for the intended effect. One might also think that the Three Cards asks for a 'strongest postcondition' given just the precondition φ and the update sequence A , but computing this is a much more delicate matter [8].

[11]Sometimes, single models are all that is needed. The preconditions in the original scenario may be so strong that they admit of only one model up to bisimulation. Arguably, this is true in the Three Card scenario and other famous update puzzles such as Muddy Children. Then updates on this single model capture the scenario as stated, up to some inevitable bisimulation variants. But the precondition-postcondition analysis still has its uses, as it will apply to changes in the original scenario.

[12]Even more subtle mixtures of proof and model checking occur in efficient symbolic model-checking techniques for dynamic-epistemic logic, cf. [12].

Conclusion

We have discussed several roads to generality from one single situation, all of them with roots in logic. There is similarity and laws of transfer, there is correlation and dependence, and orthogonally to these two, there is the interplay between seeing individual facts and reflecting on the proofs that led to their recognition. And these different roads co-exist, there is no need to prefer one over the other.

Here is one further thought on achieving generality. Either we already *have* it, via similarity or correlation, or we can *achieve* it by reflecting on specific truths using suitable abstractions that result in proof systems capturing our handling of models. The latter procedure is not deterministic, and to some extent, an art – but this creative art can be enhanced through the use of logical notions and techniques.[13]

But logic is not all there is to abstraction from single cases. When describing what is general about concrete situations, logical syntax sometimes seems too rigid and particular, and *natural language* has the edge. For instance, in agent scenarios like the Three Cards puzzle, standard logical formulas force us to be specific about small details, whereas natural language has wonderfully concise indexical expressions such as "each agent knows his own card, but not those of the others". It is easy to find further examples of this virtue. Even mathematicians use natural language when describing high-level features of models or proofs in an illuminating manner. Explaining the fascinating interplay of natural and formal languages in achieving generality is not my task here,[14] but it deserves at least this much mention.

---

[13] It may seem as if this article suggested that, to achieve abstraction and generality, we must use logical syntax. But as explained in the influential manifesto [20] that advertized the virtues of model checking over proof in concrete computational applications, the art is rather what to leave in the meta-language of the models and what to highlight in logical syntax.

[14] As a slightly tongue-in-cheek example, consider the phenomenon of ambiguity, usually considered a disadvantage, but in fact a stimulus for creativity. Take the very metaphor of the "drop of water" which opened this article. This expression has a slight ambiguity, since 'drop of water' might also suggests a waterfall, as in dropping some object. But then we are much closer to the Niagara, and in fact also to the dynamic perspectives discussed later on in this article.

Thus, our discussion of moving from the small to the large has come to an open end.

References

[1] Andréka, Hajnal, Johan van Benthem and István Németi [1998]. "Modal Logics and Bounded Fragments of Predicate Logic". *Journal of Philosophical Logic* 27(3): 217–274.

[2] Andréka, Hajnal, Johan van Benthem, Nick Bezhanishvili and István Németi [2014]. "Changing a Semantics: Opportunism or Courage?". In María Manzano, Ildikó Sain and Enrique Alonso (Eds.), *The Life and Work of Leon Henkin*. Birkhaüser Verlag, 307–337.

[3] Baltag, Alexandru and Johan van Benthem [2018]. "A Decidable Logic of Functional Dependency", working paper, ILLC, University of Amsterdam.

[4] Barwise, Jon and Johan van Benthem [1999]. "Interpolation, Preservation, and Pebble Games". *Journal of Symbolic Logic* 64(2): 881–903.

[5] Barwise, Johan and Jerry Seligman [1995]. *Information Flow*. Cambridge UK: Cambridge University Press.

[6] van Benthem, Johan [1981]. "Historische Vergissingen? Kanttekeningen bij de Fregeaanse Revolutie in de Logica". *Kennis en Methode* 5(2): 94–116.

[7] van Benthem, Johan [1996]. *Exploring Logical Dynamics*. Stanford: CSLI Publications.

[8] van Benthem, Johan [2011]. *Logical Dynamics of Information and Interaction*. Cambridge UK: Cambridge University Press.

[9] van Benthem, Johan [2014]. *Logic in Games*, Cambridge MA: The MIT Press.

[10] van Benthem, Johan [2018]. "Semantic Perspectives in Logic". To appear in Gil Sagi and John Woods (Eds.), *The Semantic Conception of Logic*. Cambridge UK: Cambridge University Press.

[11] van Benthem, Johan, Balder ten Cate and Jouko Väänänen [2009]. "Lindström Theorems for Fragments of First–Order Logic". *Logical Methods in Computer Science* 5(3): 1–27.

[12] van Benthem, Johan, Jan van Eijck, Malvin Gattinger and Kaile Su [2018]. "Symbolic Model-Checking for Dynamic–Epistemic Logic". *Journal of Logic and Computation*, 28(2): 67-402.

[13] van Benthem, Johan, Jelle Gerbrandy, Tomohiro Hoshi and Eric Pacuit [2009]. "Merging Frameworks for Interaction". *Journal of Philosophical Logic* 38(5): 491–526.

[14] van Benthem, Johan and Maricarmen Martinez [2008]. "The Logical Stories of Information". In Pieter Adriaans and Johan van Benthem (Eds.), *Handbook of the Philosophy of Information*. Amsterdam: Elsevier, 217–280.

[15] Beth, Evert W. [1959]. *The Foundations of Mathematics*. Amsterdam: North-Holland.

[16] Bocheński, Józef M. [1961]. *A History of Formal Logic*. Notre Dame Press.

[17] ten Cate, Balder and Phokion Kolaitis [2015]. "Schema Mappings. A Case of Logical Dynamics in Database Theory". In Alexandru Baltag and Sonia Smets (Eds.), *Johan van Benthem on Logic and Information Dynamics, Outstanding Logicians Series*, vol. 5, Dordrecht: Springer, 67–100.

[18] Fine, Kit [1985]. *Reasoning with Arbitrary Objects*. London: Blackwell.

[19] Goranko, Valentin [2018]. "Model Checking and Model Synthesis from Partial Models", working paper, Stockholm University: Philosophical Institute.

74

[20] Halpern, Joseph and Moshe Vardi [1991]. "Model Checking versus Theorem Proving: A Manifesto", in *Artificial Intelligence and Mathematical theory of Computation*. San Diego: Academic Press Professional, 151–176.

[21] Väänänen, Jouko [2007]. *Dependence Logic*, Cambridge UK: Cambridge University Press.

[22] Wang, Yanjing [2016]. *Beyond Knowing That: A New Generation of Epistemic Logics*. Department of Philosophy, Peking University.

[23] Zhang, Jialong and Fenrong Liu [2007]. "Some Thoughts on Mohist Logic". In Johan van Benthem, Shier Ju and Frank Veltman (Eds.), *A Meeting of the Minds: Proceedings First LORI Workshop on Logic, Rationality and Interaction*. London: College Publications, 85–102.

Interaction and the Marcan formula

Patrick Blackburn
University of Roskilde, Denmark

ABSTRACT

This paper is about interactions, or if you prefer, conversations. On the one hand, it is about conversations between logics, and in particular, between hybrid logic and orthodox modal logic. On the other hand, it also reflects 12 years of conversation held by a small team of logicians (headed by Mara) on how best to combine higher-order logic and hybrid logic. Now, in this paper I am not going to say anything about higher-order logic (apart from a brief remark at the end of the paper) but I am going to make clear why basic hybrid logic is an excellent tool for making logics communicate. I will do so by examining a simple running example — the universal modality — and seeing what it looks likes from both an orthodox modal and a hybrid logical perspective. Along the way we'll see some tableau proofs, and eventually we will meet the Marcan formula. But, right at the end of the paper, we'll also meet the even more important formula that this paper is really about.

Introduction

I first met Mara in 2006 in Salamanca at the second *Tools for Teaching Logic* conference; Mara was the organizer and driving force behind the event. I had heard of Mara well before that — as a PhD student I had read her book on higher-order logic, and my INRIA colleague Carlos Areces often mentioned her. But this was the first time I had met her, and the timing was not perfect: when I arrived, I was rather unwell, and, more than anything else wanted to stay in bed at the hotel and sleep. The idea of attending talks was not appealing, and the thought of standing up and giving a talk even worse.

Needless to say, Mara's hospitality swiftly dealt with most of these problems, and despite the sickness, my first visit to Salamanca was a memorable occasion. About a year later, in late 2007, Mara, accompanied by Antona Huertas, visited Carlos and me at the INRIA institute in Nancy, France. This foursome was the original team that began investigating hybrid type theory, a team that was later to be expanded by the addition of Manuel Martins, and (for a short period) by Klaus Frovin Jørgensen.

The years since 2007 have been marked by several joint papers (see [2, 1, 5, 8, 6]), many trips, and countless conversations, and these conversations led to this paper, which is about hybrid logic as a tool for supporting interactions between logics. Many of our conversations were about such interactions, for we were trying to marry modal logic with higher-order logic, and wanted hybrid logic to perform the ceremony. However in this paper I will examine a much simpler example: showing how hybrid logic marries the universal modality with an underlying modal logic.

I will do this as follows. In Section *Basic hybrid logic*, I will informally introduce basic hybrid logic, and present a simple hybrid tableaux system, together with some examples. In Section *Modal and Hybrid S5*, I first discuss the orthodox modal logic S5, and then show how to work with S5 in our hybrid tableau system with the help of pure axioms. In Section *The Universal Modality as Lone Modality*, I will turn to the universal modality, though at this stage I will work with a language in which the universal modality is our only modal operator; as we will see, viewed through the eyes of hybrid logic, the universal modality is not just an S5 operator. Then, in Section *The Universal Modality as Logical Modality*, I will turn to the setting where the universal modality is most often encountered: as an additional modal operator added over modal base logic (so we have at least two modalities in the language). Here again we will see that hybrid logic adds something new — we gain the interaction between the universal modality and the underlying modality automatically. This is also the section where we'll meet the Marcan formula, together with some other interaction formulas. I conclude with some general remarks on hybrid logic and logical interaction, and reveal the existence of an interaction formula even more powerful than the Marcan formula. So stay tuned!

I won't give many references in the course of this paper; the paper is a reflection on well-known results. For readers unfamiliar with hybrid logic, I recommend my own "Hybrid Logic Manifesto" [4] as an easy introduction (one which goes into the tableau systems in more depth than I do here) and the survey paper by Carlos Areces and Balder ten Cate [3] for a deeper and more technical overview. I also want to draw the reader's attention to the classic paper on the universal modality which was written by Valentin Goranko and Solomon Passy [7], both pioneering researchers in hybrid logic.

Basic hybrid logic

Let's start with orthodox propositional modal logic. Here we are given a set of propositional symbols (usually written p, q, r or something similar), a collection of boolean connextives (say $\neg$, $\vee$, $\wedge$, $\rightarrow$ and $\leftrightarrow$), and a collection of boxes and their diamond duals. For now, assume that we simply have one box/diamond pair and let's write them as $\square$ and $\diamond$. We build more complex formulas using these symbols in the usual way, and we interpret them on Kripke models. In such models, all formulas are evaluated at worlds. Formulas of the form $\square\varphi$ are true at a world w iff φ is true at *all* worlds v that w can see, and formulas of the form $\diamond\varphi$ are true at a world w iff φ is true at at least one world v that φ can see. A formula is *valid* iff it is true at all world in all models. For example, $\square(p \rightarrow q) \rightarrow (\square p \rightarrow \square q)$, the distribution axiom, or K axiom, is valid.

So are duality axioms $\Box\varphi \leftrightarrow \neg\Diamond\neg\varphi$ and $\Diamond\varphi \leftrightarrow \neg\Box\neg\varphi$.

So far, so familiar — so let's introduce the two changes that turn this orthodox modal language into basic hybrid logic. First, we introduce a new set of propositional symbols, which we call *nominals*. These are usually written as i, j, and k, but the notation isn't important. What *is* important is that these symbols are distinct from the propositional symbols, because nominal are also symbols for propositions. But here comes the important point: they are symbols for very special propositions, namely *propositons true at a unique world in any model*. That is: we stipulate that in any Kripke model, nominals must be true at one and only one world. It is this stipulation that explains why we call them nominals. As any such symbol is true at exactly one world, it in effect "names" the world it is true at. Syntactically, nominals can be used in exactly the same fashion that orthodox propositional are; that is, we can regard them as atomic formulas that can be used to form more complex formulas, just like orthodox propositional symbols. It is the semantic restriction we place on them which makes them interesting.

However there is one syntactic possibility open to nominals that is *not* open to orthodox propositional symbols: as well as using them in formula position, we can use them to form new modal operators called *satisfaction operators*. Typical satisfaction operators are $@_i$, $@_j$ and $@_k$. That is, a satisfaction operator consists of the @ symbol subscripted by a nominal, and we say that such nominals occur in operator position. These new operators (there is one for every nominal in the language) are genuine modalities. We can prefix them in front of any formula φ, just like we do with $\Box$ and $\Diamond$, and a formula of the form $@_s\varphi$ is true at any world w iff φ is true at the world s names (here I have used s as a metavariable over nominals). One important remark should be made here: in any model, any formula of the form $@_s\varphi$ is either true at all worlds in the model, or false at all worlds in the model. So to speak: the truth (or falsity) of φ at the world named s is transmitted to all worlds in the model.

As before, we say a formula is valid iff it is true at all worlds in all models, though we have to bear in mind that to count as a *hybrid* model, a Kripke model must make each nominals true at exactly one world. Here are some validities. First a very simple one:

$$@_i i.$$

How could it be any simpler? This says that at the world named i we will find that the nominal i is true, which is clearly valid! Note that we have the same nominal i occurring in both operator and formula position. Here is a more complex example:

$$@_i j \rightarrow (@_j \varphi \rightarrow @_i \varphi).$$

This says: if at the world named by nominal i we find that the nominal j is also true (that is, if i and j name the same world) and moreover if φ is true at the world name j, then φ is true at the world named i too. Again, a clear validity.

Let's now turn to proving things in hybrid logic, and we will do so by developing a tableau system for basic hybrid logic. Recall how tableau systems work. To prove a formula φ we test whether $\neg\varphi$ is a contradiction, and we do so by building a tree with $\neg\varphi$ at its root. The tableau expansion rules tell us how to break this initial formula down and expand the tree using its subformulas. The meaning of the expansion rules is transparent; they simply reflect the truth conditions.

The key ideas of unsigned tableau systems easily adapt to the basic hybrid language. Suppose we want to test whether a formula φ is valid. If φ is *not* valid, it is possible to build a model for its negation at some world in some model. So, let i be a nominal that does not occur in φ; we use i as a name for the potential falsifying world. We then break $\neg@_i\varphi$ apart, systematically building a tree in accordance with the rules described below.

These rules fall into four groups: rules for the booleans, rules for the satisfaction operators, rules for $\diamond$ and $\square$, and rules for reasoning about the equality of worlds. In what follows, φ and ψ are metavariables over arbitrary formulas, s, t, and u are metavariables over nominals, and a is a metavariable over *new* nominals (that is, nominals that have not been used so far in that branch of the tableau).

80

First, the rules for the booleans:

$$\frac{@_s\neg\neg\varphi}{\neg@_s\varphi}\ [\neg]
\qquad
\frac{\neg@_s\neg\varphi}{@_s\varphi}\ [\neg\neg]$$

$$\frac{@_s(\varphi\wedge\psi)}{\begin{array}{c}@_s\varphi\\@_s\psi\end{array}}\ [\wedge]
\qquad
\frac{\neg@_s(\varphi\wedge\psi)}{\neg@_s\varphi\ \mid\ \neg@_s\psi}\ [\neg\wedge]$$

$$\frac{@_s(\varphi\vee\psi)}{@_s\varphi\ \mid\ @_s\psi}\ [\vee]
\qquad
\frac{\neg@_s(\varphi\vee\psi)}{\begin{array}{c}\neg@_s\varphi\\\neg@_s\psi\end{array}}\ [\neg\vee]$$

$$\frac{@_s(\varphi\rightarrow\psi)}{\neg@_s\varphi\ \mid\ @_s\psi}\ [\rightarrow]
\qquad
\frac{\neg@_s(\varphi\rightarrow\psi)}{\begin{array}{c}@_s\varphi\\\neg@_s\psi\end{array}}\ [\neg\rightarrow]$$

These rules should be self-explanatory: they merely state what it means for the formula above the horizontal line (the input to the rule) to be satisfied at the world named by a nominal s in a model. The $\neg\wedge$-rule, the $\vee$-rule, and the $\rightarrow$-rule are called *branching rules* for they yield two alternative outputs.

The rules for the satisfaction operators are also simple:

$$\frac{@_s@_t\varphi}{@_t\varphi}\ [@]
\qquad
\frac{\neg@_s@_t\varphi}{\neg@_t\varphi}\ [\neg@]$$

Now for the rules dealing with the modalities:

$$\frac{@_s\Diamond\varphi}{\begin{array}{c}@_s\Diamond a\\@_a\varphi\end{array}}\ [\Diamond]
\qquad
\frac{\neg@_s\Diamond\varphi\quad @_s\Diamond t}{\neg@_t\varphi}\ [\neg\Diamond]$$

$$\frac{@_s\Box\varphi\quad @_s\Diamond t}{@_t\varphi}\ [\Box]
\qquad
\frac{\neg@_s\Box\varphi}{\begin{array}{c}@_s\Diamond a\\\neg@_a\varphi\end{array}}\ [\neg\Box]$$

Note that the $\Diamond$-rule and $\neg\Box$-rules are stated using the metavariable a. This means that when we apply these rules to some formula in a tableau, we should choose a nominal that hasn't been used so far in the tableau construction process. The $\Diamond$-rule is subject to the following side condition: we cannot apply it to formulas of the form $@_s \Diamond \varphi$ where φ is a nominal. Let's examine these rules more closely.

The $\Diamond$-rule and the $\neg\Box$-rule are called *existential rules*. These rules introduce new nominals into tableaus. Consider the $\Diamond$-rule. This decomposes the existential demand made by formulas of the form $@_s \Diamond \varphi$ into two subdemands: (1) that there is a successor world to the world named s (we invent a brand new name a for this successor), and (2) that the world named a satisfies φ. The dual $\neg\Box$-rule works analogously (recall that $\neg\Box\varphi \leftrightarrow \Diamond\neg\varphi$).

Let's next turn to the $\Box$-rule and the $\neg\Diamond$-rule, the *universal rules*. Both rules are binary (they take *two* formulas as input) and the second input to each rule is a formula of the form $@_s \Diamond t$. These rules say that if a branch contains a pair of formulas of the form shown above the line, then we can extend that branch by adding the formula shown below the line. The two input formulas are written side-by-side to indicate that there is no ordering intended on the input; no matter which occurs first, you can apply the rule. In essence, these rules treat formulas of the form $@_s \Box \varphi$ and $@_s \neg \Diamond \varphi$ as constraints on successors of the world named s. These formulas are "fired" by formulas of the form $@_s \Diamond t$.

Although we have given a rule for each connective, we are not yet finished. One of the key intuitions about the basic hybrid language is that it allows us to reason about world equality and world succession. We can accomplish this by adding on some simple rewrite rules:

$$\frac{[s \text{ on branch}]}{@_s s} \text{ [Ref]} \qquad \frac{@_t s}{@_s t} \text{ [Sym]}$$

$$\frac{@_s t \quad @_t \varphi}{@_s \varphi} \text{ [Nom]} \qquad \frac{@_s \Diamond t \quad @_t u}{@_s \Diamond u} \text{ [Bridge]}$$

The meaning of the **Ref** and **Sym** rules should be clear ("*s on branch*" means that some formula on the branch in question contains an occurrence of s). The **Nom** rule reflects the fact that identical worlds carry identical information. Note that the "missing" transitivity rule (that is, from $@_s t$ and $@_t u$ to deduce $@_s u$) is the special case of **Nom** in which φ is u. In short, the **Ref**, **Sym**, and **Nom** rules reflect the fact that the basic hybrid language is strong enough to reason about equality between worlds. Finally, **Bridge** regulates information about world *succession*.

It's time for some examples. Let's first prove the modal distribution axiom:

$$\Box(p \to q) \to (\Box p \to \Box q).$$

We do so by choosing a nominal that does not occur in this formula (let's choose i), prefixing the formula with $\neg@_i$, and applying tableau rules:

1	$\neg@_i(\Box(p \to q) \to (\Box p \to \Box q))$	
2	$@_i\Box(p \to q)$	$1, \neg\to$
2′	$\neg@_i(\Box p \to \Box q)$	Ditto
3	$@_i\Box p$	$2', \neg\to$
3′	$\neg@_i\Box q$	Ditto
4	$@_i\Diamond j$	$3', \neg\Box, j$
4′	$\neg@_j q$	Ditto
5	$@_j p$	$3, 4, \Box$
6	$@_j(p \to q)$	$2, 4, \Box$
7	$\neg@_j p \quad\mid\quad @_j q$	$6, \to$
	$\odot\ 5, 7\ \odot \qquad \odot\ 4', 7\ \odot$	

The annotations in the far right column tell us which rule was applied and where. At line 4 we also indicate which new nominal was introduced by the existential rule $\neg\Box$ (in this case, j). The annotations $\odot\ 5, 7\ \odot$ and $\odot\ 4', 7\ \odot$ signal branch closure (branches containing contradictory information) and say where the conflicting items can be found.

Let's next prove $@_i i$, the simplest validity in the language:

1	$\neg@_j@_i i$	
2	$\neg@_i i$	$1, \neg:$
3	$@_i i$	Ref
	$\odot\ 2, 3\ \odot$	

Finally, observe that all instances of $\Diamond i \wedge @_i\varphi \rightarrow \Diamond\varphi$ are valid. Any instance can be proved as follows (here j does not occur in φ):

1	$\neg @_j(\Diamond i \wedge @_i\varphi \rightarrow \Diamond\varphi)$	
2	$@_j(\Diamond i \wedge @_i\varphi)$	$1, \neg\rightarrow$
2′	$\neg @_j\Diamond\varphi$	Ditto
3	$@_j\Diamond i$	$2', \wedge$
3′	$@_j@_i\varphi$	Ditto
4	$@_i\varphi$	$3', @$
5	$\neg @_i\varphi$	$2', 3, \neg\Diamond$
	☺ $4, 5$ ☺	

And now for an important remark: if you have *not* met hybrid logic before, then you have *not* seen this tableau system. In particular, even if you are familiar with what are known as labelled tableau systems for modal logic, this system is different. For while this is a labelled tableau system, it is an *internalized* labelled tableau system: all the "labels" (the $@_i$ and $\neg @_i$ prefixes) are part of the hybrid *object* language. Note that we have have rules for these "labels" (the [@$_i$] and [¬@$_i$] rules), as these are not metalinguist prefixes but @-operators which may well occur nested arbitrarily deep inside the formula we are attempting to prove. Moreover, we also have four rules (the [Ref], [Sym], [Nom], and [Bridge] rules) which tell us how to use the "label subscripts", for these symbols are not arbitrary subscripts, but nominals which may occur in formula position deep inside (at atomic level) in the formula we are proving.

Internalization is the key to the deductive power of hybrid logic. This power has nothing to do with the fact we are working with tableau system. Any adequate proof system for hybrid logic — Hilbert style axiomatisation, sequent system, natural deduction system, or whatever — must be able to deal with the @-operators and nominals in formula postion. These two devices ensure that hybrid logic comes with a built-in theory of world names, world equality, and world succession. This theory will enable us (as I will illustrate in my discussion of the universal modality) to get different logics to conduct a meaningful conversation together.

Modal and Hybrid S5

As most readers are probably aware, there are many modal logics. This is because modal logicians are interested not only in plain old validity (that is: truth in every world in *every* model) but in validity with with respect to a *restricted* class of models. For example, we might be interested in formulas valid with respect to *reflexive* models (that is: those formulas true at all worlds in all models *in which every world can see itself*), or validity with respect to *transitive* models (that is: those formulas true at all worlds in all models in which the seeing relation between worlds is *transitive*) or validity with respect to *symmetric* models (that is: formulas true at all worlds in all models with a *symmetric* seeing relation). In this section we will discuss the logic S5 from a modal perspective, and then see how we can capture this logic using the tableau system introduced in the previous section.

S5 is one of the best known modal logics. It is a particularly simple modal logic (for example, it has an NP-complete satisfiability problem, and thus has the same complexity as the underlying propositional logic) and an important one (it is usually regarded as capturing strong notions of necessity). Here are three orthodox modal axioms that are often used when axiomatizing this logics:

T axiom: $p \to \Diamond p$ 4 axiom: $\Diamond\Diamond p \to \Diamond p$ B axiom: $p \to \Box\Diamond p$

Syntactically, S5 can be characterized as the set of all formulas provable in a proof system that is capable of generating all valid orthodox modal formula (that is: a modal proof system complete for the minimal modal K) and in which we are also allowed to use T, 4 and B as additional axioms.

What about semantics? It is easy to show that T, 4 and B axioms are valid precisely on those models that are reflexive, transitive and symmetric, and with the aid of a little modal magic (more precisely: the mathematical magic called completeness theory) one can show that in fact *every* formula provable in S5 is valid on models with these three properties. To put it another way: orthodox S5 is precisely the set of modal formulas valid on all models with an *equivalence relation* on worlds.

However orthodox S5 also has a second semantic characterization: it is also the set of modal formulas valid on models with the *universal relation* on worlds. *This is because orthodox modal languages cannot see the difference between models and their generated submodels.* Suppose φ is provable in S5, and suppose we have a model for φ consisting of worlds partitioned into a number of disjoint equivalence classes (such a model is an S5 model). Now, pick a world w where φ is true (there must be at least one such world), keep the equivalence class of worlds that contains w, and throw all the other equivalence classes away. The single remaining equivalence class (the one containing w) is a submodel of the original one, and moreover it is is a *generated* submodel (that is: the set of worlds is closed under the seeing relation). As we stated above, orthodox modal formulas cannot see the difference between models and their generated submodels, so φ continues to be true at w in the smaller model. *But this model bears the universal relation.* Every world can see every other world. So we started with an S5 model for φ, and have succeeded in forming a smaller, universally related, model for it, and thus S5 is also the the set of modal formulas valid on models bearing the universal relation.

This observation, needless to say, is why S5 is relevant to our discussion of the universal modality. But before turning to that topic, let's look at hybrid S5.

Like orthodox modal logic, hybrid logic sees reflexivity, transitivity and symmetry, but it sees them a little differently. Here are three hybrid axioms for these properties:

Reflexivity: $@_i \Diamond i$ Transitivity: $\Diamond \Diamond i \rightarrow \Diamond i$ Symmetry: $@_i \Box \Diamond i$

These axioms are (hybrid) valid on the class of models that are (respectively) reflexive, transitive, and symmetric. Moreover we can use them with our tableau system, by allowing ourselves to introduce them at any stage in the tableau construction. Here's a simple example of this method at work.

$$
\begin{array}{lll}
1 & \neg@_i(p \to \Diamond p) & \\
2 & @_i p & 1, \neg\to \\
3 & \neg@_i\Diamond p & 1, \neg\to \\
4 & @_i\Diamond i & 1, \text{Reflexivity} \\
5 & \neg@_i p & 2, 4, \neg\Diamond \\
& \text{☺ } 3, 4 \text{ ☺} &
\end{array}
$$

The interested reader can find many more examples in the "Hybrid Logic Manifesto" cited at the start of this paper, but even this simple example makes one thing clear: once again, the @-operators and nominals are doing most of the work. Moreover, they are also doing hidden work. Note that all three axioms are *pure*; that is, they don't contain any orthodox propositional symbols, only nominals. As has been known since Robert Bull's work in the early 1970s, pure axioms are guaranteed to be complete with respect to the relations they define (here reflexivity, transitivity, and symmetry). So we know we are using the right tool for the job.

The Universal Modality as Lone Modality

We finally come to the universal modality. In this short section I shall discuss the universal modality as a *lone* modality, that is, as the sole modality in the language. In the following section we will meet the universal modality in its natural home, that is, as an additional modality used together with the familiar modalities. Anticipating this, I will use the notation $E\varphi$ to mean that φ is true at *some* world in the model (so this is the diamond form of the universal modality) and $A\varphi$ to mean that φ is true at *all* worlds in a model (so this is its box form). Clearly A and E are duals.

Now, from an orthodox modal perspective, there is little to be said about the universal modality as a lone modality: as discussed in the previous section, it is simply an S5 modality. Things are more interesting from a hybrid perspective. It is easy to see that the formula

$$Ei$$

genuinely sees the universal relation. For suppose every world can see every other world. Then, no matter which world i names, and no matter where we evaluate Ei, the evaluation world can see the i-world, and thus Ei is true. Conversely, suppose that our model is *not* universally related. This means that there is some world w that cannot see a world v. Let i name world v, and evaluate Ei at w. As w cannot see v, Ei will be false at w. In short: Ei is valid on all (and only) those models with a universal seeing relation.

Summing up, orthodox modal logic cannot see the difference between models bearing the universal relation and models whose worlds are linked by an arbitrary equivalence relation. Hybrid logic, on the other hand, clearly sees the difference: the formula Ei is valid on the former, but not the latter. To put it another way: the hybrid logic of the universal relation is *not* hybrid S5. It is strictly stronger.

Of course, as all hybrid S5 formulas are valid on models bearing the universal relation, we would expect the pure axiom Ei to be strong enough to prove both the orthodox S5 axioms (T, 4, and B) and also the hybrid S5 axioms that we met in the previous section. And ideed, we can do this in our tableau system by introducing Ei as an additional axiom onto tableau branches. But I will leave the reader to explore these examples, for it is time to promote the universal modality from lone to logical.

The Universal Modality as Logical Modality

So let's consider the universal modality as a *logical* modality. When the universal modality is viewed as a logical modality, it is usually thought of as an *additonal* modality. That is: we are already working with some modal system that we find interesting, or useful, and then we add the universal as an extra. This of course immediately raises two further questions. First, the explanation just given does not explain why this additional operator is an any interesting sense "logical". Second, why would anyone find it useful?

The universal modality is logical in much the same sense that the first order equality symbol "=" is logical. This first-order symbol enables us to talk about the equality relation on first-order models; this is a fundamental relation, and one we want to be able to work with in our first-order theories. Nonetheless, = is also the odd-symbol-out in first-order logic. Unlike the other logical symbols ($\neg$, $\wedge$, $\rightarrow$, $\forall$, $\exists$ and so on), it is not viewed as a fundamental syntactic component of first-order languages. Rather, it is a predicate, something that can optionally be added or removed. It derives its importance from two stipulations: (1) that the equality relation on models is important, and that (2) we should reserve a special symbol for talking about it, that is, a symbol that is *always* used to talk about this relation.

The universal modality is used in much the same way in ordinary modal logic. As I said, we typically use it as an additional modality. That is: we already have some temporal, description, deontic, alethic, doxastic, or epistemic logic that we find interesting, but we find that we need to say more about our Kripke models. And then we realise that we can say what we need by talking about a fundamental relation on Kripke models, namely the universal relation on worlds. And we achieve this expressivity by the same strategy that was used in first-order logic, namely stipulation: we agree that (1) that the equality relation on models is important, and that (2) we should reserve a special symbol, a modality, for talking about it. Of course in this case we have a rather trivial choice to make — do we tuse universal the A or the existential E? — but the underlying idea is a same.

But why is this a useful relation to talk about? Basically because modal logic takes a local, internal perspective on models. And for some applications this is not enough. Here's an easy way of seeing this. An orthodox modal formula φ can describe a situation, and if it is satisfiable, we know that the the situation it describes is possible. But often we want more. We want to know not only that φ is satisfiable, but that it is satisfiable in a model *together with a collection of global background assumption* ψ, that is, the satifiability problem we are often interested in is:

$$\varphi \wedge A\psi.$$

We might sum up the situation as follows. First-order logic takes a global perspective on models — but without =, it lacks the expressivity to make fine-grained distinctions between the individual elements of the model. Adding $=$ gives first-order logic local discriminatory power. And the opposite happens when we add A or E to an orthodox model language. Such languages work locally — and they find it hard to see the big picture, to find the birds-eye view. Adding the universal modality adds globality (typically retaining decidability, and typically nudging PSPACE-complete modal logic up to EXPTIME-complete modal logics).

One further technical remark needs to be made. As we have seen, when it is the only modality in an orthodox modal language, A is simply an S5 modality. Now suppose we add it to a language which contains an ordinary normal modal operator $\Box$ (and of course, its $\Diamond$ companion). Now, A of course is still an S5 modality. But with two modalities in the language, we now need to deal with their interaction. In particular, we need to say that the universal modality is stronger — sees more of the model — than the ordinary $\Box$ and $\Diamond$. This is usually done by adding one of the two following axioms:

$$\Diamond\varphi \to E\varphi \qquad A\varphi \to \Box\varphi.$$

That is: if the weak $\Diamond$ sees a φ world, then the stronger E (which sees every world) will see this world too, and if the strong A sees φ everywhere, then the weaker $\Box$ will also see φ wherever it is able to look.

So far we have been talking about orthodox modal logic. What about hybrid logic? Actually, we have already seen the answer. In the previous section we saw that we could axiomatize the universal modality simply by adding the the the axiom Ei. That is, the universal modality will see the world that nominal i names (after all, it sees all worlds). But that's *all* we need to add, even when other modalities are around. Why is this? In particular, why don't we need to add an interaction axiom saying that E (or A) is stronger — sees more — than $\Diamond$ (or $\Box$). The answer is simple:

The $@_i$ operators and nominals let us transfer information between the universal modality and the other modalities in the language.

Here is a simple example:

$$
\begin{array}{lll}
1 & \neg@_i(\Diamond p \to Ep) & \\
2 & @_i\Diamond p & 1, \neg\to \\
3 & \neg@_i Ep & 1, \neg\to \\
4 & @_i\Diamond j & 2, \Diamond \\
5 & @_j p & 2, \Diamond \\
6 & @_i Ej & \text{Universality} \\
7 & @_i Ep & 5, 6 \\
& \text{☺} \; 3, 7 \; \text{☺} &
\end{array}
$$

In short, in hybrid logic the interaction axioms are built in. And indeed, they are built in by the mechanisms we are familiar with.

Now, we can also prove $Ap \to @_i p$, but this is hardly a surprise, so let's take a quick look at three other provable interaction formulas. Consider first these two:

$$@_i A\varphi \leftrightarrow A\varphi \qquad @_i E\varphi \leftrightarrow E\varphi.$$

These tell us something about the way the globality of the universal modality interacts withe "ether true everywhere, or false everywhere" force of the @-operators.

Finally we come to the formula that provided the name for this paper:

$$@_i A\varphi \to A@_i\varphi \qquad \text{(Marcan)}$$

The converse implication $A@_i\varphi \to @_i A\varphi$ is not valid; $A@_i i \to @_i Ai$ is a counterexample, as it valid only on models consisting of a single world.

Conclusion

This paper has explored an example from orthodox propositional modal logic, the universal modality, and showed what it looks like from the perspective of hybrid logic. I have made three main points. First, in hybrid logic, the universal modality is not just an S5 modality: the formula Ei really sees the universal relation, unlike the conjunction of the T, 4 and B axioms. The second point was that Ei is powerful enough to derive the standard modal and hybrid S5 axioms. The third point (and perhaps the most interesting) was that Ei, without the help of additional interaction axioms, is strong enough to govern — to regulate — other modalities.

But it is not these results themselves that are interesting, rather it is the hybrid perspective behind it that is valuable. Why is this? As I said above, in orthodox modal logic, the universal modality is usually regarded as a "logical modality", something like $=$ is in first-order logic: it's a useful axiom that can be used to strengthen and drive richer modal logics. What I have tried to make clear in this paper is that there is an even simpler logic that gives us — more or less automatically — a way to strengthen and drive far stronger modal logics. That simpler logic is basic hybrid logic which is driven (as the tableau calculus showed) by the interaction between the nominals and the @-operators. It is this "little logic" that does all the work. The extended example of the universal modality showed us that this logical modality "rests on top" of the hybrid apparatus in a very simple way (just addd Ei) and yet the hybrid logic underneath is capable of capturing not only its basic modal properties (the T, S4 and B axioms) but also the way it interacts with other modalities.

This is only the tip of a (large) iceberg. The history of hybrid logic — which started with the work of Arthur Prior and Robert Bull (two logicians from New Zealand) and was rekindled by the Sofia School Logicians (Solomon Passy, Tinko Tinchev, Valentin Goranko and George Gargov) has repeated the basic lesson time and again: *basic hybrid logic is simple yet powerful.* The universal modality example I have used here is almost embarrassing in its simplicity. If we turn to (say) first-order modal logic, we find the same lesson being taught in a more complex setting: build everything on top of basic hybrid logic, and many of the details sort themselves out automatically. The nominals and @-operators start a conversation between the first-order and modal operators, allowing them to interact smoothly and flexibly.

And this brings me to why working with Mara has been such an adventure. Working with higher-order logic has posed interesting challenges to this idyllic picture, and trying to sort them out has been tough, yet rewarding, work. The work with Mara (and the rest of the higher-order hybrid team of Antonia, Carlos, Manuel, and Klaus) has led us through uncharted territories as we have tried to use hybrid machinery to start a decent conversation with complex function hierarchies. This has even led us to extend the way we use the hybrid machinery. For example, a key idea in our work has been to allow @-operators not merely to prefix formulas, but to terms of any finite type; this idea "starts a conversation" between the level of worlds and the function hierarchy. But higher-order logic is complex, and while this idea opens some doors, the gritty details of making it all work with partial functions, variable domains, definite descriptions, and so on, raises difficult questions, not all of which we have yet solved. There has been a constant to-and-fro, a back-and-forth, or to put it another way — a conversation — and it has been a conversation not only between logics, but between logicians.

And in a sense, this brings me to the real Mara formula. Yes, I know, I said that $@_iA\varphi \to A@_i\varphi$ was the Marcan formula — but Mara's formula has been far more important than this simple validity can ever be. For Mara's formula is an unusual combination of logical insight (especially when it has anything to do with the vast universes created for us by Leon Henkin) and a warmth, patience and generosity that is unusual in academia. She has believed in our team, and held it together though we are now spread out between Spain, Portugal, Argentina and Denmark. She has brought us together many times — in Salamanca, Aveiro, Barcelona, Torun, Dubrovnik, Copenhagen, and Cervera del Maestre — and our time together has always been intense yet fun, logical yet human. Mara's formula works. It has been an immense privilege to work with her, and I know I speak for the entire team when I say that our conversations are far from over.

References

[1] Areces, Carlos, Patrick Blackburn, Antonia Huertas and María Manzano [2014]. "Completeness in hybrid type theory". *Journal of Philosophical Logic*, 43: 209-238.

[2] Areces, Carlos, Patrick Blackburn, María Manzano and Antonia Huertas [2011]. "Hybrid Type Theory: A Quartet in Four Move-

ments". *Principia: an International Journal of Epistemology*, 15(2): 225-247.

[3] Areces, Carlos and Balder ten Cate [2007] . "Hybrid Logic". In *Handbook of Modal Logic*. Elsevier, 821-868.

[4] Blackburn, Patrick [2000]. "Representation, Reasoning, and Relational Structures: A Hybrid Logic Manifesto". *Logic Journal of the IGPL*, 8(3):339-365.

[5] Blackburn, Patrick, Antonia Huertas, María Manzano, and Klaus Frovin Jørgensen [2014]. "Henkin and hybrid logic". In María Manzano, Ildikó Sain and Enrique Alonso (Eds.) *The Life and Work of Leon Henkin*. Springer, 279-306.

[6] Blackburn, Patrick, Manuel Martins, María Manzano and Antonia Huertas [2019]. "Rigid First-Order Hybrid Logic". In *International Workshop on Logic, Language, Information, and Computation*. Springer, 53-69.

[7] Goranko, Valentin and Solomon Passy [1992]. "Using the universal modality: Gains and questions". *Journal of Logic and Computation*, 2: 5-30.

[8] Manzano, María, Manuel Martins and Antonia Huertas [2018]. "Completeness in equational hybrid propositional type theory". *Studia Logica*.

Some interpretations of a logic of pragmatic truth

Itala M.Loffredo D'Ottaviano

Centre for Logic, Epistemology and the History of Science and
Department of Philosophy, University of Campinas, Brazil
and

Hércules de Araujo Feitosa

School of Sciences - Bauru, São Paulo State University, Brazil

For the dear friend Mara,
celebrating her young 70 years.

ABSTRACT

In a series of previous papers we have studied interrelations between logics by analysing translations between them. The concept of quasi-truth, introduced by Mikenberg, da Costa and Chuaqui [44], is a generalization of the well-known semantic concept of truth proposed by Alfred Tarski in 1940 (see [55]); their theory of quasi-truth is essentially non-bivalent and their partial models are non-Boolean (see [24]). Following this tradition, Coniglio and Silvestrini [6] create a new correspondent logic for the theory of quasi-truth that is paraconsistent and trivalent, a logic of pragmatic truth, denoted by **LPT**.

In this paper, motivated by our previous studies on interpretations between logics (see [27] and [23]), we present some translations involving the logic **LPT**. We introduce a

conservative translation from the classical propositional logic
CPL into **LPT**, and a conservative translation from **LPT**
into the three-valued Łukasiewicz logic Ł₃.With the conservative translations we merge a logic into the other one. Thus,
with the first translation we keep a Boolean part inside **LPT**,
but with the second we obtain a paraconsistent part inside
Ł₃.

Introduction

In several previous papers we have studied interrelations between logics
by analysing translations between them.

Motivated by a series of historical papers, da Silva, D'Ottaviano and
Sette [14], explicitly interested in the study of interrelations between logic
systems in general, propose a general definition for the concept of translation between logics. Based on this definition, Feitosa [26], and Feitosa
and D'Ottaviano [27] study an important sub-class of translations, the
conservative translations.

D'Ottaviano and Feitosa have obtained diverse translations and conservative translations between several logics (see [18], [19], [20] and [21]).
D'Ottaviano [17], and D'Ottaviano and Feitosa [22] and [23] present
general surveys on their work on distinct types of translations between
logics.

In this paper we present translations involving the logic of pragmatic
truth **LPT**, introduced by Silvestrini [53] (see also [6] and [54]).

Silvestrini [53] presents his logic of pragmatic truth **LPT**, paraconsistent and trivalent, as a new logic underlying the da Costa's theory of
quasi-truth (see [44], [11] and [24]).

Motivated by our works on translations between logics and by the
theory of quasi truth, we present a translation from the classical propositional logic **CPL** into the logic **LPT**, and introduce an interpretation

from **LPT** into the three-valued Łukasiewicz logic Ł$_3$.

Considering that each conservative translation merges a logic into the other one, then with the first translation we obtain a Boolean part inside **LPT**, and with the second we obtain a paraconsistent part inside Ł$_3$. Besides that, with the composition of these two conservative translations we obtain another translation from **CPL** into Ł$_3$.

In the first section, we present fundamental concepts and results about translations and conservative translations between logics, necessary to the development of the work.

Following, after a brief introduction on the fundamental notions to the definition of da Costa's pragmatic concept of quasi-truth, we introduce Silvestrini's paraconsistent and three-valued system **LPT** ([53] and [6]), that is an underlying logic for the quasi-truth theory.

In the Section 3, we present a conservative translation from **CPL** into **LPT**.

In the last section, we present, succinctly, the three-valued Łukasiewicz logic Ł$_3$. We introduce a conservative translation from **LPT** into Ł$_3$ and obtain a new translation from **CPL** into Ł$_3$.

Finally, we discuss these interpretations and their motivation.

Translations between logics

For several years the interrelations between logics have been studied by analysing interpretations between them. The first known "translations" concerning classical logic, intuitionistic logic and modal logic were presented by Kolmogorov [41], Glivenko [32], Lewis and Langford [39], Gödel [33], Gödel [34], and Gentzen [31], some of them developed mainly in order to show the relative consistency of classical logic with respect to intuitionistic logic.

Motivated by the historical papers of Kolmogorov [41], Glivenko [32], Lewis and Langford [39], Gödel [33], [34], Gentzen [31], Prawitz and Malmnäs [48], and by Wójcicki [56], Epstein [25], D'Ottaviano [15], and Hoppmann [36], in 1999, da Silva, D'Ottaviano and Sette propose a very general definition for the concept of translation between logics, logics being characterized as pairs constituted by a set and a consequence operator, and translations between logics being defined as maps that preserve consequence relations.

Feitosa [26], and Feitosa and D'Ottaviano [27] introduce the concept of conservative translation and study the categories whose objects are logics, and whose morphisms are the translations and the conservative translations between them, respectively.

We have obtained some relevant results to the study of general properties of logic systems from the point of view of translations between them. D'Ottaviano and Feitosa ([18], [19], [20], [21]), dealing with syntactic results, algebraic semantics, and matrix semantics, introduce some conservative translations involving classical logic, the many-valued logics of Łukasiewicz and Post, paraconsistent logics, and the intuitionistic system $\mathbf{I}^1$ (see [3]); and involving predicate logics (see also D'Ottaviano and Feitosa [22]).

Rodrigues Moreira [45] presents the concept of abstract contextual translation, in order to propose an intermediate notion between the concept of translation and conservative translation.

Conservative translations do not exist in all cases: Scheer [51], and Scheer and D'Ottaviano [52] initiate the study of conservative translations involving cumulative non-monotonic logics and prove that there is no conservative translation from a cumulative non-monotonic logic into a Tarskian logic, and that there is no surjective conservative translation from a Tarskian logic into a non-monotonic cumulative logic.

D'Ottaviano and Feitosa [23] present a general survey of the main questions and problems we have analysed, of other types of translations we have proposed, and several results we have obtained.

A definition of translation

Da Silva, D'Ottaviano and Sette [14], in 1999, initiate the development of a theory of translations between logics. Their definition of translation between logics uses a very general characterization of logic.

Definition 1 *Given a set L, a consequence operator on L is a function $C : \mathcal{P}(L) \to \mathcal{P}(L)$ such that, for every $X, Y \subseteq L$:*
  (i) $X \subseteq C(X)$;
  (ii) $X \subseteq Y \Rightarrow C(X) \subseteq C(Y)$;
  (iii) $C(C(X)) \subseteq (X)$.

This is Tarski's consequence operator.

Definition 2 *An abstract logic is a pair* $\mathbb{L} = \langle L, C \rangle$*, where the set* L *is the domain of* $\mathbb{L}$ *and* C *is a consequence operator on* L*.*

The following definitions are well known.

Definition 3 *The consequence operator* C *is finitary if, for every* $X \subseteq L$*,*

$$C(X) = \cup\{C(X_f) : X_f \text{ is a finite subset of } X\}.$$

Given two logics $\mathbb{L}_1$ and $\mathbb{L}_2$, we introduce, as usually, the concepts of co-induced consequence operator and induced consequence operator. Let A and B be sets.

Definition 4 *Let* $\mathbb{L} = \langle L, C \rangle$ *be a logic. Given a function* $f : L \to B$*, then* C_B *is the consequence operator co-induced by* f *and* $\mathbb{L}$ *over* B *if, for each* $D \subseteq B$*, the set* D *is a closed set of* $\langle B, C_B \rangle$ *when* $f^{-1}(D)$ *is a closed set of* $\mathbb{L}$*.*

Definition 5 *Dually, given a function* $g : A \to L$*, then* C_A *is the consequence operator induced by* $\mathbb{L}$ *and* g *over* A *when, for each* $E \subseteq A$*, the set* E *is a closed set in* $\langle A, C_A \rangle$ *if there is a closed set* D *of* $\mathbb{L}$ *such that* $E = g^{-1}(D)$*.*

The following general definition of translation between logics was proposed by da Silva, D'Ottaviano and Sette [14].

Definition 6 *A translation from a logic* $\mathbb{L}_1 = \langle L_1, C_1 \rangle$ *into a logic* $\mathbb{L}_2 = \langle L_2, C_2 \rangle$ *is a map* $t : L_1 \to L_2$ *such that, for any* $X \subseteq L_1$*:*

$$t(C_1(X)) \subseteq C_2(t(X)).$$

Now, we present some definitions and results on translations between logics, for they are necessary for the development of this paper. Details and proofs may be seen in [26], [14] and [27].

Proposition 7 *A function* $t : \mathbb{L}_1 \to \mathbb{L}_2$ *is a translation if, and only if, for every* $X \subseteq L_1, t(C_1(X)) \subseteq C_2(t(X))$*.*

Proposition 8 *The composition of translations is a translation; the identity function between logics is a translation; the composition of translations is associative; the identity function is the unit for the composition of translations.*

Proposition 9 *Let t be a function from the logic $\mathbb{L}_1$ into the logic $\mathbb{L}_2$. The following statements are equivalent:*
  (i) *t is a translation;*
  (ii) *the inverse image of every closed set of $\mathbb{L}_2$ is a closed set of $\mathbb{L}_1$;*
  (iii) *the inverse image of every open set of $\mathbb{L}_2$ is an open set of $\mathbb{L}_1$;*
  (iv) *for every $B \subseteq L_2$, $C_1(t^{-1}(B)) \subseteq t^{-1}(C_2(B))$.*

Definition 10 *Two logics $\mathbb{L}_1$ and $\mathbb{L}_2$ are L-homeomorphic if there exists a bijective function $t: L_1 \to L_2$, such that t and t^{-1} are translations. The function t is called an L-homeomorphism.*

Proposition 11 *If $t: \mathbb{L}_1 \to \mathbb{L}_2$ is a bijective function, then the function t is an L-homeomorphism if, and only if, for every $X \subseteq L_1$, $t(C_1(X)) = C_2(t(X))$.*

Proposition 12 *If $\mathbb{L}$ is a logic, B is a set, $f: L \to B$ is a function and C_B is the consequence operator co-induced by $\mathbb{L}$ and f in B, then C_B is the weakest consequence operator that makes the function t a translation.*

We dually observe that C_A is the strongest consequence operator that makes $g: A \to L$ a translation, such that $\langle A, C_A \rangle$ is the logic induced over A by g and $\mathbb{L}$.

Definition 13 *Let $\mathbb{L}$ be a logic and $\equiv$ an equivalence relation over L. The function $Q: L \to \langle L_\equiv, C_\equiv \rangle$, given by $Q(x) = [x]$, is the quotient mapping relative to the relation $\equiv$. In this case, $C_\equiv$ is the consequence operator co-induced by $\mathbb{L}$ and Q, and the pair $\langle L_\equiv, C_\equiv \rangle$ is the logic co-induced by $\mathbb{L}$ and Q.*

Definition 14 *A function $f: A \to B$ is compatible with an equivalence relation $\equiv$ in A, when, for every $x_1, x_2 \in A$,*

$$x_1 \equiv x_2 \Rightarrow f(x_1) = f(x_2).$$

Proposition 15 *Let* $\mathbb{L}_1$ *and* $\mathbb{L}_2$ *be two logics and* $t : L_1 \to L_2$ *a translation. If* t *is compatible with the equivalence relation* $\equiv_1$ *over* L_1, *then there is a unique function* $t^* : \langle L_{\equiv_1}, C_{\equiv_1} \rangle \to L_2$, *such that* $t^* \circ Q_1 = t$, *where* Q_1 *is the quotient mapping relative to* $\equiv_1$, *the function* t^* *is a translation and the following diagram commutes:*

$$
\begin{array}{ccc}
L_1 & \xrightarrow{\;\;t\;\;} & L_2 \\
{\scriptstyle Q_1}\big\downarrow & \nearrow_{t^*} & \\
L_{1\equiv_1} & &
\end{array}
$$

The definition of logic we have presented requests only set theory components. But usually we consider logics as pairs $\mathfrak{L} = \langle L, C \rangle$, where L is a formal language and C is a standard consequence operator in the set $Form(L)$ of the formulas of L.

Definition 16 *Let* L *be a formal language,* C *a consequence operator over* $Form(L)$ *and* s *an endomorphism on* L, *that is,* $s \in Hom(Form(L), Form(L))$. *The consequence operator* C *is structural when, for every* $\Gamma \subseteq Form(L)$, *and every endomorphism of* $Form(L)$, $s(C(\Gamma)) \subseteq C(s(\Gamma))$. *The operator* C *is standard when* C *is structural and finitary.*

Definition 17 *A logic system defined over* L *is a pair* $\mathfrak{L} = \langle L, C \rangle$, *where* L *is a formal language and* C *is a standard consequence operator in the free algebra* $Form(L)$ *of the formulas of* L.

We observe that, when $\mathfrak{L}_1$ and $\mathfrak{L}_2$ are logic systems with associated syntactic consequence relations $\vdash_1$ and $\vdash_2$, respectively, the definition of translation between logics can be presented in terms of the given consequence relations: t is a translation from $\mathfrak{L}_1$ into $\mathfrak{L}_2$ if, and only if, for $\Gamma \cup \{\varphi\} \subseteq For(\mathfrak{L}_1)$,

$$\Gamma \vdash_1 \varphi \Rightarrow t(\Gamma) \vdash_2 t(\varphi).$$

An initial treatment of a theory of translations between logics is presented in [14], where some connections linking translations between logics and uniformly continuous functions between the spaces of their theories are also investigated.

102

Conservative translations

In this subsection we present the concept of conservative translation, characterizing an important subclass of translations, introduced and investigated by Feitosa and D'Ottaviano (see [26] and [27]).

Definition 18 *Let* $\mathbb{L}_1$ *and* $\mathbb{L}_2$ *be logics. A conservative translation from* $\mathbb{L}_1$ *into* $\mathbb{L}_2$ *is a function* $t:L_1 \to L_2$ *such that, for every set* $X \cup \{x\} \subseteq L_1$:

$$x \in C_1(X) \Leftrightarrow t(x) \in C_2(t(X)).$$

Definition 19 *A conservative mapping from the logic* $\mathbb{L}_1$ *into the logic* $\mathbb{L}_2$ *is a function* $t : \mathbb{L}_1 \to \mathbb{L}_2$ *such that, for every* $x \in L_1$:

$$x \in C_1(\emptyset) \Leftrightarrow t(x) \in C_2(\emptyset).$$

Note that, in terms of logical systems, given $\mathfrak{L}_1$ and $\mathfrak{L}_2$, a conservative translation is a function $t:For(\mathfrak{L}_1) \to For(\mathfrak{L}_2)$ such that, for every subset $\Gamma \cup \{\varphi\} \subseteq Form(\mathfrak{L}_1)$:

$$\Gamma \vdash_1 \varphi \Leftrightarrow t(\Gamma) \vdash_2 t(\varphi).$$

And a conservative mapping is such that, for every $\varphi \in For(\mathfrak{L}_1)$:

$$\vdash_1 \varphi \Leftrightarrow \vdash_2 t(\varphi).$$

The next results introduce necessary or sufficient conditions for a mapping between logics to be a conservative translation.

Definition 20 *The set* $X \subseteq L$ *is saturated relative to* t *when, given* $x \in X$ *and* $y \in L$, *such that* $t(x) = t(y)$, *then* $y \in X$.

Proposition 21 *Let* $t : \mathbb{L}_1 \to \mathbb{L}_2$ *be a mapping and every closed subset* $X \subseteq L_1$ *saturated in* $\mathbb{L}_1$. *If* $t(C_1(X)) = C_2(t(X))$, *then* t *is a conservative translation.*

Proposition 22 *Let* $t : \mathbb{L}_1 \to \mathbb{L}_2$ *be an injective mapping. If, for every* $X \subseteq L_1$, $t(C_1(X)) = C_2(t(X))$, *then* t *is a conservative translation.*

Proposition 23 *Let $t : \mathbb{L}_1 \to \mathbb{L}_2$ be a mapping such that, for every $X \subseteq L_1$, $C_2(t(X)) \subseteq Im(t)$. If t is a conservative translation, then $t(C_1(X)) = C_2(t(X))$.*

Proposition 24 *Let $t : \mathbb{L}_1 \to \mathbb{L}_2$ be a surjective mapping. If t is a conservative translation then, for every $X \subseteq L_1$, $t(C_1(X)) = C_2(t(X))$.*

Proposition 25 *Let $t : \mathbb{L}_1 \to \mathbb{L}_2$ a bijective mapping. Then t is a conservative translation if, and only if, for every $X \subseteq L_1$, $t(C_1(X)) = C_2(t(X))$.*

As an L-homeomorphism is a bijective translation such that its inverse is also a translation, it follows that each L-homeomorphism is a conservative translation, but it is not the case that every conservative translation is an L-homeomorphism.

The following theorem supplies a necessary and sufficient condition for a translation between logics to be conservative.

Theorem 26 *A translation $t : \mathbb{L}_1 \to \mathbb{L}_2$ is conservative if, and only if, for every $X \subseteq L_1$, we have that $t^{-1}(C_2(t(X)) \subseteq C_1(X)$.*

Proposition 27 *The composition of conservative translations is a conservative translation; the identity between logics is a conservative translation; the composition of conservative translations is associative; the identity is the unit for the composition of conservative translations.*

The next theorem introduces another necessary and sufficient condition for a function $t : \mathbb{L}_1 \to \mathbb{L}_2$ to be a conservative translation. This condition depends on the consequence operators of $\mathbb{L}_1$ and $\mathbb{L}_2$ being finitary.

Theorem 28 *Let $t : \mathbb{L}_1 \to \mathbb{L}_2$ be a mapping between logics with finitary consequence operators. Thus, t is a conservative translation if, and only if, for every finite $X \cup \{x\} \subseteq L_1$:*

$$x \in C_1(X) \Leftrightarrow t(x) \in C_2(t(X)).$$

If we consider $\mathfrak{L}_1$ and $\mathfrak{L}_2$ as logical systems with strong adequacy, the previous result corresponds to the compactness of the systems.

By dealing with the Lindenbaum algebraic structures associated to logics, we have obtained (see [27]) a useful method to introduce conservative translations.

Given the logic $\mathbb{L} = \langle L, C \rangle$, let's take the following relation over L:

$$x \sim y \Leftrightarrow C(x) = C(y).$$

Naturally, the relation $\sim$ is an equivalence relation over L.

We observe that, by Definition 1.16, the mapping $Q : L \to L_\sim$, defined by:

$$Q(x) = [x] = \{y : x \sim y\},$$

is a translation, and $\mathbb{L}_\sim = (L_\sim, C_\sim)$ is the logic co-induced by Q and $\mathbb{L}$.

Proposition 29 *The mapping $Q : L \to L_\sim$ is a conservative translation.*

Theorem 30 *Let $\mathbb{L}_1$ and $\mathbb{L}_2$ be logics with the domain of $\mathbb{L}_2$ denumerable. Then, there is a conservative translation $t : \mathbb{L}_1 \to \mathbb{L}_2$ if, and only if, there is a conservative translation $t^* : \mathbb{L}_{\sim_1} \to \mathbb{L}_{\sim_2}$. That is, if the following diagram commutes:*

$$
\begin{array}{ccc}
\mathbb{L}_1 & \xrightarrow{\ \ t\ \ } & \mathbb{L}_2 \\
{\scriptstyle Q_1}\big\downarrow & & \big\downarrow{\scriptstyle Q_2} \\
\mathbb{L}_{\sim 1} & \xrightarrow[t^*]{} & \mathbb{L}_{\sim 2}
\end{array}
$$

Corollary 31 *The function t^* of the previous proposition, when existing, is injective.*

We observe that the denumerability of L_2 in the hypothesis of the theorem is not necessary if the Axiom of Choice is (explicitly) used in the proof.

Abstract contextual translations

Rodrigues Moreira [45] introduces the concept of abstract contextual translation, in order to avoid specific questions relative to logics generated from languages that are free algebras.

Definition 32 *Let $\mathbb{L}_1$ and $\mathbb{L}_2$ be logics. An abstract contextual translation $t : \mathbb{L}_1 \to \mathbb{L}_2$ is a function $t : L_1 \to L_2$ such that, for every set $X_i \cup \{x_i\} \subseteq L_1$, with $i \in \{1, 2, ..., n\}$:*

if

$x_1 \in C_1(X_1), \ x_2 \in C_1(X_2), \ ..., \ x_{n-1} \in C_1(X_{n-1}) \Rightarrow x_n \in C_1(X_n),$

then

$t(x_1) \in C_2(t(X_1)), \ t(x_2) \in C_2(t(X_2)), \ ..., \ t(x_{n-1}) \in C_2(t(X_{n-1})) \Rightarrow t(x_n) \in C_2(t(X_n)).$

Proposition 33 *If t is a conservative translation, then t is an abstract contextual translation.*

Hence, as abstract contextual translations are particular cases of our general translations between logics, the concept of abstract contextual translation is an intermediate concept between the concepts of conservative translation and translation.

Rodrigues Moreira [45] presents several examples involving these types of translations between logics; and obtains a necessary and sufficient condition for the existence of abstract contextual translations, very similar to the result previously obtained by Feitosa and D'Ottaviano [27].

Theorem 34 *Let $\mathbb{L}_1$ and $\mathbb{L}_2$ be logics, with the domain of $\mathbb{L}_2$ denumerable; and let $\mathbb{L}_{\sim 1}$ and $\mathbb{L}_{\sim 2}$ be the logics co-induced by $\mathbb{L}_1$, Q_1 and $\mathbb{L}_2$, Q_2, respectively. Then there is an abstract contextual translation $t : \mathbb{L}_1 \to \mathbb{L}_2$ if, and only if, there is an abstract contextual translation $t^* : \mathbb{L}_{\sim 1} \to \mathbb{L}_{\sim 2}$, such that $Q_2 \circ t = t^* \circ Q_1$.*

Observe that it is not necessary that the function t^* be injective.

According to this concept of abstract contextual translation, the translations that we will introduce in this paper are also examples of abstract contextual translations.

The quasi-truth and a logic of pragmatic truth

The mathematical concept of pragmatic truth, first introduced by Mikenberg, da Costa and Chuaqui [44] and subsequently named quasi-truth by da Costa, has received in the last few years several applications in logic and philosophy of science (see also [10] and [11]).

The concept of quasi-truth is a generalization of Tarski's concept of truth.

Tarski [55], in his famous paper of 1944, introduces a formal definition of truth, his semantic conception of truth for formalized languages, in order to capture the meaning of what he calls the Aristotelian conception of truth, a correspondence conception of truth.

Similarly, Mikenberg, da Costa and Chuaqui [44] introduce a formal definition for the concept of pragmatic truth, trying to capture the meaning of the theories of truth of the pragmatist thinkers, like James, Dewey and particularly Peirce (see Peirce [47]). Loosely speaking, they say that a sentence is pragmatically true if, in a certain context, "it saves the appearances", i.e., if it is true in the classical correspondence sense.

From the naturalistic change in the philosophy of science, the nature and importance of scientific practice have been re-evaluated. A problem that appears is that no construction of reasoning can accommodate the vagueness and the complexities of such a practice. Da Costa's definition of quasi-truth offers a way of eliminating the deficiencies of the attempts of formally capturing such notions and accommodates the incompleteness inherent to scientific representations, by using a semantic approach.

Tarski's definition of truth is extended to the definition of quasi-truth. The Tarskian notion of structure is extended, by introducing the notion of partial structure. The notion of quasi-truth is proposed by da Costa, as a generalization of Tarski's characterization of truth for partial contexts.

When a determined domain of knowledge is investigated, we submit it to a conceptual scheme, in order to systematize and to organize the information about it. This domain is "acted" by a set D of objects and is studied via the analysis of the relations among its elements. Given a relation R, defined over D, as it is usual in the scientific contexts "we do not know" if all the objects of D (or n-tuples) are related by R.

On account of this, we say that our information concerning the domain of knowledge is incomplete or partial.

The introduction of the notions of partial relation and partial structure makes possible to formally accommodate such incompleteness and to represent the information about the domain of investigation.

D'Ottaviano and Hifume [24], by using a special semantic approach, studied the logical system **QT** that can serve as the underlying logic to theories that have the quasi-truth as their truth conception.

The system **QT** is based on the first-order modal system with equality **S5Q=**. The language of **QT** is the language of **S5Q=**, and it is proved that **QT** is a paraconsistent logic. The philosophical import of this result justifies the application of pragmatic truth to inconsistent settings and the logic **QT** can be used as a deductive logic of science.

Silvestrini [53] introduces a new system, the logic of pragmatic truth **LPT**, also suitable for underlying theories whose truth conception is the quasi-truth. The logic **LPT** of pragmatic truth, besides being paraconsistent is also three-valued.

In this paper we deal with the system **LPT**.

Quasi-truth

Now, we present the formalization of the notion of quasi-truth, founded on the concepts of partial relation and partial structure.

Definition 35 *Let D be a non-empty set. A partial relation R of arity n on D is a a a triple $\langle R_+, R_-, R_u \rangle$, in which R_+, R_- and R_u are sets disjunct among themselves and $R_+ \cup R_- \cup R_u = D^n$, such that:*

(i) R_+ is the set of n-uples that we know they belong to R;

(ii) R_- is the set of n-uples that we know they do not belong to R;

(iii) R_u is the set of n-uples that we do not know if they belong or not to R.

When the component $R_u = \emptyset$, we have a usual relation that can be associated to R_+ only.

Definition 36 *A partial structure is an ordered pair $\langle D, R_i \rangle$, with $i \in K$, such that:*

(i) D is a non-empty set;

(ii) $\{R_i\}_{i \in K}$ is a family of partial relations on D.

Definition 37 *A simple pragmatic structure (spe) for a first-order language L is a structure $\mathcal{A} = \langle D, R_k, \mathcal{P} \rangle$, such that:*

(i) D is a non-empty set, the domain or universe of $\mathcal{A}$;

(ii) R_k is a partial relation on D, for all $k \in K$;

(iii) $\mathcal{P}$ is a set of sentences of L.

A simple pragmatic structure is nothing more than a pragmatic structure with the addition of a set $\mathcal{P}$, a set of the sentences that are true according to Tarski's classical theory of truth.

Following, a definition that expands the simple pragmatic structure to a total structure.

Definition 38 *Let L be a first-order language, $\mathcal{A} = \langle D, R_k, \mathcal{P} \rangle$ a simple pragmatic structure and $\mathcal{S}$ a (total) Tarskian structure, in which L may be interpreted. The structure $\mathcal{S}$ is $\mathcal{A}$-normal if it satisfies the following conditions:*

(i) the universe of $\mathcal{S}$ is D;

(ii) the total relations of $\mathcal{S}$ extend the correspondent partial relations of $\mathcal{A}$;

(iii) every constant of L is interpreted in $\mathcal{A}$ and $\mathcal{S}$ by the same element;

(iv) if a sentence α belongs to $\mathcal{P}$, then $\mathcal{S}$ satisfies α, that is, every sentence of $\mathcal{P}$ is valid in $\mathcal{S}$.

In the face of these notions, it follows a definition of a quasi-true sentence.

Definition 39 *Let L be a language, $\mathcal{A}$ a simple pragmatic structure, and $\mathcal{S}$ a structure $\mathcal{A}$-normal. A sentence α of L is quasi-true in the spe $\mathcal{A}$, relatively to the structure $\mathcal{S}$, if α is true in $\mathcal{S}$, according to Tarski's conception of truth. Otherwise, the sentence α is quasi-false.*

The concept of simple pragmatic structure propitiates the main difference with Tarski's approach, which uses only total structures.

Da Costa and French [11] provide a new formulation of the coherence theory of truth by using the resources of the partial structures approach. So, as da Costa's pragmatic theory encompasses the correspondence theory, we can say that the three major interpretations of the notion of truth - the correspondence, the coherence and the pragmatic accounts - can be put together in the formal framework delineated.

Paraconsistent logics

A logic is paraconsistent if it can be used as the underlying logic for inconsistent but non-trivial theories, named paraconsistent theories.

In paraconsistent logics, the scope of the Principle of Non-Contradiction, let us say,

$$\neg(\varphi \wedge \neg\varphi),$$

is, in a certain sense, restricted. We can maintain, as da Costa and Marconi [13], that if the strength of this principle is restricted in a logical system, then this system belongs to the class of paraconsistent logics.

In fact, in paraconsistent logics, the Principle of (Non-)Contradiction – in any of its equivalent formulations or any of the thesis correlated to it – is not necessarily invalid, but in every paraconsistent logic, from a formula φ and from its negation $\neg\varphi$ it is not possible, in general, to deduce any and every formula.

A thesis of the classical Aristotelian logic associated to the Principle of (Non-)Contradiction and to its trivialization is the *Ex Falso Sequitur Quodlibet* or just *Ex Falso*, contemporarily also known as Principle of Explosion:

$$\varphi \rightarrow (\neg\varphi \rightarrow \psi).$$

The *Ex Falso* indicates that the logical system in which it is valid becomes trivial, in the presence of any contradiction. That is, as in the case, for example, of classical logic and of intuitionistic logics, in the presence of any contradiction, every formula of the language of the theory is demonstrable.

From the syntactic point of view, there are two general conceptions of paraconsistency. The *lato sensu* paraconsistency that characterizes the paraconsistent theories in which the *Ex Falso* is only restricted; and the *stricto sensu* paraconsistency, which corresponds to the paraconsistent theories in which the *Ex Falso* does not hold in general, as is the case of the well-known da Costa's hierarchies of logics.

The first systems of paraconsistent logics were introduced by Jaśkow/-ski, in 1948 and 1949 (in English, in 1969) (see [38] and [37]), and by da Costa, in 1963 (see [7], [8] and [9]).

From those texts, especially from the da Costa's work, authors have created and studied distinct families of paraconsistent logics, with applications in various areas of knowledge, including technological applications. As general references to the study of paraconsistent logics, we indicate Arruda [1]; Priest, Routley and Norman [49]; D'Ottaviano [16]; da Costa, Krause and Bueno [12]; Gomes e D'Ottaviano [35].

In this paper we deal with the paraconsistent logic of pragmatic truth **LPT**, which may serve as an underlying logic to paraconsistent theories whose conception of truth is da Costa's pragmatic truth.

A new logic for the quasi-truth

Silvestrini [53] (see also [6] and [54]) introduces the *logic of pragmatic truth* **LPT**, as an underlying logic for theories whose concept of truth is the concept of quasi-truth.

In order to characterize the concept of pragmatic truth, Silvestrini emphasizes, as in the case of logic **QT** (see [24]), that the underlying logic should be paraconsistent.

He is motivated by a three-valued semantics that considers the following aspect of the pragmatic truth: the true sentences, the false sentences and the undetermined ones.

The language of **LPT** takes the primitive propositional symbols $\neg, \wedge$ and $\rightarrow$, with the usual notions.

The meaning of these operators is given by the following tables:

$\rightarrow$	0	$\frac{1}{2}$	1
0	1	1	1
$\frac{1}{2}$	0	1	1
1	0	1	1

$\wedge$	0	$\frac{1}{2}$	1
0	0	0	0
$\frac{1}{2}$	0	$\frac{1}{2}$	$\frac{1}{2}$
1	0	$\frac{1}{2}$	1

	$\neg$
0	1
$\frac{1}{2}$	$\frac{1}{2}$
1	0

Besides these basic operators, the following ones can be defined.

Disjunction: $\varphi \vee \psi =_{def} \neg(\neg\varphi \wedge \neg\psi)$
Classical negation: $\sim \varphi =_{def} \varphi \rightarrow \perp$
Biconditional: $\varphi \leftrightarrow \psi =_{def} (\varphi \rightarrow \psi) \wedge (\psi \rightarrow \varphi)$.
Consistency: $\circ\varphi =_{def} \sim (\varphi \wedge \neg\varphi)$
Top: $\top =_{def} \varphi \rightarrow \varphi$
Bottom: $\perp =_{def} \neg\top$

Nabla: $\nabla\varphi =_{def} \neg \sim \varphi \Leftrightarrow \sim\sim \varphi$.

The meaning of these new operators are in the following tables:

$\vee$	0	$\frac{1}{2}$	1
0	0	$\frac{1}{2}$	1
$\frac{1}{2}$	$\frac{1}{2}$	$\frac{1}{2}$	1
1	1	1	1

	$\sim$
0	1
$\frac{1}{2}$	0
1	0

$\leftrightarrow$	0	$\frac{1}{2}$	1
0	1	0	0
$\frac{1}{2}$	0	1	1
1	0	1	1

	$\circ$
0	1
$\frac{1}{2}$	0
1	1

	$\top$
0	1
$\frac{1}{2}$	1
1	1

	$\bot$
0	0
$\frac{1}{2}$	0
1	0

	∇
0	0
$\frac{1}{2}$	1
1	1

The original semantics for **LPT** is defined by the matrix semantics:

$$\mathcal{M}_{LPT} = (\{0, \tfrac{1}{2}, 1\}, \neg, \wedge, \rightarrow, \{\tfrac{1}{2}, 1\}),$$

such that $D = \{\tfrac{1}{2}, 1\}$ is the set of designated values and, this way, the semantic consequence relation is given as in the sequence.

Let $Var(LPT) = \{s_1, s_2, s_3, ...\}$ be the set of propositional variables of **LPT**.

Definition 40 *A valuation for **LPT** is a function:*

$$v : Var(LPT) \rightarrow \{0, \tfrac{1}{2}, 1\}.$$

As usually, the valuation v must be extended in unique way to the set of all formulas $For(LPT)$, in accordance with the above table of operators of **LPT**.

The logical implication or semantic consequence relation for **LPT** is given as follows, considering $\Gamma \subseteq For(LPT)$ and $v(\Gamma) = \{v(\gamma) : \gamma \in \Gamma\}$.

Definition 41 *If $\Gamma \cup \{\varphi\} \subseteq For(LPT)$, then Γ logically implies φ, or φ is a semantic consequence of Γ, when, for every LPT-valuation v, if $v(\Gamma) \subseteq D$ then $v(\varphi) \in D$.*

Hence:

$$\Gamma \vDash \varphi \iff v(\Gamma) \subseteq D \Rightarrow v(\varphi) \in D.$$

From this definition of valuation, every valid formula of **LPT** is a Boolean valid formula. We have just forgotten the value $\frac{1}{2}$.

Feitosa and Silvestrini [30] present a proof of the adequacy for this matrix semantics and the system **LPT**.

Theorem 42 (Adequacy) *The logic of pragmatic truth* **LPT** *is correct and complete, relative to the matrix semantics* $\mathcal{M}_{LPT}$.

And we observe also the next result.

Proposition 43 *The logic* **LPT** *is paraconsistent* stricto sensu.
Proof.

φ	$\rightarrow$	$(\neg\varphi$	$\rightarrow$	$\psi)$
0	*1*	*1*	*0*	*0*
0	*1*	*1*	*1*	$\frac{1}{2}$
0	*1*	*1*	*1*	*1*
$\frac{1}{2}$	*0*	$\frac{1}{2}$	*0*	*0*
$\frac{1}{2}$	*1*	$\frac{1}{2}$	*1*	$\frac{1}{2}$
$\frac{1}{2}$	*1*	$\frac{1}{2}$	*1*	*1*
1	*1*	*0*	*1*	*0*
1	*1*	*0*	*1*	$\frac{1}{2}$
1	*1*	*0*	*1*	*1*

The Ex Falso is not valid in **LPT**. ∎

A conservative translation from CPL into LPT

In this section, we introduce a conservative translation from the classical propositional logic **CPL** into **LPT**.

We consider the language of **CPL** like in Mendelson [43], with the primitive connectives $\neg$ for the negation, and $\rightarrow$ for the implication.

In order to simplify the notation, we indicate the set of propositional variables of **CPL** by $Var(CPL) = \{p_1, p_2, p_3, ...\}$ and the set of propositional variables of **LPT** by $Var(LPT) = \{s_1, s_2, s_3, ...\}$.

Let's consider the function $\tau : For(CPL) \rightarrow For(LPT)$, defined by:

$$\tau(p_i) =_{df} s_i$$
$$\tau(\neg\varphi) =_{df} \sim \tau(\varphi)$$
$$\tau(\varphi \rightarrow \psi) =_{df} \tau(\varphi) \rightarrow \tau(\psi).$$

Lemma 44 *Given a Boolean valuation e for **CPL**, the function τ induces a **LPT**-valuation ω_e such that:*

$$e(\sigma) = 0 \Leftrightarrow \omega_e(\tau(\sigma)) = 0.$$

Proof. *If e is a Boolean valuation for **CPL**, as for each variable $p_i \in Var(CPL)$ the function τ applies $\tau(p_i) = s_i$, with $s_i \in Var(LPT)$, then we define a valuation ω_e for **LPT** in the following way:*
(i) $\omega_e(\tau(p_i)) = \omega_e(s_i) = 0 \Leftrightarrow e(p_i) = 0$
(ii) $\omega_e(\sim \tau(\varphi)) = 0 \Leftrightarrow \omega_e(\tau(\varphi)) \neq 0$, that is, $\tau(\varphi) \in \{\frac{1}{2}, 1\}$
(iii) $\omega_e(\tau(\varphi) \rightarrow \tau(\psi)) = 0 \Leftrightarrow \omega_e(\tau(\varphi)) \neq 0$ and $\omega_e(\tau(\psi)) = 0$.

The proof follows by induction over the complexity of σ.

If σ is a variable p_i, by (i), $\omega_e(\tau(\sigma)) = \omega_e(\tau(p_i)) = \omega_e(s_i) = 0 \Leftrightarrow e(p_i) = e(\sigma) = 0$.

If σ is of type $\neg\varphi$, then $\tau(\sigma) = \tau(\neg\varphi) = \sim \tau(\varphi)$. By induction hypothesis, $\omega_e(\tau(\varphi)) = 0 \Leftrightarrow e(\varphi) = 0$ and, by (ii), $\omega_e(\tau(\varphi)) \neq 0 \Leftrightarrow \omega_e(\sim \tau(\gamma)) = 0$. So, $\omega_e(\tau(\sigma)) = 0 \Leftrightarrow \omega_e(\tau(\neg\varphi)) = 0 \Leftrightarrow \omega_e(\sim \tau(\varphi)) = 0 \Leftrightarrow \omega_e(\tau(\varphi)) \neq 0 \Leftrightarrow e(\varphi) = 1 \Leftrightarrow e(\neg\varphi) = 0 \Leftrightarrow e(\sigma) = 0$.

If σ is of type $\varphi \rightarrow \psi$, then $\tau(\sigma) = \tau(\varphi \rightarrow \psi) = \tau(\varphi) \rightarrow \tau(\psi)$. By induction hypothesis, $\omega_e(\tau(\varphi)) = 0 \Leftrightarrow e(\varphi) = 0$ e $\omega_e(\tau(\psi)) = 0 \Leftrightarrow e(\psi) = 0$. Thus, $\omega_e(\tau(\sigma)) = 0 \Leftrightarrow \omega_e(\tau(\varphi) \rightarrow \tau(\psi)) = 0 \Leftrightarrow$ (by (iii)) $\omega_e(\tau(\varphi)) \neq 0$ and $\omega_e(\tau(\psi)) = 0 \Leftrightarrow e(\varphi) = 1$ and $e(\psi) = 0 \Leftrightarrow e(\varphi \rightarrow \psi) = 0 \Leftrightarrow e(\sigma) = 0$. ∎

Lemma 45 *Given a valuation ω for $\mathbf{LPT}$, the function τ induces a valuation e_ω for $\mathbf{CPL}$ such that:*

$$e_\omega(\sigma) = 0 \Leftrightarrow \omega(\tau(\sigma)) = 0.$$

Proof. *Let ω be a valuation for $\mathbf{LPT}$, that is, $\omega : For(LPT) \to \{0, \frac{1}{2}, 1\}$. From ω we define a Boolean valuation e_ω for $\mathbf{CPL}$ in the following manner:*

$$e_\omega(p_i) = 0 \Leftrightarrow \omega(s_i) = 0.$$

The proof follows by induction over the complexity of σ:

If σ is a variable p_i, then $\omega(\tau(\sigma)) = \omega(\tau(p_i)) = \omega(s_i) = 0 \Leftrightarrow e_\omega(p_i) = 0 = e_\omega(\sigma)$.

If σ is of type $\neg\varphi$, then $\tau(\sigma) = \tau(\neg\varphi) = \sim \tau(\varphi)$. By induction hypothesis, $\omega(\tau(\varphi)) = 0 \Leftrightarrow e_\omega(\varphi) = 0$. Now, $\omega(\tau(\sigma)) = 0 \Leftrightarrow \omega(\tau(\neg\varphi)) = 0 \Leftrightarrow \omega(\sim \tau(\varphi)) = 0 \Leftrightarrow \omega(\tau(\varphi)) \neq 0 \Leftrightarrow e_\omega(\varphi) = 1 \Leftrightarrow e_\omega(\neg\varphi) = 0 \Leftrightarrow e_\omega(\sigma) = 0$.

If σ is of type $\varphi \to \psi$, then $\tau(\sigma) = \tau(\varphi \to \psi) = \tau(\varphi) \to \tau(\psi)$. By induction hypothesis, $\omega(\tau(\varphi)) = 0 \Leftrightarrow e_\omega(\varphi) = 0$ e $\omega(\tau(\psi)) = 0 \Leftrightarrow e_\omega(\psi) = 0$. Hence, $\omega(\tau(\sigma)) = 0 \Leftrightarrow \omega(\tau(\varphi) \to \tau(\psi)) = 0 \Leftrightarrow \omega(\tau(\varphi)) \neq 0$ and $\omega(\tau(\psi)) = 0 \Leftrightarrow e_\omega(\varphi) = 1$ and $e_\omega(\psi) = 0 \Leftrightarrow e_\omega(\sigma) = 0$. $\blacksquare$

Since each Boolean valuation $e : For(CPL) \to \{0, 1\}$ and each valuation $\omega : For(LPT) \to \{0, \frac{1}{2}, 1\}$ are strongly adequate models for the logics $\mathbf{CPL}$ and $\mathbf{LPT}$, respectively, then we obtain the next theorem.

Theorem 46 *The function τ is a conservative translation from $\mathbf{CPL}$ into $\mathbf{LPT}$.*

Proof. *We have to show that, for every $\Gamma \cup \{\varphi\} \subseteq For(CPL)$:*

$$\Gamma \vDash \varphi \Leftrightarrow \tau(\Gamma) \vDash \tau(\varphi).$$

($\Rightarrow$) If $\tau(\Gamma) \nvDash \tau(\varphi)$, then there exists a valuation ω for $\mathbf{LPT}$ such that, for every formula $\gamma \in \Gamma$, we have $\omega(\tau(\gamma)) \neq 0$ and $\omega(\tau(\varphi)) = 0$. By Lemma 45, there exists a Boolean valuation e_ω, such that $e_\omega(\gamma) = 1$ and $e_\omega(\varphi) = 0$, that is, $\Gamma \nvDash \varphi$.

($\Leftarrow$) *If* $\Gamma \nvDash \alpha$*, then there exists a Boolean valuation* e *such that* $e(\gamma) =$ 1*, for every* $\gamma \in \Gamma$ *and* $e(\varphi) = 0$*. By Lemma 44, there exists a valuation* ω_e *for* **LPT** *such that, for every* $\gamma \in \Gamma$*, we have* $\omega_e(\tau(\gamma)) \neq 0$ *and* $\omega_e(\tau(\varphi)) = 0$*, that is,* $\omega_e \vDash \tau(\Gamma)$ *and* $\omega_e \nvDash \tau(\varphi)$*. Hence,* $\tau(\Gamma) \nvDash \tau(\varphi)$*.* ■

The set of theorems or valid formulas of **LPT** is "smaller" than the set of tautologies or theorems of **CPL**. However there is a Boolean part in the set of valid formulas of **LPT**, in which we can immerse the set of classical tautologies.

An interpretation of LPT into Ł₃

Conservative translations into **CPL** seem to be hard to obtain. Epstein [25], in particular, besides proving that under certain circumstances such translations do not exist, conjectures that there are no conservative translations from any logic, distinct of **CPL**, into **CPL**.

However, D'Ottaviano and Feitosa [21], in 2006, using the algebraic semantics associated to the finite-valued Lukasiewicz' logics (see [4], [5], and [50]) and to classical propositional calculus, present a non-constructive proof of the existence of conservative translation from many-valued Lukasiewicz' logics L_n, $3 \leq n < \omega$, into **CPL**.

Here we introduce a conservative translation from **LPT** into the three-valued Lukasiewicz logic Ł₃.

By composition of translations we obtain a new translation from **CPL** into Ł₃.

As it is well known, Lukasiewicz [40] introduces his multivalued propositional logical systems on the propositional language $L = \{\neg, \rightarrow\}$ with two basic operators, $\neg$ for the negation, and $\rightarrow$ for the conditional (see [42]).

If $x, y \in [0, 1]$, the real unitary interval, then these operators are defined by:

$\neg x =_{df} 1 - x$
$x \rightarrow y =_{df} min(1, 1 - x + y)$.

If we consider the usual model of matrices of **CPL**, which takes exactly the subset $\{0,1\} \subseteq [0,1]$, then the two operators above coincide with their classic correlates of **CPL**.

The matrices for Łukasiewicz logic Ł$_3$ have their values given in the set $\{0, \frac{1}{2}, 1\} \subseteq [0,1]$.

According to the operators above, the tables of negation and conditional of Ł$_3$ are the following:

$\rightarrow$	0	$\frac{1}{2}$	1
0	1	1	1
$\frac{1}{2}$	$\frac{1}{2}$	1	1
1	0	$\frac{1}{2}$	1

	$\neg$
0	1
$\frac{1}{2}$	$\frac{1}{2}$
1	0

The matrix semantics of Ł$_3$ is given by the matrix :

$$\mathcal{M}_3 = (\{0, \frac{1}{2}, 1\}, \neg, \rightarrow, \{1\}),$$

with the set of designated values $D = \{1\}$.

This matrix semantics is adequate for the logic Ł$_3$.

In the Łukasiewicz logics the operations of disjunction $\vee$, conjunction $\wedge$, sum $\oplus$, product $\odot$, classical negation $\sim$ and implication $\rightarrow$ may be defined as follows:

$$x \vee y =_{df} (x \rightarrow y) \rightarrow y = max(x,y)$$
$$x \wedge y =_{df} \neg(\neg x \vee \neg y) = min(x,y)$$
$$x \oplus y =_{df} \neg x \rightarrow y = min(1, x+y)$$
$$x \odot y =_{df} \neg(\neg x \oplus \neg y) = max(0, x+y-1)$$
$$\sim x =_{df} \neg x \oplus \neg x$$
$$x \rightsquigarrow y =_{df} x \rightarrow (x \rightarrow y).$$

The tables of disjunction and conjunction are obvious and the tables of the other operators are the following:

$\oplus$	0	$\frac{1}{2}$	1
0	0	$\frac{1}{2}$	1
$\frac{1}{2}$	$\frac{1}{2}$	1	1
1	1	1	1

$\odot$	0	$\frac{1}{2}$	1
0	0	0	0
$\frac{1}{2}$	0	0	$\frac{1}{2}$
1	0	$\frac{1}{2}$	1

	$\sim$
0	1
$\frac{1}{2}$	1
1	0

$\rightsquigarrow$	0	$\frac{1}{2}$	1
0	0	$\frac{1}{2}$	1
$\frac{1}{2}$	1	1	1
1	1	1	1

Recalling that $Var(LPT) = \{s_1, s_2, s_3, ...\}$, and considering $Var(Ł_3) = \{q_1, q_2, q_3, ...\}$ let's take the function $\rho : \mathbf{LPT} \rightarrow Ł_3$ defined by:

$$\rho(s_i) = \sim \neg q_i$$
$$\rho(\neg \varphi) = \sim \rho(\varphi)$$
$$\rho(\varphi \rightarrow \psi) = \rho(\varphi) \rightarrow \rho(\psi)).$$

Thus, it is immediate that if w is a Ł$_3$-valuation, then $w(\rho(\Delta)) \subseteq \{0, 1\}$, for every $\Delta \subseteq For(LPT)$.

Lemma 47 *For each valuation* $v : Var(LPT) \rightarrow \{0, \frac{1}{2}, 1\}$*, there exists a valuation* $w : Var(Ł_3) \rightarrow \{0, \frac{1}{2}, 1\}$*, such that:*

$$v(\sigma) = 0 \Leftrightarrow w(\rho(\sigma)) = 0.$$

Proof. *Let* $w(q_i) = v(s_i)$.

The proof follows by induction on the complexity of σ:

If σ *is* s_i*, it follows that* $v(\sigma) = 0 \Leftrightarrow v(s_i) = 0 \Leftrightarrow w(q_i) = 0 \Leftrightarrow w(\neg q_i) = 1 \Leftrightarrow w(\sim \neg q_i) = 0 \Leftrightarrow w(\rho(\sigma)) = 0.$

If σ *is of type* $\neg \psi$*, then* $v(\sigma) = 0 \Leftrightarrow v(\psi) = 1 \Leftrightarrow w(\rho(\psi)) = 1 \Leftrightarrow w(\sim \rho(\psi)) = 0 \Leftrightarrow w(\rho(\neg \psi)) = 0 \Leftrightarrow w(\rho(\sigma)) = 0.$

If σ *is of type* $\psi \rightarrow \gamma$*, then* $v(\sigma) = 0 \Leftrightarrow v(\psi) \neq 0$ *and* $v(\gamma) = 0 \Leftrightarrow w(\rho(\psi)) = 1$ *and* $w(\rho(\gamma)) = 0 \Leftrightarrow w(\rho(\psi) \rightarrow \rho(\gamma)) = 0 \Leftrightarrow w(\rho(\sigma)) = 0.$

∎

Considering that the matrix semantics for these two logics are completely adequate for the respective systems, we can prove the next theorem.

Theorem 48 *The function ρ is a conservative translation from* **LPT** *into Ł₃.*
Proof. $\Gamma \nvdash \varphi \Leftrightarrow \Gamma \nvDash \varphi \Leftrightarrow$ *there exists a valuation $v : Var(LPT) \rightarrow$* $\{0, \frac{1}{2}, 1\}$ *such that, for every $\gamma \in \Gamma$, $v(\gamma) \neq 0$, and $v(\varphi) = 0 \Leftrightarrow$ there exists a valuation $w : Var(Ł_3) \rightarrow \{0, \frac{1}{2}, 1\}$ such that, for every $\gamma \in \Gamma$, $w(\rho(\gamma)) = 1$, and $w(\rho(\varphi)) \neq 1 \Leftrightarrow \rho(\Gamma) \nvdash \rho(\varphi)$.* ∎

Thus we have a conservative translation from **LPT** into Ł₃.

Theorem 49 *The function $\tau \circ \rho$ is a conservative translation from* **CPL** *into Ł₃.*
Proof. *Considering that the composition of conservative translations is also a conservative translation, then we have a translation $\tau \circ \rho : $* **CPL** $\rightarrow$ *Ł₃.* ∎

Final considerations

We have introduced conservative translations involving the logic **LPT**, a three-valued paraconsistent calculus adequate for theories whose concept of truth is da Costa's pragmatic concept of quasi-truth, which extends the classical Tarskian concept of correspondential truth.

Besides presenting a conservative translation from classical propositional logic **CPL** into **LPT**, we have also obtained conservative translations from **LPT** into Ł₃ and so one from **CPL** into Ł₃.

As mentioned before, the existence of conservative translations from non-classical logics into the classical calculus are not usual. Using algebraic models, D'Ottaviano and Feitosa [21] show that there exists a conservative translation from Ł₃ into **CPL**. So, by composition, we have that there exists a conservative translation from Ł₃ into **LPT**. We believe that it is not hard to construct one.

In this work we have shown that not only the classical propositional logic **CPL** can be interpreted in a logic of quasi-truth, whose concept of truth is da Costa's pragmatic concept of quasi-truth, but we have also proved that this logic of quasi-truth can be interpreted in a many-valued logic.

In future works, we intend to study correlations of the logic **LPT** with the other known logic of pragmatic truth **QT**, analysed by D'Ottaviano and Hifume [24]. We also will study possible interpretations of **LPT** into the modal logic **S5**, and into the logic of deductibility **TK**, introduced by Feitosa, Gracio and Nascimento (see [28] and [29]), a logic that formalizes the Tarski's notion of logical consequence in algebraic and propositional architecture.

References

[1] Arruda, Ayda I. [1989]. "Aspects of the historical development of paraconsistent logic". In Graham Priest, Richard Routley and Jean Norman (Ed.) *Paraconsistent logic. Essays on the inconsistent.* München: Philosophia Verlag, 99-130.

[2] Borkowski, Ludwik [1970]. *Selected works of J. Łukasiewicz.* Amsterdam: North-Holland.

[3] Carnielli, Walter A. and Antonio M. Sette [1995]. "Maximal weakly-intuitionistic logics". *Studia Logica*, 55: 81-203.

[4] Cignoli, Roberto L. O., Itala M. L. D'Ottaviano and Daniele Mundici [1994]. *Álgebras das lógicas de Lukasiewicz* (Algebras of the logis of Lukasiewicz), in Portuguese. Campinas: UNICAMP, Centro de Lógica, Epistemologia e História da Ciência. (Coleção CLE, v. 12).

[5] Cignoli, Roberto L. O., Itala M. L. D'Ottaviano and Daniele Mundici [2000]. "Algebraic Foundations of Many-Valued Reasoning". T*rends in Logic*, v. 2. Dordrecht: Kluwer Acad. Publ.

[6] Coniglio, Marcelo E. and Luiz H. C. Silvestrini [2014]. "An alternative approach for quasi-truth". *Logic Journal of IGPL*, 22: 387-410.

[7] da Costa, Newton C. A. [1963]. "Calculs propositionnels pour les systèmes formels inconsistants". *Comptes Rendus de l'Académie des Sciences de Paris* (A-B), 257: 3790-3793.

[8] da Costa, Newton C. A. [1963]. *Sistemas formais inconsistentes* (Inconsistent formal systems), in Portuguese. Ph.D. Thesis. Curitiba: Federal University of Paraná.

[9] da Costa, Newton C. A. [1974]. "On the theory of inconsistent formal systems". *Notre Dame Journal of Formal Logic*, 15(4): 497-510.

[10] da Costa, Newton C. A. and Otávio Bueno [1999]. "Quasi-truth, supervaluations and free logic". *History and Philosophy of Logic*, 20: 215-226.

[11] da Costa, Newton C. A. and Steven French [2003]. *Science and partial truth: a unitary approach to models and scientific reasoning*. New York: Oxford University Press.

[12] da Costa, Newton C. A., Decio Krause and Otávio Bueno [2007]. "Paraconsistent logics and paraconsistency". In Dale Jacquette (Ed.) *Philosophy of Logic* (Handbook of the Philosophy of Science). Amsterdam: Elsevier, 791-911.

[13] da Costa, Newton C. A. and Diego Marconi [1989]. "An overview of paraconsistent logics in the 80's". *The Journal of Formal Logic*, 15(4): 497-510.

[14] da Silva, Jairo J., Itala M. L. D'Ottaviano and Antonio M. Sette [1999]. "Translations between logics". In Xavier Caicedo and Carlos H. Montenegro (Eds.). *Models, Algebras and Proofs*, Lectures Notes in Pure and Applied Mathematics, v. 203. New York: Marcel Dekker, 435-448.

[15] D'Ottaviano, Itala M. L. [1973] *Fechos caracterizados por interpretações* (Closures characterized by interpretations), in Portuguese. Master Dissertation. Campinas: Institute of Mathematics, Statistics and Scientific Computation, University of Campinas.

[16] D'Ottaviano, Itala M. L. [1990]. "On the development of paraconsistent logic and da Costa's work". *The Journal of Non-Classical Logic*, 7(1-2): 9-72.

[17] D'Ottaviano, Itala M. L. [2013]. "Translations as representations between logics". In Evandro Agazzi (Org.) *Representation and explanation in the sciences*. Milan, Italy: Franco Angeli, 228-243.

[18] D'Ottaviano, Itala M. L. and Hercules de A. Feitosa [1999a]. "Conservative translations and model-theoretic translations". *Manuscrito - International Journal of Philosophy*, 22(2): 117-132.

[19] D'Ottaviano, Itala M. L. and Hercules de A. Feitosa [1999b]. "Many-valued logics and translations". *Journal of Applied Non-Classical Logics*, 9(1): 121-140.

[20] D'Ottaviano, Itala M. L. and Hercules de A. Feitosa [2000]. "Paraconsistent logics and translations". *Synthese*, 125: 77-95.

[21] D'Ottaviano, Itala M. L. and Hercules de A. Feitosa [2006]. "Translations from Lukasiewicz logics into classical logic: is it possible?". In Jacek Malinowski and Andrzej Pietruszczak (Eds.) *Essays in Logic and Ontology*. Poznan Studies in the Philosophy of the Sciences and the Humanities, 91: 157-168.

[22] D'Ottaviano, Itala M. L. and Hercules de A. Feitosa [2007]. "Deductive systems and translations". In Jean-Yves Béziau, Alexandre Costa-Leite (Eds.) *Perspectives on Universal Logic*. Monza: Polimetrica International Scientific Publisher, 125-157.

[23] D'Ottaviano, Itala M. L. and Hercules de A. Feitosa [2019]. "Translations between logics: a survey". *De Gruyter*, to appear.

[24] D'Ottaviano, Itala M. L. and Carlos Hifume [2007]. "Peircean pragmatic truth and da Costa's quasi-truth". *Studies in Computational Inteligence*, 64:83-398.

[25] Epstein, Richard L. [1990]. *The semantic foundations of logic*. Volume 1: Propositional logics (with the collaboration of Walter A. Carnielli, Itala D'Ottaviano and Stanislaw Krajewski), Dordrecht: Kluwer Academic Publishers.

[26] Feitosa, Hercules de A. (1997) *Traduções conservativas* (Conservative translations), in Portuguese. PhD Thesis. Campinas: Institute of Philosophy and Human Sciences, University of Campinas.

[27] Feitosa, Hercules de A. and Itala M. L. D'Ottaviano [2001]. "Conservative translations." *Annals of Pure and Applied Logic*, 108(1-3): 205-227.

[28] Feitosa, Hercules de A., Maria C. C. Gácio and Mauri C. Nascimento [2010]. "Logic TK: algebraic notions from Tarki's consequence operator". *Principia*, 14: 47-70.

[29] Feitosa, Hercules de A. and Mauri C. Nascimento [2015]. "Logic of deduction: models of pre-order and maximal theories". *South American Journal of Logic*, 1: 283-297.

[30] Feitosa, Hercules de A. and Luiz H. C. Silvestrini [2016]. "On the logic of pragmatic truth". In: Jonas Rafael Becker Arenhart, Jaimir Conte and Cezar Augusto Mortari. (Org.). *Temas em filosofia contemporânea II*. Florianópolis: NEL/UFSC, 123-136.

[31] Gentzen, Gerhard [1969]. "On the relation between intuitionist and classical arithmetic (1933)". In: Szabo, M. E. (ed.) *The Collected Papers of Gerhard Gentzen*, 53-67. Amsterdam: North-Holland.

[32] Glivenko, Valery [1929]. "Sur quelques points de la logique de M. Brouwer". Académie Royale de Belgique. *Bulletins de la Classe de Sciences*, s. 5, 15: 183-188.

[33] Gödel, Kurt [1986a]. "On intuitionistic arithmetic and number theory (1933a)". In: Solomon Feferman *et alii*(Eds.) *Collected works*. Oxford: Oxford University Press, 287-295.

[34] Gödel, Kurt [1986b]. "An interpretation of the intuitionistic propositional calculus (1933b)". In: Solomon Feferman *et alii* (Eds.) *Collected works*. Oxford: Oxford University Press, 301-303.

[35] Gomes, Evandro L. and Itala M. L. D'Ottaviano [2017]. *Para além das Colunas de Hércules, uma história da paraconsistência: de Heráclito a Newton da Costa* (Beyond the Columns of Hercules,

a history of paraconsistency: from Heraclitus to Newton da Costa), in Potuguese. Campinas: CLE/Unicamp. (Série Unicamp ANO 50, v. 50; Coleção CLE, v. 80).

[36] Hoppmann, Albrecht G. [1973]. *Fecho e imersão* (Closure and embedding), in Portuguese. Ph. D. Thesis. Rio Claro: Faculty of Philosophy, Sciences and Letters, São Paulo State University.

[37] Jaśkowski, Stanislaw [1969]. "Propositional calculus for contradictory deductive systems". *Studia Logica*, XXIV: 143-157. (English version of [38]).

[38] Jaśkowski, Stanislaw [1948]. "Rachunek zdán dla sustemów dedukcyjnych sprzecznych". *Studia Societatis Scientiarum Torunensis*, Sec. A, I, 5: 55-57.

[39] Lewis, Clarence I. and Cooper H. Langford [1932]. *Symbolic Logic*. New York (Reprinted in 1959).

[40] Łukasiewicz, Jan and Alfred Tarski [1930]. "Untersuchungen über den Aussangenkalküls". *Comptes Rendus des séances de la Societé des Sciences et des Lettres de Varsovie*, Classe iii, v. 23, p. 30-50. Translation into English in Borkowski 1970 [2].

[41] Kolmogorov, Andrei N. [1977]. "On the principle of excluded middle (1925)". In: Jean van Heijenoort (Ed.) *From Frege to Gödel: a source book in mathematical logic 1879-1931*. Cambridge: Harvard University Press, 414-437.

[42] Malinowski, Grzegorz [1993]. *Many-valued logics*. Oxford: Clarendon Press.

[43] Mendelson, Elliott [1964]. *Introduction to mathematical logic*. Princeton: D. Van Nostrand.

[44] Mikengerg, Irene, Newton C. A. da Costa and Rolando Chuaqui [1986]. "Pragmatic truth and approximation to truth". *The Journal of Symbolic Logic*, 51(51): 201-221.

[45] Moreira, Angela P. R. [2016]. *Sobre traduções entre lógicas: relações entre traduções conservativas e traduções contextuais abstratas* (On translations between logics: relations between conservative translations and abstract contextual translations), in Portuguese. Ph. D. Thesis. Campinas: Institute of Philosophy and Human Sciences, University of Campinas.

[46] Nascimento, Mauri C. and Hercules de A. Feitosa [2005]. "As álgebras dos operadores de consequência" ("The algebras of the consequence operators"), in Portuguese. *Revista de Matemática e Estatística*, 23(1): 19-30.

[47] "Peirce, Charles S. [1958]". In Arthur W. Burks (Ed.). *The Collected Papers of Charles Sanders Peirce*, v. VII, Science and Philosophy. Cambridge: Harvard University Press.

[48] Prawitz, Dag and Per-Erik Malmnäs [1968]. "A survey of some connections between classical, intuitionistic and minimal logic". In: Arnold H. Schmidt et al. (Ed.) *Contributions to mathematical logic*. Amsterdam: North-Holland, 215-229.

[49] Priest, Graham, Richard Routley and Jameson Norman [1989]. "Paraconsistent logic. Essays on the inconsistent". München: *Philosophia*. Verlag.

[50] Rasiowa, Helena [1974]. *An algebraic approach to non-classical logics*. Amsterdam: North-Holland.

[51] Scheer, Mauro C. [2002]. *Para uma teoria de traduções entre lógicas cumulativas* (Towards a theory of translations between cumulative logics), in Portuguese. Master Dissertation. Campinas: Institute of Philosophy and Human Sciences. University of Campinas.

[52] Scheer, Mauro C. and Itala M. L. D'Ottaviano [2005]. "Operadores de consequência cumulativos e traduções entre lógicas cumulativas". ("Cumulative consequence operators and translations between cumulative logics"), in Portuguese. *Revista de Informação e Cognição*, 4: 47-60.

[53] Silvestrini, Luiz H. [2011]. *Uma nova abordagem para a noção de quase-verdade*. (A new approach to the notion of quasi-truth), in Portuguese. PhD Thesis. Campinas: Institute of Philosophy and Human Sciences, University of Campinas.

[54] Silvestrini, Luiz H. C. and Hercules de A. Feitosa [2017]. "Uma lógica paraconsistente das teorias de quase-verdade e algumas metapropriedades via traduções entre lógicas" (A paraconsistent logic of quasi-truth theories and some meta-properties via translations between logics), in Portuguese. In: Marcos Antonio Alves, Maria Claudia Cabrini Grácio and Daniel Martínez-Ávila (Org.). *Informação, conhecimento e modelos*. (Information, knowledge and models), in Portuguese. Campinas, Marília: UNICAMP, Centro de Lógica, Epistemologia e História da Ciência, Oficina Universitária, 79-97.

[55] Tarski, Alfred [1944]. "The semantic conception of truth: foundations of semantics". *Philosophy and Phenomenological Research*, 4: 341-376.

[56] Wójcicki, Ryszard [1988]. *Theory of logical calculi: basic theory of consequence operations*. Dordrecht, Kluwer (Synthèse Library, 199).

La emegencia del diseño: un reto epistemológico

Anna Estany

Departamento de Filosofía, Universidad Autónoma de Barcelona, España

RESUMEN

Hay palabras que, en un momento determinado, emergen como catalizadoras de una serie de ideas que anteriormente habían tenido otros sentidos. Una de ellas es "diseño". El diseño ha salido del nicho en el que había permanecido durante décadas por no decir siglos, al menos por lo que atañe a la historia de la filosofía y de la ciencia. Incluso cuando se ha introducido en el mundo académico ha estado muy ligado al arte y aplicado a entornos de nuestra vida cotidiana. Fijar donde situar el punto de inflexión en este tema no es tarea fácil pero posiblemente la revolución industrial, la expansión de productos a amplias capas de la población, la producción en serie, etc. pueden considerarse factores que han incentivado la introducción del diseño en todos los campos del saber. Actualmente, la idea de diseño ha llegado a la epistemología, un campo que, en principio, parece alejado del análisis de situaciones prácticas. Pero hay que tener en cuenta que la filosofía de la ciencia ha expandido su análisis más allá de la ciencia pura por lo que ha sido necesario una revisión de la epistemología de la ciencia aplicada. El objetivo de este trabajo es explorar hasta qué punto la epistemología de diseño

(Design Epistemology) puede ser el futuro de la epistemología
y constituir un marco para la confluencia del saber teórico y
práctico desde el que abordar la ciencia y la tecnología.

Introducción

Hay palabras que, en un momento determinado, emergen como catalizadoras de una serie de ideas que anteriormente habían tenido otros
sentidos. Entre ellas están "innovación" y "diseño". La primera ha sido
motivo de un libro de A. Estany y Rosa M. Herrera *Innovación en el
saber teórico y práctico* [9]; la segunda es el centro de la reflexión en este
trabajo desde el ámbito de la filosofía.

El diseño ha salido del nicho en el que había permanecido durante
décadas por no decir siglos, al menos por lo que atañe a la historia de la
filosofía y de la ciencia. Incluso cuando se ha introducido en el mundo
académico ha estado muy ligado al arte y aplicado a entornos de nuestra
vida cotidiana. Fijar donde situar el punto de inflexión en este tema
no es tarea fácil pero posiblemente la revolución industrial, la expansión
de productos a amplias capas de la población, la producción en serie,
etc. pueden considerarse factores que han incentivado la introducción del
diseño en todos los campos del saber. Desde el punto de vista teórico el
libro de H. Simon *The science of the artificial* [29] supone la introducción
del diseño en el mundo académico, especialmente en la ciencia aplicada.
De hecho, Simon es un punto de referencia para todo lo relacionado con
la teoría del diseño, e incluso para los nuevos autores que quieren ir más
allá de su proyecto siguen considerándolo uno de los precursores.

Actualmente, la idea de diseño ha llegado a la epistemología, un
campo que, en principio, parece alejado del análisis de situaciones prácticas. Pero hay que tener en cuenta que la epistemología ha pasado de
una perspectiva apriorística a una naturalizada, en el sentido de que no
puede hacer caso omiso de los resultados empíricos de la ciencia a la

hora de configurar sus modelos metodológicos. Además, la filosofía de la ciencia ha expandido su análisis más allá de la ciencia pura por lo que ha sido necesario una revisión de la epistemología de la ciencia aplicada. En conclusión, el diseño ha penetrado en todas las esferas del saber teórico y práctico.

El objetivo de este trabajo es dar un panorama de lo que se entiende por "design epistemology" (epistemología del diseño), explorando hasta qué punto constituye una alternativa a la epistemología clásica y una innovación metodológica. Para ello vamos a analizar las diversas aproximaciones a la epistemología del diseño y expresiones afines como "design thinking" (pensamiento según diseño), "design theory" (teoría del diseño) o "designerly ways of knowing" (formas de pensar diseñísticas), comprobando la polisemia de los conceptos que forman parte del campo del diseño.[1] T. Love [16] hace hincapié sobre la falta de claridad en la definición de dichos conceptos en los distintos autores, señalando lo siguiente:

> En 1992, intenté recopilar un glosario de los principales términos teóricos de la literatura de investigación del diseño, y descubrí que era una tarea casi imposible hacer justicia a las diferentes variantes de los términos principales: hay casi tantas definiciones diferentes de diseño y proceso de diseño como escritores sobre diseño. [16, p. 95][2]

---

[1]Hay una dificultad añadida cuando estas expresiones, habitualmente en inglés, las traducimos al castellano, aunque no es solo un problema de traducción, como veremos a continuación. Precisamente el artículo de G. Bengoa "Distintos acercamientos epistemológicos: cinco enfoques sobre los objetos" [1] al que me refiero más adelante está escrito directamente en castellano y no por ello escapa a la necesidad de clarificar los sentidos. Hay que decir, sin embargo, que en castellano no significa lo mismo "epistemología del diseño" (epistemology of design) que "epistemología de diseño" (design epistemology), a pesar de que ni en inglés ni en castellano se hace siempre esta distinción. La primera significa buscar los fundamentos epistémicos del diseño, la segunda se refiere a una epistemología que adopte las formas de pensar del diseñador. Aquí voy a utilizar la expresión "epistemología del diseño" porque es la que más se adecúa al significado que le dan los teóricos del diseño. Dado que el campo de la relación entre epistemología y diseño es relativamente nuevo, en muchos casos vamos a mantener la expresión en inglés y su traducción correspondiente.

[2]La traducción de las citas de artículos y libros es de la autora A. Estany.

Frente a esta situación del concepto de diseño, Love propone el estudio de la estructura y la dinámica de la teoría del diseño a través del análisis metateórico que especifique los distintos niveles de abstracción desde la percepción de la realidad a la epistemología y la ontología del diseño.

La epistemología del diseño como marco teórico

La epistemología del diseño escapa al sentido clásico de una rama de la filosofía, como es la epistemología, que busca los fundamentos del conocimiento científico. El interés que ha despertado últimamente responde a varios factores pero dos de los más importantes son, por un lado, el enfoque naturalista en epistemología y, por otro, la imbricación, aunque no fusión, del conocimiento científico y su aplicación práctica. Respecto al primero, la epistemología ha dejado su fundamentación apriorística para tener en cuenta los resultados empíricos de las ciencias. Respecto al segundo, la imbricación entre ciencia y su aplicación práctica ha hecho que la epistemología tenga que ir más allá del saber teórico, abordando también el saber práctico. Dicha imbricación no es estrictamente nueva pero sí lo es la rapidez con que actualmente se pasa del conocimiento a su aplicación, como muy bien señala el historiador de la tecnología M. Kranzberg [13]. Kranzberg señala que pasaron 1700 años desde que la máquina de vapor fuera diseñada en Alejandría hasta que Watt la hizo funcionar, el principio de fotografía tardó en llevarse a la práctica 200 años desde que fue esquematizado por Leonardo, el motor eléctrico tardó 40 años, la energía nuclear 5 años, el transistor 5 años, los plásticos transparentes 2 años y los rayos láser 18 meses. Esto, dice Kranzberg, apoya la tesis de que la asociación de la ciencia (que quiere saber el "porqué") y la tecnología (que quiere saber el "cómo") produce una reacción en cadena de descubrimiento científico e invención tecnológica que, aunque no es un fenómeno nuevo, sí lo es el tiempo transcurrido, transformando cualitativamente las características de la relación entre ciencia y tecnología.

Desde la epistemología del diseño se plantean diversas cuestiones que, a su vez, constituyen perspectivas de cómo entenderla. Por un lado, tenemos la epistemología del diseño como una alternativa a la epistemología

clásica, que se suele calificar de analítica frente a la sintética, que sería la
de diseño y que incluiría las ciencias aplicadas. Por otro lado, una serie
de características, entre las que podemos destacar la interdisciplinar-
iedad como eje para abordar problemáticas dinámicas y complejas y una
preocupación social a través del pensamiento según diseño que gira en
torno al diseño a escala humana. A partir de estos ejes surge una serie de propuestas y consideraciones de las que vamos a hacernos eco a
continuación.

G. Bengoa [1] hace una serie de puntualizaciones respecto al alcance
de la ciencia en su aplicación práctica. La idea de que la epistemología
es la doctrina de los fundamentos y métodos del conocimiento científico,
según Bengoa, no encaja con el hecho de la variedad de objetos que
pueblan nuestro campo de conocimiento, por lo que no puede haber una
sola epistemología. En realidad se refiere a los objetos construidos o
artefactos y se pregunta si se puede hacer una epistemología de dichos
objetos en base a otros parámetros que los tradicionales. A este fin hace
una distinción entre Epistemología "para" el diseño y Epistemología "del"
diseño.[3] Sobre la primera dice que tiene que ver con "una ciencia del
conocimiento que ayude al diseñador". De la segunda dice que tiene que
ver con "una epistemología que utilice como herramienta para conocer a
la realidad del propio diseño". Respecto a la primera podríamos decir
que encaja con una epistemología de la ciencia aplicada, y en este sentido
estaría en la línea de las metodologías de diseño propuestas por R.J.

---

[3]Ateniéndonos a la definición que hace, equivaldría a "epistemología del diseño"
(que Bengoa llama "epistemología para el diseño") y "epistemología de diseño" (que
Bengoa llama "epistemología del diseño"). Una distinción que podría ayudarnos a clarificar la distinción de Bengoa es la que se establede entre "ética de la neurociencia"
y "neuroética". La primera estudia las implicaciones éticas de los progresos neuro-
científicos y de la práctica de los profesionales en este ámbito; la segunda toma la
neurociencia como base para la comprensión y explicación de las decisiones sociales,
morales y filosóficas en sentido amplio. Otra distinción análoga es entre "filosofía de
las ciencias cognitivas" y "enfoque cognitivo en filosofía de la ciencia". La primera se
refiere al análisis filosófico de las ciencias cognitivas, del mismo modo que nos referimos a la filosofía de la física, de la química, de la biología o de las ciencias sociales,
la segunda se refiere a modelos de ciencia que estén anclados en las ciencias cognitivas, un enfoque que R. Giere es uno de los pioneros. Sin embargo, hay que tener en
cuenta que la neurociencia posee una fundamentación teórica y empírica que no es
equiparable a los modelos de diseño.

132

McCrory, M. Asimov, A.D. Hall, entre otros.[4] Respecto a la segunda perspectiva la definición parece poco clara a no ser que la interpretemos como "una epistemología que utilice el propio diseño como herramienta para conocer la realidad". Podría entenderse pues, en el sentido de que las teorías de diseño a partir de las cuales construimos objetos puedan ser un modelo para la epistemología, tanto en su función de fundamentar las ciencias puras, en el sentido de conocer y explicar la realidad, como epistemología/metodología de las ciencias aplicadas. Podría objetarse que este planteamiento es un círculo visioso, digamos que es un círculo pero no vicioso sino de retroalimentación entre conocimiento, artefactos y diseño.

D. Mahdjoubi en su artículo "Epistemology of design" [17] hace una clasificación de diseño como actividad, como planificación y como epistemología. Como actividad se refiere a la fase de conceptualizadión del producto; como planificación a la organización de las acciones para la realización del producto; y como epistemología a la relación con las metodologías sintéticas necesarias para cualquier cambio en las ciencias aplicadas y distintas de las metodologías analíticas cruciales para el desarrollo de las iniciativas científicas. Una cuestión importante que plantea Mahdjoubi es la conexión de la epistemología con la metodología. A veces en filosofía de la ciencia se utiliza indistintamente, aunque también depende de las tradiciones. En general la tradición francesa tiende a usar "epistemología" y la anglosajona "metodología". Podríamos decir que la epistemología pone el foco en los criterios para valorar la fundamentación del conocimiento y la metodología en los procesos mediante los cuales se lleva a cabo dicha fundamentación.

Mahdjoubi señala que la metodología analítica ha mostrado deficiencias o carencias para abordar la ciencia aplicada por lo que ha florecido la metodología sintética, tomando la epistemología del diseño como una alternativa que puede paliar dichas deficiencias, muy especialmente en campos como la ingeniería. Una vez más, esto encaja con la propuesta

---

[4]Estos autores consideran que el método estándar de justificación de hipótesis no encaja con las ciencias de diseño por lo que proponen una "metodología de diseño" que tenga en cuenta tanto los conocimientos científicos como las necesidades y factores contextuales. Ver Estany y Herrera [9] en el que se examinan las metodologías de diseño propuestas por estos autores.

de McCrory, Asimov y Hall de una metodología de diseño que superara el esquema metodológico clásico de la ciencia pura.

Bajo el título de "Design Epistemology", D. Karabeg [11] propone que el diseño sea la alternativa a la tradición. Esto significa un cuestionamiento de la epistemología tradicional que no encaja con una apuesta por la innovación como eje central de la investigación científica. Sin embargo, hay que señalar que Karabeg no piensa sólo en las ciencias de diseño, a las que no se refiere de forma expresa cuando propone la epistemología del diseño, sino a las ciencias en general, puras y aplicadas. La idea central es lo que llama "postulating an epistemology", es decir, plantear qué significado vamos a dar a "epistemología" cuando va más allá de la epistemología entendida, tradicionalmente, como la base sobre la que se asienta la búsqueda de la verdad y del significado de las cosas.

Por tanto, siguiendo a Karabeg, la epistemología del diseño refuerza un enfoque en el marco de la investigación académica que es una alternativa a los enfoques tradicionales. Si la alternativa la pensamos para la ciencia pura sería lo que denominamos "innovación epistemológica" que implicaría tanto nuevas formas de representación del conocimiento como cambios en los valores epistémicos o, al menos, en su priorización. En este sentido, y siendo fieles a Karabeg, se trataría de que esta innovación epistemológica se hiciera de acuerdo a los modelos de diseño. Su propuesta parece indicar que a diferencia de la epistemología tradicional la de diseño es más dinámica y permite incorporar nuevos elementos surgidos en el curso de la investigación. Es decir, introducir innovaciones en la epistemología clásica o analítica a partir de los modelos de diseño equivale a lo que Bengoa denomina "epistemología de diseño". Un sentido parecido al de Love con "design philosophy" (filosofía de diseño) que distingue de "philosophy of design" (filosofía del diseño). La segunda la sitúa en el nivel de la filosofía de la tecnología y de la ciencia, es decir, el estudio filosófico del método científico. Respecto a la primera, considera que su campo se limita al estudio filosófico del método de diseño. Por tanto, tenemos que hay un sentido de epistemología del diseño entendida como epistemología de diseño (Bengoa) o filosofía de diseño (Love) que supondría una naturalización de la epistemología a través de la ciencia del diseño.

Respecto a las características que Karabeg señala [11], es especialmente relevante lo que denomina "Wholeness" (totalidad, integridad)
que define como "la cualidad que caracteriza a un organismo sano y perfectamente desarrollado, o un mecanismo completo e inmaculadamente
funcional: todas las partes funcionan bien y en sinergia entre ellas, y
cumplen su propósito dentro del todo, para que el todo pueda funcionar
bien y cumplir sus propósitos incluso en ámbitos más grandes" [11, p.
3]. Y como consecuencia de ello tendríamos la "trandisciplinariedad", que
se concretaría en la "Knowledge Federation", es decir, en una federación
de conocimientos y disciplinas a fin de que cualquier fenómeno pudiera
abordarse desde diversas perspectivas a modo de un caleidoscopio.

Otro de los conceptos relacionados con la epistemología del diseño
es la "Design theory" (teoría del diseño), que aborda L. E. Östman en
su artículo "Design theory is a philosophical discipline – Reframing the
epistemological issues in design theory" [24]. Según Östman, la filosofía
del diseño no es una ciencia social, ni una ciencia natural, sino una disciplina filosófica, que toma el pragmatismo como el marco que proporciona
razones para la teoría del diseño. No se trata pues de fijar el conocimiento
a una simple verdad, sino de abordar problemas y promover comprensión
a través de la clarificación, el razonamiento y la crítica. Estas afirmaciones constituyen la base de su propuesta, centrada en el conocimiento
para la resolución de problemas, no para alcanzar la verdad o, al menos,
no solo y no en primer término.

Östman distingue entre "Design research" (investigación del diseño),
que toma el diseño como campo de investigación y "teoría del diseño", que
constituye un conjunto de conocimientos compartidos por los distintos
ámbitos donde tienen lugar procesos de diseño. La teoría del diseño la
relaciona con Simon, lo cual nos da idea de su interés por la ciencia
aplicada, a pesar de diferir sobre el concepto de teoría.

> Como lo veo, la teoría del diseño coincide con la "ciencia
> de lo artificial" de Simon, pero la conexión con la ciencia no es
> apropiada, mientras que la palabra "teoría" denota el hecho
> de que es principalmente una disciplina teórica mientras que
> el campo del diseño es generalmente muy práctico. [24, p. 9]

La conclusión que podemos sacar es, por un lado, que la teoría del

diseño corresponde a las ciencias de lo artificial de Simon y, como consecuencia, a las ciencias de diseño, pero, por otro quiere marcar la diferencia en el sentido de que, según Östman, Simon quiere dar a la palabra
"teoría" un sentido de disciplina teórica que no encaja con la orientación
práctica que tiene el campo del diseño. Sin embargo, hay que decir que
Simon tiene muy presente la orientación práctica en su obra *The science
of the artificial.*

Abducción y pragmatismo: modelos lógico-epistemológicos en la teoría del diseño

Una de las cuestiones que aborda la epistemología del diseño es la adecuación de los modelos lógico-epistemológicos clásicos a este nuevo marco
epistémico. Ya vimos que una de las definiciones era paresentarla como
una alternativa a la epistemología analítica, apostando por la que de-
nominaban "sintética". Pues bien, podemos considerar la abducción y el
pragmatismo como modelos que podrían estar a la base de dicha epistemología.

L.E. Östman [23] dedica un libro a la teoría pragmatista del diseño
y su impacto en la arquitectura.[5] Considera que la filosofía pragmática
de John Dewey es una base filosófica apropiada para el diseño del razonamiento teórico, ya que incluye una teoría distintiva del conocimiento
y la investigación. Así puede integrar tanto los métodos científicos como
los métodos reflexivos e interpretativos de las ciencias sociales y las humanidades [23, p. 11]. Uno de los elementos que considera especialmente interesante para la epistemología del diseño es que la filosofía de
Dewey incluye "una gran cantidad de convicciones éticas, basadas en un
razonamiento lógico más que en imperativos morales" [23, p. 12]. En
conclusión, según Östman, la filosofía pragmática de Dewey proporciona
un modelo teórico de acciones de diseño creativo, con experimentalismo
y pasos evaluativos como elementos centrales [23, p. 17]. Toda una serie
de características propias del razonamiento en las ciencias aplicadas.

---

[5]Aunque Östman lo aplica a la arquitectura los principios generales y los criterios
para considerar la epistemología del diseño adecuada para la arquitectura son los
mismos para su adecuación a la medicina y, en general, para la invesgación en las
ciencias de la salud.

La perspectiva pragmática subyace a la mayoría de los planteamientos de las teorías del diseño en tanto en cuanto proporcionan unas lentes a través de las cuales se pueden interpretar los conceptos y un conjunto de herramientas conceptuales que sostienen la articulación, el entendimiento y la comunicación propias del diseño. Esta perspectiva se plasmaría, según Östman, en una serie de aspectos como los siguientes: el diseño es una acción creativa controlada; el conocimiento del diseño es un conjunto de repertorios que intentan abordar problemas, deseos, valores y situaciones complejas y que tienen como objetivo cambiar una situación existente por una más preferible; un problema de diseño no es una cuestión simple, sino mas bien una situación compleja donde queremos cambiar o mejorar algo; y la creatividad es una capacidad dinámica de gestionar problemas y situaciones y de generar soluciones que encajan con las expectaciones [23, p. 8]. A partir de estas consideraciones el pragmatismo se constituye como el sustrato filosófico de la epistemología del diseño. Atrás quedan el positivismo y el empirismo lógico como epistemología única para fundamentar la ciencia.

También apuesta por el pragmatismo P. Dalsgaard [6] quien considera que el pragmatismo constituye un andamiaje conceptual para el pensamiento según diseño. Y señala: "Empleo el término pensamiento según diseño en un sentido inclusivo para indicar las formas de enmarcar, abordar y dirigirme a los desafíos que caracterizan el diseño" [6, p. 144]. La perspectiva pragmática puede ser de gran valor al menos en cuatro aspectos: la relacion teoría/práctica, la interrelación entre experimentación y tecnología, las implicaciones de una perspectiva pragmática para el diseño y la aplicación de los conceptos del pragmatismo en campos diversos como las artes y la educación. Estos cuatro aspectos no agotan los factores que intervienen en el diseño pero no cabe duda que constituyen cuestiones claves para su estudio y discusión. Dalsgaard concluye: "El principal argumento presentado en este artículo es que el pragmatismo de Dewey ofrece un conjunto de conceptos que pueden contribuir a los esfuerzos para articular la indagación y el pensamiento del diseñador, así como un marco para comprender las relaciones entre estos conceptos" [6, p. 52]

K. Dorst [7] se pregunta cuál es el núcleo del pensamiento según diseño y qué es lo que puede aportar a profesionales de otros campos.

A partir de estas preguntas considera que la lógica nos proporciona un conjunto de conceptos que nos muestran la forma de razonamiento en el diseño como un nuevo paradigma para abordar problemas en diversas profesiones, especialmente en tecnologías de la información (e.g [2]) y negocios (e.g. [18]). El patrón de razonamiento básico sería la abducción, es decir, la abducción como modelo lógico del diseño y el pragmatismo una meta-epistemología del diseño.

J. Kolko en "Abductive Thinking and Sensemaking: The Drivers of Design Synthesis" [12] apuesta por el pensamiento abductivo para lo que denomina "design synthesis" (síntesis del diseño). En este caso utiliza la idea de síntesis no como epistemología sintética alternativa a la epistemología analítica, sino como la forma de diseñar a partir de hacer una síntesis de todos los elementos que el diseñador ha podido obtener para la elaboración del artefacto en cuestión. A modo de conclusión señala que esta forma de diseñar supone una perspectiva abductiva en el proceso de manipulación, organización, recorte y filtrado de datos en el contexto de un problema de diseño.

En muchos de los comentarios sobre el diseño y su relación con la abducción y el pragmatismo sale a relucir el debate entre una epistemología anclada en el giro lingüístico (verbalización del conocimiento) y enfoques actuales para los que la representación lingüística no es esencial sino que hay otras formas de representar el conocimiento, desde esquemas, gestos, etc. Aunque no se hace referencia expresa a ello, la alternativa centrada en el diseño toma características del enfoque cognitivo en epistemología y filosofía de la ciencia. No vamos a abordar esta cuestión en profundidad pero queda pendiente un estudio del papel de los modelos cognitivos en muchas de las propuestas sobre la teoría del diseño.

Pensamiento según diseño

La idea de pensamiento según diseño es central para la epistemología del diseño, especialmente como epistemología sintética, alternativa a la analítica. Los diversos sentidos de epistemología del diseño tienen en común algunas características que nos llevan a la relevancia de la idea de pensamiento según diseño. Una de las que subyace a todas ellas es la resolución de problemas que la sociedad tiene planteados y en los que los

humanos están totalmente implicados. También aquí nos encontramos
con sentidos distintos, aunque no dispares, de pensamiento según diseño, pero todos ellos inciden en el diseño a escala humana. Por ejemplo,
T. Lockwood [15] define "Design thinking" (pensamiento según diseño)
como el proceso de innovación centrado en el factor humano que pone
el acento en la observación, la colaboración y el aprendizaje rápido. Se
trata de aplicar la sensibilidad y los métodos del diseñador a la resolución
de problemas en contextos distintos, a saber: empresariales, comerciales,
de liderazgo, de servicios (públicos y privados), etc. En resumen, la idea
de pensamiento según diseño es una forma de abordar el proceso de
innovación centrado en resolver de la mejor manera posible las necesidades humanas. Su relevancia está en poner el diseño en el centro de
la innovación, una cuestión que no es baladí si tenemos en cuenta las
capacidades cognitivas de los humanos.

Uno de los ejemplos aportados por Lockwood es el de las prendas
de esquiar [15]. Para dichas prendas uno de los elementos clave es la
protección del frío, por lo que los materiales utilizados para fabricarlos
son clave para alcanzar su objetivo. El éxito de esta innovación se debió
a la colaboración de diversos profesionales, especialmente del diseñador,
el ingeniero y el empresario. No es necesario que sean tres personas distintas sino que hay que verlo como tres factores que convergen en el producto. En este caso concreto, según cuenta Lockwood, él mismo aportó
el diseño y la parte comercial gracias a que había estudiado dirección de
empresa en su etapa de licenciatura en la universidad. El ingeniero era
imprescindible para aportar los conocimientos sobre materiales y energía. Respecto a los usuarios hay que decir que, por un lado, las nuevas
prendas las probaron los esquiadores habituales y, por otro lado, se dio
la circunstancia de que una de las personas que tenía que evaluar las
posibilidades mercantiles de los trajes de esquí era un aficionado a este
deporte. En resumen, dado que cualquier innovación implica factores
diversos que no pueden obviarse, cualquier novedad tiene que ser el resultado de la participación de los diferentes actores relevantes, en este
caso: ingenieros, diseñadores y usuarios. Todo ello sin dejar de lado la
viabilidad económica a partir de costes y beneficios para la empresa que
lo lleve a cabo.

Aunar todos los factores no resulta fácil y depende también del enfoque que predomine en un momento determinado. Hay que tener en cuenta que la revolución industrial comportó la posibilidad de fabricar en serie diversos productos, desde coches hasta lavadoras, además de muebles y edificios. Frente a este fenómeno surgieron dos enfoques principales: uno centrado en la industria y representado por Carnegie, Rockefeller, J.P. Morgan y Ford, y otro que quiere recoger la tradición del trabajo artesanal, representado por Charles Rennie Mackintosh, Frank Lloyd Wright y Gustav Stickley [31, p. 5]. C. M. Vogel considera que el pensamiento según diseño puede cubrir la brecha entre la producción intensiva centrada en el coste-beneficio y la producción a escala humana. Vogel [31, p. 5] cita al arquitecto Peter Behrens y a la escuela Bauhaus como ejemplos de pensamiento según diseño que intentan realizar una síntesis de las posiciones tecnológicas y artesanas. Behrens fue contratado en 1907 por Emile Rathenau, presidente fundador de la compañía eléctrica alemana AEG con el fin de hacer que la electricidad resultara más asequible para los consumidores. Otro ejemplo de intento de salvar esta brecha es el movimiento de la Bauhaus, fundado en 1919 por Gropius, cuya filosofía era buscar un equilibrio entre el arte, la ciencia y la producción en serie. Vogel también pone el diseño como una forma de promover el cambio social y la responsabilidad ambiental, es decir, no solo tiene que incidir en los artefactos sino en la propia organización empresarial, académica, etc. Aquí entraría la innovación social que va más allá del mundo empresarial. En este sentido Vogel hace referencia a Ralph Caplan quien en su libro *By design* [3] señala que el concepto de protesta no violenta de Mahatman Gandhi constituyó uno de los diseños más efectivos de la historia. También Victor Papanek, en su libro *Design for the real world* [25], defiende el pensamiento según diseño como un enfoque que apuesta por la responsabilidad social en la producción. Y acusa a los diseñadores que solo tienen en cuenta a los consumidores con un alto potencial económico. Por todo ello, es importante la valoración de la satisfacción del usuario frente a cualquier tipo de producto, teniendo en cuenta parámetros como la usabilidad, la accesibilidad, la comprensión y la experiencia. Un indicador más del grado de democratización de la innovación.

En resumen, el pensamiento según diseño tiene en cuenta la persona individual pero también la sociedad en su conjunto y cuestiones sociales y políticas que obedecen a valores éticos en el proceso de diseño. Y esto encaja muy bien con la epistemología del diseño que va más allá de la búsqueda de la verdad y que se adentra en la aplicación de los conocimientos científicos a la solución de problemas de nuestra sociedad.

Hacia una cultura del diseño

La relación de forma específica entre diseño y conocimiento es abordada por varios autores de los que nos vamos a centrar en N. Cross [5]. Cross en su obra *Designerly ways of knowing* considera el diseño como una forma de conocimiento, enlazado con la epistemología del diseño y el pensamiento según diseño. Una de las ideas centrales de su propuesta es que el diseño constituye la tercera cultura que se añadiría a la de las ciencias y las humanidades, por lo que considera que debería formar parte de la educación, y no sólo para determinadas profesiones sino como uno de los pilares de la formación general:

> El diseño en la educación general no es principalmente una preparación para una carrera, ni es principalmente una capacitación en habilidades productivas útiles para "hacer y crear" en la industria. Debe definirse en términos de los valores intrínsecos de la educación. [5, p. 5].

Señala algunas diferencias entre estas tres culturas respecto al objeto de estudio, al método y a los valores. En el caso del diseño el objeto de estudio es el mundo artificial, entre los métodos cita la formación de patrones y la síntesis y los valores predominantes serían la practicalidad, la empatía y la adecuación a los propósitos que se quiere alcanzar.

Otras características relevantes del pensar diseñístico son: la manipulación de códigos no verbales en la cultura material, la conexión entre hacer y pensar y la relevancia de los modos de cognición icónicos [5, p. 11]. Y en cuanto a las habilidades del diseño señala las siguientes: resolver problemas mal definidos, adoptar estrategias centradas en buscar soluciones, utilizar el razonamiento abductivo y medios no verbales y gráficos para representar el conocimiento [5, p. 20]. Considera que es especialmente importante la utilización de los gráficos ("Sketching") como herramienta del diseño:

> El uso de bocetos es claramente una parte importante de los procesos naturales de diseño, pero tratar de entender qué importancia tienen, es algo que solo recientemente se ha convertido en un tema de mayor consideración y análisis por parte de investigadores de diseño. [5, p. 34].

A partir de esta conexión propone tres conceptos en los que encontramos los dos términos, "ciencia" y "diseño", pero expresados de diferente forma y con sentidos distintos. Así distingue entre:

1. Scientific design (diseño científico), que define en los términos siguientes:

   > El diseño científico se refiere al diseño moderno e industrializado, distinto del diseño preindustrial y orientado a los oficios artesanales, basado en el conocimiento científico pero que utiliza una combinación de métodos de diseño tanto intuitivos como no intuitivos.

   Sería el diseño, sea en el campo que sea, aunque con preferencia en el diseño industrial para el que el diseñador recurre al conocimiento científico

2. Design science (ciencia de diseño), que define en los términos siguientes:

   > La ciencia de diseño se refiere a un enfoque de diseño explícitamente organizado, racional y totalmente sistemático; no solo la utilización del conocimiento científico de los artefactos, sino también al diseño como una actividad científica en sí misma.

   Por ciencia de diseño podemos entender las ciencias cuyo objetivo no es describir el mundo sino transformarlo, tales como las ingenierías, la medicina, las ciencias de la educación y de la información, etc.

3. Science of design (ciencia del diseño), que define en los términos siguientes:

> La ciencia del diseño se refiere a ese cuerpo de trabajo que intenta mejorar nuestra comprensión del diseño a través de métodos de investigación "científicos" (es decir, sistemáticos y confiables).

Por ciencia del diseño se entiende el cuerpo de teorías del diseño para llevar a la práctica un producto determinado a través del método científico. Hay que señalar que el mismo Cross quiere dejar claro que no el lo mismo "science of design" que "design science".

Nos podemos plantear si las distinciones propuestas por Cross son fructíferas para la clarificación del complejo y amplio campo del diseño. Lo primero que habría que decir es que en la práctica, es decir, en cualquier actividad en el que el diseño esté implicado estos conceptos se entrelazan y convergen en la actividad, el producto o el proceso de diseño. Sin embargo, precisamente por ser un campo relativamente nuevo, al menos en el mundo académico, es importante un primer análisis conceptual. Por ejemplo, en una ciencia de diseño, pongamos la medicina, el diseño de un aparato de radioterapia será un diseño científico ya que se hará de acuerdo a los conocimientos científicos. Además, se tendrán en cuenta los métodos de investigación científicos.

Conclusiones

- El diseño en todas sus acepciones ha entrado de lleno en nuestras vidas y en todos los ámbitos académicos.

- La incursión en la epistemología ha supuesto un replanteamiento de los modelos clásicos, fruto del programa naturalizador y de la filosofía de la ciencia aplicada.

- El pragmatismo como sistema filosófico y la inferencia abductiva han adquirido un protagonismo, inexistente en buena parte del siglo XX con la denominada "concepción heredada".

- El pensamiento según diseño ha trazado puentes entre la producción industrial y la artesana.

- A la contraposición de Snow entre cultura científica y humanística hay que añadir la diseñística, siguiendo la propuesta de N. Cross.

Agradecimientos

Este trabajo ha sido financiado por el Ministerio de Ciencia, Innovación y Universidades dentro del Subprograma Estatal de Generación del Conocimiento a través del proyecto de investigación FFI2017-85711-P Innovación epistémica: el caso de las ciencias biomédicas. Este trabajo forma parte de la red de investigación consolidada "Grupo de Estudios Humanísticos de Ciencia I Tecnología" (GEHUCT), reconocida y financiada por la Generalitat de Catalunya, referencia 2017 SGR 568.

Referencias

[1] Bengoa, Guillermo [2011]. "Distintos acercamientos epistemológicos: cinco enfoques sobre los objetos", seminario en la Facultad de Arquitectura, Diseño y Urbanismo, Universidad de Buenos Aires.

[2] Brooks, Frederick P. [2010]. *The design of design: essays from a computer scientist.* NJ: Addison-Wesley Professional.

[3] Caplan, Ralph [1982]. *By Design.* Fairchild Books.

[4] Collopy, Fred [2004]. "I think with my hands: On balancing the analytical and the intuitive in designing". In Richard J. Boland and Fred Callopy (Eds.), *Managing as Designing.* Stanford, CA: Stanford University Press.

[5] Cross, Nigel [2006]. *Designerly Ways of Knowing.* Springer.

[6] Dalsgaard, Peter [2014]. "Pragmatism and design thinking". *International Journal of design*, 8(1).

[7] Dorst, Kees [2011]. "The core of 'design thinking' and its application", *Design Studies*, 32(6): 521-532.

[8] Dorst, Kees and Nigel Cross [2001]. "Creativity in the design process: co-evolution of problem–solution", *Design Studies*, 22(5): 425–437.

[9] Estany, Anna y Rosa M. Herrera [2016]. *Innovación en el saber teórico y práctico*. London: College Publications.

[10] Flusser, Vilèm [2002]. *Petite philosophie du design*. Les editions Circé.

[11] Karabeg, Dino [2012]. "Design Epistemology", *Information*, 3: 1-x.

[12] Kolko, Jon [2010]. "Abductive Thinking and Sensemaking: The Drivers of Design Synthesis". In MIT's *Design Issues*: Volume 26, Number 1.

[13] Kranzberg, Melvin [1967]. "The unity of science-technology". *American Scientist*, 55(1): 48-66.

[14] Kranzberg, Melvin [1968]. "The disunity of science-technology". *American Scientist*, 56(1): 21-34.

[15] Lockwood, Thomas (ed.) [2009]. *Design thinking. Integrating innovation, custumer experience, and brand value.* New York: Allworth Press.

[16] Love, Terence [2000]. "Philosophy of design: a metatheoretical structure for design theory", *Design Studies*, 21: 293–313.

[17] Mahdjoubi, Darius [2003]. "Epistemology of design", *Integrated Design and Process Technology*, IDPT, 1-5.

[18] Martin, Roger [2009]. *The design of business*. Cambridge MA: Harvard Business Press.

[19] McCrory, R. J. [1974]. "The design method-A scientific approach to valid design". En Friedrich Rapp (Ed.) *Contributions to a Philosophy of Technology*. Dordrecht Holland: D. Reidel, 158-173.

[20] Niiniluoto, Ilkka [1993]. "The aim and structure of applied research". *Erkenntnis*, 38: 1-21.

[21] Norman, Donald [1986]. "Cognitive engineering," en Donald A. Norman and Stephen W. Draper (Eds), *User centered system design. New perspectives on human-computer interaction*, Erlbaum, Hillsdale (NJ), 31-61.

[22] Norman, Donald [2004]. *Emotional design. Why we love (or hate) everyday things*, Basic Books. Versión castellana de *El diseño emocional. Por qué nos gustan (o no) los objetos cotidianos*. Barcelona: Paidós Ibérica, 2005.

[23] Östman, Leif E. [2005]. "A Pragmatist Theory of Design. The Impact of the Pragmatist Philosophy of John Dewey on Architecture and Design", PhD Dissertation. School of Architecture Royal Institute of Technology, Stockholm.

[24] Östman, Leif E. [2005]. "Design theory is a philosophical discipline-Reframing the epistemological issues in design theory", *Design System Evolution*.

[25] Papanek, Victor [1974]. *Design for the real world: human ecology and social change*, Frogmore: Paladin.

[26] Rittel, Horst W. y Melvin M. Webber [1973]. "Dilemmas in a general theory of planning". *Policy Planning*, 4: 155-169.

[27] Rylander, Anna [2009]. "Design Thinking as Knowledge Work: Epistemological Foundations and Practical Implications". *Design Management Journal*, 4: 7–19.

[28] Schön, Donald A. [1983]. *The reflective practitioner: how professionals think in action*. New York: Basic Books.

[29] Simon, Herbert [1996] *The science of the artificial (3^a edición)*, Cambridge, Mass.: MIT Press. (1^a edición 1969).

[30] Vial, Stéphane [2010]. *Court traité du design*. París: Press Universitaire de France.

[31] Vogel, Craig M. [2009]. "Notes on the evolution of desigh thinking: A work in progress". En Thomas Lockwood (Ed.) *Design thinking. Integrating Innovation, Customer Experience, and Brand Value.* New York: Allworth Press.

¿Son verdaderos los axiomas?

María J. Frápolli

Universidad de Granada

RESUMEN

En el presente capítulo me propongo comentar algunas de las tesis que se desprenden de la correspondencia que Frege y Hilbert intercambiaron entre 1895 y 1903 acerca de los fundamentos de la geometría. No es la pretensión de este trabajo repartir culpas o determinar quién de los dos participantes, Frege o Hilbert, tenía razón y quién estaba equivocado. En realidad, ambos matemáticos estaban en lo cierto en cuanto a sus apreciaciones acerca de los axiomas, de la verdad, del propósito del formalismo. El problema fue que, bajo los mismos términos de "verdad" o de "axioma", hablaban de cosas distintas con presupuestos distintos y para distintos propósitos. Este intercambio epistolar es un caso paradigmático de una falacia de equivocidad de enormes proporciones, una falacia que muestra las tensiones, inconsistencias, ambigüedades y confusiones que definieron el origen de la disciplina y de las cuales no nos hemos librado aún hoy. La defensa de las aproximaciones invariantistas a la definición de las constantes lógicas es un ejemplo de la confusión. El invariantismo es incompatible con la posición de Frege en *Begriffsschrift*. Formalmente casi todo puede compatibilizar con casi todo, por supuesto, pero el invariantismo supone una separación completa del objetivo de la conceptografía. Las discusiones entre

Frege y Hilbert se hacen aun mas difíciles de interpretar si tenemos en cuenta que lo que Frege defendía respecto de los fundamentos de la geometría estaba en clara oposición con lo defendía respecto de los fundamentos de la aritmética. Si nos preguntamos cual de las dos disciplinas, aritmética o geometría, es mas relevante para el desarrollo de la lógica, tendríamos que responder que ambas son igualmente irrelevantes. La lógica de Frege es una reedición modesta del proyecto leibniziano de una *lingua characteristica*. Esta vocación instrumental del proyecto fregeano está en tension con los derroteros que la lógica 'matemática' ha tomado, y con su voluntad de ofrecer nuevas 'verdades'. El proyecto de la conceptografía se ha visto superado por los desarrollos formales y de hecho ha sido abandonado. Volver a beneficiarnos de las profundas intuiciones lógicas y semánticas del mejor Frege no exige que se rechacen los proyectos de Hilbert, los profundos análisis de Tarski o los desarrollos de las teorías de conjuntos. Lo que exige es que delimitemos el alcance de cada uno de ellos y permitamos que sigan sin interferencias que han sido muy empobrecedoras para una lógica que debería de ayudar a la compresión de las actividades inferenciales de los seres racionales.

La lógica de Frege

La lógica contemporánea es una amalgama de intuiciones, métodos y tradiciones con origen diverso y diversos objetivos. Esta multiplicidad de corrientes que han desembocado en lo que hoy día consideramos lógica podría haber revertido en una disciplina rica, plural, y ampliamente explicativa. Quizá. Pero lo cierto es que la lógica contemporánea se ha desarrollado sin tener un proyecto claro que determine su desarrollo, sus objetivos, y que proporcione una guía razonable para la definición de sus conceptos fundamentales. Una señal, que debería ser alarmante, es que no tenemos una definición de constante lógica ampliamente aceptada más allá de una lista de términos con un final abierto, esto es, no tenemos una definición que permita decidir qué conceptos deberían ser considerados conceptos centrales de la lógica y cuáles no. Hay algunos casos paradigmáticos, como la implicación (el condicional) o la negación, y aún así no hay una comprensión clara ni siquiera de estos conceptos incuestionables. Sí, tenemos la tablas de verdad, se podría replicar. Pero aún aceptando las tablas de verdad, éstas en su interpretación mas común solo recogen funciones básicas entre valores de verdad. Se podría replicar que Tarski definió las nociones lógicas en su conferencia de 1966 [29], dando inicio a la familia de definiciones que llamamos "invariantistas". Sin embargo no es fácil ver cómo se conectan esos objetos conjuntistas, invariantes bajo toda permutación, y caracterizados en el nivel más alto de abstracción por encima de las nociones de la geometría, con lo que los agentes racionales hacemos cuando llevamos a cabo inferencias corrientes o pruebas científicas. En realidad las aproximaciones conocidas plantean tantos problemas como resuelven, baste recordar las dificultades que todos tenemos para entender y hacer entender a nuestros estudiantes la tabla de verdad del condicional material, o las estrecheces que provoca el principio de bivalencia en el que se basan las tablas clásicas.

Que en el siglo xx ha habido y en la actualidad hay más de una interpretación acerca de lo que es la lógica no es ninguna novedad. Que Frege y Hilbert defendían posiciones distintas tampoco ([20], [1], [9]). Lo que no es tan común es el análisis de las implicaciones filosóficas de las posiciones que Frege y Hilbert mantenían, ni el diagnóstico de cómo ha influido en el desarrollo de la lógica contemporánea la victoria del formalismo hilbertiano. Me propongo en lo que sigue hacer explícitos los supuestos e implicaciones de las concepciones de Frege y Hilbert, tal como se desprenden de su intercambio epistolar entre los años 1895 y 1903. Así mismo esbozaré las consecuencias de la derrota efectiva, aunque no nominal, de Frege, quien sigue siendo para muchos el "padre de la lógica contemporánea", pero cuya herencia ha sido de facto relegada al olvido.

Frege y Hilbert se conocieron en 1895 en Lübeck, en la Convención de Científicos y Doctores Alemanes en la que Frege fue invitado a dar una conferencia. Tras este encuentro siguió un breve intercambio, dos cartas ambas de 1895, que se restableció tras la publicación de los *Grundlagen der Geometrie* de Hilbert, en 1899. En la correspondencia, Frege critica a Hilbert por el modo en que entiende las definiciones, y rechaza la idea de que éste haya mostrado la consistencia de los axiomas de la geometría. La interpretación mas extendida es que Hilbert tenia razón y que Frege se equivocaba siendo incapaz de detectar el profundo cambio que el trabajo de Hilbert representaba para la investigación en fundamentos de las matemáticas. Blanchette [1], quien argumenta que desde los presupuestos del propio Frege Hilbert no podia probar consistencia, es una excepción. En este trabajo no discutiré quién tiene razón y quién se equivoca. Considero que ambos estaban en lo cierto dentro de sus respectivos proyectos que, como Hilbert vio con absoluta claridad (carta de Hilbert a Frege del 29/12/1899, p. 38 y p. 41), tenían objetivos distintos.

Símbolos

En la primera carta de Frege a Hilbert del 1/10/1895 el asunto mas destacable es el propósito del formalismo. Frege se siente en la necesidad de explicar en qué sentido la formalización de la aritmética y de la geometría son relevantes para el éxito de ambas empresas y es reconfortante ver, teniendo en cuenta la deriva formalista que la lógica tomó en el siglo xx hasta nuestros días, cómo Frege insiste en que el pensamiento simbólico no se identifica con un "proceso mecánico, vacío de pensamiento" [18, p. 33].

El desarrollo del simbolismo en lógica y en geometría es similar al que se produce en otras ciencias desarrolladas en las que el lenguaje natural se muestra poco preciso. Pero hay un continuo entre el lenguaje natural y el lenguaje técnico de las ciencias. En este sentido no parece que Frege considere que el simbolismo lógico o matemático revelen ningún nivel de realidad mas profundo sino simplemente que permiten expresar contenidos abstractos y complejos con una precision para la que el lenguaje natural no tiene recursos suficientes. Y un cierto dominio mecánico del simbolismo es deseable e incluso imprescindible. El pensamiento tiene que fluir a través de él pero en ciertos estadios de los procesos de prueba o argumentación el desarrollo debe estar automatizado. Dos son las metáforas que Frege usa para ilustrar la función del simbolismo: el proceso de lignificación en las plantas y la actividad del músico. Durante el crecimiento de las plantas se deposita lignina en la membrana celular y esto provoca que aumente la rigidez de la planta pero impide que las células sigan creciendo. Sin lignificación, una planta no puede crecer demasiado porque un tallo flexible no soportaría el peso. Para que un árbol pueda completar su desarrollo el tronco tiene que endurecerse. Sin embargo, el endurecimiento no puede ser completo, algunas partes tienen que mantenerse flexibles y frescas para que fluya la savia que lo mantiene vivo. La metáfora del músico también es reveladora. Un músico no puede pensar en cada uno de los pequeños movimientos que realiza con su instrumento. Si lo hiciera la pieza musical se oiría tosca y pesada. Hay una parte importante de la actividad del músico que es mecánica. Sin embargo, para que la pieza esté viva, para que transmita un mensaje, un sentimiento, tiene que haber algo mas en el músico que el mero procedimiento automatizado. Una mecanización excesiva, considera Frege, mata el pensamiento y es perniciosa para la fecundidad de la ciencia. Lo que se representa en el simbolismo son pensamientos, contenidos juzgables en la terminología de la *Conceptografía* [11, §3], y es el desarrollo del pensamiento lo que guía y produce el desarrollo del formalismo. El formalismo responde a una necesidad del pensamiento y no al contrario. Como ya hizo al comienzo de su carrera en sus artículos sobre Boole, ahora también sigue marcando distancias con los proyectos mas formalistas de fundamentación de la aritmética. Frege añade una reflexión acerca de cómo se desarrollan los lenguajes simbólicos a partir del lenguaje natural que merece ser comentada. Dice Frege:

"La manera natural en la que llegamos al simbolismo me parece ésta: al llevar a cabo una investigación en palabras, uno siente que el amplio carácter impreciso del lenguaje de palabras es un obstáculo, y para remediarlo se crea un lenguaje de signos en el que la investigación pueda llevarse a cabo de una manera mas perspicua y con mayor precision. Así, la necesidad viene primero y después viene la satisfacción. La aproximación contraria, la de crear primero un simbolismo y buscar después una aplicación para él, parece menos beneficiosa. Quizás el simbolismo de Boole, Schröder y Peano ha seguido este camino." (Frege a Hilbert, 1 de Octubre 1895, [18, p. 33])

El lenguaje es una capacidad humana uno de cuyos productos es un artefacto evolutivamente construido como resultado de las necesidades comunicativas de los seres humanos. Si estas necesidades se hacen mas precisas y mas complejas, los humanos ayudamos a la evolución produciendo extensiones artificiales del lenguaje natural, como lo son los "lenguajes" de las matemáticas, de la lógica o de la geometría. Sin tener un discurso evolucionista como el que acabo de esbozar, Frege sí asume sin embargo esta relación entre lenguaje natural y simbolismo matemático. En la *Conceptografía* [11, p. 3] utiliza la metáfora del ojo y del microscopio para ilustrar la relación entre el lenguaje natural y el lenguaje de su sistema de signos. Éste es, como el microscopio, un artefacto científico de alcance reducido y de potencia aumentada. Para el propósito para el que se construye, el lenguaje de la conceptografía es más preciso que el lenguaje natural, aunque no puede sustituirse por éste en todos los ámbitos. Los lenguajes científicos son, en opinión de Frege, extensiones del lenguaje natural, que precisan y enriquecen en una dirección particular la capacidad expresiva de éste. Después de citar a Leibniz y su calculus philosophicus o raciocinator, Frege escribe:

"En los símbolos aritméticos, geométricos, químicos, se pueden ver realizaciones de la idea leibniziana respecto a campos particulares. La conceptografía aquí propuesta, además, añade una nueva a éstas, y ciertamente una situada en el medio paredaño a las otras. A partir de aquí, por tanto, se abren las más amplias perspectivas para llenar las lagunas de los lenguajes de fórmulas existentes, para conectar en un solo dominio campos separados hasta ahora y para ampliarse a campos en los que tal lenguaje faltaba." ([11, p. 4]).

En la correspondencia mantiene una posición similar. Aquí no habla de escritura conceptual sino de "simbolismo". Un simbolismo es un modo de representación, del cual su conceptografía es un caso particular en el que el objetivo es la expresión y evaluación de inferencias. Tanto en la *Conceptografía*, cuyo interés primordial es la aritmética, como en la correspondencia con Hilbert, que se centra en la geometría, Frege muestra una concepción instrumental del formalismo. Ni la escritura conceptual ni la presentación axiomática de teorías instituyen verdades ni las descubren; únicamente las explícitan y las organizan en sistemas inferencialmente conectados. Aunque no cree verdades, Frege insiste en que el simbolismo permite expresar aquello que de otro modo solo podría hacerse de manera parcial y poco precisa. Así, las relaciones entre simbolismo y lenguaje natural son mas complejas de lo que cabría pensar: ni el simbolismo es meramente un instrumento inerte, un vehículo vacío, ni es el centro del trabajo matemático. En este punto, Frege y Hilbert están de acuerdo (Hilbert a Frege, 4.10.1895).

Tampoco son simples las relaciones entre lo que trasmitimos con el uso de un lenguaje (y aquí simbolismo y lenguaje natural caen del mismo lado) y el lenguaje mismo. Si nos centramos en la geometría, que es el asunto de la correspondencia, la diferencia entre las opiniones de Frege y Hilbert es crucial y explica en parte la discusión entre ellos. Frege considera que las verdades de la geometría son independientes y anteriores a su presentación axiomática. Hilbert, por su parte, defiende que los axiomas dicen todo lo que hay que decir acerca de las relaciones entre las nociones geométricas básicas: punto, linea, estar entre, etc. En una lectura benevolente, lo que dice Hilbert es trivial: solo la información contenida en los axiomas de la teoría es relevante para las derivaciones dentro de la teoría. Pero la cuestión crucial en este punto consiste en saber si las verdades de la geometría se crean cuando se establecen los axiomas. Esta cuestión es truculenta y la manera en la que Hilbert se expresa no ayuda a su conversación con Frege. Como veremos más adelante, Hilbert habla de que los axiomas están arbitrariamente propuestos, algo que Frege no puede aceptar. Una correcta comprensión de la interpretación que hace Hilbert de los axiomas y sus discrepancias con Frege requerirá un análisis de sus respectivos proyectos.

Proyectos

Hilbert pone el dedo en la llaga cuando le recuerda a Frege que sus discrepancias no son tanto respecto de aspectos particulares, en los que la mayoría de las veces están de acuerdo, sino respecto de la naturaleza de sus investigaciones. Dice Hilbert: "Una observación preliminar más: si queremos entendernos el uno al otro, no debemos olvidar que las intenciones que nos guían son diferentes" [18, 29/12/1899, p. 38]. Y posteriormente: "Mi intención al componer el Festschrift fue: hacer posible la comprensión de las proposiciones mas hermosas y mas importantes de la geometría (la indemostrabilidad del axioma de las paralelas, del axioma de Arquímedes, la demostrabilidad de axioma de Killing-Stolz, etc.) de manera que sea posible ofrecer respuestas definidas (algunas de las cuales han resultado muy inesperadas)" [18, 29/12/1899, p. 41]. Hilbert no está preocupado en descubrir las primeras verdades de la geometría, una empresa imposible teniendo en cuenta la multiplicidad de teorías geométricas incompatibles entre sí, sino en mostrar qué es demostrable sobre la base de grupos de axiomas consistentes.

El proyecto de Frege es completamente distinto. En realidad, deberíamos hablar de los dos proyectos de Frege, el que encontramos en la *Conceptografía* [11], y el que se desarrolla en dos pasos en *Los Fundamentos de la Aritmética* [11] y en *Las Leyes Fundamentales de la Aritmética* [12]. El proyecto de la *Conceptografía* es el que, en principio, inaugura la lógica contemporánea. En el prólogo, Frege explica que su intención es la de ver cuánto podemos avanzar en aritmética mediante la "inferencia únicamente, con el único apoyo de aquellas leyes del pensamiento que transcienden todos los particulares". La mención a las leyes del pensamiento y el rechazo a considerar particulares muestran la distancia que Frege toma de Kant en este punto. La aritmética se puede fundamentar en puras relaciones conceptuales sin necesidad de intuición sensible. Para este propósito, Frege considera que el lenguaje natural es muy inadecuado. Continúa: "Esta deficiencia me llevó a mi presente conceptografía. Su primer propósito es, por tanto, proporcionarnos el test mas fiable de la validez de una cadena de inferencias y señalar cada presuposición que pretenda colarse inadvertida, de manera que podamos investigar su origen". El propósito es así explicitar todos los pasos en los que se fundamenta una proposición aritmética, hasta llegar a su origen que, de acuerdo con Frege, debería consistir en ser puros principios de la lógica. Para su propósito decidió evitar todo lo que no fuera esencial para la cadena de inferencias y, en la sección 3 llamó "a lo único que le importa [para su propósito] el contenido conceptual". Frege no estaba interesado en estructuras sin interpretar sino en los items que formaban los pasos de las inferencias, los contenidos conceptuales o, en una terminología mas contemporánea, las proposiciones. "Puesto que me he centrado en expresar relaciones que son independientes de las características particulares de los objetos, pude usar la expresión "lenguaje de fórmulas para el pensamiento puro". Esta expresión ha hecho a algunos comentaristas pensar que Frege consideraba su lógica como un lenguaje formal, sin contenido. Sin embargo, la interpretación que más se ajusta al proyecto de la conceptografía es la de considerar que los elementos básicos sobre los que aplicamos las relaciones lógicas son precisamente contenidos. El contraste que permite hablar del "pensamiento puro" se establece entre conceptos y objetos de la intuición sensible. La lógica no se aplica a los segundos sino a los primeros. Este proyecto es instrumental y por tanto transversal, aplicable a cualquier ámbito en el que se argumente.

En *Los Fundamentos de la Aritmética* [11] el propósito es mostrar que las nociones básicas de la aritmética pueden definirse en términos puramente lógicos, i.e. conceptuales. Dice "El presente trabajo dejará claro que incluso una inferencia como ésta de n a n+1, que aparentemente es propia de las matemáticas, se basa en las leyes generales de la lógica, y que no hay necesidad de leyes especiales para el pensamiento agregativo". Teniendo en cuenta el extraordinario ejercicio de análisis conceptual que Frege lleva a cabo en esta obra, y cómo explica las peculiaridades de la noción de número ligada siempre a conceptos, la fundamentación que Frege proporciona así como su método son lógico-semánticos, no formales. Frege analiza el comportamiento del concepto de número para desentrañar su status y sus características, y la corrección de su análisis se comprueba en la capacidad del sistema para probar las verdades que atribuimos a la aritmética. Éste es el logicismo de Frege, que la aritmética se basa en el significado de algunos conceptos básicos sin apoyatura intuitiva, y no solo que la aritmética derive de los principios formales de la lógica clásica. El proyecto de *Las Leyes Básicas de la Aritmética* es la fundamentación de la aritmética y la prueba de que la aritmética, contra Kant, es un conjunto de afirmaciones analíticas. El proyecto de fundamentación, de 1884 y de 1893 y 1903, y el proyecto lógico, de 1879, tienen una relación contingente. Las *Leyes Fundamentales* son comparables a *Principia Mathematica*, y a las teorías de conjuntos desarrolladas por la misma época, pero no tienen una relación directa con la lógica, excepto en el sentido mínimo y trivial de que una lógica es una conjunto de proposiciones con una relación de consecuencia y que la lógica es aplicable a cualquier asunto.

También en Hilbert pueden identificarse diferentes proyectos a lo largo de su obra. López-Orellana [10], siguiendo a Detlefsen [4], distingue tres periodos en la obra de Hilbert que están determinados por las relaciones que establece entre lógica y matemáticas. En un primer periodo, que incluye al menos hasta su conferencia de 1900 "Problemas Matemáticos", presenta su programa formalista de axiomatización de la matemática, en el que el pensamiento matemático puro y el método axiomático se consideran aplicables a toda la ciencia. En un segundo periodo, influido por la obra de Russell y Whitehead *Principia Mathematica*, duda acerca de la prioridad de la aritmética sobre la lógica y llega a afirmar que la teoría de números y la teoría de conjuntos son partes de la lógica aunque sin dar prioridad a unas sobre la otra. En el tercer periodo, alrededor de 1922, Hilbert de un paso mas y acepta que la lógica no es la única fuente de conocimiento matemático. La correspondencia con Frege se produce durante el primer período, el período más formalista, por lo que la evolución de Hilbert no afecta al debate con el matemático de Jena.

El proyecto de Frege difiere del de sus contemporáneos, del de Boole [27], [9] y del de Hilbert [20], en su rechazo al formalismo. Detlefsen [4] define el proyecto de Hilbert como "instrumentalista" [4, p. 3] y Lassalle considera el formalismo de Hilbert meramente metodológico [21, p. 227]. Y aun cuando Lassalle está discutiendo la filosofía de la aritmética de Hilbert y no sus fundamentos de geometría, caracteriza con mucha precisión el punto de vista de Hilbert cuando dice que "la ontología más adecuada para las ideas de Hilbert, cuando de una teoría formal se trata, sería una en la que los objetos matemáticos usualmente asumidos no expresasen nada mas que nuestra necesidad epistemológica de suponerlos para alcanzar conocimiento (formal) acerca de sistemas de relaciones cuyo acceso es exclusivamente simbólico" [21, p. 223]. Sin embargo para Frege el conocimiento matemático no es formal. Las expresiones numéricas expresan contenidos juzgables que son relaciones entre conceptos y no meros juegos con símbolos.

La interpretación de la consistencia y la independencia de los axiomas es otra fuente de incomprensión entre los dos matemáticos. Hilbert se propone mostrar la consistencia de los axiomas de la geometría mediante un método indirecto: se prueba la consistencia de un conjunto de fórmulas sobre la base de la consistencia de un ámbito distinto, la teoría de números reales. El procedimiento es el siguiente: los términos geométricos, punto, linea, estar entre, se reinterpretan como pares ordenados de números reales, como conjuntos de raíces de números reales y como ciertas relaciones entre esos pares y esas raíces (véase Blanchette [1]). De este modo, los axiomas geométricos se convierten en teoremas de la teoría de números, de manera que si los axiomas fueran inconsistentes la teoría de números también lo sería. Hilbert puede reinterpretar los axiomas de este modo porque, en su concepción de la geometría, punto, línea o estar entre no significan nada además de las relaciones establecidas en los axiomas. Lo que los axiomas proponen es un "andamiaje" (Hilbert a Frege [18, 29.12.1899, p. 40]), una estructura y lo que sean sus nódulos básicos es irrelevante para la verdad de la teoría.

Frege concibe las pruebas de consistencia de una manera muy distinta. Para él, solo mostrando un objeto, un caso, un ejemplo en el que se cumplan las propiedades expresadas en los axiomas queda probada la consistencia de estos. La aproximación a la consistencia de Hilbert es sintáctica, la de Frege es semántica. Ambas son razonables desde un punto de vista contemporáneo, aunque dependen de concepciones distintas acerca de las teorías. La diferencia en sus concepciones de la consistencia deriva de sus diferencias acerca de cuál sea la fuente de la verdad de los axiomas, que a su vez deriva de las distintas concepciones que mantienen acerca de los portadores de verdad. Para Frege las entidades de las que podemos predicar verdad o falsedad son los pensamientos, entidades abstractas no sicológicas que son el sentido de las oraciones declarativas. Si los pensamientos son los portadores de verdad, son los grupos de pensamientos y no de fórmulas sin interpretar los portadores de consistencia. La fórmulas sin interpretar no dicen nada, no tienen valor de verdad y a fortiori no tiene sentido predicar consistencia de grupos de ellas. Por esta razón, el método hilbertiano de reinterpretación de los términos de los axiomas geométricos cambiándoles, diríamos, el significado es simplemente ininteligible para Frege, quien no está interesado ni en estructuras sintácticas, ni en sistemas lingüísticos. Su interés siempre fue semántico, es lo que se dice mediante estas estructuras (con su interpretación) o mediante un lenguaje lo que Frege considera el centro de su atención filosófica. En el caso de la geometría, Frege sigue la posición kantiana: los axiomas de la geometría expresan hechos acerca del espacio siendo su contenido sintético a priori puesto que la fuente de su verdad es la intuición espacial.

Hilbert trata con estructuras que admiten interpretaciones múltiples. Frege, por su parte, trata con contenidos juzgables expresables mediante las fórmulas de una teoría y la divergencia en este punto se extiende hasta alcanzar al asunto central de la existencia. La diferencia, sin embargo, no reside tanto en el análisis de la existencia como tal, sino en el naturaleza de los portadores de verdad. Volveremos a este punto más adelante.

Definiciones

Frege y Hilbert debatieron también acerca de la naturaleza de las definiciones. Frege consideraba esencial trazar una distinción precisa entre las definiciones y el resto de las proposiciones de una teoría, y critica que Hilbert aparentemente no se atenga a esta distinción. En la carta a Hilbert del 27 de diciembre de 1899 Frege clasifica a las oraciones de una teoría en definiciones y el resto, siendo el resto axiomas, teoremas y proposiciones fundamentales. Acepta además una tercera categoría, las elucidaciones, pero considera que éstas no forman parte del cuerpo de la teoría sino que pertenecen a su antesala, son proposiciones propedéuticas.

Las definiciones contienen siempre un signo que no tiene un significado previo, sino que su significado se constituye en la propia definición. Así concebidas, las definiciones no afirman nada, no dicen nada, son estipulaciones arbitrarias que no generan nuevo conocimiento. En las matemáticas, se usan como abreviaturas en las que un contenido complejo se representa mediante un único signo. Ésta es la concepción clásica de las definiciones que defiende Frege en la correspondencia y en los dos artículos sobre los fundamentos de la geometría de 1903 y 1906. Además, Frege requiere de las definiciones que ofrezcan condiciones necesarias y suficientes de pertenencia al conjunto determinado por el concepto que se define. Dice en "Los Fundamentos de la Geometría: Serie Segunda": "Exijo de una definición de punto que por medio de ella sea posible juzgar de cualquier objeto, por ejemplo mi reloj de bolsillo, si es un punto" [13, pp. 303-4]. Acerca de los axiomas también tiene Frege en estas obras una posición clásica. Los axiomas de la geometría son para él pensamientos verdaderos que no se pueden probar "mediante una cadena lógica de inferencias" [19, p. 273].

Los axiomas/definiciones de Hilbert no son de este tipo. Hilbert considera que definiciones, explicaciones y axiomas, todo junto, corresponden a lo que Frege llama "definiciones" y deben contener todo lo necesario para desarrollar la teoría y solo eso. Los axiomas de una teoría definen sus nociones fundamentales, y funcionan por tanto como definiciones implícitas o contextuales. Así, "entre" se define como la relación que cumple lo que dice el axioma II/1 (entre otros): "Si A, B, y C son puntos en una línea y B está entre A y C, entonces B está también entre C y A". Las nociones de punto, plano, congruencia, etc se definen igualmente apelando a axiomas. Las definiciones al estilo clásico que Frege asume, las definiciones explícitas que por ejemplo definen "punto" atendiendo a sus "marcas características" y ofreciendo paráfrasis que apelan a su falta de extensión, son para Hilbert "vacías, ilógicas e inútiles" (29/12/1899).

En favor de Hilbert puede decirse que él estaba tratando de definir estructuras, de caracterizar ciertos tipos de teorías axiomáticas, las geometrías, una tarea urgente tras el desarrollo de las geometrías no-euclídeas. Su proyecto era mas general, en este punto, que el proyecto de fundamentación de la aritmética que Frege acometió. Y esto es así, entre otras cosas, porque la aritmética, la única aritmética, no estaba amenazada por la aparición de sistemas alternativos. Es cierto que desde la obra de Cantor ([2] y [3]) los matemáticos se encontraron con el desarrollo de la aritmética transfinita, pero ésta no desalojaba a la aritmética finita de su esencial función científica. Lo curioso de este intercambio entre Frege y Hilbert acerca de la naturaleza de las definiciones es que Hilbert está poniendo en práctica ideas que Frege había defendido en *Los Fundamentos de la Aritmética*. En la Introducción a esta obra de 1884, Frege introduce lo que posteriormente se conoce como el Principio del Contexto: "el significado de las palabras debe ser buscado en el contexto de todo el enunciado, nunca en las palabras aisladas" (p. 38). Las palabras no tienen un significado fijo previo a su aparición en una oración significativa, y lo que Frege ofrece en 1884 [11, §46] es una definición contextual de la noción de número y no una definición explícita del tipo que posteriormente le exige a Hilbert. De hecho, toda la obra de *Los Fundamentos de la Aritmética* es una aplicación a las definiciones básicas de la aritmética del principio de contexto presentado en la Introducción. Por eso es sorprendente que Frege no identifique algo similar a su principio de contexto en las explicaciones de Hilbert acerca de la naturaleza de los axiomas.

En cualquier caso, Hilbert va mas allá de un principio de contexto fregeano, que está delimitado a la oración, y extiende la definición de los términos al conjunto de los axiomas, esto es, a toda la estructura, y no solamente a axiomas específicos en los que un término pueda aparecer. En un carta de 1899, dice Hilbert: "Por tanto, la definición del concepto punto no es completa hasta que la estructura del sistema de axiomas esté completa. Porque todo axioma contribuye en algo a la definición, y así todo axioma cambia el concepto. Un punto en geometría euclídea, no-euclídea, arquimediana y no-arquimediana es algo diferente en cada caso" [18, p. 42]. En cuanto a los fundamentos de la geometría, Frege mantiene la posición tradicional que rechazó para los fundamentos de la aritmética, porque en el caso de la geometría hay hechos básicos de la intuición que preceden a las definiciones y axiomas. Esto significa que para la aritmética Frege rechaza los hechos de la intuición y considera que los principios en los que se fundamenta esta ciencia son relaciones conceptuales puras, si bien "puras" no significa aquí "formales". Los principios de la aritmética son contenidos juzgables y los de la geometría hechos de la intuición espacial. Para Hilbert los axiomas de la geometría son partes de la definición de estructuras de cierto tipo. Es difícil decir quién está en lo cierto y quién está equivocado porque no están hablando de lo mismo y, en este sentido, tanto las críticas como el tono que Frege dirige a Hilbert, especialmente en sus dos trabajos sobre los fundamentos de la geometría, son profundamente injustos.

La verdad de los axiomas

Las relaciones entre las nociones de hecho, verdad, y existencia están claras en Frege desde la *Conceptografía*, aunque en la disputa con Hilbert se pone a prueba el paradigma que Frege está contribuyendo a construir, el de la lógica contemporánea. En este intercambio se comprueba además el peso que el paradigma en declive, el clásico, el aristotélico, acerca de los axiomas, todavía conserva en el pensamiento fregeano. De acuerdo con la caracterización que de la verdad y la existencia Frege ofrece a lo largo de su obra, sorprende su radical oposición a la postura de Hilbert, que Hilbert resume así:

> Si Vd. prefiere llamar a mis axiomas marcas características de los conceptos que se dan y están contenidos en las "explicaciones", no tengo objeción en absoluto, excepto quizá que entra en conflicto con la práctica habitual de matemáticos y físicos; y por supuesto tengo que ser libre de hacer lo que me plazca al dar las marcas características. Porque tan pronto como he propuesto un axioma, existe y es "verdad"; y esto me lleva a otro punto importante de su carta. Vd, escribe "llamo a los axiomas proposiciones...De la verdad de los axiomas se sigue que no se contradicen unos con otros". Considero muy interesante leer esta oración en su carta, porque en lo que he estado pensando, escribiendo y enseñando sobre estas cosas, he estado diciendo exactamente lo contrario: si los axiomas arbitrariamente dados no se contradicen entre si y con sus consecuencias, entonces son verdaderos y las cosas definidas por los axiomas existen [18, Hilbert a Frege 29.12.1899, p. 39].

En este texto se expone con toda crudeza cuál es el asunto crucial del debate: si la verdad fundamenta la consistencia o si es la consistencia la que define la verdad. Sin embargo, esta manera de resumirlo no hace justicia a la profundidad de la cuestión. A este problema de la relación entre verdad y consistencia se enfrentó Cantor unos pocos años antes en exactamente los mismo términos. Veamos qué quieren decir ambos contendientes cuando afirman que algo es verdadero.

Frege empieza su *Conceptografía* introduciendo la barra del juicio, ⊢, un signo que se lee "es un hecho". Este signo indica que hay un acto asertivo llevándose a cabo y significa que el contenido juzgable que viene a continuación está afirmado, esto es, que el hablante se compromete con ese contenido. Algunos autores han argumentado elocuentemente que la barra del juicio es el operador de verdad de Frege, y esa identificación se ve apoyada por la equivalencia entre el uso del predicado –vacío, véase *Conceptografía*, [11, §3]– "es un hecho" y el predicado –vacío, en toda la producción posterior, véase Frege [14, p. 354]– "es verdadero".

En *El Pensamiento* [14, pp. 355-6], dice Frege:

> En consecuencia distinguimos:
>
> 1. La captación de un pensamiento – pensar
> 2. El reconocimiento de la verdad de un pensamiento – el acto del juicio
> 3. La manifestación de este juicio – la aserción.

Y a continuación "Expresamos el reconocimiento de la verdad en la forma de una oración asertiva. No necesitamos la palabra "verdadero" para esto. E incluso cuando la usamos la fuerza asertórica propiamente no descansa en ella, sino en la forma oracional asertórica." [14, pp. 366]. El significado de la palabra "verdadero" es meramente la indicación de la fuerza asertórica, y ni siquiera es necesaria la palabra para aseverar un contenido. Un poco más adelante, en el mismo ensayo, Frege insiste en la conexión entre los conceptos de verdad y hecho: "¿Qué es un hecho? Un hecho es un pensamiento que es verdadero" [14, pp. 368].

Decir que algo es verdadero es decir que es un hecho, y decir que es un hecho es comprometerse con ese contenido y estar dispuesto a afirmarlo. Frege considera durante toda su obra que las premisas de un argumento válido están afirmadas. En la *Conceptografía*, las premisas de las pruebas van todas precedidas por la barra del juicio, y eso indica que el agente que realiza la prueba reconoce la verdad de las premisas. En la lógica contemporánea estamos acostumbrados a distinguir entre argumentos válidos y argumentos correctos, que son argumentos válidos con premisas verdaderas. Sin embargo, esta distinción no parece tener cabida en la concepción fregeana en la que se asume que "no podemos inferir nada de un pensamiento falso" [15, pp. 375]. Acerca de este punto hay una tension en Frege, quien junto con rechazar que los pensamientos falsos puedan actuar como premisas, reconoce sin embargo su papel en las pruebas indirectas y como antecedentes de condicionales [15, pp. 375].

Hay razones sintácticas, semánticas y pragmáticas que explican por qué Frege necesita que las premisas estén afirmadas. La primera razón sintáctica aparece en la *Conceptografía*. Una proposición no afirmada, representada en la *Conceptografía* mediante la barra del contenido y su argumento, —*p*, y cuya lectura castellana sería por ejemplo la proposición de que los griegos vencieron a los persas en Platea, no tiene el status apropiado para ser premisa de un argumento. Esta combinación produce un término singular, puesto que la barra del contenido se lee "la proposición de que p" o "la circunstancia de que p", y un término singular no puede actuar como premisa. Para otorgarle el status apropiado tendríamos que enriquecer el complejo —*p* con la barra del juicio, |, que se lee "es un hecho" y que, sin añadir un nuevo concepto al contenido, representa el contenido original como una oración completa: "la proposición de que los griegos vencieron a los persas en Platea es un hecho". Una vez que el status sintáctico está garantizado, la oración puede expresar un contenido juzgable que pueda ser verdadero o falso. Esta sería la parte semántica que, en este caso, depende de la pragmática puesto que el contenido juzgable se presenta como verdadero porque es el contenido de un juicio, y su aseveración es la manifestación del reconocimiento de la verdad de un pensamiento.

Esta explicación se aplica directamente a los axiomas de una teoría. Si los axiomas se usan para derivar teoremas, ambos tipos de fórmulas tienen que tener el status sintáctico y semántico apropiado. Para paliar la incomodidad que le produce la posición de Hilbert respecto de los axiomas, Frege los interpreta como condiciones de los teoremas, como si los teoremas de la teoría fueran en realidad los consecuentes de condicionales cuyos antecedentes fueran los axiomas [18, 06.01.1900, p. 43]. En la sección 5 de la *Conceptografía* se explica el significado del condicional como el rechazo de la posibilidad de que el antecedente se afirme y el consecuente se niegue. Lo que se afirma en un condicional es la relación entre antecedente y consecuente. Decir que el antecedente de un condicional no está afirmado en absoluto es desorientador. El antecedente está afirmado provisionalmente, aunque solo sea para descubrir las consecuencias que se siguen de él. Hilbert podría aceptar la interpretación condicional que Frege hace de sus teoremas, porque esta interpretación no cambia sustancialmente nada. De hecho, el metateorema de deducción nos dice que $A \vdash B$ es equivalente a $\vdash A \to B$, esto es que si B se sigue de A, entonces es un teorema $A \to B$, con lo que el movimiento de la condicionalización de los teoremas que Frege interpreta no evita la aceptación de los axiomas. Aceptar la teoría significa afirmar sus axiomas. Hilbert habla de "proponer axiomas", los axiomas están "propuestos" y por tanto asumidos como verdaderos en ese ámbito. El moviendo que una inferencia supone no puede iniciarse si no hay una aceptación previa de las premisas.

La manera en la que a veces Hilbert se expresa no facilita el entendimiento con Frege. Hilbert habla de los axiomas como "arbitrariamente dados" [18, 29.12.1899, p. 39] y, sin embargo, en *Los Fundamentos de la Geometría* dice: "La geometría requiere... para su construcción solo unos pocos hechos simples, básicos. Estos hechos son los axiomas de la geometría" [18, Frege a Hilbert, 27.12.1899, p. 35, n. 5]. En *Los Fundamentos de la Geometría I*, Frege se pregunta si la posterior caracterización de los axiomas como partes de la definición de los conceptos que aparecen en ellos es "compatible con esto, que los axiomas expresan hechos básicos de nuestra intuición" [19, p. 276]. Hablar de arbitrariedad en conexión con los axiomas de la geometría es un abuso de lenguaje, incluso en Hilbert, quien en la misma carta menciona a Cantor y su teoría de números transfinitos. La "arbitrariedad" de los axiomas solo puede interpretarse en el sentido de Cantor de impedir interferencias extramatemáticas. Esto no significa que los conceptos introducidos en los axiomas y los axiomas mismos sean meros productos de la imaginación o la frivolidad. Como en Cantor, Hilbert exige que los conceptos introducidos en los axiomas tengan relaciones precisas con otros conceptos, y las relaciones entre conceptos no son un asunto subjetivo: "En mi opinión, un concepto solo puede fijarse lógicamente mediante sus relaciones con otros conceptos" [18, Hilbert a Frege, 22.09.1900, 1980, p. 51]. Lo que Hilbert quiere dejar fuera es la apelación a la intuición sensible como fundamento de la geometría, esto es, quiere hacer con la geometría lo que Frege hizo con la aritmética, separándose de la concepción kantiana. Frege es completamente consciente: "Creo que a partir de esto puedo ver con algo mas de claridad cuál es su plan. Me parece que Vd. quiere desligar completamente la geometría de la intuición espacial y convertirla en una ciencia puramente lógica como la aritmética" [18, Frege 6.01.1900, p.43]. Pero entonces, si realmente Hilbert pretende convertir a la geometría en una ciencia puramente lógica, no se puede acusar a Hilbert de incluir axiomas de manera arbitraria. La lógica no es compatible con la arbitrariedad.

Hay todavía un aspecto respecto de la verdad que marca la divergencia entre las posiciones de Hilbert y Frege. Para Frege los portadores de verdad, como hemos dicho, son los contenidos juzgables, las proposiciones. Hilbert, sin embargo, acepta sistemas de axiomas que no están interpretados y, por tanto, que admiten interpretaciones diversas. Estos sistemas de axiomas definen estructuras, no conjuntos de verdades. Frege vislumbró esta circunstancia cuando sugiere que los conceptos que Hilbert está tratando de definir mediante sus axiomas son de segundo orden [19, p.46]. La diferencia entre hablar de estructuras que pueden ser instancias de maneras diversas y hablar de conjuntos de verdades de un dominio hace que, estrictamente hablando, los sistemas axiomáticos de Hilbert, por oposición al sistema de Frege, no sean ni verdaderos ni falsos. Lo único que podemos decir de cada uno de ellos es si un determinado ámbito es un modelo del sistema. En esto, la aproximación axiomática de Hilbert se acerca más a lo que los proponentes de la concepción estructural de las teorías [28], defienden, que a la concepción clásica de lo que es una teoría.

Existencia

Veamos ahora el otro asunto que Hilbert menciona en la respuesta a Frege del 29.12.1899. ¿Existen los objetos definidos por un conjunto consistente de axiomas? La respuesta estrictamente fregeana es que si el conjunto está instanciado, entonces hay objetos que caen bajo él. Hablar de existencia de objetos es, sin embargo, un error categorial.

Como hemos indicado más arriba, para aceptar objetos matemáticos nuevos las relaciones de estos con el resto de los objetos aceptados tienen que estar determinadas. Cantor se enfrentó al problema de la existencia de sus números o, mejor dicho, con el problema de si sus signos de infinitud podían considerarse números y, al igual que Hilbert, reivindicó la libertad del matemático. Para Cantor la esencia de las matemáticas era la libertad ([2, p.182], [8, p.332]) y al mismo tiempo, en una carta a

166

Mittag-Leffler de 1884, afirma que "acerca del contenido de su trabajo, [ha] sido solo un reportero y funcionario" (Fraenkel 1932/1962, p.480) y declara haberse visto "forzado" [2, p.175] a aceptar sus nuevos números. Hilbert se expresa en términos similares:

> En mi opinión, un concepto se fija lógicamente solo por sus relaciones con otros conceptos. A estas relaciones, formuladas en ciertos enunciados, las llamo axiomas, llegando así la concepción de que los axiomas (quizá junto con proposiciones que asignen nombres a los conceptos) son las definiciones de los conceptos. No apoyé esta concepción porque no tuviera nada mejor que hacer sino que me encontré forzado a ella por los requerimientos estrictos de la inferencia lógica y de la construcción lógica de una teoría. Me he convencido de que las partes mas sutiles de las matemáticas y de las ciencias naturales solo pueden tratarse con certeza de esta manera; de otra forma uno solo está dando vueltas a un círculo. [18, 29.09.1900, p.51].

Es difícil conciliar este texto con una supuesta arbitrariedad en la proposición de los axiomas. Así, por un lado, Cantor y Hilbert en el texto recién citado reclaman su libertad y por otro reivindican la inexorable fuerza que los ha llevado a proponer sus teorías. Esta aparente tensión está presente siempre que trabajamos con objetos abstractos. Que los objetos definidos en los axiomas "existen" se sigue directamente de la verdad (aunque sea provisional) de los axiomas. El cuantificador existencial, como Frege explica en *Los Fundamentos de la Aritmética* [sección 53 y ss.], indica instanciación y por tanto puede introducirse sobre cualquier término en un contenido juzgado. Si los axiomas están afirmados, sobre sus términos podemos aplicar la generalización existencial. Por esta razón, decir que las referencias de los términos que aparecen en los axiomas existen, esto es, que hay algo que cumple los axiomas, es una trivialidad que no añade nada a la afirmación de los axiomas. De la atribución de existencia a un concepto no se sigue nada acerca de los objetos particulares que pudieran caer bajo él, aparte de que poseen las características del concepto. Y la existencia no es una de ellas, la existencia en una propiedad de los conceptos y como tal un concepto de segundo orden. Esa es la explicación de que los argumentos ontológicos sean falaces [11, §53]. Así, teniendo en cuenta cómo Frege interpreta la existencia y la verdad, se podría esperar más entendimiento entre sus posiciones y las de Hilbert acerca de los axiomas, y sin embargo todo el intercambio en este punto es un ejemplo paradigmático de una gran falacia de la equivocidad (Mosterín [23, p.288], saca esta misma impresión).

La manera que tenemos de identificar e individuar objetos abstractos es necesariamente relacional porque de los objetos abstractos no podemos dar una localización, ni podemos señalarlos, solo podemos decir de ellos cómo están conectados con otros objetos y conceptos. Otro asunto distinto es que hablemos de conceptos cuyas instancias son objetos físicos. La mera consistencia de un grupo de afirmaciones cuya interpretación estándar es una particular configuración del mundo físico (en sentido amplio) no garantiza que la configuración se de de hecho. Pensemos en las obras de ficción. No podemos tropezarnos por la calle con los personajes de Juego de Tronos o de Mad Men por muy consistente que sean las historias que se cuentan en las novelas de George R. R. Martin o las imaginadas por los guionistas de las series. La existencia no es consistencia, la existencia es, como Frege nos enseñó, instanciación. Pero la instanciación se demuestra de maneras diversas dependiendo del tipo de conceptos. Mientras que no podemos asegurar que los conceptos que expresan propiedades físicas tengan instancias más que mostrando alguna o mostrando su efecto en otros objetos físicos, sí podemos mostrar que los sistemas consistentes que tratan de objetos abstractos y sus relaciones están instanciadas (o pueden estarlo) ofreciendo una reinterpretación en otro sistema. Frege tiene razón cuando ironiza que de la consistencia de las tres proposiciones: (1) A es un ser inteligente, (2) A es omnipresente y (3) A es omnipotente, no se sigue que haya algún objeto que posea estas propiedades a la vez. Sin embargo, la razón de que esto sea así no es una refutación de la posición de Hilbert. Los predicados "ser inteligente", "ser omnipresente" y "ser omnipotente" expresan conceptos de primer orden cuyas extensiones son conjuntos de objetos de un determinado tipo. La existencia de una entidad con estas propiedades depende de la asertabilidad de las condiciones (1) - (3) y esta asertabilidad tiene que estar independientemente motivada. Frege mismo vislumbra el contraste entre su ejemplo y los axiomas de Hilbert y aventura que Hilbert no está ofreciendo condiciones para determinar si un objeto es un punto o una línea sino más bien expresando ciertas relaciones entre estos términos. Y añade "Me parece que Vd. quiere realmente definir conceptos de segundo orden pero no los distingue claramente de los conceptos de primer orden" [18, 6.01.1900, p.46]. En efecto, ésta es parte de la explicación. La otra parte es la que Cantor calificó como *proton pseudos*, la primera mentira: el pretender aplicar a objetos de un ámbito propiedades que corresponden a objetos de otro completamente distinto (Carta de Cantor a Eneström, 1995, citada por Dauben [5, p.125]).

En un ámbito formal, tratando con objetos abstractos, se puede siempre decir "sea a un objeto con tales y cuales características". Si se demuestra que este objeto arbitrariamente introducido no produce disfunciones y se pueden establecer sus relaciones con otros objetos de la teoría, de manera que las fórmulas en las que aparece tengan un valor determinado, no hay nada más que demostrar. El peligro de este procedimiento es que produzca contradicciones. Si no las produce, el objeto pasa a formar parte de los objetos aceptados en la teoría. Otra cosa es que estemos tratando con teorías físicas. Los objetos físicos tienen criterios de identificación diferentes de los de los objetos abstractos, aunque esto no afecta al significado de la existencia.

A modo de conclusión

Volvamos ahora al comienzo de este trabajo. ¿En qué sentido es relevante el intercambio de Frege y Hilbert? ¿Qué relación hay entre el debate acerca de la naturaleza de los axiomas y el proyecto de la *Conceptografía* que marcó una ruptura con la lógica clásica? Estrictamente hablando, la respuesta debería ser que este intercambio no es relevante en ningún sentido, excepto en aquellos puntos en los que el asunto se centra en el propósito del simbolismo. Frege y Hilbert están hablando de geometría, una ciencia formal particular. El proyecto lógico de la *Conceptografía* de Frege, por otra parte, no inicia una ciencia nueva sino un método de representación y evaluación de inferencias, un instrumento. La lógica que Frege inaugura en 1879 trata con contenidos juzgables, con los contenidos de posibles juicios, y no con sistemas de signos sin interpretar.

Si la pregunta es, sin embargo, de qué modo ha influido este intercambio en el desarrollo de la disciplina, la respuesta es completamente distinta. En la época en la que Frege y Hilbert desarrollaron su intercambio epistolar lo que estaba en juego era la interpretación y el desarrollo del método axiomático, y la metodología de las ciencias formales. El sistema lógico de Frege podía permitir la explicación de los pasos de las inferencias con una claridad no alcanzada hasta el momento, pero el método de representación de inferencias es independiente de las inferencias que de hecho se representen mediante él. Desafortunadamente estos dos niveles se confundieron y esa confusión pervive en la actualidad. La relación entre el desarrollo de la lógica contemporánea y la fundamentación de las ciencias formales, aritmética y geometría, es una relación meramente de facto, pero no de jure. Y aún así, todavía hoy se defiende que la lógica tiene una relación privilegiada con los métodos de prueba de las matemáticas.

Se considera generalmente que Frege no fue capaz de entender la originalidad del método de Hilbert. Se ha entendido a Hilbert como el futuro, a Frege como el pasado, en el desarrollo de las ciencias formales. Si bien esta manera de interpretar el debate es ajustada respecto del método axiomático, es sin embargo independiente de la concepción de la lógica. Quizá porque Frege está presente en los dos debates, siendo el futuro en la lógica y el pasado en la geometría, un debate ha contaminado al otro. De hecho, la lógica contemporánea ha abandonado los contenidos juzgables fregeanos para convertirse en el estudio de cálculos sintácticos a los que se les pueden adjuntar interpretaciones. La racionalidad lógica se ha entendido como racionalidad sintáctica independientemente de los que se dice o lo que se infiere y de espaldas al sujeto racional que lleva a cabo las inferencias explicitando lo que se sigue de los contenidos que acepta. La lógica se ha convertido en una disciplina sin contenido y sin sujeto, desconectada de los agentes racionales y sus prácticas inferenciales. Este abandono del proyecto lógico de Aristóteles y de Frege ha propiciado el desarrollo de disciplinas como la Teoría de la Argumentación o el Pensamiento Crítico, disciplinas que tratan de llenar el espacio que la lógica dejó desatendido. Tenemos dificultades en explicar a los estudiantes de filosofía cuál es la relevancia de la lógica del siglo xx para el trabajo filosófico, y nos enfrentamos con su rechazo sistemático, un rechazo que ha convertido a los estudios de lógica en irrelevantes. Esta situación no es del todo justa. Los trabajos de Frege, Russell y Carnap han ayudado a clarificar conceptos esenciales en el debate filosófico. Acerca del resto de los grandes nombres asociados con la disciplina albergo muchas mas dudas, sin que esto signifique que sus contribuciones no sean valiosas en sí mismas. Sin los instrumentos de análisis conceptual que Frege y sus seguidores desarrollaron muchos problemas filosóficos contemporáneos no podrían siquiera plantearse. Pero hay que tener el valor de aceptar que la tradición formalista en lógica, con toda su sofisticación formal y sus descubrimientos en relación a las propiedades de los sistemas formales, ha sido descorazonadoramente insuficiente en cuanto a resultados de importancia filosófica. Parte del trabajo que debería haber desarrollado la lógica ha sido asumido por la filosofía del lenguaje, aunque de nuevo aquí la fuerza de Frege, de Wittgenstein, de Ryle, de Austin, y de otros muchos se ha visto mermada por el dominio casi absoluto del paradigma formalista. Necesitamos más comprensión lógica, más comprensión conceptual, más sofisticación analítica. La filosofía la necesita (y nuestros alumnos también). Para ello, tenemos que detenernos a realizar una evaluación desapasionada de lo que han sido los muchos, variados y valiosos desarrollos teóricos que han tenido lugar en los dos siglos anteriores, y considerar cuál ha sido y es su relevancia para qué tipo de proyectos.

Agradecimientos

En primer lugar, quiero agradecer a Enrique Alonso la invitación a participar en este volumen colectivo en homenaje a Mara Manzano. También agradezco a Andrei Moldovan el magnífico trabajo de edición del mismo. La profesora Manzano es una de las figuras más reconocidas y valoradas del panorama lógico internacional y una personalidad clave para la supervivencia de la lógica en la universidad española. Mara es una lógica indiscutible, una profesora comprometida y dedicada, una referencia para los que amamos la universidad en todos sus aspectos y también una amiga. Este trabajo es una muestra de mi reconocimiento hacia ella.

El trabajo que presento ha sido en parte posible gracias a la financiación del Ministerio de Economía y Competitividad, proyecto FFI2016-

80088-P. Versiones anteriores han sido presentadas en el Congreso Internacional de la Lógica en las Ciencias (Arequipa, Perú, 5-8 Noviembre 2018) y en el Workshop de la Sociedad Española de Filósofas Analíticas (SWIP Analytic, Granada, 20-21 Diciembre 2018). Es parte así mismo del trabajo en el seno de la Unidad de Excelencia FiloLab de la Universidad de Granada. Muchas personas han hecho comentarios y sugerencias que han ayudado a mejorar este escrito. A todas ellas, y a las instituciones que lo han apoyado, les estoy muy agradecida.

Referencias

[1] Blanchette, Patricia [2018]. "The Frege-Hilbert Controversy". En Zalta, Edward N. (Ed.), *The Stanford Encyclopedia of Philosophy*, `https://plato.stanford.edu/archives/fall2018/entries/frege-hilbert/`

[2] Cantor, Georg [1883]. *Grundlagen einer allgemeinen Mannigfaltigkeitslehre, ein mathematisch-philosophischer Versucht in der Lehre des Unendlichen*. Leipzig: Teubner.

[3] Cantor, Georg [1995-1897/1915]. *Contributions to the founding of the Theory of Transfinite Numbers*. Chicago y Londres: The Open Court Publishing Company.

[4] Detlefsen, Michael [1986]. *Hilbert's Program. An Essay on Mathematical Instrumentalism*. Synthese Library.

[5] Dauben, Joseph W. [1979/1990]. *Georg Cantor: His Mathematics and Philosophy of Infinite*. Princeton: Princeton University Press.

[6] Ferreirós, José y Abel Lassalle [2016]. "El árbol de los números". *Cognición, lógica y práctica matemática*. Editorial Universidad de Sevilla.

[7] Frápolli, María J. (Coord.) [2008] *Filosofía de la Lógica*. Madrid: Tecnos.

172

[8] Frápolli, María J. [2015]. "Non-Representational Mathematical Realism". *Theoria: Revista de Teoría, Historia y Fundamentos de la Ciencia*, 30(3): 331-348.

[9] Frápolli, María J. [2017]. "Reivindicando el proyecto de Frege. La prioridad de las proposiciones y el carácter expresivo de la lógica". *Disputatio*, 6(7): 1-42.

[10] Frege, Gottlob [1879/1970]. *Conceptografía. Los Fundamentos de la Aritmética. Otros estudios filosóficos*. México, UNAM: Instituto de Investigaciones Filosóficas.

[11] Frege, Gottlob [1884/1950]. *The Fundations of Arithmetics. A logico-mathematical enquiry into the concept of number*. Oxford, Basil Blackwell & Mott.

[12] Frege, Gottlob [1903/1989]. "On the Foundations of Geometry: First Series". En Frege (1989), 273-284.

[13] Frege, Gottlob [1906/1989]. "On the Foundations of Geometry: Second Series". En Frege (1989), 293-340

[14] Frege, Gottlob [1918-19/1984]. "Thoughts". En Frege (1984), 350-372.

[15] Frege, Gottlob [1918-19/1984]. "Negation". En Frege (1984), 373-389.

[16] Frege, Gottlob [1903/1984]. "On the Foundations of Geometry: First Series". En Frege (1984), 273-284.

[17] Frege, Gottlob [1906/1984]. "On the Foundations of Geometry: Second Series". En Frege (1984), 293-340.

[18] Frege, Gottlob [1980]. *Philosophical and Mathematical Correspondence*. Blackwell: Oxford.

[19] Frege, Gottlob [1984]. *Collected Papers on Mathematics, Logic, and Philosophy*, Brian McGuinness (Ed.). Oxford: Basil Blackwell.

[20] Hallett, Michael [2010]. "Frege and Hilbert". En Michael Potter y Tom Ricketts (Eds.) (2010), 413-464.

[21] Lasalle, Abel [2016]. "Conocimiento simbólico y aritmética en Hilbert". En José Ferreirós y Abel Lassalle (Eds.) (2016), 219-234.

[22] Lopez-Orellana, Rodrigo [2019]. "El enfoque epistemológico de David Hilbert: el a priori del conocimiento y el papel de la lógica en la fundamentación de la ciencia". *Principia*, 23(2): 279-308.

[23] Mosterín, Jesús [1980]. "La polémica entre Frege y Hilbert acerca del método axiomático". *Teorema: International Journal of Philosophy*, 10(4): 287-306.

[24] Moulines, Ulises y Jesús Mosterín [1982]. *Exploraciones Metacientíficas*. Madrid: Alianza Editorial

[25] Potter, Michael y Tom Ricketts (Eds.) [2010]. *The Cambridge Companion to Frege*. Cambridge UK: Cambridge University Press.

[26] Sluga, Hans [1987]. "Frege agains the Booleans". *Notre Dame Journal of Formal Logic*, 28(1).

[27] Sluga, Hans [1980]. *Gottlob Frege*. London: Routledge and Kegan Paul.

[28] Stegmüller, Wolfgang [1983]. *Estructura y Dinámica de Teorías*. Barcelona: Ariel.

[29] Tarski, Alfred and John Corcoran [1986]. "What are logical notions?". *History and Philosophy of Logic*, 7(2): 143-154.

¿Y si los modelos de Mara no tuvieran elementos?

Enrique Hernández-Manfredini, Manuel A. Martins

Departmento de Matemática, Universidade de Aveiro, Portugal

RESUMEN

Con ocasión de este homenaje a Maria Manzano - la persona y su obra - presentamos algunas reflexiones acerca de si las estructuras pueden o no tener universos vacíos.

Con ocasión de celebrarse un momento importante en la carrera de María Manzano, hemos sido entre otros, gentilmente invitados a escribir algo en conmemoración de tal evento. Con el interés de llegar a un público no necesariamente especializado nos ha parecido apropiado limitarnos a desarrollar un tema leve; con esto en mente presentemos aquí algunas reflexiones sobre la estructura vacía, en la seguridad de que difícilmente podríamos encontrar un tema más leve que este... Con la misma intención, procuramos que la exposición sea razonablemente auto-contenida y que no requiera conocimientos previos aparte de las notaciones matemáticas comúnmente conocidas, lo que inevitablemente nos obligará a entrar en algunos detalles técnicos.

Antes de continuar por esta senda no podemos dejar de referirnos brevemente al la obra de la persona que está al centro de estas atenciones.

Mara ha llevado a cabo un considerable trabajo en Lógica y Teoría de Modelos, el cual no se ha limitado al terreno técnico y creativo de la investigación, sino que se ha dirigido también a la difusión y enseñanza de estas disciplinas. Es así como se muestra no sólo en la variedad de sus trabajos publicados - libros y artículos, didácticos y avanzados - mas también en la organización de encuentros sobre la enseñanza de la Lógica, sin olvidar su participación en charlas y conferencias. Dignas de mención son las conferencias orientadas a la enseñanza de la Lógica - Tools for Teaching Logic - celebradas en Salamanca en 2000, 2006 y 2011 y en Rennes en 2015, organizadas por ella. Estos eventos, entre otros, han fomentado un provechoso intercambio de experiencias entre científicos y educadores de diversas vertientes, desde la Lógica y la Filosofía hasta los Fundamentos de la Matemática y la Teoría de la Computación.

Merecen destacada atención los siguientes libros de su autoría:

- *Model theory* [13]

- *Extensions of first order logic* [12]

- *Lógica para principiantes* [14]

El primero fue originalmente escrito en español y traducido al inglés por Ruy de Queiróz. Es un excelente texto de introducción a la Teoría de Modelos, acompañando la exposición del tema con problemas y ejercicios.

El segundo presenta varios sistemas lógicos (Second Order Logic, Type Theory, Many Sorted Logics, etc.). Es una importante referencia para Lógica de orden superior y Lógicas heterogéneas.

Es un libro notablemente bien escrito, no sólo apto para un público matemático, sino también para científicos de la computación, lingüistas y filósofos.

El tercero es ideal como libro de apoyo para un curso de lógica para alumnos de Filosofía e Informática. Es un libro accesible, con numerosos ejemplos y ejercicios. Presenta de forma detallada técnicas de demostración, como diagramas de Venn, tableaux semánticos, cálculos de resolución y de deducción natural para la lógica proposicional y de primera orden.

Se observa en todos ellos que los modelos de Mara son no vacíos, adhiriendo así a la práctica tradicional en Teoría de Modelos de prescribir desde el comienzo que los universos de las estructuras deben ser no vacíos. (Chang y Kiesler [4], Bell y Machover [2], Shoenfield [16]). Como veremos, hay razones para proscribir al universo vacío, pero también las hay para aceptarlo. Es así como desde hace algún tiempo su presencia en la Teoría de Modelos ha sido legalizada por algunos autores, llegando ya la estructura vacía a formar parte del folclore en esta disciplina (Wilfrid Hodges [9]). En alguna literatura su presencia es admitida como formando parte de ciertas clases de estructuras, facilitando y proporcionando más generalidad a algunos argumentos y conceptos, como es el caso, por ejemplo, en la construcción de estructuras contables utilizando el método de Fraïsé: una condición importante a demostrar es que la clase de órdenes lineales finitos tiene la propiedad de amalgamación (AP) y la propiedad de inmersión conjunta (JEP) (cf. [15], [5] y [6]). La tarea queda simplificada con la admisión de la estructura vacía. Dicho esto, la razón que induce a prohibir la estructura vacía es que ella no se adapta a la lógica subyacente tradicional, precisamente porque no tiene elementos. En los sistemas lógicos tradicionales encontramos teoremas que implican existencia, lo que ciertamente no tiene lugar en un mundo sin elementos. Para precisar, lo dicho se ve claramente en el teorema $\exists x\, (x \approx x)$ el cual de alguna manera debe interpretarse como que hay algo para poner en lugar de x en $x \approx x$. Las nociones clásicas de satisfactibilidad y validez descansan sobre el concepto de atribución de valores a las variables de las expresiones del lenguaje; estos valores son atribuidos en el universo; si este es vacío nos quedamos sin nada que atribuir. Esto obliga a adoptar un sistema lógico-semántico que esté libre de tal discrepancia.

Antes de analizar el problema es conveniente examinar en pormenor en qué consiste la semántica tradicional de la lógica de primer orden. En este punto es inevitable entrar en tecnicismos.

Un lenguaje formal está compuesto por las siguientes piezas:

- Las variables individuales, destinadas a referirse genéricamente a individuos de algún conjunto llamado *universo*.

- El símbolo "≈" de identidad, para referirse a la igualdad "=" en el universo.

- Los conectivos lógicos: "¬": negación y "∨": disyunción. Con ellos es posible definir los otros símbolos familiares de conjunción, "∧" implicación "→" y equivalencia "↔".

- El símbolo existencial, ∃, destinado a afirmar la existencia.

- El símbolo universal, ∀, destinado a referirse a la totalidad de elementos de A.

Los símbolos hasta aquí descritos son llamados *símbolos lógicos* y son comunes a todos los lenguajes de primer orden. (La denominación *primer orden* en rigor debe ser mencionada, pero no será tema de conversación aquí, por lo que prescindiremos de ella.)

Además de los símbolos lógicos, podrá haber otros, llamados *no lógicos*, destinados a referirse a universos en los cuales haya ingredientes no mencionados por los símbolos lógicos. Estos poden ser:

- *constantes individuales*, para nombrar individuos específicos

- *símbolos de función* de aridades diversas, para nombrar funciones específicas

- *símbolos de predicado* de aridades diversas, para referirse a propiedades de elementos del universo o relaciones entre sus elementos.

A partir de estos símbolos iniciales se construye los *términos* y las *fórmulas* de $\mathcal{L}$. Los términos son construidos a partir de las variables y constantes individuales por medio de los símbolos de función, y están destinados a referirse a individuos que resultan de otros al serles aplicado un símbolo de función. Las fórmulas están destinadas a expresar algo acerca de los individuos: las propiedades que ellos tienen, las relaciones entre ellos, de si existen individuos con determinada propiedad, o si todos individuos tienen cierta propiedad. Establecidos estos elementos se procede a definir la semántica (interpretación) del sistema formal $\mathcal{L}$.

Comencemos con un conjunto *no vacío* A, que llamaremos *universo*, y en él, ciertos objetos - individuos, y/o funciones definidas sobre A

y/o relaciones entre elementos de A - que por algún motivo despiertan nuestro interés. Hay que pensar en esos objetos como entes simples, sin nombre, que están ahí tal como hay objetos en el mundo material. Esto es lo que formalmente se llama una *estructura*. *Groso modo*, su aspecto escrito es así:

$$\langle universo, elementos, funciones, predicados\rangle$$

La manera ideal de referirse a estos objetos sería señalarlos con el dedo; como tal cosa no es posible en el invisible mundo de las abstracciones matemáticas, nos referimos a ellos por medio de algún simbolismo que los represente. Esto es, por medio de *nombres*, atribuidos a ellos intuitiva e informalmente. Para cada ente un nombre, y a entes diferentes nombres diferentes.

Un buen ejemplo lo ofrece el conjunto de números naturales con la función unaria *sucesor* (s) la función binaria *suma* ($+$) la relación binaria *menor o igual que* ($\leq$), con el *cero* como un elemento especial. A esta estructura llamaremos $\mathfrak{N}$ y tiene la forma:

$$\mathfrak{N} = \langle \mathbb{N}, 0, s, +, \leq\rangle.$$

Atribuyamos nombres para estos ingredientes: c para 0 (una constante individual) S para s (un símbolo de función unaria) P para $+$ (un símbolo de función binaria) M para $\leq$ (un símbolo de relación binaria)

Estos, junto con los símbolos lógicos, constituirán un lenguaje formal para la aritmética:

$$\mathcal{L} = \langle c, S, P, M\rangle$$

Con estos ingredientes lingüísticos iniciales se construye las *expresiones* de $\mathcal{L}$. Estas son los términos y las fórmulas referidos anteriormente. Los términos están descritos de la manera siguiente:

– c y las variables individuales son términos
– si r, t son términos, $S(t)$ y $P(r,t)$ son términos

Las fórmulas son construidas a partir de los términos por medio del símbolo de identidad e los símbolos de predicado e cuantificadores. Si r, t son términos, las fórmulas quedan descritas así:

– $t \approx s$

– $M(t, r)$

– Si φ, ψ son fórmula, también lo son: $\neg\varphi$, $\varphi \vee \psi$, $\exists x\, \varphi$ y $\forall x\, \varphi$.

Llamaremos $\mathrm{Var}(\mathcal{L})$, $\mathrm{Term}(\mathcal{L})$ y $\mathrm{Flas}(\mathcal{L})$ a los conjuntos de variables, términos y fórmulas de $\mathcal{L}$, respectivamente.

Una vez establecido el lenguaje formal $\mathcal{L}$, el primer paso a dar en el establecimiento de una semántica para él, consiste en atribuir significados a sus símbolos en alguna estructura apropiada, que en nuestro caso ya estaba preparada anticipadamente: $\mathfrak{N}$. Obsérvese que es fácil generalizar lo que se refiere al lenguaje $\mathcal{L}$ y a la estructura $\mathfrak{N}$, a un lenguaje y una estructura cualesquiera. Esta atribución de significados de los símbolos de $\mathcal{L}$ se llama *interpretación* de $\mathcal{L}$ en $\mathfrak{N}$. La notación habitual para la interpretación de un símbolo σ en una estructura $\mathfrak{A}$ es $\sigma^{\mathfrak{A}}$. Así, en nuestro caso en que $\mathfrak{A} = \mathfrak{N}$:

$$c^{\mathfrak{N}} = 0;\ S^{\mathfrak{N}} = s;\ P^{\mathfrak{N}} = +\ \text{y}\ M^{\mathfrak{N}} = \leq.$$

Una vez establecida la interpretación de los símbolos de $\mathcal{L}$ en $\mathfrak{N}$, se establece la interpretación de los términos, y a seguir, la de las fórmulas de $\mathcal{L}$ en $\mathfrak{N}$.

Salvo los elementos nombrados por términos formados sólo a partir de la constante individual no hay manera de decir en $\mathcal{L}$ si algún elemento cualquiera de $\mathbb{N}$ tiene o no alguna determinada propiedad. Queremos poder decir en $\mathcal{L}$ verdades (y/o mentiras!) también acerca de otros elementos no nombrados de $\mathbb{N}$. Para tal, queremos de alguna forma poder usar las variables de $\mathcal{L}$ para apuntar a elementos específicos de $\mathbb{N}$. Con esto, todos los términos de $\mathcal{L}$ podrán también apuntar a elementos de $\mathbb{N}$. Esta vinculación de $\mathcal{L}$ a $\mathfrak{N}$ se logra por medio de una función f de $\mathrm{Var}(\mathcal{L})$ en $\mathbb{N}$. En símbolos,

$$f : \mathrm{Var}(\mathcal{L}) \to \mathbb{N},\ \text{o}\ f\ \text{en}\ \mathbb{N}^{\mathrm{Var}(\mathcal{L})}.$$

f se llama *valoración* o *atribución* de valores en $\mathbb{N}$ a las variables de $\mathcal{L}$ y permite definir *el valor de un término t en $\mathbb{N}$ para la atribución f* (notación: $t^{\mathfrak{N}}[f]$). Esto se hace para cada una de las formas que pueden adoptar los términos de acuerdo a como fueron definidos arriba.

– $c^{\mathfrak{N}}[f] = c^{\mathfrak{N}}$;

– $x^{\mathfrak{N}}[f] = f(x)$;

– $(S(t))^{\mathfrak{N}}[f] = S^{\mathfrak{N}}(t^{\mathfrak{N}}[f])) = s(t^{\mathfrak{N}}[f]))$;

– $(P(r,t))^{\mathfrak{N}}[f] = P^{\mathfrak{N}}(r^{\mathfrak{N}}[f], t^{\mathfrak{N}}[f])) = r^{\mathfrak{N}}[f] + t^{\mathfrak{N}}[f]$.

También permite definir cuando lo que se dice en $\mathcal{L}$ acerca de las variables de $\mathcal{L}$ corresponde a lo que ocurre en $\mathfrak{N}$ con los elementos señalados por f en $\mathbb{N}$. Técnicamente, si $\varphi \in \mathrm{Flas}(\mathcal{L})$ se define f *satisface a* φ *en* $\mathfrak{N}$, lo que se denota por $\mathfrak{N} \models \varphi[f]$, separadamente para cada una de las formas que pueden adoptar las fórmulas de acuerdo a como fueros definidas anteriormente, como sigue,

– $\mathfrak{N} \models r \approx t[f] \Leftrightarrow r^{\mathfrak{N}}[f] = t^{\mathfrak{N}}[f]$;
– $\mathfrak{N} \models M(r,t)[f] \Leftrightarrow M^{\mathfrak{N}}(r^{\mathfrak{N}}[f], t^{\mathfrak{N}}[f]) \Leftrightarrow r^{\mathfrak{N}}[f] \leq t^{\mathfrak{N}}[f]$;
– $\mathfrak{N} \models \neg\varphi[f] \Leftrightarrow$ No $\mathfrak{N} \models \varphi[f]$;
– $\mathfrak{N} \models \varphi \vee \psi[f] \Leftrightarrow \mathfrak{N} \models \varphi[f]$ o $\mathfrak{N} \models \psi[f]$.

Nótese que aunque f está definida sobre todas las variables de $\mathcal{L}$, sólo actuará sobre las variables de φ que pueden señalar a algún elemento de $\mathbb{N}$.

Antes de completar le definición extendiéndola a fórmulas con cuantificadores, es preciso hacer algunos observaciones y preparaciones.

En primer lugar, obsérvese que una fórmula de la forma $\exists x \ \varphi$ no afirma algo acerca de x: afirma que existe un individuo con la propriedad expresada por φ. Por ejemplo, $\exists x \ (3 + x = 7)$ dice que hay un elemento que sumado a 3 da 7. $\exists y \ (3 + y = 7)$ dice lo mismo, evidenciando que ninguna de ellas afirma algo acerca de la variable cuantificada. La existencia refiere siempre que hay algo con cierta propiedad, mas la existencia no es un predicado. No es correcto, por ejemplo, decir que el 2 existe. Lo que se puede decir es que existe un individuo que es igual a 2: $\exists x \ (x = 2)$, o apelando a cualquier fórmula que sea satisfecha sólo por el 2.

Estas observaciones se aplican con las adaptaciones apropiadas a $\forall x \ \varphi$ teniendo en cuenta que esta fórmula equivale a $\neg\exists x \ \neg\varphi$. Se desprende de lo anterior que las ocurrencias de variables sometidas a $\forall$ y $\exists$ no son susceptibles de asumir valores, por lo cual son llamadas *variables ligadas*. Falta por considerar las ocurrencias de variables que no están ligadas. Estas son susceptibles de adoptar valores, por lo que se las llama *variables libres*. Según los valores atribuidos a ellas, la fórmula se tornará verdadera o falsa.

Ahora bien, una valoración f atribuye valores a todas las variables

182

individuales de $\mathcal{L}$. Por lo dicho, f se aplica directamente sólo a las (ocu-rrencias de) variables libres de una fórmula. Sin embargo, de alguna manera deberá influir sobre las variables ligadas. Ello quedará establecido con ayuda de la siguiente definición. Sean $f \in A^{\mathrm{Var}(\mathcal{L})}$ y $a \in A$. Definimos f_a^x como la función que resulta de f sustrayéndole el par $(x, f(x))$ y reemplazándolo por el par (x, a). En símbolos:

$$f_a^x = f \setminus \{(x, f(x))\} \cup \{(x, a)\}$$

Esto permite definir f *satisface a* $\exists x\, \varphi$ *en* $\mathfrak{N}$, como sigue[1]:

$$\mathfrak{N} \models \exists x\, \varphi[f] \Leftrightarrow \hat{\exists} a \in \mathbb{N}\, (\mathfrak{N} \models \varphi)[f_a^x]$$

Lo que adaptado a $\forall x\, \varphi$ queda así:

$$\mathfrak{N} \models \forall x\, \varphi[f] \Leftrightarrow \hat{\forall} a \in \mathbb{N}\, (\mathfrak{N} \models \varphi)[f_a^x]$$

Equivalentemente, en lugar de modificar f retirando un par de elementos y agregando otro, en la definición se puede utilizar directamente la función que resulta, con lo cual lo anterior se expresa así:

$\mathfrak{N} \models \exists x\, \psi[f]$ ssi $\hat{\exists}\, g \in \mathbb{N}^{\mathrm{Var}(\mathcal{L})}$ tal que $(\hat{\forall} u\, (u \neq x \to g(u) = f(u))$ & $\mathfrak{N} \models \psi[g])$.

$\mathfrak{N} \models \forall x\, \psi[f]$ ssi $\hat{\forall}\, g \in \mathbb{N}^{\mathrm{Var}(\mathcal{L})}$ se tiene $(\hat{\forall} u\, (u \neq x \to g(u) = f(u))$ & $\mathfrak{N} \models \psi[g])$.

Esto extiende el concepto de f *satisface a la formula* φ *en* $\mathfrak{N}$ a todas las formulas de $\mathcal{L}$. Definimos además:

- φ es *satisfactible in* $\mathfrak{N}$ ssi $\hat{\exists} f \in \mathbb{N}^{\mathrm{Var}(\mathcal{L})} (\mathfrak{N} \models \varphi)[f])$;
- φ es *válida in* $\mathfrak{N}$ ssi $\hat{\forall} f \in \mathbb{N}^{\mathrm{Var}(\mathcal{L})} (\mathfrak{N} \models \varphi)[f])$.

Es fácil ver como todos estos conceptos semánticos referidos al ejemplo de nuestra adopción, $\mathfrak{N}$, pueden ser generalizados a cualquier estructura $\mathfrak{A}$, con funciones y relaciones de cualquier aridad [4]; basta escribir $\mathfrak{A}$ y A en lugar de $\mathfrak{N}$ y $\mathbb{N}$, respectivamente, y considerar los nuevos símbolos no lógicos de $\mathfrak{A}$ en lugar de los de $\mathfrak{N}$.

---

[1]Utilizaremos $\hat{\exists}$ y $\hat{\forall}$ como abreviaturas meta-lingüísticas de *para todo* y *existe*, respectivamente.

A partir de aquí abandonamos nuestro ejemplo y pasamos a referirnos en general a una estructura no especificada $\mathfrak{A}$. Esto dá lugar a dos nuevos conceptos: el de *satisfactibilidad* y el de *validez*:

- φ es *satisfactible* ssi $\hat{\exists}\mathfrak{A}$ (φ es satisfactible in $\mathfrak{A}$);
- φ es *válida* ssi $\hat{\forall}\mathfrak{A}$ (φ es válida in $\mathfrak{A}$).

En resumen:

* La satisfactibilidad por f en $\mathfrak{A}$ expresa que una fórmula es *verdadera* para los valores otorgados por f a sus variables.

* La satisfactibilidad de una fórmula en $\mathfrak{A}$ expresa que existe alguna f que hace que la fórmula sea *verdadera* en $\mathfrak{A}$.

* La satisfactibilidad de una fórmula expresa que ella es *verdadera* en *alguna* estructura para *alguna* atribibución.

* La validez de una fórmula en $\mathfrak{A}$ dice que ella es *verdadera* para *cualquier* f en A, o sea, para cualesquiera que sean los valores atribuidos a sus variables.

Finalmente:

* La validez de una fórmula dice que ella es válida en *todas* las estructuras con el mismo lenguaje. Una fórmula de este tipo expresa una *verdad universal*. Un requisito fundamental que debe cumplir un sistema deductivo es que sus teoremas expresen verdades universales: Todo teorema lógico debe ser válido.

Todos estos conceptos son relativos a la semántica adoptada. Aquí se ha mostrado un ejemplo. Luego veremos otro.

Estructura Vacía

Examinamos a continuación que ocurre si el universo de la estructura es vacío.

$$\Phi = \langle \varnothing, \dots \rangle$$

Es fácil en esta situación comprobar la veracidad de lo siguiente:

1. Φ no puede ser la interpretación de ningún lenguaje con constantes individuales.

2. El conjunto de funciones de un conjunto no vacío en el vacío es vacío, por lo tanto $\varnothing^{\mathrm{Var}(\mathcal{L})} = \varnothing$. Es decir, no hay atribuciones de $\mathrm{Var}(\mathcal{L})$

en $\varnothing$. No habiendo valoraciones en $\varnothing$ ni elementos en $\varnothing$, los términos de $\mathcal{L}$ no adoptan valores en Φ.

3. Φ tiene funciones de cualquier *aridad mayor que cero*[2] y relaciones de cualquier aridad, y todas ellas son vacías.

Se sigue que Φ es interpretación de cualquier lenguaje sin constantes. Con respecto a los conceptos de satisfactibilidad y validez se tiene:

4. Ninguna fórmula es satisfactible in Φ. (Si lo fuese, existiría f, etc.). En particular ninguna fórmula de la forma $\forall x \, \varphi$ lo es.

5. Toda formula es válida en Φ, pues, una vez que no hay atribuciones, no existe ninguna que no la satisfaga. En particular, toda fórmula de la forma $\exists x \, \varphi$ es válida en Φ; además, para cualquier φ, φ y $\neg\varphi$ también son válidas en Φ. Resulta que el conjunto de fórmulas válidas en Φ es inconsistente. Esta sería una buena razón para impedir a Φ la entrada al club de las estructuras aceptables.

———— o ————

Examinemos ahora otra versión de una semántica para los lenguajes de primer orden, con algunos puntos comunes con la versión anterior y que aporta algunos cambios. Consiste en restringir el dominio de las valoraciones a las variables libres de una fórmula. Para fijar ideas, repárese en que los términos no tienen variables ligadas; por ende todas sus variables son de ocurrencia libre. Redundantemente les continuaremos a llamar *libres*.

Si t es un término, $\mathrm{Varlib}(t)$ será el conjunto de variables (libres) de t. Similarmente, $\mathrm{Varlib}(\varphi)$ se referirá al conjunto de variables de una fórmula φ. Se tiene

– $\mathrm{Varlib}(x) = \{x\}$, si $x \in \mathrm{Var}(\mathcal{L})$;
– $\mathrm{Varlib}(F(t_1, \ldots, t_n)) = \bigcup_{k=1}^{n} \mathrm{Varlib}(t_k)$, en donde F es un símbolo de función n-aria ($n > 0$) y los $t'_k s$ son términos.

En el caso de fórmulas, se tiene:

– $\mathrm{Varlib}(P(t_1, \ldots, t_n)) = \bigcup_{k=1}^{n} \mathrm{Varlib}(t_k)$, donde P es un símbolo de predicado n-ario, y los $t'_k s$ son términos;
– $\mathrm{Varlib}(\neg\varphi) = \mathrm{Varlib}(\varphi)$;
– $\mathrm{Varlib}(\varphi \vee \psi) = \mathrm{Varlib}(\varphi) \cup \mathrm{Varlib}(\psi)$;

---

[2]Es habitual considerar las funciones de aridad cero como constantes.

– $\mathrm{Varlib}(\exists x\,\varphi) = \mathrm{Varlib}(\varphi) \setminus \{x\}$.

Si t es un término y $f \in A^{\mathrm{Varlib}}(t)$, la anterior definición del valor de t por f, $t^{\mathfrak{A}}[f]$, permanece inalterada.

La definición de f *satisface a φ en $\mathfrak{A}$* se adapta a la nueva situación como sigue:

Sea $f \in A^{\mathrm{Varlib}(\varphi)}$.

– $\mathfrak{A} \models s \approx t[f]$ ssi $s^{\mathfrak{A}}[f] = t^{\mathfrak{A}}[f]$;
– $\mathfrak{A} \models P(t_1,\ldots,t_n)[f]$ ssi $\langle t_1^{\mathfrak{A}}[f],\ldots,t_n^{\mathfrak{A}}[f]\rangle \in P^{\mathfrak{A}}$;
– $\mathfrak{A} \models \neg\psi[f]$ ssi es falso que $\mathfrak{A} \models \psi[f]$;
– $\mathfrak{A} \models \psi \vee \xi[f]$ ssi $(\mathfrak{A} \models \psi[f\!\restriction_{\mathrm{Varlib}(\psi)}]$ o $\mathfrak{A} \models \xi[f\!\restriction_{\mathrm{Varlib}(\xi)}])$;
– $\mathfrak{A} \models \exists x\,\psi[f]$ ssi $\widehat{\exists}\ g \in A^{\mathrm{Varlib}(\psi)}$ tal que $(\widehat{\forall} u \in \mathrm{Varlib}(\psi)\,(u \neq x \rightarrow g(u) = f(u))\ \&\ \mathfrak{A} \models \psi[g])$.
– $\mathfrak{A} \models \forall x\,\psi[f]$ ssi $\widehat{\forall}\ g \in A^{\mathrm{Varlib}(\psi)}$ se tiene $(\widehat{\forall} u \in \mathrm{Varlib}(\psi)\,(u \neq x \rightarrow g(u) = f(u))\ \&\ \mathfrak{A} \models \psi[g])$.

Si φ tiene variables libres, los conceptos de satisfactibilidad y validez se conservan inalterados en comparación con la versión semántica inicial, con excepción de algo nuevo: Si φ no tiene variables libres, $\mathrm{Varlib}(\varphi) = \varnothing$ en cuyo caso $A^{\mathrm{Varlib}(\varphi)} = \{\varnothing\}$. Es decir, a diferencia de la situación anterior en que no había valoraciones, ahora sí la tenemos y es única: la valoración vacía.

———— o ————

Falta examinar qué ocurre con φ cuando $\mathfrak{A} = \Phi$, desde el punto de vista de la satisfactibilidad y validez. Si φ no tiene variables libres, como no hay constantes, φ estará constituida por combinaciones booleanas de formulas cuantificadas, pudiendo ella misma estar cuantificada. Ya que $\mathrm{Varlib}(\varphi) = \varnothing$, y $\varnothing^{\varnothing} = \{\varnothing\}$ vemos que la única atribución a las variables libres (inexistentes!) de φ es la atribución vacía.

Comparando esta nueva semántica con la anterior, es fácil ver que los puntos 1, 3 e 4, son comunes a ambas. Por otra parte, tenemos:

– Los términos no adoptan valores en Φ.
– Toda fórmula con variables libres es válida en Φ.
– Toda fórmula de la forma $\forall x\,\varphi$ es válida en Φ.
– Ninguna fórmula de la forma $\exists x\,\varphi$ es satisfactible en Φ; en particular: Ninguna fórmula de la forma $\exists x\,\varphi$ sin variables libres es válida en Φ; por ejemplo $\exists x\, x \approx x$ no lo es.

Esto muestra una diferencia entre ambas semánticas: mientras bajo la primera todas las fórmulas son válidas en Φ, bajo la segunda, hay fórmulas que no lo son, lo que por una parte es una ventaja sobre aquélla, pero por otra, entre aquéllas fórmulas que no son válidas hay teoremas. O sea, bajo la segunda no todos los teoremas son válidos.

———— o ————

Por una parte hemos visto que hay razones para no permitir la presencia de la estructura vacía entre las estructuras útiles en matemática. También hemos visto que hay argumentos para admitirla. Por razones de uniformidad sería deseable obtener un sistema deductivo con una semántica que unifique los conceptos de manera de aprovechar lo que Φ tiene de "bueno", evitando lo que tiene de "malo". Tal vez sea posible practicar modificaciones en el sistema deductivo y la semántica, de modo que los teoremas de existencia estén sujetos a algún condicionante que permita contornar Φ, o que una constante no necesariamente indique un elemento de la interpretación. Probablemente habría que prestar especial atención al origen de los teoremas de existencia, especialmente a los axiomas de substitución. Hay sistemas llamados *Lógicas Libres*, que presumiblemente cumplen estos objetivos [11]. El estudio de estos, y posiblemente otros sistemas ofrece buen entretenimiento para el futuro.

Ex nihilo nihil fit?

De alguna manera el vacío ha llenado alguna parte de la mente de pensadores - teólogos, filósofos y científicos - ya sea en la forma del "no-ser", de "la nada", como un estado de meditación de la mente, como "el vacío" espacial, o como el "cero", que de algún modo se refiere a una especie de nada, algo que falta o que está ausente. En la de Parménides apareció en la que es tal vez su forma más drástica, *el no-ser*, y la diosa le advirtió que ni lo pensara.

De lo que no es, no te dejaré decirlo ni pensarlo, pues no es posible decir ni pensar que no lo es. (Poema de Parménides. Fragmento 8, [8])

Poco después, Platón desobedientemente observa que una falsedad confiere cierta realidad al no-ser; quien miente dice lo que no es (*El Sofista* en [1, p. 67, ss]. Algo más tarde, en otra dirección Aristóteles concluía que en la naturaleza no podía existir el vacío, pues los elementos circundantes, más densos, se apresurarían a llenarlo apenas se produjera, debido a que por principio la naturaleza aborrece el vacío. Este principio es referido con frecuencia como *horror vacui*. Mucho más tarde, en el siglo 17, con el mismo principio se intentó explicar por qué en lo que llegó a ser lo que ahora conocemos como un barómetro de mercurio, este no salía completa, sino sólo parcialmente del tubo en que estaba alojado; claro: el mercurio tenía horror al vacío... La ilusión quedó desvirtuada por Pascal con la pregunta

entonces le tiene más horror en Paris que en Chamonix?

Algo más cerca de nosotros, a mediados del siglo 19, George Boole encuentra que lo que es 0 en álgebra, representa Nada en Lógica, y considera que *Nada* es una clase [1]. Sólo un paso más y Schröder lo hace aparecer como clase vacía, con la anuencia de Dedekind, pero con fuerte resistencia por parte de G. Frege, que comenta con acritud [7]:

Schröder se aventura a inventar una clase vacía. Así, por lo que se ve, ambos (Schröder and Dedekind) *concuerdan con muchos matemáticos en el parecer de que podemos inventar cualquier cosa que nos plazca y que no está ahí; más aún, algo que es impensable.* [1, p. 31]

Así pues, en esto último, Frege muestra estar acuerdo con la diosa de Parménides. No satisfecho con esto, Frege, incluyendo en su crítica el concepto de sistema, continúa

...si los elementos constituyen el sistema, entonces, cuando los elementos son abolidos, el sistema se va con ellos... (*op. cit.*)

Sin embargo, lo que para Frege no estaba ahí y era impensable como clase, era pensable y estaba ahí como extensión de un concepto: un concepto cuya extensión no tiene elementos. Así pues, el vacío se evitaba por un lado, pero aparecía por otro

A pesar de las críticas, los adeptos del vacío continuaban a aparecer: entre otros, a Boole, Schröder y Dedekind se sumaba Peano [10], que inmune a las críticas de Frege, en 1888, el mismo año de *Was sind und was sollen die Zahlen*, que es donde Dedekind habla de sistemas, introducía en su sistema de clases, la clase lambda (Λ), que no contenía individuos. En 1908 Zermelo decretaba la existencia del conjunto vacío por medio de un axioma. De ahí para adelante en diversas versiones standard de la teoría de conjuntos, el vacío tiene un lugar asegurado. Así es como el conjunto vacío entró en el siglo 20 para quedarse y ha permanecido como una entidad firmemente establecida en el mundo matemático. Además, como hemos visto, desde hace algún tiempo ha sido adoptado como estructura algebraica o relacional. Por otro lado, en lo que ha sido una larga tradición, cuidadosamente se ha evitado su presencia en el reino de esas estructuras. A esta tradición se adhieren los modelos de Mara. No sabemos por qué esto es así, pero conociendo a Mara podemos asegurar que no ha sido por advertencia divina, ni porque Mara le tenga horror al vacío.

Referencias

[1] Platón [1871]. *Obras completas de Platón.* Biblioteca Filosófica. Traducción de D. Patricio de Azcárate. Tomo IV, Madrid y Navarro, Editores.

[2] Bell, John L. y Moshe Machover [1986]. *A Course in Mathematical Logic.* 1st reprint. Amsterdam etc.: North-Holland (Elsevier Science Publishing Co.).

[3] Boole, George [1851]. *An Investigation of The Laws of Thought on Which are Founded the Mathematical Theories of Logic and Probabilities.* Project Gutenberg, 2017.

[4] Chang, Chen C. y H. Jerome Keisler [1990]. *Model theory.* 3rd rev. ed., volume 73. Amsterdam.: North-Holland.

[5] Fraïssé, Roland [1953]. "Sur certaines rélations qui généralisent l'ordre des nombres rationnels". *C. R. Acad. Sci., Paris,* 237:540–542.

[6] Fraïssé, Roland [1954]. "Sur l'extension aux rélations de quelques propriétés des ordres". *Ann. Sci. Éc. Norm. Supér. (3),* 71: 363–388,.

[7] Frege, Gottlob [1964]. *The Basic Laws of Arithmetic.* Berkeley: University of California Press.

[8] Gaos, José [2000]. *Antología filosófica: la filosofía griega*. Biblioteca Virtual Miguel de Cervantes.

[9] Hodges, Wilfrid [2008]. *Model Theory. Encyclopedia of Mathematics and its Applications*. Cambridge University Press.

[10] Kennedy, Hubert C. [1973]. *The Principles of Mathematical Logic (1891)*. University of Toronto Press, 153-161.

[11] Lambert, Karel [2002]. *Free Logic: Selected Essays*. Cambridge: Cambridge University Press.

[12] Manzano, María [1996]. *Extensions of First Order Logic*. Cambridge: Cambridge University Press.

[13] Manzano, María [1999]. *Model theory*. Transl. from the Spanish by Ruy J. G. B. Queiroz, Vol.37. Oxford: Clarendon Press.

[14] Manzano, María y Antonia Huertas [2004]. *Lógica para principiantes*. El Libro Universitario - Manuales. Alianza Editorial.

[15] Martins, Manuel A. [1998]. *Amalgamação em lógica*. Master's thesis, Universidade de Aveiro.

[16] Shoenfield, Joseph R. [2001]. *Mathematical Logic*. Reprint of the 1967 original edition. Natick, MA: Association for Symbolic Logic.

A sixth century elementary introduction to logic

Wilfrid Hodges

For Mara

ABSTRACT

One of the very few elementary logic texts to reach us
from around the middle of the first millennium AD is the
'Logic' of Paul the Persian. The text, which survives only in
Syriac, is not in a perfect state, but the nineteenth century
editor's Latin translation is adequate for us to comment on
the contents. Paul's text has not so far attracted the attention of historians of logic. Here we make some preliminary
remarks from the point of view of modern logic teaching. As
an example, from Paul's and other texts one can make out
two opposite trends in the logic teaching of that era. Both
trends concentrate on the logic of categorical syllogisms. The
first trend, represented by Paul and by the later Arabic textbook of Ibn al-Muqaffa^c, stays very close to Aristotle in both
logical content and technical vocabulary, and is clearly intended as formal logic. The second trend, which appears in
Paul's near contemporary Syriac scholar Proba, and more
fully later in the Arabic works of al-Fārābī, moves away from
Aristotle's strict arguments and uses logic more as a guide
to disciplined thinking, as in some modern texts of 'informal
logic'.

This paper is a greeting from one author of logic textbooks to another author of logic textbooks [9]. Naturally the topic should be logic textbooks. I take this as an opportunity to give some publicity to an interesting textbook in a dark period of the history of logic.

The textbook is *Logic* by Paul the Persian, dating from the mid sixth century AD. The part that I will comment on is the final part, on the formal logic of categorical syllogisms, running to about a dozen pages. The work survives only in Syriac (a form of Aramaic), in a single manuscript that was published by J. P. N. Land in 1875 together with a Latin translation [10]. An English translation from the Syriac is reported to be in preparation. Meanwhile it is already clear that Syriac experts and historians of logic have a lot of material to discuss between them, and Paul's *Logic* will be one of the most important topics in their discussions. I warmly thank Richard Sorabji and Daniel King for letting me have some of their thoughts in this direction.

From Aristotle to Paul

Since most readers will have no idea what kinds of thing would be taught in formal logic in the sixth century, I begin with two sections of background. The present section sketches the historical development from Aristotle to Paul, and the next seection will summarise the relevant logical background.

In the fourth century BC, Aristotle wrote his *Prior Analytics*. Its Book One sets out the logic of categorical syllogisms, and takes energetic steps to extend this logic to a form of modal logic. After Aristotle died in 322 BC, some of his students continued to study his logic for a while. But later his papers were consigned to storage, to be brought out again in the first century BC. Then an edition was published, starting with the books that relate to logic. During the Renaissance these logical books acquired the name of *Organon*, Greek for 'tool', from the claim that logic forms a tool for the sciences.

By the early third century AD, Roman citizens who wanted to study Aristotle's logic could find several recent books to help them. Apuleius and Galen had written introductions; Alexander of Aphrodisias had provided a scholarly commentary on Book One of the *Prior Analytics*.

A little later the initiative in logic passed to the pagan Academies. These were centres of classical Greek learning that sprang up around the Roman Empire, notably in Rome, Athens, Alexandria and Antioch. The philosophy taught in these Academies was Neoplatonist and not Aristotelian. But it became accepted that Aristotle's logic made a good first section for an educational syllabus. Accordingly the Academies developed quantities of introductory teaching material to accompany the *Organon*. Much of this material made its way in translation to the Syriac schools in Syria and Iraq, where the teachers were Christian rather than Neoplatonist.

After the Christian emperor Justinian closed the Athenian Academy in AD 529, a number of scholars tried their luck further east in Persia, where the Sassanian emperor Khosraw I in Ctesiphon had a reputation for sponsoring philosophy. Paul the Persian fits into this picture somehow, though the details are obscure. He dedicated his book *Logic* to Khosraw I. Presumably the version that went to Khosraw was written in Middle Persian, though the one copy that we have (possibly a first draft) is in Syriac. That copy has some gaps; some sentences are incomplete and crucial definitions are missing.

Two other works of Paul are known. One is a Syriac commentary on Aristotle's *De Interpretatione* [6]. The other is an essay on the purposes of the different parts of Aristotle's *Organon*, which survives in an Arabic translation by Miskawayh [8, p. 49ff].

In discussing Paul's *Logic* we will sometimes compare it with three other works that are clearly in debt to the same Neoplatonic Academy tradition. One is again in Syriac; this is a commentary on some parts of the *Organon* by Proba (6th century, published and translated in [4]). The other two are in Arabic, namely the *Logic* of Ibn al-Muqaffa^c ([7], mid 8th century), and *Syllogism* by al-Fārābī (early 10th century). An edited translation of al-Fārābī's *Syllogism* is in preparation [1]. I have to ignore the Syriac commentary on the *Prior Analytics* by George, Bishop of the Arabs (c. AD 700), since no translation is available.

Aristotle's categorical syllogisms

For brevity and precision I pack the definitions in this section down into a modern form, but their content is closely based on Aristotle's ideas.

Aristotle worked mainly with four sentence forms, that we can translate into English as follows. The table below gives first an English translation of his forms, then a logicians' description, then a convenient symbolism.

sentence form	description	symbol
Every B is an A.	universal affirmative	$(a)(B, A)$
No B is an A.	universal negative	$(e)(B, A)$
Some B is an A.	existential affirmative	$(i)(B, A)$
Not every B is an A.	existential negative	$(o)(B, A)$

Aristotle understood these sentence forms in such a way that 'Every B is an A' entails 'Some B is an A', and 'No B is an A' entails 'Not every B is an A'

A 'categorical premise-pair', or for short a 'premise-pair', is an ordered pair of sentence forms (the 'premises'), such that the first sentence form uses the letters A, B and the second sentence form uses the letters B, C. This allows four arrangements (using x, y as dummies for any of a, e, i, o):

First figure: Second figure: Third figure: —
$(x)(B, A)$ $(x)(A, B)$ $(x)(B, A)$ $(x)(A, B)$
$(y)(C, B)$ $(y)(C, B)$ $(y)(B, C)$ $(y)(B, C)$

Both Aristotle and Paul confine themselves to the first three arrangements, known as the 'figures'. The four sentence forms

$$(a)(C, A), \quad (e)(C, A), \quad (i)(C, A), \quad (o)(C, A)$$

will be called the 'candidate conclusions', or for short the 'candidates'.

In fact logicians allowed other choices of letter than the one above. Two premise-pairs that differ at most in the choice of letters are said to belong to the same 'mood'; a mood is an equivalence class of this equivalence relation. But we will use only the letterings above, so that for us a mood and a premise-pair will be the same thing.

If a mood entails some candidate, we say that the mood is 'productive', and its 'conclusion' is the logically strongest candidate that it entails. If the mood is not productive we say it is 'nonproductive'. Aristotle showed that of the forty-eight moods, fourteen are productive (four in the first figure, four in the second and six in the third), and thirty-four are nonproductive.

The main thing that the theory of categorical syllogisms aims to teach us is how to show that a mood is productive (and with what conclusion), or that it is nonproductive. Aristotle himself proposed three methods, as follows.

Perfect moods

Aristotle believed that the four productive moods in first figure are so obviously and intrinsically productive, and with such obvious conclusions, that these four moods with their conclusions can be taken as self-evident axioms. He called these moods 'perfect'.

Reduction to first figure

Aristotle gave methods that reduce each productive mood in second or third figure to a productive mood in first figure. In this way he derived the second- and third-figure productive moods from the perfect ones by a kind of proof theory.

Pseudoconclusions

Aristotle gave a method for proving nonproductivity, as follows. By an 'assignment' we mean a list which assigns to each of the three letters A, B, C a singular common noun. Suppose for example that I is the assignment

$$I : \text{donkey} \rightarrow A, \ \text{olive-tree} \rightarrow B, \ \text{stone} \rightarrow C.$$

Let ϕ be the sentence-form 'No C is an A'. Then we write $\phi[I]$ for the sentence 'No stone is a donkey'. We say that an assignment J is a 'model' of a sentence-form ψ if the sentence $\psi[J]$ is true; and in this case we call $\psi[J]$ a 'model sentence' of J.

Let (ϕ, ψ) be a mood, and θ_1, θ_2 the candidates 'Every C is an A' and 'No C is an A' respectively. Then Aristotle's method is to find two assignments I, J such that both are models of ϕ and of ψ, and I is a model of θ_1 and J is a model of θ_2. One can show (though nobody actually showed it until modern times) that (ϕ, ψ) is nonproductive if and only if such a pair of assignments I, J exists.

When I and J are as in the previous paragraph, Aristotle says that $\theta_1[I]$ is the 'conclusion' from I and $\theta_2[J]$ is the 'conclusion' from J. In the East this terminology survived at least into the twelfth century AD. But some writers have been uncomfortable with the name, because these conclusions are obviously not logical conclusions from given premises. To distinguish them from logical conclusions I will call them 'pseudoconclusions'. Paul has a slightly different terminology; he describes logical conclusions as 'necessary conclusions', and pseudoconclusions as 'conclusions that are not necessary'. Ibn al-Muqaffa^c speaks of 'sound conclusions' versus 'broken conclusions'.

Laws of syllogism

The Alexandrian Academy crafted a fourth method. We know it from the *Commentary on the Prior Analytics* of John Philoponus, who was a teaching assistant at the Academy. The idea is to collect a set of rules that must be obeyed by productive moods. For example no productive mood has two negative premises; and every productive mood in first figure has its first premise universal. Philoponus's list exactly captures the productive moods. Versions of it appear in later logic under the names 'conditions of productivity' or 'laws of syllogism'. In the Latin West it was eventually superseded by a better list using the laws of distribution.

Paul on syllogisms

The bulk of Paul's exposition of categorical syllogisms consists of a list of all forty-eight moods, where each mood comes with a paragraph of logical information about it. The paragraphs are very stylised; there is one style for productive moods and a different but similar style for nonproductive moods.

In the two examples below, the first mood is productive and the second is nonproductive. I have added in square brackets some names for features that we will need to discuss. The translations are not exact, because I have matched up the text with the definitions given in Section 2 above. In any case I am translating from the Latin translation in [10], not the Syriac.

> [Identification] Third mood (of second figure): both premises are universal, the first premise is negative and the second premise is affirmative.
> [Verdict] The conclusion is universal and necessary and negative. Thus no A is an B, every C is a B, therefore no C is an A.
> [Model sentences] By terms: no horse is rational, every human is rational, no human is a horse.

> [Identification] Fourth mood (of second figure): both premises are universal negative,
> [Verdict] and the conclusion is not necessary. Thus no B is an A, no C is an A, and sometimes every C is an A and sometimes no C is an A.
> [Model sentences] By terms, for every: no human is inanimate, no architect is inanimate, and every architect is human. For none: no palm-tree is a vine, no olive-tree is a vine, no olive-tree is a palm-tree.

Comment One. Paul gives each mood a single model if the mood is productive, and two models if it is not; the models are spelled out by giving their model sentences $\phi[I]$ etc., together with either conclusion or pseudoconclusion. (The phrase 'By terms' in Paul's text is copied direct from Aristotle; in our terminology it means 'by assignments'.)

The purposes of the models are quite different in the two cases. For nonproductive moods the two models carry out Aristotle's method of pseudoconclusions, so they are essential for justifying the verdict of 'no necessary conclusion'. In the productive case they have no such logical role, but they could have an educational one: to give a concrete example of the mood in order to help the student to internalise the mood.

Aristotle never gave models for the productive moods, but he always gave them for the nonproductive. Both Proba and al-Fārābī do the opposite to Aristotle; they give models only for the productive moods and they ignore the nonproductive ones. We can explain these differences by the different aims of Aristotle, Proba and al-Fārābī. Aristotle writes as a scientific researcher; he records only what is needed for proving his results, with very few concessions to the reader. By contrast the surviving writings of al-Fārābī suggest that he has little interest in logic as a science; he treats it more as an apparatus for suggesting arguments that might be useful in debates, lectures, teaching and so forth. For this the student needs only to reach the productive moods. Proba's aims could have been similar to those of al-Fārābī; he introduces syllogisms as a practical device for constructing arguments.

Paul is halfway between Aristotle and al-Fārābī: he gives models for all mooods, both productive and nonproductive. So probably he has both motivations. Like Aristotle he wants to give the student the scientific information, so the two-model cases are needed. But he is also writing for students who may have any level of ability, so he uses the educational device of giving concrete examples for all moods.

By giving models in both cases, Paul contrives to make the productive case and the nonproductive case look very similar. That itself could be an educational device: to give the students only one format to master, with slight variations between the cases. We will come back to this point in Comment Six below.

Comment Two. Hugonnard-Roche [5] Chapter XI describes Paul's logic as 'material', apparently because of the inclusion of the model sentences. He suggests Paul may have introduced the two kinds of conclusion—necessary and non-necessary—as a result of making a logical error that traces back to Alexander; and that al-Fārābī represents a later move back to the formal approach of Aristotle. ([5, pp. 267, 272f]) But this can't be right. Al-Fārābī's use of model sentences is at the opposite extreme from Aristotle's, and on any of the usual notions of formalism, Paul is more of a formalist than al-Fārābī is. (Hodges and

Druart [3] note several places where al-Fārābī bases inferences on matter rather than form.) In fact the logical details recorded by Paul are extremely close to Aristotle's account, though his presentation looks rather different. Also the distinction between necessary and non-necessary conclusions may use a terminology that is confusing for modern logicians, but there is no logical error involved.

Since Hugonnard-Roche has raised the question whether Paul is in control of the logic, we have to admit that there are some worrying slips. For example Paul says in two places that from 'Not every B is an A' we can infer 'Not every A is a B'; he gives the example that some human is not a horse, 'therefore' some horse is not a human ([10, Latin, pp. 17, 29])! This is a blatant confusion between conclusions and pseudoconclusions in one-premise inferences. All I can say on this is that from Aristotle onwards, logicians tended to be more careless about one-premise inferences than they were about syllogistic moods; we can find even Avicenna making a mistake like Paul's. Another bad sign is the description 'universal and necessary and negative' in the first example above; putting 'necessary' between 'universal' and 'negative' looks logically illiterate.

But on the other hand Paul correctly writes 'Therefore' between premises and logical conclusion in all but one of the fourteen productive moods, and he never uses 'Therefore' with the nonproductive moods. He does know his logic.

Comment Three. Are Paul's students being taught how to work out whether a given premise-pair is productive or not? At first glance there are at least three reasons for saying No.

(a) In each paragraph the verdict on the mood (whether it is productive or not) is given *immediately after* the mood is identified; there is no space between them to say how the verdict is reached.

(b) In the case of the nonproductive moods, the paragraph does at least include models that prove the negative verdict, even though they are stated after the verdict. But in the productive case the paragraph says nothing at all to justify the verdict. In second and third figures Aristotle used his proof theory to show that moods are productive, and Paul faithfully reproduces Aristotle's proofs in a final section after the listing of the forty-eight moods. But by putting the proofs in a later section, he discourages the students from using them to justify the verdicts.

(c) The simplest way to reach correct verdicts is to use the laws of syllogism. Paul reports these laws *immediately after* the listing of the forty-eight moods. Putting them in this position makes it easy for the students to see that the laws can be deduced from the examination of the individual cases—and this could be part of a lesson in how to discover general laws. But at the same time it makes it inconvenient for the students to use the laws while they are reading the list of moods.

Against all this, the work of Paul translated by Miskawayh tells us that because some things inform us and other things deceive us,

> we have to verify the meanings in our minds by the rules of the art which rid us of the errors that surround us. Also [we have] to verify the expressions that conventionally signify those meanings .... Both of these things are called the art of logic, though [the first] of them is studied for its own sake and the other accidentally, as we showed. ([8, 53.1–5])

So Paul in his *Logic* must be teaching the reader how to distinguish between sound and false arguments, and this answers our question with a Yes. But what are the 'rules of the art'? If they are the laws of syllogism, then why does Paul put them at the end of the listing of moods, too late to be applied as the moods are read?

Here let me leap into guesswork. In the passage just quoted, Paul is anxious to remind us that logic doesn't primarily consist of syntactic rules. The laws of syllogism are surely syntactic rules, so for Paul they must be secondary. Primarily, the 'rules' that logic teaches are a skill of handling concepts correctly. There are several ways in which a teacher could use Paul's *Logic* to teach this skill. For example one way is to invite the students to try to write a paragraph for each listed mood in turn, using bare intuition. When the students have done what they can, the teacher points out the correct answer as recorded in the book. This could be a good way of learning. (As a specialist in approaches to teaching logic, Mara is particularly well placed to judge this suggestion and suggest alternatives.)

Alternatively the book might be used purely as a checklist, where facts are given but proofs are pushed into the background. But if I was writing such a checklist I think I would have separated out the productive from the nonproductive, rather than mixing them up in a single listing as Paul does.

My final three comments are about broader developments within early medieval logic.

Comment Four. Paul's decision to delay the proofs to a separate final section does betray one difference between his thinking and Aristotle's. For Aristotle the first-figure productive moods are 'perfect', and the purpose of the reductions of second- and third-figure productive moods is to 'make them perfect' too. Apparently the idea is that while the first-figure productive moods represent an immediate movement of thought from premises to conclusion with nothing else being needed, in the other figures a productive mood *together with* its reduction also expresses a sequence of immediate moves of thought that take one from premises to conclusion without anything further being needed. The reductions are necessary and sufficient for us to think our way from premises to conclusion. So Aristotle meant the reductions to have cognitive content. A different way of taking the reductions is as meta-level reasoning that allows us to identify some of the second- and third-figure moods as productive; this is how most modern logicians would instinctively read them. By postponing the reductions to a later section, Paul makes it harder for the students to see them as sequences of required mental moves. In this sense Paul marks a step away from Aristotle and towards a modern view. (But traces of the mental picture survive, for example in the emphasis on 'meanings in our minds' in the quotation in Comment Three.)

Comment Five. We have seen some differences between Paul's approach to logic and that of al-Fārābī. Are these differences signs of a general divergence between different intellectual camps, or do they just reflect the fact that Paul and al-Fārābī were writing for different audiences and hence with different purposes in mind?

Paul puts his laws of syllogism *after* the listing of moods, so that the laws are naturally read as a summing-up of information gained through

202

considering all the separate moods. By contrast al-Fārābī in his *Syllogism* puts the laws of syllogism *before* the moods themselves, as if the laws had some other kind of justification. (Proba splits the laws of syllogism into two groups; he gives one before the listing of moods and one after. There is no obvious reason for this.) Avicenna, who followed al-Fārābī in putting the laws up front, attempted to prove the laws from first principles. This would certainly have been a breakthrough in metatheory if he had done it convincingly. Avicenna's successors attempted the same with more problematic modal sentence forms, where they had no hope of giving any better justification than hand-waving. In this sense the increasing reliance on laws of syllogism looks like a move away from treating logic as a genuine science. Al-Fārābī's logic represents an early step in this trend.

Comment Six. Why does Paul try to make the productive and the nonproductive cases look so similar? One possibility is that he is tidying up the field so as to teach his students to write clear and methodical descriptions. Writing clearly and methodically is a highly transferable skill and nothing specifically to do with logic. It may be relevant that Paul sticks to a rigid algorithm for listing the moods; neither Aristotle nor Ibn al-Muqaffa^c quite managed that.

On the other hand, could it be that Paul was aware of a deeper similarity between the two cases? In both cases we can in principle discover whether there is a conclusion by listing the different models of the premises and seeing whether there is a candidate conclusion that comes out true in all the models; compare Tarski's model-theoretic consequences. In the 12th century the Jewish Baghdad scholar Abū al-Barakāt pointed out that this is feasible in practice for categorical syllogisms if we represent the models by Venn-type—or more strictly Gergonne-type—diagrams [2]. Barakāt was certainly more original than Paul; but had he been inspired by Paul's book or something in the same style?

References

[1] Al-Fārābī. [in preparation]. *Syllogism*, Trans. and Ed. Saloua Chatti and Wilfrid Hodges, *Ancient Commentators on Aristotle*.

[2] Hodges, Wilfrid [2018]. "Two early Arabic applications of model-theoretic consequence". *Logica Universalis*, 12 (1–2), 37–54.

[3] Hodges, Wilfrid and Thérèse-Anne Druart [2019]. "Al-Fārābī's philosophy of logic and language". In Edward Zalta (Ed.), *Stanford Encyclopedia of Philosophy*, https://plato.stanford.edu/archives/win2019/entries/al-farabi-logic/.

[4] van Hoonacker, Albin [1900]. "Le Traité du philosophe syrien Probus sur les *Premiers Analytiques* d'Aristote". *Journal Asiatique*, 9 (16), 70–166.

[5] Hugonnard-Roche, Henri [2004]. *La Logique d'Aristote du Grec au Syriaque: Études sur la transmission des textes de l'Organon et leur interpétation philosophique*. Vrin, Paris.

[6] Hugonnard-Roche, Henri [2013]. "Sur la lecture tardo-antique du Peri Hermeneias d'Aristote: Paul le Perse et la tradition d'Ammonius". *Studia Graeco-Arabica*, 3, 37–104.

[7] Ibn al-Muqaffa^c[1978]. *Al-manṭiq*. M. T. Dāneshpazhūh (Ed.). Iranian Institute of Philosophy, Tehran.

[8] Ibn Miskawayh [1928]. *Tartīb al-sa^{c}āda*. ^{c}Alī al-Ṭūbajī al-Suyūṭī (Ed.). Cairo. Hungarian translation by Miklós Maróth as *A boldogságról: a boldogság könyve*, Európa Könyvkiadó, Budapest 1987.

[9] Manzano, María and Antonia Huertas [2004]. *Lógica para principiantes*. Alianza Editorial, Madrid.

[10] Paul the Persian [1875]. *Logica*. In Jan Pieter Nicolaas Land (Ed.) *Anecdota Syriaca* Vol. 4, Brill, Lugdunum Batavorum (Katwijk), Latin, 1–30.

An application of first-order compactness in canonicity of relation algebras

Ian Hodkinson

Department of Computing, Imperial College, London, UK

This article is dedicated to Maria Manzano
on the occasion of her retirement.

ABSTRACT

The classical compactness theorem is a central theorem in first-order model theory. It sometimes appears in other areas of logic, and in perhaps surprising ways. In this paper, we survey one such appearance in algebraic logic. We show how first-order compactness can be used to simplify slightly the proof of Hodkinson and Venema (2005) that the variety of representable relation algebras, although canonical, has no canonical axiomatisation, and indeed every first-order axiomatisation of it has infinitely many non-canonical sentences.

Introduction

The *compactness theorem* is a fundamental result in first-order model theory. It says that every first-order theory (set of first-order sentences) that is consistent, in the sense that every finite subset of it has a model, has a model as a whole. Equivalently, if T, U are first-order theories, $T \models U$ (meaning that every model of T is a model of U), and U is finite, then there is a finite subset $T_0 \subseteq T$ with $T_0 \models U$.

Though not nowadays the most sophisticated technique in model theory, compactness is still very powerful and has a firm place in my affections — as I believe it does in Mara's, since she devoted an entire chapter of her *Model Theory* book to it [26, chapter 5]. See [26, theorem 5.24] for the theorem itself.

This paper was intended to be a short and snappy survey of a couple of applications of compactness in *algebraic logic*. To keep it short, it has turned out in the end to cover only one application, but perhaps it still has some value. The application may be at least a little surprising and entertaining, since at first sight it doesn't seem to have much to do with compactness. The proof, though a minor variant of one in the literature, has not actually appeared before. And given Mara's longstanding interest in teaching logic, she might be happy that it uses work done by a student, Jannis Bulian, in his 3rd-year undergraduate project [2], a Distinguished Project in my department in 2010–2011.[1]

And so to business. We are going to show that every first-order axiomatisation of the class of representable relation algebras contains infinitely many non-canonical axioms (the technical terms here will of course be explained later). This was originally proved in joint work with Yde Venema [14]. Bulian used a similar but slightly simpler method to prove analogous results for cylindric algebras in his project [2]. This work was then extended to polyadic and other algebras and published in

---

[1] Jannis was a student on the 3-year Mathematics and Computer Science course at Imperial College. In June 2011 the Department of Computing held its annual open day, and about eight students gave talks on their potentially prize-winning final-year projects. At the end of the day, the audience was invited to take part in two votes, for Best Presentation and Best Project. Given that the audience consisted largely of industrialists, it was one of the most surprising (and nicest) moments of my working life when Jannis won the Best Project vote.

[3]. The proof that we will sketch below applies the method of [2, 3] to relation algebras.

Notation We will be using several kinds of first-order sentences, and we recall their names here. An *equation* is a first-order sentence of the form $\forall x_1 \ldots x_n(t = u)$, where t and u are terms. A *universal sentence* is one of the form $\forall x_1 \ldots x_n\varphi$, where φ has no quantifiers. Equations are examples of universal sentences, as are quantifier-free sentences (take $n = 0$). An $\forall\exists$-*sentence* is one of the form $\forall x_1 \ldots x_n \exists y_1 \ldots y_m\varphi$, where φ has no quantifiers. Every universal sentence is an $\forall\exists$-sentence (take $m = 0$).

Algebras of relations

We begin with some background information on the part of algebraic logic relevant to our application. It concerns *relations.* A relation on a set U is just a subset of the cartesian power U^n, for some natural number $n \geq 1$ (the *arity* of the relation). When $n = 1$, the relation is *unary,* when $n = 2$ it is *binary,* and so on. Relations are important because they are ubiquitous in mathematics. They are a basic notion in first-order logic, too, as developed in Mara's book [26]. (Many of the terms used below can be found in this book. To reduce distraction, we will not cite all of them explicitly.)

   We want to consider not just individual relations, but entire *collections* of relations of fixed arity on a fixed (but arbitrary) set U. (Some approaches, not taken here, allow multiple arities.) And we want to endow the collections with *operations* on relations that are commonly used in practice. We can then try to elucidate the laws governing these operations. Let's see how we do it.

Unary relations

Here we can take as our collection the full power set $\wp(U) = \{a : a \subseteq U\}$ of all unary relations on the set U. As operations, though other choices are possible, we might choose union, intersection, and complement. We might as well include the empty relation and U as distinguished elements, since it is useful to be able to talk about them. This leads us to an *algebra* $(\wp(U), \cup, \cap, -, \emptyset, U)$ — a standard first-order structure in the sense of the very first definition in [26] (definition 1.1, p. 6), but called an algebra because ironically, the operations involve no relations but only functions [26, p. 7]. (The distinguished elements are just nullary functions.)

We want to study the *class* $\mathcal{U}$, say, of all such algebras, taken over all sets U, just as we might study the class of all symmetric groups consisting of all permutations on an arbitrary set. Now, it is known by Cayley's theorem that *every group embeds into a symmetric group.* That is to say, the closure under isomorphism and subgroups of the class of symmetric groups is the class of all groups — a class with a nice simple definition by equations [26, definition 1.6]. Could we hope for an analogous result for $\mathcal{U}$? After all, a subalgebra of $(\wp(U), \cup, \cap, -, \emptyset, U)$ is a perfectly legitimate algebra of relations — it consists of just *some* of the unary relations on U. So we ask:

(∗) can we characterise the closure of $\mathcal{U}$ under isomorphism and subalgebras?

It turns out, mainly by Stone's theorem [29], that this closure is exactly the class BA of *boolean algebras.* BA is an elementary class, defined by a few straightforward equations expressing standard properties of the operations [26, definition 1.23]. So these equations can be used for sound and complete reasoning about unary relations, for example in the way described in [26, chapter 3], or by purely equational reasoning. We have answered our question (∗) very satisfactorily.

We make a couple more remarks. Classes defined by equations are called *varieties,* and BA is consequently a variety. By Birkhoff's theorem [1], a class of similar algebras is a variety iff it is closed under subalgebras, products, and homomorphic images. These notions can be found in [26].

Stone's theorem is relevant later, because it actually shows that every boolean algebra $\mathcal{B}$ embeds into a boolean algebra $\mathcal{B}^\sigma$ called the *canonical extension* of $\mathcal{B}$. It is of the form $(\wp(\mathcal{B}_+), \cup, \cap, -, \emptyset, \mathcal{B}_+)$, where $\mathcal{B}_+$ is the set of ultrafilters of $\mathcal{B}$ (see [26, definition 5.77] for ultrafilters). Clearly, $\mathcal{B}^\sigma \in \mathcal{U}$, and it follows that the closure of $\mathcal{U}$ under subalgebras and isomorphism contains BA. The converse inclusion is easily checked. So BA is closed under taking canonical extensions: if $\mathcal{B} \in$ BA then $\mathcal{B}^\sigma \in$ BA as well. A class of algebras that is closed under canonical extensions is said to be *canonical.* So BA is a canonical variety.

Binary relations

Let us now try to do the same for binary relations. We take the set $\wp(U \times U)$ of all binary relations on the set U, and make it an algebra by adding some sensible operations. There is really quite a wide choice of operations here, but a common one is to add the boolean operations $\cup, \cap, -, \emptyset, U \times U$, which still make sense in this context, plus the following distinctively binary-relational ones:

- $Id_U = \{(u, u) : u \in U\}$ (a distinguished element)

- the converse operation $-^{-1}$, where $a^{-1} = \{(u, v) : (v, u) \in a\}$ for $a \subseteq U \times U$,

- relational composition $|$, where, for $a, b \subseteq U \times U$,
  $$a \mid b = \{(u, v) : (u, w) \in a \text{ and } (w, v) \in b \text{ for some } w \in U\}.$$

We obtain an algebra of binary relations:

$$\mathfrak{Re}(U) = (\wp(U \times U), \cup, \cap, -, \emptyset, U \times U, Id_U, -^{-1}, \mid).$$

Again, a subalgebra of $\mathfrak{Re}(U)$ is a perfectly legitimate algebra of binary relations, consisting of just some of the binary relations on U. But this time, the closure of the class $\{\mathfrak{Re}(U) : U \text{ a set}\}$ under isomorphism and subalgebras is not a variety, because (as is not so hard to see) it is not closed under products. However, we can view a product $\prod_{i \in I} \mathfrak{Re}(U_i)$ as a quite sensible algebra of binary relations on the disjoint union $U = \bigcup_{i \in I} U_i$ of the U_i, by viewing an element $(a_i : i \in I)$ of this product as the binary relation $\bigcup_{i \in I} a_i$ on U. The only price to pay is that the $\subseteq$-largest element of $\prod_{i \in I} \mathfrak{Re}(U_i)$ is not $U \times U$, but rather the equivalence relation $\bigcup_{i \in I}(U_i \times U_i)$ on U, and complement $(-)$ is taken relative to this.

Following Tarski, we choose to pay this price. We close $\{\mathfrak{Re}(U) : U \text{ a set}\}$ under isomorphism, subalgebras, *and also products.* The class we obtain is denoted RRA, standing for *Representable Relation Algebras.* In fact we get the same class by closing first under products and then

210

under subalgebras and isomorphism, so each algebra in RRA is isomorphic to an algebra of genuine binary relations. The price is worth paying because RRA turns out to be a variety [31], so we can in principle apply equational reasoning to it, as we did with boolean algebras. For discussion, see [30].

Before we compare RRA with what we arrived at in the unary case (BA), we should probably explain the term 'representable relation algebras' used here. But first, since the algebras in RRA are not necessarily concrete algebras of binary relations, it's inappropriate to use symbols such as | that have a concrete meaning. So we introduce a special alphabet.[2] For historical reasons, its non-logical symbols are the binary function symbols $+$, $\cdot$, and ;, the unary function symbols $-$ and $\smallsmile$, and the distinguished elements 0, 1, and 1'. The binary function symbols are written in infix form ($a\,;b$, etc.), and $\smallsmile$ is written in the form $\breve{a}$ or $a^{\smallsmile}$, as desired. We pronounce 1', $\smallsmile$, and ; as *identity, converse,* and *composition,* respectively.

Algebras in RRA are taken to be structures for this alphabet. In algebras of the form $\mathfrak{Re}(U)$, the symbols are interpreted as follows:

$+$	as	$\cup$	$\cdot$	as	$\cap$	$-$	as	$-$
0	as	$\emptyset$	1	as	$U \times U$			
$1'$	as	Id_U	$\smallsmile$	as	-1	$;$	as	$\mid$

For example, $(\mathfrak{Re}(U))(+) = \cup$, $(\mathfrak{Re}(U))(1) = U \times U$, and so on — here we follow [26, p. 46] and write $\mathfrak{M}(s)$ for the interpretation of a symbol s in a structure $\mathfrak{M}$. We will sometimes write an arbitrary algebra of this alphabet in the form $\mathcal{A} = (A, +, \cdot, -, 0, 1, 1', \smallsmile, ;)$, abusing notation by identifying (notationally) the function symbols above with their interpretation as functions in the algebra.

We can now explain the term 'representable relation algebra'.

A plain *relation algebra* is an algebra $\mathcal{A} = (A, +, \cdot, -, 0, 1, 1', \smallsmile, ;)$ of the above alphabet that satisfies a certain finite set of equations put forward in [16]. The equations say in effect that the boolean reduct

---

[2]See [26, §2.1.1] for 'alphabet' — the non-logical part of it is sometimes called a signature, similarity type, or vocabulary.

$(A, +, \cdot, -, 0, 1)$ of $\mathcal{A}$ is a boolean algebra, and some other things[3] that we will not need here. Introductory surveys on relation algebras can be found in [24, 25].

A *representation* of a relation algebra $\mathcal{A}$ is an embedding from $\mathcal{A}$ into an algebra of the form $\prod_{i \in I} \mathfrak{Re}(U_i)$. It *represents* each element a of $\mathcal{A}$ as a binary relation $h(a)$ on $\bigcup_{i \in I} U_i$. It is an isomorphism from $\mathcal{A}$ to a genuine algebra of binary relations.

A relation algebra is said to be *representable* if it has a representation. This holds iff the algebra is in RRA as defined above, so justifying the nomenclature.

Now let us compare RRA with BA. The equations from [16] defining relation algebras are chosen to hold in RRA. They are quite powerful and it was hoped for a while that they would in fact *define* RRA, or equivalently, that every relation algebra was representable. This would have put the theory of binary relations on a similar footing to that of unary ones, with relation algebras playing the role of boolean algebras.

The hope turned out to be in vain: Lyndon [21] showed that not every relation algebra is representable. Actually, RRA is quite difficult to capture. Tarski [31] proved it to be a variety by metamathematical means, not by pointing to a known equational axiomatisation of it, as we did with BA. An equational axiomatisation of RRA was given by Lyndon in [22], but it is infinite and complicated. In fact, Monk proved in [28] (corollary 7 below) that RRA is not finitely axiomatisable in first-order logic at all. Numerous facts along these lines are now known. They are often regarded as 'negative' results, but I prefer to think of them as illustrating the richness and elusiveness of RRA. Binary relations are very subtle.

In summary, then, binary relations are more complex than unary ones. The closure under isomorphism and subalgebras of the class $\mathcal{U}$ above is the finitely axiomatisable variety BA. The closure of $\{\mathfrak{Re}(U) : U \text{ a set}\}$ under these operations is not a variety, so we close under products as well. The resulting class, RRA, is a variety, but is dissimilar to BA in other respects: for example, it is not finitely axiomatisable.

---

[3]Namely, $(A, ; , 1')$ is a monoid, and the conditions $a \cdot (b; c) = 0$, $b \cdot (a; \breve{c}) = 0$, and $c \cdot (\breve{b}; a) = 0$ are equivalent for every $a, b, c \in A$.

The class of relation algebras is a finitely axiomatisable variety and is in many ways a better analogue of BA, but infinitely many further axioms are needed to capture RRA.

RRA is barely canonical

In spite of the many 'negative' results about it, RRA does have two striking similarities to BA. First, as we said, it is a variety. Second, it is canonical, under an extended definition of canonical extension due to Jónsson and Tarski [17]. In this immensely influential paper, the canonical extension $\mathcal{A}^\sigma$ of a relation algebra $\mathcal{A}$ (and many other kinds of algebra) was defined abstractly — up to isomorphism — but nowadays it is often given a concrete definition based again on $\wp(\mathcal{A}_+)$, the power set of the set $\mathcal{A}_+$ of ultrafilters of $\mathcal{A}$. The notion of an ultrafilter of $\mathcal{A}$ makes sense because the boolean reduct of $\mathcal{A}$ is a boolean algebra. The non-boolean operations 1', ˘, and ; are defined on $\wp(\mathcal{A}_+)$ in a special way.

Suppose that $\mathcal{A} \in$ RRA. By [18, theorem 4.21], $\mathcal{A}^\sigma$ is a relation algebra, but it is 'made of' unary relations on $\mathcal{A}_+$, not binary ones, and we cannot immediately conclude that $\mathcal{A}^\sigma$ is representable and so in RRA. Nevertheless, it does turn out that $\mathcal{A}^\sigma \in$ RRA. This was proved by Monk and reported in [27, p. 66]; the first published proof is in [23]. It can also be proved by model-theoretic saturation [12, §3.4.4] (see also [7, 9, 8]), illustrating the value of another part of model theory in algebraic logic!

Hence, as we said, RRA is canonical.

At this point, let us interject a quick definition. A first-order sentence φ (for example, an equation) is said to be *canonical* if it is preserved by taking canonical extensions. That is, for any algebra $\mathcal{B}$ of the alphabet of φ and having a canonical extension $\mathcal{B}^\sigma$, if $\mathcal{B} \models \varphi$ then $\mathcal{B}^\sigma \models \varphi$. The study of canonical *equations* is extensive — see, e.g., [17, 5, 15].

Now since RRA is a canonical class, and, being a variety, is defined by equations, one might jump to the conclusion that it can be defined by canonical equations — that it has a *canonical equational axiomatisation*.

That would be most unwise. The true position is strikingly different. Not only does RRA have no canonical equational axiomatisation, but in fact, *every first-order axiomatisation of* RRA *contains infinitely many non-canonical sentences* [14]. This applies to equational axiomatisations as a special case.[4] The canonicity of RRA is elusive: it does not reside in the individual axioms defining RRA, but seems to have a quite different source, and emerges only in the limit when all axioms are taken together. So RRA is only 'barely' canonical, where we call a class *barely canonical* if it is canonical and elementary but every first-order axiomatisation of it involves infinitely many non-canonical sentences. I still find it remarkable that such classes exist.

The original proof in [14] that RRA is barely canonical used, among other things, first-order compactness. In the rest of this section, we will sketch a slightly simpler proof using the method in [2, 3]. The simplification is achieved by replacing the finite combinatorics in [14, propositions 6.4 & 6.6] by even more compactness! We will leave out some details from the presentation, for brevity.

Relation algebras from graphs

The proof uses graphs. According to [26, definition 5.37], a *graph* is a structure $\mathfrak{G} = (G, E)$, where E is an irreflexive and symmetric binary 'edge' relation on G. We will need the notion of an *independent subset of* $\mathfrak{G}$, which is a set $X \subseteq G$ such that for no $x, y \in X$ do we have $\mathfrak{G} \models E(x, y)$. In plain words, there are no edges in X.

Fix a graph $\mathfrak{G} = (G, E)$. We will write $G \times 3$ for the set $G \times \{0, 1, 2\}$, and $\mathfrak{G} \times 3$ for the graph $(G \times 3, E')$, where for $a, b \in G$ and $i, j \in \{0, 1, 2\}$ we define $E'((a, i), (b, j))$ iff $E(a, b)$ or $i \neq j$. In simple words, $\mathfrak{G} \times 3$ consists of three disjoint copies of $\mathfrak{G}$, with all possible edges added between the copies.

It is possible to construct a certain relation algebra on top of $\mathfrak{G} \times 3$. This algebra was introduced in joint work with Robin Hirsch [13, §4] and has the form

$$\mathcal{A}(\mathfrak{G}) = \big(\wp((G \times 3) \cup \{e\}), +, \cdot, -, 0, 1, 1', \breve{}, ;\big).$$

Here, e is a new 'identity' element not in $G \times 3$. The boolean operations

---

[4]A harbinger of this result, that RRA has no Sahlqvist axiomatisation, is in [32].

$+, \cdot, -, 0$, and 1 are interpreted as usual in power sets; we interpret 1'
as $\{e\}$; and we set $\breve{a} = a$ for all a.

The interpretation of ; in $\mathcal{A}(\mathfrak{G})$ takes a little longer to describe, but
the reader may like to see it because it is where the graph structure of
$\mathfrak{G} \times 3$ comes in. Let us say that a triple (x, y, z) of elements of $(G \times 3) \cup \{e\}$
is *consistent* if

- one of x, y, z is e and the other two are equal, or

- $e \notin \{x, y, z\}$ and $\{x, y, z\}$ is *not* an independent subset of $\mathfrak{G} \times 3$.

Then, for $X, Y \subseteq (G \times 3) \cup \{e\}$, we define

$$X ; Y = \{z \in (G \times 3) \cup \{e\} : (x, y, z) \text{ is consistent for some } x \in X, \ y \in Y\}.$$

This definition has the following useful consequence:

Lemma 1 *Let $X \subseteq G \times 3$. Then X is an independent subset of $\mathfrak{G} \times 3$
iff $(X ; X) \cdot X = 0$ in $\mathcal{A}(\mathfrak{G})$.*

Proof. We use that $e \notin X$ without explicit mention.

If X is not independent, pick $x, y \in X$ with $\mathfrak{G} \times 3 \models E'(x, y)$. As
$\{x, y\}$ is not independent, (x, y, y) is consistent, so $y \in X ; X$. Hence,
$(X ; X) \cdot X \neq 0$.

Conversely, if $(X ; X) \cdot X \neq 0$, pick $z \in (X ; X) \cap X$. By definition
of ;, there are $x, y \in X$ such that (x, y, z) is consistent. So $\{x, y, z\}$ is
not an independent subset of $\mathfrak{G} \times 3$. So X cannot be independent, either,
since $\{x, y, z\} \subseteq X$. $\qquad \square$

It turns out that $\mathcal{A}(\mathfrak{G})$ is indeed a relation algebra [14, lemma 6.2].
The number 3 and the extra edges added between the three copies of $\mathfrak{G}$
are to ensure that ; is associative and to establish (†) below.

Graph colourings seen in $\mathcal{A}(\mathfrak{G})$

For a positive integer m, we say that that $\mathfrak{G}$ *can be coloured with m
colours* if G is the union of m (possibly empty) independent sets. This
is equivalent to the standard definition, as in [26, definition 5.38]. We
say that $\mathfrak{G}$ *can be finitely coloured* if it can be coloured with m colours
for some finite m.

We are going to see (in lemma 3) that colourings of $\mathfrak{G}$ are visible in $\mathcal{A}(\mathfrak{G})$. First, we need some definitions. The sets $G \times \{l\}$ (the domains of our three copies of $\mathfrak{G}$) are of course in $\mathcal{A}(\mathfrak{G})$, for each $l = 0, 1, 2$, and it is convenient to consider them as additional distinguished elements b_l of $\mathcal{A}(\mathfrak{G})$, thereby expanding the alphabet of relation algebras a little. We have, for example, $\mathcal{A}(\mathfrak{G}) \models b_0 + b_1 + b_2 + 1' = 1$.

Definition 2 *Using this expanded alphabet, we define the following.*

1. *For each integer $m \geq 1$ and $l = 0, 1, 2$, define the following universal first-order sentence:*

$$\theta_m^l = \forall x_1, \ldots, x_m \Big((x_1 + \cdots + x_m = b_l) \to \bigvee_{i=1}^{m} [(x_i \,;\, x_i) \cdot x_i \neq 0] \Big).$$

   Here, $x_1 + \cdots + x_m$ is defined as $((\cdots (x_1 + x_2) + x_3) + \cdots) + x_m$, but actually we will use it only when $+$ is associative.

2. *We will write θ_m^0 simply as θ_m.*

3. *Let Θ be the universal first-order theory $\{\theta_m : m \geq 1\}$.*

Lemma 3   1. *Let $m \geq 1$ and $0 \leq l \leq 2$. Then $\mathcal{A}(\mathfrak{G}) \models \theta_m^l$ iff $\mathfrak{G}$ cannot be coloured with m colours.*

2. *$\mathcal{A}(\mathfrak{G}) \models \Theta$ iff $\mathfrak{G}$ cannot be finitely coloured.*

Proof. First, $\mathfrak{G}$ is plainly isomorphic to the induced subgraph of $\mathfrak{G} \times 3$ with domain $G \times \{l\}$ — one of our three copies of $\mathfrak{G}$. The isomorphism is $(x \mapsto (x, l))$. So $\mathfrak{G}$ can be coloured with m colours iff this subgraph can be. By lemma 1, the latter holds iff there are $X_1, \ldots, X_m$ in $\mathcal{A}(\mathfrak{G})$ with $X_1 + \cdots + X_m = b_l$ and $(X_i \,;\, X_i) \cdot X_i = 0$ for each $i = 1, \ldots, m$. This is plainly iff $\mathcal{A}(\mathfrak{G}) \models \neg\theta_m^l$. That proves (1), and (2) follows from (1) and the definition of Θ. $\square$

Graph colourings and representability of $\mathcal{A}(\mathfrak{G})$

Colourings of $\mathfrak{G}$ are relevant because they are connected to representability of $\mathcal{A}(\mathfrak{G})$. We have:

(†) $\mathfrak{G}$ cannot be finitely coloured iff $\mathcal{A}(\mathfrak{G})$ is infinite and representable.

For the '$\Rightarrow$' direction, if $\mathfrak{G}$ cannot be finitely coloured then obviously $\mathfrak{G}$ and hence $\mathcal{A}(\mathfrak{G})$ are infinite; representability of $\mathcal{A}(\mathfrak{G})$ can be proved by actually building a representation of it, for example using games. The '$\Leftarrow$' direction can be proved using lemma 1 and Ramsey's theorem. For details, see [12, theorems 14.12–14.13].

Those who see representability as 'good' and non-finite colourability as 'bad' may find (†) surprising, but it is not really counter-intuitive. Representability is defined by universal sentences (since RRA is a variety); and by lemma 3, $\mathfrak{G}$ cannot be finitely coloured iff $\mathcal{A}(\mathfrak{G}) \models \Theta$, and Θ also consists of universal sentences. On both sides, the sentences express the absence of certain (bad or good) elements in the algebra.

Extending (†) to an elementary class of algebras

The algebras $\mathcal{A}(\mathfrak{G})$ do not form an elementary class. To see this, we could observe that no algebra $\mathcal{A}(\mathfrak{G})$ is countably infinite (because all power sets are finite or uncountable), whereas by the downward Löwenheim–Skolem theorem, every elementary class with countable alphabet and containing infinite structures must contain some countably infinite ones.

To apply compactness, we need to extend (†) above to an elementary class of relation algebras.

Definition 4 *Let U be the first-order theory comprising:*

1. *the $\forall$-theory of the class $\{\mathcal{A}(\mathfrak{G}) : \mathfrak{G}$ a graph$\}$ — that is, the set of all universal sentences of our expanded alphabet that are true in every algebra $\mathcal{A}(\mathfrak{G})$,*

2. *all sentences $\theta_m^l \rightarrow \theta_{m'}^{l'}$, for $1 \leq m' \leq m$ and $0 \leq l, l' \leq 2$ (see definition 2).*

Each sentence in definition 4(2) is equivalent to an $\forall\exists$ sentence, so overall we can take U to be an $\forall\exists$ theory.

Our desired elementary class will be the class of models of U.[5] We will need that this class does indeed include all algebras $\mathcal{A}(\mathfrak{G})$:

---

[5]Actually, these models are not too different from the $\mathcal{A}(\mathfrak{G})$. Up to isomorphism, they are the subalgebras of algebras $\mathcal{A}(\mathfrak{G})$ that satisfy the sentences of definition 4(2).

Lemma 5 $\mathcal{A}(\mathfrak{G}) \models U$ *for every graph* $\mathfrak{G}$.

Proof. The sentences of definition 4(1) are obviously true in $\mathcal{A}(\mathfrak{G})$. So consider an arbitrary sentence $\theta_m^l \to \theta_{m'}^{l'}$ as in definition 4(2), and suppose that $\mathcal{A}(\mathfrak{G}) \models \theta_m^l$. By lemma 3, $\mathfrak{G}$ cannot be coloured with m colours. But $m' \leq m$, so $\mathfrak{G}$ cannot be coloured with m' colours either. By lemma 3 again, $\mathcal{A}(\mathfrak{G}) \models \theta_{m'}^{l'}$. We conclude that $\mathcal{A}(\mathfrak{G}) \models \theta_m^l \to \theta_{m'}^{l'}$. Hence, $\mathcal{A}(\mathfrak{G}) \models U$ as required. □

Using lemma 3 and methods in [3, theorems 7.3 & 7.8], (†) can be extended to models of U. For every $\mathcal{A} \models U$, we have:

U1. $\mathcal{A}$ is a relation algebra (because the equations defining relation algebras are universal sentences true in every $\mathcal{A}(\mathfrak{G})$, and so are in U),

U2. if $\mathcal{A} \models \Theta$ then $\mathcal{A}$ is representable (and infinite, but we will not need this),

U3. if $\mathcal{A}$ is infinite and representable, then $\mathcal{A} \models \Theta$.

U1 ensures that U2 and U3 make sense, and they are proved in much the same way as (†), because the main facts needed to prove (†) are included in U.

Sketch proof that RRA is barely canonical

Now we can present our main theorem. Its statement may seem unrelated to compactness, but the proof uses compactness heavily.

Theorem 6 *Every first-order axiomatisation of* RRA *has infinitely many non-canonical sentences.*

Proof (sketch). Let Θ and U be as in definitions 2 and 4, and let Φ be a first-order theory stating that its models are infinite (see [26, example 5.5]). Suppose for contradiction that RRA is defined by a first-order theory

$$T = T_C \cup T_{NC},$$

where T_C is a set of canonical sentences and T_{NC} is finite. We do not require that T consists of equations. We now have the following facts:

F1. $U \cup \Theta \models T$ (by U2)

F2. $U \cup \Phi \cup T \models \Theta$ (by U3)

F3. $U \cup \{\theta_n\} \models \{\theta_1, \ldots, \theta_n\}$ for each $n \geq 1$ (since $\theta_n \to \theta_m \in U$ whenever $m \leq n$).

From them, we can make the following successive deductions:

D1. By F1, F3, and compactness, there is $l \geq 1$ such that $U \cup \{\theta_l\} \models T_{NC}$.

D2. By F2 and compactness, there is a finite subset $S \subseteq T_C$ such that $U \cup \Phi \cup S \cup T_{NC} \models \theta_{l+1}$.

D3. By F1, F3, and compactness, there is $k \geq l$ with $U \cup \{\theta_k\} \models S$.

Now an adaptation given in [14, lemma 4.1] of a famous probabilistic graph construction by Erdős [6] yields an inverse system

$$\mathfrak{G}_0 \leftarrow \mathfrak{G}_1 \leftarrow \mathfrak{G}_2 \leftarrow \cdots$$

of finite graphs $\mathfrak{G}_n$ that cannot be coloured with k colours, and surjective p-morphisms[6] connecting them, whose inverse limit is an infinite graph $\mathfrak{G}$ (say) that can be coloured with $l + 1$ but not with l colours.[7]

From this inverse system, duality results of Goldblatt [10, §§1.10–1.11] give us a direct system

$$\mathcal{A}(\mathfrak{G}_0) \to \mathcal{A}(\mathfrak{G}_1) \to \mathcal{A}(\mathfrak{G}_2) \to \cdots$$

of finite relation algebras and embeddings, whose direct limit $\mathcal{A}$ (say) wonderfully satisfies

$$\mathcal{A}^\sigma \cong \mathcal{A}(\mathfrak{G}). \tag{1}$$

Here, $\cong$ denotes isomorphism of algebras. See [14, §6.4] for details.

Let's see what we can get from this. Since the $\mathfrak{G}_n$ cannot be coloured with k colours, lemmas 5 and 3 give $\mathcal{A}(\mathfrak{G}_n) \models U \cup \{\theta_k\}$ for each n. This

---

[6]These are like homomorphisms but a bit stronger: see, e.g., [4, p. 30].

[7]This is the 'combinatorial heart' of the proof, but unfortunately we cannot say more about it here. A proof can also be developed from [11]. For direct and inverse systems and their limits, see [10, §1.11] or standard algebra texts.

theory is ∀∃, so preserved by direct limits (well known and an easy exercise). Hence, $\mathcal{A} \models U \cup \{\theta_k\}$ as well. By D3, we obtain $\mathcal{A} \models S$.

Crucially, the sentences in S are canonical, so $\mathcal{A}^\sigma \models S$. By (1), we obtain $\mathcal{A}(\mathfrak{G}) \models S$.

Now $\mathfrak{G}$ cannot be coloured with l colours, so by lemmas 5 and 3 again, $\mathcal{A}(\mathfrak{G}) \models U \cup \{\theta_l\}$. So by D1, $\mathcal{A}(\mathfrak{G}) \models T_{NC}$. Also, $\mathfrak{G}$ is infinite, so $\mathcal{A}(\mathfrak{G}) \models \Phi$. We have arrived at $\mathcal{A}(\mathfrak{G}) \models U \cup \Phi \cup S \cup T_{NC}$. Now, D2 yields $\mathcal{A}(\mathfrak{G}) \models \theta_{l+1}$, which contradicts lemma 3 since $\mathfrak{G}$ *can* be coloured with $l+1$ colours. This contradiction shows that our assumption is false, and that RRA cannot be defined by a first-order theory containing only finitely many non-canonical sentences. □

Although the proof goes by contradiction, for any given k, l the relation algebras $\mathcal{A}(\mathfrak{G}_n)$, $\mathcal{A}$, and $\mathcal{A}(\mathfrak{G})$ are real, and strikingly, it can be arranged that none of them are representable.

The following is immediate.

Corollary 7 (Monk, [28]) RRA *is not finitely axiomatisable in first-order logic.*

In [2, 3], analogous results were proved for other kinds of algebras of n-dimensional relations for $n \geq 3$, including cylindric algebras, diagonal-free cylindric algebras, polyadic algebras, and polyadic equality algebras. The proofs are similar to the above, but more technical because of the intricacies of higher-arity relations.

One final, 'political' comment. I have been accused of dancing on Tarski's grave by proving (with co-authors) things like theorem 6. In fact, this theorem is charting the limits of the very popular concept of canonicity, and RRA is an excellent tool for that. Moreover, the ideas have spread: bare canonicity plays a role in the very striking dichotomy for modal logics developed by Kikot and Zolin [19, 20]. In [19, p. 1066], Kikot remarks that 'what was thought pathological [bare canonicity] can now be seen to be the norm'.

Acknowledgements

I would like to finish by recording my debt and gratitude to the co-authors Jannis Bulian and Yde Venema of the work I have described;

to Rob Goldblatt, for a very valuable remark on the text; to Antonia, for preparing this volume; and lastly to Mara, most especially for her forbearance with me when I was younger. I wish her a delightfully happy and peaceful retirement.

References

[1] Birkhoff, Garrett [1935]. "On the structure of abstract algebras". *Proc. Cambr. Philos. Soc.* 31: 433–454.

[2] Bulian, Jannis [2011]. *Exploring canonical axiomatisations of representable cylindric algebras.* Final-year individual project report, Department of Computing, Imperial College London.

[3] Bulian, Jannis and Ian Hodkinson [2013]. "Bare canonicity of representable cylindric and polyadic algebras". *Ann. Pure. Appl. Logic,* 164: 884–906.

[4] Chagrov, Alexander and Michael Zakharyaschev [1997]. *Modal logic,* Oxford Logic Guides, vol. 35, Oxford: Clarendon Press.

[5] de Rijke, Maarten and Yde Venema [1995]. "Sahlqvist's theorem for boolean algebras with operators". *Studia Logica,* 54: 61–78.

[6] Erdős, Paul [1959]. "Graph theory and probability". *Canad. J. Math.,* 11: 34–38.

[7] Fine, Kit [1975]. "Some connections between elementary and modal logic". *Proc. 3rd Scandinavian logic symposium,* Uppsala, 1973 (S. Kanger, ed.), Amsterdam: North Holland, 15–31.

[8] Gehrke, Mai, Harding, John and Venema, Yde [2006] "MacNeille completions and canonical extensions". *Trans. Amer. Math. Soc.,* 358: 573–590.

[9] Goldblatt, Robert [1989]. "Varieties of complex algebras", *Ann. Pure. Appl. Logic,* 44: 173–242.

[10] Goldblatt, Robert [1993]. "Mathematics of modality", *Lecture notes,* vol. 43, Stanford, CA: CSLI Publications.

[11] Hell, Pavol and Jaroslav Nešetřil [1992]. "The core of a graph", *Discrete Mathematics*, 109: 117–126.

[12] Hirsch, Robin and Ian Hodkinson [2002]. "Relation algebras by games", *Studies in Logic and the Foundations of Mathematics*, vol. 147. Amsterdam: North-Holland.

[13] Hirsch, Robin and Ian Hodkinson [2002]. "Strongly representable atom structures of relation algebras", *Proc. Amer. Math. Soc.*, 130:1819–1831.

[14] Hodkinson, Ian and Yde Venema [2005]. "Canonical varieties with no canonical axiomatisation", *Trans. Amer. Math. Soc.*, 357: 4579–4605.

[15] Jónsson, Bjarni [1994]. "On the canonicity of Sahlqvist identities", *Studia Logica*, 53: 473–491.

[16] Jónsson, Bjarni and Alfred Tarski [1948]. "Representation problems for relation algebras", *Bull. Amer. Math. Soc.*, 54(1): 80, 1192.

[17] Jónsson, Bjarni and Alfred Tarski [1951]. "Boolean algebras with operators I", *American Journal of Mathematics*, 73:891–939.

[18] Jónsson, Bjarni and Alfred Tarski [1952]. "Boolean algebras with operators II", *American Journal of Mathematics*, 74: 127–162.

[19] Kikot, Stanislav [2015]. "A dichotomy for some elementary generated modal logics", *Studia Logica*, 103: 1063–1093.

[20] Kikot, Stanislav and Evgeny Zolin [2013]. "Modal definability of first-order formulas with free variables and query answering", *Journal of Applied Logic*, 11: 190–216.

[21] Lyndon, Roger [1950]. "The representation of relational algebras", *Annals of Mathematics*, 51:707–729.

[22] Lyndon, Roger [1956]. "The representation of relation algebras, II", *Annals of Mathematics*, 63: 294–307.

222

[23] Maddux, Roger D. [1983]. "A sequent calculus for relation algebras", *Ann. Pure. Appl. Logic*, 25: 73–101.

[24] Maddux, Roger D. [1991]. "Introductory course on relation algebras, finite-dimensional cylindric algebras, and their interconnections", *Algebraic logic* (Amsterdam) Hajnal Andréka, J. Donald Monk, and István Németi (Eds.), *Colloq. Math. Soc. J. Bolyai*, 54. North-Holland, 361–392.

[25] Maddux, Roger D. [2018]. "Subcompletions of representable relation algebras", *Algebra Universalis*, 79: 20.

[26] Manzano, María [1999]. *Model theory*, Oxford Logic Guides, vol. 37, Oxford: Clarendon Press.

[27] McKenzie, Ralph [1966]. *The representation of relation algebras*, Ph.D. thesis. University of Colorado at Boulder.

[28] Monk, J. Donald [1964]. "On representable relation algebras", *Michigan Mathematics Journal*, 11: 207–210.

[29] Stone, Marshall H. [1936]. "The theory of representations for boolean algebras", *Trans. Amer. Math. Soc.*, 40:37–111.

[30] Tarski, Alfred [1941] "On the calculus of relations", *J. Symbolic Logic*, 6: 73–89.

[31] Tarski, Alfred [1955]."Contributions to the theory of models, III", *Koninkl. Nederl. Akad. Wetensch Proc.*, 58 (= *Indag. Math.* 17), 56–64.

[32] Venema, Yde [1997]. "Atom structures and Sahlqvist equations". *Algebra Universalis*, 38: 185–199.

Lógicas en el país de las maravillas

Antonia Huertas

Universitat Oberta de Catalunya, Universitat Autònoma de Barcelona,
Universitat de Barcelona

> Para una lógica en el país de las maravillas.
> Never lose your "muchness", Mara.

ABSTRACT

With a structure of fiction, with beginning, middle and end, the protagonists of this story are logics that have shaped my story in common with María Manzano. From the beginning with a partial logic fruit of my PhD thesis, through the plot knot of its extension adding the machinery of hybrid logic, with which we have worked together recently, to end with a proposal for a new logical extension, because in this story there can be no end.

Inicio - Begining

El principio de todo fue la paradoja de Russel explicada por el profesor de matemáticas de COU, el último año de educación secundaria antes de la última gran reforma del sistema educativo realizada en España.

224

La carrera de Matemáticas en la Universidad de Barcelona me llevaría a la especialización en Lógica Matemática y, después, al doctorado en el programa del mismo nombre, que era ofrecido por las facultades de Matemáticas y de Filosofía. Allí conocí a María Manzano, y con ella entré definitivamente en el pasís de las maravillas de la Lógica: fue mi directora de tesis doctoral. Una tesis sobre la Lógica Modal de Predicados. Y ahí comienza esta historia, con la Partial Logic[1] creada en esa tesis [2].

* * *

The beginning of everything was the Russel's paradox explained by the COU math teacher. COU was the last year of secondary education before the last major reform of the education system in Spain. The Mathematics degree at the University of Barcelona would lead me to the specialization in Mathematical Logic and, later, to the doctorate studies in the program of the same name, which was offered by the Mathematics and Philosophy faculties. There I met María Manzano, and with her I definitely entered the Logic Wonderland: she was my PhD thesis director. A thesis about Predicate Modal Logic. And there begins this story, with the Partial Logic PL created in that thesis [2].

Partial Logic PL

PL was motivated by Predicate Modal Logic. In [2] was shown that the partiality in predicate modal logic came from the most important question about this logic: what is the truth-value to assign to formulas which interpretation involves objects that don't exist in the domain of the given world? The most successful answer has been that of Hughes & Cresswell [1] and its *truth-value gaps*, where no truth-value(true or false) is assigned to these troubled formulas. But many modal formulas are then out of reach of the semantics. To avoid this other problem, the lack of truth-value can be a third truth-value itself.

Basically, PL is a predicate logic which capture the *truth-value gaps* in Predicate Modal Logic, it is a three-valued logic. We deal with the

---

[1]La tesis doctoral se escribió en inglés como es habitual en el ámbito de la lógica matemática. Por lo mismo, las secciones sobre lógica de este artículo son en inglés. Es también un tributo a ese componente "tiránico" de la investigación en lógica.

classical true T and false F truth-values and the null truth-value N corresponding to the truth-value gaps.

Syntax

We consider the usual connectives $\neg$ (*negation*) and $\vee$ (*disjunction*); and the new connectives V (*verification*), ξ (*difalsification*) and Δ (*definition*). The *truth function* assigning a truth-table to each connective, is as follows.

α	$\neg\alpha$	$V\alpha$	$\xi\alpha$	$\Delta\alpha$
T	F	T	T	T
F	T	F	N	T
N	N	F	T	F

$\alpha \vee \beta$	β		
α	T	F	N
T	T	F	N
F	F	F	N
N	N	N	N

Besides, $\alpha \wedge \beta$ and $\alpha \rightarrow \beta$ are defined as in classical logic. But $\{\neg, \vee\}$ is not a *functionally complete* set of connectives for $\{T, F, N\}$. However $\{\neg, \vee, V, \xi\}$ yes it is [2].

A *PL language* is a set of formal symbols composed by:
— *The alphabet* formed by the set $\{\neg, \vee, V, \xi\}$ and the three sets of *operation symbols*, *predicate symbols* and *individual variables*.
— *The expressions* formed by *terms* (variables and expressions $f\tau_1...\tau_m$, where f is a m-place operation symbol and $\tau_1, ..., \tau_m$ are terms), and *formulas* (expressions $P\tau_1...\tau_n$, where P is a n-place predicate symbol and $\tau_1, ..., \tau_n$ are terms, and expressions $\exists x\varphi$ where φ is a formula and x is a variable).

Semantics

A *PL structure* is a tuple $\mathcal{M} = \langle D, I \rangle$. Here D is a non-empty set (*domain of individuals*) and I is a function that assigns to each $n + 1$-operation symbol a function from D^n into $D \cup \{*\}^2$, $* \notin D$, to each

---

[2]Here, $*$ try to represent the idea of having elements that remain outside the domain of individuals of a world in modal logic. *PL* is not a modal logic and we don't have Kripke semantics, so we need some other way to identify an element outside the

connective its truth function and to each n-predicate symbol a subset of D^n.

An *assignment* over a structure $\mathcal{M}$ is a function g assigning an element of D to a variable, and then, an *interpretation* over a structure $\mathcal{M}$ is an ordered pair $\mathcal{I} = \langle \mathcal{M}, g \rangle$. We will note $(\mathcal{I})_x^a = \langle \mathcal{M}, g_x^a \rangle$, with the usual meaning, so g_x^a is like g except for that it assigns $a \in D$ to the variable x.

Finally, we define the *interpretation of an expression* inductively:

$$\mathcal{I}(x) = g(x)$$

$$\mathcal{I}(f\tau_1...\tau_m) = I(f)(\mathcal{I}(\tau_1), ..., \mathcal{I}(\tau_m)) \begin{cases} \in D \text{ iff } \mathcal{I}(\tau_1), ..., \mathcal{I}(\tau_m) \in D \\ = * \text{ iff there is a } \mathcal{I}(\tau_k) = * \end{cases}$$

$$\mathcal{I}(P\tau_1...\tau_n) = \begin{cases} T \text{ iff } (\mathcal{I}(\tau_1), ..., \mathcal{I}(\tau_n)) \in I(P) \\ F \text{ iff } (\mathcal{I}(\tau_1), ..., \mathcal{I}(\tau_n)) \notin I(P), \text{every } \mathcal{I}(\tau_i) \in D_w \\ N \text{ iff there is some } \mathcal{I}(\tau_k) = * \end{cases}$$

$\mathcal{I}(\neg\varphi)$, $\mathcal{I}(\varphi \vee \psi)$, $\mathcal{I}(V\varphi)$ and $\mathcal{I}(\xi\varphi)$ according to their truth tables.

$$\mathcal{I}(\exists x\varphi) = \begin{cases} T \text{ iff } \{a \in D/(\mathcal{I})_x^a(\varphi) = T\} \neq \emptyset \\ F \text{ iff } \{a \in D/(\mathcal{I})_x^a(\varphi) = F\} = D \\ N, \text{ otherwise} \end{cases}$$

PL capture important classical properties but it is not a classical logic: be true is not equivalent to not be false, and then, we have different possibilities to define *models and the satisfaction relation*:

- $\mathcal{I}$ is a *strong model* of a formula φ iff $\mathcal{I}(\varphi) = T$ ($\mathcal{I} \vDash_s \varphi$).
- $\mathcal{I}$ is a *weak model* of a formula φ iff $\mathcal{I}(\varphi) \neq F$ ($\mathcal{I} \vDash_k \varphi$).

Thus, we have different possibilities for the satisfaction relation:

φ is *x-satisfiable* ($x \in s, k$) iff there is an interpretation $\mathcal{I}$ such that

---

domain. On the other hand, the symbol of the undefined ($*$) has a relevant role in the last article that various authors are currently writing with María Manzano, and that we hope to publish soon, and put it here is a small tribute to this last work together.

$\mathcal{I}$ is an x-*model* of φ ($\mathcal{I} \vDash_x \varphi$).

And, then, also we have different possibilities for defining a logical consequence relation between a set of formulas Γ and a formula φ:

- $\Gamma \vDash_{ss} \varphi$ iff for every interpretation $\mathcal{I}$, if $\mathcal{I} \vDash_s \varphi$ then $\mathcal{I} \vDash_s \varphi$.
- $\Gamma \vDash_{sk} \varphi$ iff for every interpretation $\mathcal{I}$, if $\mathcal{I} \vDash_s \varphi$ then $\mathcal{I} \vDash_k \varphi$.
- $\Gamma \vDash_{ks} \varphi$ iff for every interpretation $\mathcal{I}$, if $\mathcal{I} \vDash_k \varphi$ then $\mathcal{I} \vDash_s \varphi$.
- $\Gamma \vDash_{kk} \varphi$ iff for every interpretation $\mathcal{I}$, if $\mathcal{I} \vDash_k \varphi$ then $\mathcal{I} \vDash_k \varphi$.

Furthermore, a comparative study of the different logical consequences (ss, sk, ks, kk) give us the following results [2]:

Logical consequence vs. satisfaction relation:

- $\Gamma \vDash_{sk} \varphi$ iff $\Gamma \cup \{\neg\varphi\}$ is NOT s-satisfiable
- $\Gamma \vDash_{ss} \varphi$ iff $\Gamma \cup \{\xi(\neg\varphi)\}$ is NOT s-satisfiable
- $\Gamma \vDash_{ks} \varphi$ iff $\xi\Gamma \cup \{\xi(\neg\varphi)\}$ is NOT s-satisfiable ($\xi\Gamma = \{\xi\gamma/\gamma \in \Gamma\}$)
- $\Gamma \vDash_{ks} \varphi$ iff $\Gamma \cup \{\neg\varphi\}$ is NOT k-satisfiable
- $\Gamma \vDash_{kk} \varphi$ iff $\Gamma \cup \{V(\neg\varphi)\}$ is NOT k-satisfiable
- $\Gamma \vDash_{sk} \varphi$ iff $V\Gamma \cup \{V(\neg\varphi)\}$ is NOT k-satisfiable($V\Gamma = \{V\gamma/\gamma \in \Gamma\}$)

Logical consequences hierarchy:

$$\Gamma \vDash_{ks} \varphi \Longrightarrow \left\{ \begin{array}{c} \Gamma \vDash_{ss} \varphi \\ \Gamma \vDash_{kk} \varphi \end{array} \right\} \Longrightarrow \Gamma \vDash_{sk} \varphi$$

Logical consequences equivalences:

$$V\Gamma \vDash_{ks} \xi\varphi \Longleftrightarrow \left\{ \begin{array}{c} \Gamma \vDash_{ss} \xi\varphi \\ V\Gamma \vDash_{kk} \varphi \end{array} \right\} \Longleftrightarrow \Gamma \vDash_{sk} \varphi$$

Which one to take? In [2] we discuss it and finally took $\vDash_{sk}$ and strong satisfiability, but here, after extending the logic studied then there, new discussion will be offered in the next section.

Nudo - Midle

Después de mi inicio en el mundo de la investigación en lógica, pude seguir en él gracias, sobre todo, a María Manzano. Su empeño y los diferentes proyectos financiados que ella dirigió como profesora titular de la Universidad de Barcelona ,primero, y como catedrática de la Universidad de Salamanca, después; y en los que yo participé como profesora aso-ciada de Matemáticas de la Universidad Autónoma de Barcelona, primero, y como profesora agregada de Informática de la Universidad Abierta de Cataluña, después, me permitieron seguir en el país de las maravillas de la investigación en lógica. Así pude seguir trabajando con María Manzano y conocí a otros lógicos con los que he compartido camino y de los que también he aprendido mucho. Hay muchos, pero en este nudo argumental de esta historia quiero mencionar especialmente a Johan van Benthem, que tanto me inspiró con su obra, especialmente con su libro [9] en mis inicios, y a Patrick Blackburn, Manuel Martins y Carlos Areces, con quienes hemos trabajado en los últimos años en el no menos maravilloso mundo de la Lógica Híbrida: pronto sabremos de ella y de su mágico poder.

* * *

After the beginning in the world of logic research, I was able to follow in it thanks, above all, to María Manzano. Her efforts and the different funded projects she directed and in which I participated allowed me to continue in the wonderland of logic research. María Manzano was senior lecturer at the University of Barcelona, first, and professor at the University of Salamanca, later; and I participated as an associate lecturer of Mathematics at the Autonomous University of Barcelona first and as an senior lecturer of Informatics at the Open University of Catalonia, later. So I could continue working with María Manzano and also I met other logicians with whom I shared the road and from whom I also learned a lot. There are many, but in the "middle" of this story I especially want to mention Johan van Benthem, who inspired me so much with his work, in particular with his book [9] in my beginnings, and Patrick Blackburn, Manuel Martins and Carlos Areces. We have worked with them in recent years in the no less wonderland of Hybrid Logic: we will soon know about it and its magic power.

Partial Hybrid Logic

Following the initial motivation in [2], we will extend PL to get an alternative of Predicate Modal Logic where the truth value gaps problem is solved. We will do in a updated way, by using the hybrid machinery (see [5]). In the next, we present *Patial Hybrid Logic (PHL)* .

A *PHL language* is a PL language to which is added a set of nominals (i) and the set of operators $\{@, \mathsf{E}, \diamond\}$ to its alphabet; and the formulas $@_i\varphi$, $\mathsf{E}(\tau)$ and $\diamond\varphi$.

A *PHL structure* is a tuple $\mathcal{M} = \langle W, R, D, Q, I \rangle$. Here W is a non-empty set (of *worlds*), R is a binary relation on W (the *accessibility relation*), D is a non-empty set (of *individuals*) and Q is a function assigning a non-empty set $D_w \subseteq D$ to every world $w \in W$ (the *domain of individuals of the world w*), and I is a function that assigns to each $n+1$-operation symbol a function[3] from D^n into D, to each connective its truth function and to each n-predicate symbol a subset of D^n. A *PHL assignment* over a structure $\mathcal{M}$ is a function g that assigns a unique individual to a variable and a unique world to a nominal. An *interpretation* over a structure $\mathcal{M}$ at a world $w \in W$ is a triple $\mathcal{I}_w = \langle \mathcal{M}, g, w \rangle$. We define the *interpretation of an expression ε at a world w*, noted $\mathcal{I}_w(\varepsilon)$, by extending the corresponding definition in PL:

$\mathcal{I}_w(x) = g(x)$

$\mathcal{I}_w(f\tau_1...\tau_m) = I(f)(\mathcal{I}_w(\tau_1), ..., \mathcal{I}_w(\tau_m))$ [4]

$$\mathcal{I}_w(P\tau_1...\tau_n) = \begin{cases} T \text{ iff } (\mathcal{I}(\tau_1), ..., \mathcal{I}(\tau_n)) \in I(P) \\ F \text{ iff } (\mathcal{I}(\tau_1), ..., \mathcal{I}(\tau_n)) \notin I(P), \text{every } \mathcal{I}(\tau_i) \in D_w \\ N \text{ iff there is some } \mathcal{I}(\tau_k) \notin D_w \end{cases}$$

---

[3]Note that now we are not needing the symbol $*$ for the undefined elements, this is so because we will have the truth-value gaps instead.

[4]It always belongs to D, but it can be or not be an element of D_w, which will be a crucial fact in relation with the truth-value gaps.

$$\mathcal{I}_w(i) = \begin{cases} T \text{ iff } w = g(i) \\ F \text{ iff } w \neq g(i) \end{cases}$$

$\mathcal{I}(\neg\varphi)$, $\mathcal{I}(\varphi \vee \psi)$, $\mathcal{I}(V\varphi)$ and $\mathcal{I}(\xi\varphi)$ according to their truth tables.

$$\mathcal{I}_w(\exists x\varphi) = \begin{cases} T \text{ iff } \{a \in D_w/(\mathcal{I}_w)_x^a(\varphi) = T\} \neq \emptyset \\ F \text{ iff } \{a \in D_w/(\mathcal{I}_w)_x^a(\varphi) = F\} = D_w \\ N, \text{ otherwise} \end{cases}$$

$$\mathcal{I}_w(\Diamond\varphi) = \begin{cases} T \text{ iff } \{v \in W \mathbin{/} wRv, \mathcal{I}_v(\varphi) = T\} \neq \emptyset \\ F \text{ iff } \{v \in W \mathbin{/} wRv, \mathcal{I}_v(\varphi) = F\} = W \\ N, \text{ otherwise} \end{cases}$$

$\mathcal{I}_w(@_i\varphi) = \mathcal{I}_v(\varphi)$, where $v = g(i)$

$$\mathcal{I}_w\mathsf{E}(\tau) = \begin{cases} T \text{ iff } \mathcal{I}_w(\tau) \in D_w \\ F \text{ iff } \mathcal{I}_w(\tau) \notin D_w \end{cases}$$

Now, the value N is the truth-value to assign to formulas which interpretation involves objects that don't exist in the domain of the given world, that is the truth-value gaps value.

In PHL we have the same results as in PL regarding the logical consequence and satisfiability possibilities. In particular we have different possibilities to define *models*:

- $\mathcal{I}_w$ is a *strong model* of a formula φ iff $\mathcal{I}_w(\varphi) = T$ ($\mathcal{I}_w \vDash_s \varphi$).
- $\mathcal{I}_w$ is a *weak model* of a formula φ iff $\mathcal{I}_w(\varphi) \neq F$ ($\mathcal{I}_w \vDash_k \varphi$).

Now, if we want our logic to have good properties, such as being complete with respect to a deductive calculus, how to proceed? What does it mean to choose one or another notion of a model? We will study it below. To do this, we will suppose we already have a calculus (axioms and rules) candidate to be complete for PHL and we will observe the role of the model and logical consequence elections in proving its completeness.

First, let's remember some central definitions of proof theory that we will need:

— A *derivation* or *proof* of a formula φ from a set of formulas Γ is a finite non-empty sequence of formulas such that every item in the sequence is a formula of Γ, an axiom or it is obtained from one (or some) previous items in the sequence by applying a rule. In this case we note $\Gamma \vdash \varphi$. If $\emptyset \vdash \varphi$ we say that φ is a *derivation* of the calculus ($\vdash \varphi$).

— Γ is *contradictory* iff for all formula φ, $\Gamma \vdash \varphi$. We also note $\Gamma \vdash \bot$.

— Γ is *consistent* iff Γ is not contradictory.

— Γ is *maximally consistent* iff Γ is consistent and for all formula φ, if $\varphi \notin \Gamma$ then $\Gamma \cup \{\varphi\}$ is contradictory.

— Γ is *existential-saturated* iff for all existential formula, whenever $@_i \exists x \varphi \in \Gamma$ then there is a term τ such that $@_i \mathsf{E}(\tau) \in \Gamma$ and $@_i S_x^\tau \varphi \in \Gamma$.

— Γ is $\diamond$-*saturated* iff whenever $@_i \diamond \varphi \in \Gamma$ then there is a nominal j such that $@_i \diamond j \in \Gamma$ and $@_j \varphi \in \Gamma$.

What we want is to obtain both the soundness and completeness theorems for *PHL*:

Soundness: If $\Gamma \vdash \varphi$ then $\Gamma \vDash \varphi$ [5] .
Completeness: If $\Gamma \vDash \varphi$ then $\Gamma \vdash \varphi$.

When following the Henkin-style proof of completeness [6], the following propositions must first be proved:

Lindenbaum lemma: If Δ is a consistent set of formulas then there is a fully saturated maximally consistent set Γ such that $\Delta \subseteq \Gamma$.

Truth lemma: If Γ is a maximally consistent and fully saturated set of formulas, then Γ has a model [6] .

In the proof of Lindenbaum lemma, Γ 's construction is such that the necessary formulas are added to Δ so that such a maximally consistent set Γ can be defined. In order to do so, in a standard procedure [8], we

---

[5]Here $\vDash$ is a notation for the logical consequence relation, that we yet have not decide which one will be between the four possibilities $\vDash_{xy}$ with $x, y \in s, k)$.

[6]We have two possibilities: strong and week models, corresponding to $\vDash_s$ and $\vDash_k$.

need the suitable axioms and rules necessary to proof that Γ is maximally consistent. We are not going to do this construction here because this is a known procedure and because we want concentrate our discussion on the logical consequence and accessibility relation needed to obtain the Truth lemma, rather than on the calculus and its completeness proof.

The proof of the Truth lemma consists of the construction of an interpretation from the maximally consistent set Δ (the one obtained from the Lindemvbaum lemma), which will act as the control to select the formulas that will be T, F or N. For reasons of space we are not going to reproduce that construction, it is a standard procedure (see [6] or [8]) that can be reconstituted for each of the possible choices of the satisfiability relation.

Suppose that Γ is maximally consistent and fully saturated. We are going to built an interpretation by using the formulas in Γ.

Consider $\mathcal{M}^\Gamma = \langle W, R, D, Q, I \rangle$, such that:

D is the set of terms.

$W = \{[i] \mid i \text{ is a nominal}\}^7$.

$R = \{\langle [i], [j] \rangle \mid @_i \Diamond j \in \Gamma\}$.

Q is the function assigning every world $[i]$ to the set $\{\tau/@_i \mathsf{E}(\tau) \in \Gamma\}$.

I is assigning a functional or predicate symbol to "itself".

Given an assignment, g, consider the interpretation over a structure $\mathcal{M}$ at a world $[i] \in W$, $\mathcal{I}^\Gamma_{[i]} = \langle \mathcal{M}^\Gamma, g, [i] \rangle$.

The interpretation of an expression is defined inductively (we are only showing basic items, as the rest can be easily built):

$$\mathcal{I}^\Gamma_{[i]}(f\tau_1...\tau_m) = f\tau_1...\tau_n$$

$$\mathcal{I}^\Gamma_{[i]}(P\tau_1...\tau_n) = \begin{cases} \text{T iff } @_i P\tau_1...\tau_n \in \Gamma \\ \text{F iff } @_i P\tau_1...\tau_n \notin \Gamma \text{ and } @_i \neg P\tau_1...\tau_n \in \Gamma \\ \text{F iff } @_i P\tau_1...\tau_n \notin \Gamma \text{ and } @_i \neg P\tau_1...\tau_n \notin \Gamma \end{cases}$$

---

[7]Where $[i]$ is the equivalence class defined by the equivalence relation $i \sim j$ iff $@_i j \in \Gamma$.

$$\mathcal{I}^\Gamma_{[i]}\mathsf{E}(\tau) = \begin{cases} \text{T iff } @_i\mathsf{E}(\tau) \in \Gamma \\ \text{F iff } @_i\mathsf{E}(\tau) \notin \Gamma \end{cases}$$

$$\mathcal{I}^\Gamma_{[i]}(@_j\varphi) = \mathcal{I}_{[j]}(\varphi)$$

The rest of the definitions are the corresponding ones as to obtain the following general result:

1. For each term τ: $\mathcal{I}^\Gamma_{[i]}(\tau) = \tau$.

2. For each formula φ:

   $\mathcal{I}^\Gamma_{[i]}(\varphi) = T$ iff $@_i\varphi \in \Gamma$

   $\mathcal{I}^\Gamma_{[i]}(\varphi) = F$ iff $@_i\varphi \notin \Gamma$ and $@_i\neg\varphi \in \Gamma$

   $\mathcal{I}^\Gamma_{[i]}(\varphi) = N$ iff $@_i\varphi \notin \Gamma$ and $@_i\neg\varphi \notin \Gamma$

Going back to the Truth lemma we need that $\mathcal{I}^\Gamma_{[i]}$ be a model (strong or weak). Thus, we will consider each of the cases.

(a) $\mathcal{I}^\Gamma_{[i]}$ *is a strong model:* $\mathcal{I}^\Gamma_{[i]}(\varphi) = T$ for all $\varphi \in \Gamma$.

(b) $\mathcal{I}^\Gamma_{[i]}$ *is a weak model:* $\mathcal{I}^\Gamma_{[i]}(\varphi) \neq F$ for all $\varphi \in \Gamma$.

Remember that we have four different possibilities for the logical consequence relation (ss, sk, ks, kk) and then, in fact, we have four different possible completeness ans soundness theorems: $\Gamma \vDash_{xy} \varphi \Leftrightarrow \Gamma \vdash_{xy} \varphi$ $(x, y \in \{s, k\})$[8].

We have seen that the satisfaction relation plays a crucial role in the Truth lemma. Where, exactly, is the logical consequence playing its central role? The answer comes from deep the proof of the properties of a maximally consistent set, which depend directly on $\vdash_{xy}$, and so, on $\vDash_{xy}$.

As a first example of how different properties are obtained for a maximally consistent set, depending on the logical consequence chosen, we will consider two of the four cases ($\vDash_{sk}$ and $\vDash_{ks}$), and compare the effect

---

[8]Here, $\vdash_{xy}$ denote the calculus we need for the corresponding logical consequence.

they produce on one of the most important properties of a maximally consistent set, that is, on the property that relates the formulas derived from the maximally consistent set and those belonging to it.

(a) Case $\vDash_{sk}$. We know that $\Gamma \vDash_{sk} \varphi$ iff $\Gamma \cup \{\neg\varphi\}$ is not s-satisfiable.

Now, suppose that Γ is a maximally consistent set, then we get $\Gamma \vdash_{sk} @_i\varphi$ iff $\mathcal{I}^{\Gamma}_{[i]}(\varphi) = T$ iff $@_i\varphi \in \Gamma$, by the Truth lemma. And, thus, we have the following property for Γ: $\Gamma \vdash_{sk} @_i\varphi$ iff $@_i\varphi \in \Gamma$.

(2) Case $\vDash_{ks}$. We know that $\Gamma \vDash_{ks} \varphi$ iff $\Gamma \cup \{\neg\varphi\}$ is not k-satisfiable.

Now, suppose that Γ is a maximally consistent set, then we get $\Gamma \vdash_{ks} @_i\varphi$ iff $\mathcal{I}^{\Gamma}_{[i]}(\varphi) \neq F$ iff $@_i\varphi \in \Gamma$ or $@_i\neg\varphi \notin \Gamma$. Thus, in this case, the property for Γ is the following: $\Gamma \vdash_{ks} @_i\varphi$ iff $@_i\varphi \in \Gamma$ or $@_i\neg\varphi \notin \Gamma$.

In the same way, the rest of the properties of a maximally consistent set, and so the corresponding axioms and rules, will be also depending on the desirable logical consequence. In this article, the focus is on the strategy, and the technical details are left for a future work in the neverending work-life of a logician.

Desenlace - End

Y llegamos al final de la historia, eso si las historias realmente tienen un final. En la investigación en lógica, cada vez que una nueva lógica se define y sus propiedades se estudian, casi siempre aparecen nuevos retos que convidan a seguir estudiando [3]. Así, en nuestro trabajo en común ha habido diferentes lógicas que hemos dado por terminadas y presentado en nuestros artículos. Y sin embargo, quedan tantas otras, no menos interesantes por estudiar. No, no hay un desenlace, un final, es siempre un "continuará".

* * *

And we reach the end of the story. That is so if the stories really have an end. In logic research, every time a new logic is defined and its properties are studied, almost always new challenges appear that invite us to continue studying [3]. Thus, in our common work there have been different logics that we have considered finished and presented in our articles. And yet there are still so many others, no less interesting to study. No, there is no end, it is always a "to be continued".

Fiction (FL)

We have seen that the *PHL* semantics allow formulas that are not true nor false, the "truth-value gaps" formulas, valued null. We have also seen that hybridization allow us to name worlds and to express when a formula is null in a world. Furthermore, we discuss four different ways to define the logical consequence relation (ss, sk, ks, kk) and we have discuss two of them (sk, ks) and their respective completeness results.

All this shows us the complexity of the formal representation that approximates the way we reason, as is the case with the modal predicate logic. All that complexity is not satisfied by *PHL*, of course, and, in fact, the job of the logicians is to generate new extensions to increase the expressiveness of formal languages while maintaining good properties (such as completeness), that guarantee its "uselfulness" and "applicability to the real world", whatever that world is.

As much as a logic captures part of the real world, what is expressed cannot be part of reality, it can only be fiction. Thus, a logic, like any representation, is part of the realm of the fictitious. Fiction and reality, one cannot exist without the other.

Let's investigate this relationship, that is, let's define a formal language -all languages are formal, aren't they?- that allows us to represent fiction, and, why not, let's try to make it an extension of PHL (our intuition supports this decision).

Thus, take PHL semantics: if we identify one of the worlds as the "real world", the rest of the worlds can be seen as proper possible worlds (future or past worlds or simply "fiction" possible worlds. In this situation, if a formula gets the value N in the real world, we can ask if there are any possible "fiction" world were the formula is defined (true or false). One way to express it is to to to be able to quantify over worlds ("there is a world such that..."). Thus, this is the next extension of PHL to propose: to add the machinery of first order hybrid logic to PHL and call it Fiction Logic (FL).

A *FL language* $\mathcal{L}$ is a PHL language in which we add worlds variables s, the binder symbol $\downarrow$ and the quantifier symbol $\exists$ over them to its alphabet, and the formulas $\downarrow s\varphi$ and $\exists s\varphi$ (see [5]).

A *FL structure* is a PHL structure $\mathcal{M} = \langle W, R, D, Q, I \rangle$ and a FL *assignment* over a structure $\mathcal{M}$ is a function $g : \mathcal{V} \cup NOM \longrightarrow D \cup W$, where $\mathcal{V}$ contain both individual and world variables. An *interpretation* over a structure $\mathcal{M}$ at a world $w \in W$ is a triple $\mathcal{I}_w = \langle \mathcal{M}, g, w \rangle$. The *interpretation of an expression* at a world w is defined as in PHL by adding:

$$\mathcal{I}_w(s) = g(x)$$

$$\mathcal{I}_w(\downarrow s\varphi) = \begin{cases} T \text{ iff } (\mathcal{I}_w)_s^w(\varphi) = T \\ F \text{ iff } (\mathcal{I}_w)_s^w(\varphi) = F \\ N \text{ iff } (\mathcal{I}_w)_s^w(\varphi) = N \end{cases}$$

$$\mathcal{I}_w(\exists s\varphi) = \begin{cases} T \text{ iff } \{v \in W/(\mathcal{I}_w)^v_s(\varphi) = T\} \neq \emptyset \\ F \text{ iff } \{v \in W/(\mathcal{I}_w)^v_s(\varphi) = F\} = W \\ N \text{ otherwise} \end{cases}$$

Again, to define when a FL interpretation $\mathcal{I}_w = \langle \mathcal{M}, g, w \rangle$ is model of a formula φ we have two possibilities, depending on having strong or weak satisfiability. The strong model will make the formula true, while the weak model will not make it false. The construction of a calculus and the completeness proof will depend on the chosen option.

In this paper we are not going to develop it, due to the lack of space and the desire to leave it as future work. We are only opening the door. It is needed an in-depth study to the field of fiction logics, much broader. But let's venture a first approach to a logic of fiction choosing the weak satisfaction relation: the "plausibility" is a key element in fiction worlds, and it seems to me that it is more connected with the fact of not being false than with to be true; and therefore the logical consequence relation will be ks.

As a "to be continued" commitment, we leave this plausible rule:

$$\text{Plausibility rule: } @_{real}\varphi \vDash_{ks} \exists s @_s \varphi$$

$$* * *$$

"I'm late, I'm late! For a very important date! No time to say 'hello, goodbye,' I'm late, I'm late, I'm late!"

References

[1] Hughes, George E. and Maxwell J. Cresswell [1968]. *An introduction to modal logic.* Methuen.

[2] Huertas, Antonia [1996] *Modal logic and non-classical logic.* PhD Thesis, University of Barcelona. Publicacions UB.

[3] Manzano, María [1996]. *Extensions of first order logic.* Cambridge U.P.

[4] Areces, Carlos, Patrick Blackburn and Antonia Huertas [2014] "Completeness in Hybrid Type Theory". *J Philos Logic (Journal of Philosophical Logic*, 43(2-3):209-238. Springer

[5] Blackburn, Patrick and Balder ten Cate [2006]."Pure Extensions, Proof Rules and Hybrid Axiomatics". *Studia Logica*, 84: 277–322.

[6] Henkin, Leon [1950]. "Completeness in the theory of types". *The Journal of Symbolic Logic*, 15: 81–91.

[7] Manzano, María, Manuel Martins and Huertas Antonia [2014]. "A Semantics for Equational Hybrid Propositional Type Theory". *Bulletin of the Section of Logic*, 43(3-4): 121–138

[8] Manzano, María [2014]. "Henkin on Completeness". In *The Life and Work of Leon Henkin. Essays on His Contributions.* María Manzano, Ildikó Sain and Enrique Alonso (Eds.), 149–176. Springer International Publishing.

[9] van Benthem, Johan [1983]. *Modal logic and classical logic.* Bibliopolis.

Proofs, Necessity and Causality

Srećko Kovač

Institute of Philosophy, a public research institute of the Republic of
Croatia

ABSTRACT

There is a long tradition in logic, from Aristotle to Gödel,
of understanding a proof from the concepts of necessity and
causality. Gödel's attempts to define provability in terms
of necessity led him to the distinction of formal and absolute (abstract) provability. Turing's definition of mechanical
procedure by means of a Turing machine (TM) and Gödel's
definition of a formal system as a mechanical procedure for
producing provable formulas prompt us to understand formal
provability as a mechanical causality. We propose a formalism which makes explicit the mechanical causal nature of a
TM's work. We claim that Gödel's axiomatized ontotheology
and his ontological proof give a clue for the understanding of
the concept of absolute provability and the pattern of the
corresponding absolute completeness proof, respectively.

Introduction

When in 1933 Gödel published his modal translation of intuitionistic logic [15], he joined, under modern presuppositions, the long tradition of the understanding of proof and inference from the concept of necessity. For Aristotle, the "necessary following" of a conclusion from its premises is the essence of a syllogism [1, *An. Pr.* A 24b 18–20]. For Kant, who was highly respected by the founders of modern logic like Frege, Hilbert and Gödel,[1] an inference is the "cognition of the *necessity* of a proposition by means of the subsumption of its condition under a given universal rule" [29, refl. 3201, cf. 3196, 3198] (our emph.). By using S4 propositional modal logic and prefixing each subformula (possibly except conjuncts) with the necessity operator B, Gödel wanted to make explicit the provability-related meaning of sentences in accordance with the informal Brouwer-Heyting-Kolmogorov semantics for intuitionistic logic. As is well known, one result was that B was too general, because, as shown in [15], $B \neg B\, 0 = 1$ turned out to be provable, thus violating Gödel's second incompleteness theorem. Gödel obtained a similar result again several years later, when, in his lecture at Zilsel's (1938) [17], he changed the non-constructive Bp ('there is a proof of p') for the constructive zBp, q and zBp ('z proves q from p', 'z proves p'): according to Gödel, $aB\, \forall u\, \neg uB\, 0 = 1$ follows from any aBq (cf. a proof, for instance, in [30]). Obviously, these notions of provability (B) do not refer to formalized provability, but relate to a more general notion – "absolute" (or "abstract") provability ("provable in the absolute sense" [17, p. 101], "absolute notion" of "demonstrability" [18, 23]), i.e., provability independent of any given formalism [40, pp. 187–188]. Gödel remarks that the idea of "absolute proof" is not consistent with Brouwerian intuitionism because of Brouwer's exclusion of the reference to "all" proofs [40, 6.1.13, 6.1.15 on p. 188].[2]

Two problems remained open in Gödel's [15] and [17]: (1) the problem of the concept of formal provability, and (2) the problem of the

---

[1]See, for example, [11, §89], [25, p. 376] and [20, pp. 384–387].
[2]But see, for instance, [17, pp. 97–101] or [40, 8.6.27 p. 280] on Heyting's presupposing of a general concept of proof.

concept of a provable evidence independent of a given formalized system ("absolute provability").

(1) The first problem was resolved on the basis of Turing's "absolute" concept of mechanical procedure by means of a Turing machine [39] (see [18]). On this ground, Gödel defined a "formal system" ("formalism") as a "mechanical procedure for producing formulas, called provable formulas", which includes a mechanical procedure for the application of each rule of inference [16, 'Postscriptum' 1964 pp. 369–370, p. 346].[3] Accordingly, formal provability is not simply S4 necessity B, but is constructively defined as equivalent with an ideal mechanical device – a Turing machine for writing down axioms and their consequences [19, p. 308], possessing its own mechanical necessity of work.[4] Furthermore, along the lines of Wittgenstein's reflections on a machine (or a "picture of it") in general, a Turing machine can be conceived as a universal "symbol" which "in itself" contains and shows (without the help of any formalism) the way of its work (the possibilities of its motions) [41, pp. 78–79].[5]

(2) The problem of "absolute" provability is open. The concept of "absolute proof", if self-applied, leads to unsolved "intensional paradoxes", independent of the language used and its semantics (cf. "I am not provable", "not applying to itself", "not meaningfully applicable to itself" [40, pp. 187–188, 271, 279–280]). In addition, as Gödel remarked in [18], "ab-

---

[3]Cf. [19, 308]. For Turing's idea of a machine dealing with axiomatic systems, see [39, pp. 118, 135, 138].

[4]We remark that, for Gödel, a formal system is a deductive calculus since he defines "provable formula" in a formal system as the last formula in a sequence of axioms and immediate consequences (by rules of inference) [16, p. 346]. Manzano and Alonso remark that a general computational account of logic might be too wide. If the completeness of logic is defined by the existence of "an algorithm which recursively enumerates the truths (validities) of that logic", then "[i]n principle, it would not be necessary to have a deductive calculus for the logic; any recursive procedure able to generate logical truths will do", contrary to the usual view on a logic as additionally comprising the deductive calculus for its provability relation [33, p. 51]. Cf. Gödel's disjunction: "...it [= computability] is merely a special kind of demonstrability or decidability" [18, p. 150].

[5]Drawings of machines contained in works by Leonardo da Vinci (1881–1891), Faust Vrančić (1616/17) and Georg Andreas Böckler (1661), possessed by Wittgenstein, might have prompted him to come to his abstract, "symbolic" notion of a machine (see [37] and http://digitalcollections.mcmaster.ca/russell-lib/media/machinae-novae-fausti-verantii-siceni).

solute" provability is non-constructive because any attempt to formalize it leads to an extension of a given formalism by new axioms (in distinction to a specific formal provability concept as defined in [16, p. 346]). In particular, the notion of absolute provability does not satisfy Gödel's constructivity requirements from [17], especially because it is neither defined in a formal definition nor is its behaviour derived by formal rules of inference, and, in addition, because "all" proofs are not "surveyable" (enumerable) [17, pp. 103, 91]. However, it is not excluded that a "system" of absolute provability is complete in the sense of decidability, say, of set theory from the present axioms extended by some stronger new axiom of infinity [18, p. 151]. This is so because the general notion of provability should lead to a description of the way to generate higher and higher formal systems by supplying new axioms that have some general characterization, e.g., for set theory: how to extend the theory by generating new axioms of infinity.

First, we will focus on the reduction of the formal provability concept to Turing machines (TMs) and represent the mechanical causality of a TM by a formalism implemented on Gödel's justification logic [17]. Thereafter, we will briefly comment on the problem of absolute provability within a wider context of Gödel's formal modal (implicitly causal) ontology.

Mechanical nature of formal provability

In accordance with Gödel, the essence of formal provability is *mechanical* necessity, which is reducible to mechanical *causality* as a specific kind of necessity and can be adequately represented by a Turing machine.[6] Like necessity in general, the mechanical nature, too, of formal reasoning, is clearly recognizable already in Aristotle's definition and treatment of syllogism, according to which the conclusion is computed (*syllogismós*)

---

[6]"More exactly, a formal system is nothing but a many-valued Turing machine which permits a predetermined range of choices at certain steps. The one who works the Turing machine can, by his choice, set a lever at certain stages. This is precisely what one does in proving theorems within a formal system." Of course, "[s]ingle-valued Turing machines yield an exactly equivalent concept of formal system" [40, 6.4.5 p. 204].

from the premises (cf., for Kant, the determination of the syllogistic cognition in accordance with a rule).[7]

Gödel's 1938 version of the logic of proofs [17] axiomatically describes the behaviour of proofs by means of "proof terms" (cf. Gödel's a, $f(z, u)$ and z'), whose inner functional structure (application, sum, confirmation) reveals the way the evidence of the proven proposition is generated. In this style of logic, the problem of the *formal* presentation of the concept of logical-arithmetical (formal) provability is solved by Artemov's "logic of proofs", LP [2, 3].[8] We claim that, with some adjustments, proof terms of [17] can be reinterpreted as mechanical causes of a Turing machine's work. Accordingly, not only can each Turing machine be equivalently presented by a formal first-order inference (for a standard way, see in [5]), but rather the causes of its work and their structure can be made explicit by causal terms constructed in an analogous, but not identical way as the proof terms of the logic of proofs. An essential reason for the difference in the behaviour between cause terms and proof terms is that TM obviously cannot behave in a non-consistent way (performing contradictory actions at the same time) and this impossibility should somehow ensue from TM's own causal structure (a causal counterpart of the above-mentioned $aB \forall u \neg uB\, 0 = 1$[9]), despite a formal proof system not being able to generate a proof of its own consistency (see *Introduction* here).

---

[7]Aristotle conceived inference as computation (*syllogismós*) of the relation of two terms by means of their relation to a middle term, where computation happens "automatically": the conclusion follows from "something else", the premises, necessarily and without any external help ("just by the fact that the premises obtain" [1, A1, 24b 18-22]).– For Kant, the major premise of a syllogism is a *general rule*: if the condition (e.g., subject term) of the rule is satisfied, then the determination of the cognition by the "assertion" (a predicate) of the rule is necessarily (since "a priori") brought about [*bewirkt*] [28, B 360–361].

[8][2] and [17] were published simultaneously and independently of one another in 1995. For semantics of LP, see Mkrtychev in [35] and Fitting in [8] and later.

[9]Such a theorem could be easily proved in an appropriately enriched causation (justification) logic [30].

Turing justification logic TJL

We will describe a TM in causal terms by using appropriately modified justification logic so that TM halts iff the associated causal logic inference is valid (as is, analogously, the case with the standard association of classical first-order inference with halting TM machines [5]). We choose a Gödelian justification logic approach in order to obtain a close relationship of causality with the provability and proof terms of the logic of proofs, as well as in order to preserve the closest connection with the concept of necessity in standard modal logics (**CK**, **C4**, **C5** and the rule **ACau** below as causal variants of standard **K**, **4**, **5** and the necessitation rule, respectively).

A TM's mechanical behaviour, often presented by quadruples $\langle q, M_j, E, q' \rangle$, can be expressed in a formal logical system with explicit causal terms: q is a given "internal" state of a TM (Turing's "m-configuration"), M_j the scanned symbol (e.g., '1' or a blank, '0'), E is the newly written symbol M_k or a move to the left or right on the TM's tape, and q' the resulting "internal" state of the TM. To this end, we modify and causally re-interpret first-order justification logic FOLP (see [9, 10, 4], for a causal second-order variant, cf. [30]) and obtain the system TJL.

The *vocabulary* of the language $\mathcal{L}$TJL: individual variables x, y, z, x_1, ... (t informally as time variable), individual constants 0 and a finite number of constants q_i; relation symbols $@^2, M_0^2, M_1^2, Q^2, =, <$; causal constants $c, c_1, c_2, \ldots$; function symbols $s, +, \cdot, !, ?, \mathsf{gen}_x, \mathsf{gen}_y, \ldots$; parentheses. Operator symbols are $\neg$, $\rightarrow$, $\forall$ (other propositional and quantification operators classically defined) and the simbol : .

Individual terms (w, w_t a time term) are individual variables, individual constants and terms $s(w)$. *Causal terms* (u, v) are constants q_i, causal constants and causal compound terms $(u+v), (u \cdot v), !u, ?u, \mathsf{gen}_x(u)$.

Definition 1 (Formula) $\phi ::= @(w_t, w) \mid M_0(w_t, w) \mid M_1(w_t, w) \mid Q(w_t, w) \mid w_1 = w_2 \mid w_1 < w_2 \mid u : \phi \mid \neg\phi \mid (\phi_1 \rightarrow \phi_2) \mid \forall x \phi$

Informally, $@(w_t, w)$ means 'TM at time t scans square w'; $M_i(w_t, w)$: 'at time t, i is written in square w', where $i \in \{0, 1\}$; $Q(w_t, w)$: 'TM is at time t in state w'; $u : \phi$ means 'u causes ϕ'. In addition, s is the successor function and, finally, $+, \cdot, !, ?, \mathsf{gen}$ are sum, application, affirmation, limitation and generalization of causes, respectively. Inversion s^{-1} is defined in the familiar way. We will write $Q(t, q_i)$ instead of $Q(w_t, w)$ if $w = i$. We will use $1, -1, 2$, etc. as abbreviations for $s(0), s^{-1}(0), s(s(0))$, etc.

If $x \in \mathsf{free}(\phi)$ and $x \notin \mathsf{free}(u)$, then x is bound in $u \colon \phi$, where $\mathsf{free}(\phi)$ is the set of free variables in ϕ.

We now define a *system* TJL, comprising logical and arithmetical axioms, causal axioms, rules of inference, as well as special TM axioms (different for different TMs) that make TJL a family of systems.

Logical axioms:

CPC classical propositional tautologies,

∀a $\forall x \phi \to \phi(w/x)$, w is free for x in ϕ,

∀b $\forall x(\phi \to \psi) \to (\phi \to \forall x \psi)$, $x \notin \mathsf{free}(\phi)$,

=1 $w = w$,

Subs $w_1 = w_2 \to (\phi(w_2/x) \to \phi(w_1/x))$, w_1 and w_2 are free for x in ϕ.

We add the *arithmetical* axioms for s and $<$ (see [5]): $\forall x \forall y (s(x) = s(y) \to x = y)$, $\forall x \forall y (s(x) = y \to x < y)$, $\forall x \forall y \forall z ((x < y \land y < z) \to x < z)$, $\forall x \forall y (x < y \to x \neq y)$.

Causal axioms:

CMon $u \colon \phi \to (u + v) \colon \phi$, $\qquad v \colon \phi \to (u + v) \colon \phi$,

CK $u \colon (\phi \to \psi) \to (v \colon \phi \to (u \cdot v) \colon \psi)$,

C4 $u \colon \phi \to !u \colon u \colon \phi$,

C5 $\neg u \colon \phi \to ?u \colon \neg u \colon \phi$,

C∀ $u \colon \phi \to \mathsf{gen}_x(u) \colon \forall x \phi$, $\qquad x \notin \mathsf{free}(u)$,

T $\forall t \forall x ((@(t, x) \lor M_k(t, x) \lor Q(t, x)) \to 0 \leq t)$

1@ $\forall t \forall x (@(t, x) \to \forall y (y \neq x \to \neg @(t, y)))$,

1S $\forall t \forall x (M_i(t, x) \to \neg M_j(t, x))$ $(i \neq j)$.

Inference rules:

MP $\vdash \phi \to \psi \;\&\; \vdash \phi \implies \vdash \psi$,

U $\vdash \phi \implies \vdash \forall x \phi$,

ACau (axiom causation): $\vdash \phi \implies \vdash c \colon \phi$, where $\langle c, \phi \rangle \in \mathcal{CS}$ and

$$\mathcal{CS} \subseteq \mathit{Causal\,Constants} \times \mathit{Axioms} \text{ (surjective)},$$

e.g., informally: $\langle a, \forall x \phi \to \phi \rangle$, $\langle b, \bigwedge_{1 \leq i \leq n} \phi_i \to \phi_{1 \leq k \leq n} \rangle$ and $\langle c, (\phi_1 \to (\phi_2 \to \ldots (\phi_n \to (\phi_1 \land \ldots \land \phi_n)))) \rangle$.

We will use e for a (possibly complex) cause of a behaviour according to arithmetic laws. Monotonicity (**CMon**) shows that a cause u is conceived as being sufficient, i.e., no new, adjoining factors can prevent its effect in the presence of u (e.g., we are considering only a given TM, ideally, without any external disturbing factors). According to the axiom **CK**, a causal nexus (u) as applied to the distal cause (v) gives a compound proximal cause $(u \cdot v)$. Axiom **C4** expresses that cause u has $!u$ as a cause that affirms and activates u. Similarly, **C5** states that cause u has its causal limitation $?u$. **C∀** introduces cause $\mathsf{gen}_x(u)$ of a family of effects instantiating the same property ϕ.

Each TM has its initial configuration and instructions (quadruples) for its work (change of a given configuration), which we causally describe by special axioms of TJL. Prefix 'q_i : ' indicates the "internal state" of a TM, which causes the TM to behave in a specific way in dependence of an outer configuration of the machine (location of the head on the tape, scanned symbol) at a moment t.[10] For simplicity, we consider TMs with only one argument.

Special TM axioms.

IC q_0 : $(@(0,0) \wedge Q(0, q_n) \wedge M_1(0,0) \wedge \ldots \wedge M_1(0, w_m) \wedge \forall x (x \neq$
$\quad w_{0 \leq k \leq m} \rightarrow M_0(0, x)))$, or q_0 : $(@(0,0) \wedge Q(0, q_n) \wedge \forall x M_0(0, x))$

IC′ $@(0,0) \wedge Q(0, q_n) \wedge M_1(0,0) \wedge \ldots \wedge M_1(0, w_m) \wedge \forall x (x \neq$
$\quad w_{0 \leq k \leq m} \rightarrow M_0(0, x))$ or $@(0,0) \wedge Q(0, q_n) \wedge \forall x M_0(0, x)$

M1 q_m : $\forall t \forall x ((@(t, x) \wedge M_0(t, x)) \rightarrow$
$\quad (@(s(t), x) \wedge M_1(s(t), x) \wedge Q(s(t), q_n)$
$\quad \wedge \forall y ((y \neq x \wedge M_k(t, y)) \rightarrow M_k(s(t), y))))$

M0 q_m : $\forall t \forall x ((@(t, x) \wedge M_1(t, x)) \rightarrow$
$\quad (@(s(t), x) \wedge M_0(s(t), x) \wedge Q(s(t), q_n)$
$\quad \wedge \forall y ((y \neq x \wedge M_k(t, y)) \rightarrow M_k(s(t), y))))$

L q_m : $\forall t \forall x ((@(t, x) \wedge M_j(t, x)) \rightarrow (@(s(t), s^{-1}(x)) \wedge Q(s(t), q_n)$
$\quad \wedge \forall y (M_k(t, y) \rightarrow M_k(s(t), y))))$

R q_m : $\forall t \forall x ((@(t, x) \wedge M_j(t, x)) \rightarrow (@(s(t), s(x)) \wedge Q(s(t), q_n)$
$\quad \wedge \forall y (M_k(t, y) \rightarrow M_k(s(t), y))))$

---

[10] In traditional, Aristotelian terms, state u might be understood as an "efficient" cause (in the presence of symbol k, u determines TM to do ϕ), symbol k as the formal cause (inscripted shape, "species"), and the tape as the "material" cause. There is no final cause except in the sense of a possible result of the TM's work, which may be thought of as a goal corresponding to the TM's designer's intention and as embodied by her/him in the design of the TM.

CTE q_m: $\forall t\forall x(\phi \to \psi) \to \forall t\forall x((\phi \wedge Q(t, q_m)) \to \psi)$, where ϕ and ψ
have the form of the corresponding main antecedent and
consequent, respectively, in the axioms **M1, M0, L** or **R**.

If a TM halts, we assume that a *conclusion* which is a disjunction of
the sentences of the form $f(q_1, \ldots, q_n)$: $\exists t\exists x(@(t, x) \wedge M_k(t, x) \wedge Q(t, q_n))$,
for some f and $q_1, \ldots, q_n$ occurring in specific TM axioms, is provable
from the axioms. A sentence $\exists t\exists x(@(t, x) \wedge M_k(t, x) \wedge Q(t, q_n))$, without the presence of a special TM axiom of the form q_n: $\forall t\forall x((@(t, x) \wedge$
$M_k(t, x)) \to \psi$ (ψ as in **CTE**), is an instruction to *halt*.

We call a special set of TM axioms together with the conclusion a
TM descriptive inference.

Example 2 (A simple TM) *Let us take a very simple example of a
TM that writes down the string '11' on the squares 0 and -1 on the
TM's initially blank tape [5, pp. 26–27, shortened].*

$$q_1 M_0 M_1 q_1, \; q_1 M_1 L q_2, \; q_2 M_0 M_1 q_2.$$

*The work of this TM is described by means of an inference where the
premises (axioms) 1–4 describe the initial configuration of the TM and
the instructions for its work, while the conclusion contains the instruction
to halt in state q_2 with M_1 at the scanned square.*

1   q_0: $(@(0, 0) \wedge Q(0, q_1) \wedge \forall x M_0(0, x))$
1' $@(0, 0) \wedge Q_0(0, q_1) \wedge \forall x M_0(0, x)$
2   q_1: $\forall t\forall x((@(t, x) \wedge M_0(t, x)) \to (@(s(t), x)$ $q_1 M_0 M_1 q_1$
     $\wedge M_1(s(t), x) \wedge Q(s(t), q_1)$
     $\wedge \forall y((y \neq x \wedge M_k(t, y)) \to M_k(s(t), y))))$
3   q_1: $\forall t\forall x((@(t, x) \wedge M_1(t, x)) \to (@(s(t), s^{-1}(x))$ $q_1 M_1 L q_2$
     $\wedge Q(s(t), q_2) \wedge \forall y(M_k(t, y) \to M_k(s(t), y))))$
4   q_2: $\forall t\forall x((@(t, x) \wedge M_0(t, x)) \to (@(s(t), x)$ $q_2 M_0 M_1 q_2$
     $\wedge M_1(s(t), x) \wedge Q(s(t), q_2)$
     $\wedge \forall y((y \neq x \wedge M_k(t, y)) \to M_k(s(t), y))))$
⊢ $f(q_0, \ldots, q_2)$: $\exists t\exists x(@(t, x) \wedge M_1(t, x) \wedge Q(t, q_2))$,   *halting*
     for some f

*Schematic f in the last line indicates a compound causal term to be
constructed from $q_0, \ldots, q_2$.*

248

We now construct the prefix (mechanical cause) of the conclusion (halting) for the above example.

Example 3 (Causal justification) *In the following proof, 'Pr' stands for a premise from the inference above. In line 8, e is used for the cause of $-1 \neq 0$. PREF(n) in lines 11, 13 and 14 is short for the whole prefix in line n. Symbol a' in line 14 is the justification for the existential generalization on the basis of term a.*

1	$((c \cdot (b \cdot q_0)) \cdot (a \cdot (b \cdot q_0)))\colon (@(0,0) \wedge M_0(0,0))$	*Pr1*
2	$(a \cdot (a \cdot q_1))\colon ((@(0,0) \wedge M_0(0,0)) \to (@(1,0) \wedge M_1(1,0)$	*Pr2*
	$\wedge\, Q(1, q_1) \wedge \forall y((y \neq 0 \wedge M_k(0, y)) \to M_k(1, y))))$	
3	$((a \cdot (a \cdot q_1)) \cdot ((c \cdot (b \cdot q_0)) \cdot (a \cdot (b \cdot q_0))))\colon (@(1,0)$	*1, 2*
	$\wedge M_1(1,0) \wedge Q(1, q_1) \wedge \forall y((y \neq 0 \wedge M_k(0, y)) \to$	
	$M_k(1, y)))$	
4	$(a \cdot (a \cdot q_1))\colon ((@(1,0) \wedge M_1(1,0)) \to$	*Pr3*
	$(@(2,-1) \wedge Q(2, q_2) \wedge \forall y(M_k(1, y) \to M_k(2, y))))$	
5	$((a \cdot (a \cdot q_1)) \cdot (b \cdot ((a \cdot (a \cdot q_1)) \cdot ((c \cdot (b \cdot q_0)) \cdot$	*4, 3*
	$(a \cdot (b \cdot q_0))))))\colon$	
	$(@(2,-1) \wedge Q(2, q_2) \wedge \forall y(M_k(1, y) \to M_k(2, y)))$	
6	$(a \cdot (b \cdot q_0))\colon M_0(0, -1)$	*Pr1*
7	$(a \cdot (b \cdot ((a \cdot (a \cdot q_1)) \cdot ((c \cdot (b \cdot q_0)) \cdot (a \cdot (b \cdot q_0))))))\colon$	*3*
	$((-1 \neq 0 \wedge M_0(0, -1)) \to M_0(1, -1))$	
8	$((a \cdot (b \cdot ((a \cdot (a \cdot q_1)) \cdot ((c \cdot (b \cdot q_0)) \cdot (a \cdot (b \cdot q_0)))))) \cdot$	*7, 6*
	$((c \cdot e) \cdot (a \cdot (b \cdot q_0))))\colon M_0(1, -1)$	
9	$(a \cdot (b \cdot ((a \cdot (a \cdot q_1)) \cdot (b \cdot ((a \cdot (a \cdot q_1)) \cdot ((c \cdot (b \cdot q_0)) \cdot$	*5*
	$(a \cdot (b \cdot q_0))))))))\colon$	
	$(M_0(1, -1) \to M_0(2, -1))$	
10	$((a \cdot (b \cdot ((a \cdot (a \cdot q_1)) \cdot (b \cdot ((a \cdot (a \cdot q_1)) \cdot$	*9, 8*
	$((c \cdot (b \cdot q_0)) \cdot (a \cdot (b \cdot q_0)))))))) \cdot$	
	$((a \cdot (b \cdot ((a \cdot (a \cdot q_1)) \cdot ((c \cdot (b \cdot q_0)) \cdot (a \cdot (b \cdot q_0)))))) \cdot$	
	$((c \cdot e) \cdot (a \cdot (b \cdot q_0)))))\colon M_0(2, -1)$	
11	$((c \cdot (b \cdot ((a \cdot (a \cdot q_1)) \cdot (b \cdot ((a \cdot (a \cdot q_1)) \cdot$	*5, 10*
	$((c \cdot (b \cdot q_0)) \cdot (a \cdot (b \cdot q_0)))))))) \cdot$	
	PREF$(10))\colon (@(2, -1) \wedge M_0(2, -1))$	

12 $(a \cdot (a \cdot q_2))$: $((@(2,-1) \land M_0(2,-1)) \to$ *Pr4*
    $(@(3,-1) \land M_1(3,-1) \land Q(3,q_2) \land$
    $\forall y((y \neq -1 \land M_k(2,y)) \to M_k(3,y)))$

13 $((a \cdot (a \cdot q_2)) \cdot \text{PREF}(11))$:   *12, 11*
    $(@(3,-1) \land M_1(3,-1) \land Q(3,q_2) \land$
    $\forall y((y \neq -1 \land M_k(2,y)) \to M_k(3,y)))$

14 $(a' \cdot (b \cdot ((a \cdot (a \cdot q_2)) \cdot \text{PREF}(11))))$:   *13*
    $\exists t \exists x (@(t,x) \land M_1(t,x) \land Q(t,q_2)$

*In line 1, $c \cdot (b \cdot q_0)$ causes $M_0(0,0) \to (@(0,0) \land M_0(0,0))$ (where $b \cdot q_0$ causes $@(0,0)$), and $a \cdot (b \cdot q_0)$ causes $M_0(0,0)$ (for cause terms a and b, see **ACau** and $\mathcal{CS}$). In lines 7-10, the justification is calculated of the required instantiation of the formula $M_k(2,y)$ (see universal conjuncts within lines 3 and 5) for the symbol $k = 0$ written on the square $y = -1$, unchanged from the beginning of the work of the machine.*

The causal structure behind the work of a TM (causal prefixes) is increasingly more complicated and does not reduce just to the current "internal state" q_i that the TM is in at a time moment t. This structure includes, besides TM's internal states, some logical and arithmetical laws that "ontologically" (objectively) govern the TM's behaviour.

Example 4 (Factivity) *Factivity, $u \colon \phi \to \phi$, should be separately proved by means of **CTE**, on the supposition of the initial configuration (arguments). In our Example 2 of a TM, this amounts to several simple deductive steps.*

1 $@(0,0) \land Q(0,q_1) \land \forall x M_0(0,x)$ *Pr1'*

2 $M_0(0,0)$ *1*

3 $(@(0,0) \land M_0(0,0) \land Q(0,q_1)) \to$ *Pr2*, **CTE**
    $(@(1,0) \land M_1(1,0) \land Q(1,q_1) \land$
    $\forall y((y \neq 0 \land M_k(0,y)) \to M_k(1,y)))$

4 $@(1,0) \land M_1(1,0) \land Q(1,q_1) \land$ *1, 2, 3* **MP**
    $\forall y((y \neq 0 \land M_k(0,y)) \to M_k(1,y))$

5 $(@(1,0) \land M_1(1,0) \land Q(1,q_1)) \to$ *Pr3*, **CTE**
    $(@(2,-1) \land Q(2,q_2) \land \forall y(M_k(1,y) \to M_k(2,y)))$

6 $@(2,-1) \land Q(2,q_2) \land \forall y(M_k(1,y) \to M_k(2,y))$ *4, 5* **MP**

250

7	$M_0(0,-1)$	*1*
8	$M_0(1,-1)$	*4, 7*
9	$M_0(2,-1)$	*6, 8*
10	$(@(2,-1) \wedge M_0(2,-1) \wedge Q(2,q_2)) \rightarrow$	*Pr4*, **CTE**
	$(@(3,-1) \wedge M_1(3,-1) \wedge Q(3,q_2) \wedge$	
	$\forall y((y \neq -1 \wedge M_k(2,y)) \rightarrow M_k(3,y)))$	
11	$@(3,-1) \wedge M_1(3,-1) \wedge Q(3,q_2) \wedge$	*6, 9, 10 MP*
	$\forall y((y \neq -1 \wedge M_k(2,y)) \rightarrow M_k(3,y))$	

Descriptive inferences and halting

Proposition 5 *A Turing machine TM halts iff the TM descriptive inference is valid.*

Proof. In the usual way (see [5] for a standard case). For the left to right direction, we prove by induction: if TM does not halt before time t, PREM $\vdash$ Des(t) (where PREM is the set of special TM axioms for an inference in TJL, and Des(t) is a TJL description of the whole TM configuration at time t). Suppose the claim holds for time t, and suppose that TM does not halt before $t+1$. We prove that PREM $\vdash$ Des$(t+1)$. The TM's step from t to $t+1$ is accounted by a premise of the TM descriptive inference. If the TM halts at t, Des(t) is accounted by the conclusion of the TM descriptive inference.

(1) Let us give as an example a premise of the form **M1**:

$$q: \forall t \forall x((@(t,x) \wedge M_0(t,x)) \rightarrow (@(s(t),x) \wedge M_1(s(t),x) \wedge Q(s(t),q') \wedge$$
$$\forall y((y \neq x \wedge M_k(t,y)) \rightarrow M_k(s(t),y))))$$

By $\forall$**a** and **CK**, the premise is instantiated for a particular time moment t (as in Example 3, e.g., line 12):

$$(a \cdot (a \cdot q)): ((@(t,x) \wedge M_0(t,x)) \rightarrow (@(s(t),x) \wedge M_1(s(t),x) \wedge Q(s(t),q') \wedge$$
$$\forall y((y \neq x \wedge M_k(t,y)) \rightarrow M_k(s(t),y))))$$

By inductive hypothesis, the antecedent under $a \cdot (a \cdot q)$ is already accounted for by PREM for some series of internal states $q_0, \ldots, q_n$ embodied in a cause $f(q_0, \ldots, q_n)$ (cf. line 11 of Example 3), and thus:

$$((a \cdot (a \cdot q)) \cdot f(q_0, \ldots, q_n)) \colon (@(s(t), x) \wedge M_1(s(t), x) \wedge$$
$$Q(s(t), q') \wedge \forall y((y \neq x \wedge M_k(t, y)) \rightarrow M_k(s(t), y)))$$

(cf. line 13 of Example 3), which is the description, in TJL, of time $t + 1$.

(2) If TM stops at t, the derived $Des(t)$ immediately gives the conclusion (by existential generalization on t and the scanned square at t), without any instruction for a further change. □

Models and adequacy

Models

We now give a possible model-theoretic semantics for TJL, by generalizing the model definition informally given in [5] and extending it by the causal influence relation In.

Definition 6 (Model, $\mathfrak{M}$) *Model is an ordered quintuple $\langle \mathbb{Z}, \mathbf{Q}, R, In, V \rangle$, where*

1. *the domain is the set of integers, $\mathbb{Z}$,*

2. *$\mathbf{Q}$ is a finite subset of $\mathbb{Z}$,*

3. *R is a set of pairs $\langle \langle m, n \rangle, \langle X, n' \rangle \rangle$, where $m \in \{1, 0\}$, $n, n' \in \mathbf{Q}$, and $X \in \{M_{k \neq m}, s, s^{-1}\}$,*

4. *if $(\phi \rightarrow \psi) \in In(u)$ and $\phi \in In(v)$, then $\psi \in In(u \cdot v)$; if $\phi \in In(u)$ then $\phi \in In(u + v)$, and if $\phi \in In(v)$ then $\phi \in In(u + v)$; if $\phi \in In(u)$ then $u \colon \phi \in In(!u)$; if $\neg\phi \in In(u)$ then $u \colon \neg\phi \in In(?u)$; if $\phi \in In(u)$ then $\forall x\phi \in In(\mathsf{gen}_x(u))$, where $x \notin \mathsf{free}(u)$.[11]*

5. *(a) $V(0) = 0$, $V(q_i) = i \in \mathbf{Q}$, $V(s)$ is a successor function from $\mathbb{Z}$ to $\mathbb{Z}$,*

   (b) $\langle 0, 0 \rangle \in V(@)$; $\langle 0, n \rangle \in V(Q)$ for $n \in \mathbf{Q}$; there is $\Sigma = \{0, \ldots, n\}$ or empty, such that $\langle 0, i \rangle \in V(M_1)$ for each $i \in \Sigma$, and $\langle 0, j \rangle \in V(M_0)$ for each $j \in \mathbb{Z} \setminus \Sigma$,

---

[11] In is analogous to $*$ of [35] and $\mathcal{E}$ of [10].

(c) if $\langle \mathbf{t}, o \rangle \in V(@)$, $\langle \mathbf{t}, o \rangle \in V(M_m)$ and $\langle \mathbf{t}, n \rangle \in V(Q)$, then

$$
\begin{cases}
\langle \mathbf{t}+1, o \rangle \in V(@), \langle \mathbf{t}+1, o \rangle \in V(M_k), & \textit{if } \mathbf{M1/0}^* \in \\
\textit{and for each } o' \neq o, & In(q_n) \\
\langle \mathbf{t}+1, o' \rangle \in V(M_i) \textit{ if } \langle \mathbf{t}, o' \rangle \in V(M_i) & \\
\langle \mathbf{t}+1, s(o) \rangle \in V(@) \textit{ or } \langle \mathbf{t}+1, s^{-1}(o) \rangle & \textit{if } \mathbf{R}^* \in In(q_n) \\
\in V(@), \textit{and for any } o', & \textit{or } \mathbf{L}^* \in In(q_n), \\
\langle \mathbf{t}+1, o' \rangle \in V(M_i) \textit{ if } \langle \mathbf{t}, o' \rangle \in V(M_i))
\end{cases}
$$

while $\langle \mathbf{t}+1, n' \rangle \in V(Q)$,
where $\langle m, n \rangle R \langle X \in \{M_k, s, s^{-1}\}, n' \rangle$, $\mathbf{t}, o \in \mathbb{Z}$, and $0 \leq \mathbf{t}$
($\mathbf{M1/0}^*, \mathbf{R}^*$ and $\mathbf{L}^*$ are the matrices

$\forall t \forall x ((@(t,x) \wedge M_m(t,x)) \rightarrow (@(s(t),x) \wedge M_{k \neq m}(s(t),x) \wedge Q(s(t),q_{n'})$
$\wedge \forall y ((y \neq x \wedge M_i(t,y)) \rightarrow M_i(s(t),y)))),$
$\forall t \forall x ((@(t,x) \wedge M_m(t,x)) \rightarrow (@(s(t),s^{-1}(x)) \wedge Q(s(t),q_{n'})$
$\wedge \forall y (M_i(t,y) \rightarrow M_i(s(t),y))))$
$\forall t \forall x ((@(t,x) \wedge M_m(t,x)) \rightarrow (@(s(t),s(x)) \wedge Q(s(t),q_{n'})$
$\wedge \forall y (M_i(t,y) \rightarrow M_i(s(t),y)))),$
respectively),

(d) $V(=)$ and $V(<)$ are evaluated as usual.

R semantically describes TM quadruples (m referring to the subscript of M_m). We note that the only causal terms referring by definition to domain objects are internal states. Otherwise, causes are defined only implicitly, by the influence function In, which maps a causal term to a subset of formulas, and the meaning of such causes is left to be purely intensional (without any extension associated by a model).

Definition 7 (Variable assignment, a) *For variable assignment a, $a(x) \in \mathbb{Z}$.*

The denotation of individual term w in $\mathfrak{M}$ for a will be expressed by $[\![w]\!]_a^{\mathfrak{M}}$.

Definition 8 (Satisfaction)

1. $\mathfrak{M} \models_a \Phi(w_1, w_2) \Leftrightarrow \langle [\![w_1]\!]_a^{\mathfrak{M}}, [\![w_2]\!]_a^{\mathfrak{M}} \rangle \in V(\Phi)$, *for $\Phi \in \{@, Q, M_k\}$,*
2. $\mathfrak{M} \models_a w_1 = w_2 \Leftrightarrow [\![w_1]\!]_a^{\mathfrak{M}} = [\![w_2]\!]_a^{\mathfrak{M}}$,

3. $\mathfrak{M} \models_a w_1 < w_2 \Leftrightarrow [\![w_1]\!]_a^{\mathfrak{M}} < [\![w_2]\!]_a^{\mathfrak{M}}$,
4. $\mathfrak{M} \models_a \neg\phi \Longleftrightarrow \mathfrak{M} \not\models_a \phi$,
5. $\mathfrak{M} \models_a \phi \to \psi \Longleftrightarrow \mathfrak{M} \not\models_a \phi$ or $\mathfrak{M} \models_a \psi$,
6. $\mathfrak{M} \models_a \forall x\phi \Longleftrightarrow$ for each $n \in \mathbb{Z}$, $\mathfrak{M} \models_{a[n/x]} \phi$,
7. $\mathfrak{M} \models u\colon \phi \Longleftrightarrow \phi \in In(u)$.

The work of a TM can be described in an obvious ("self-evident") way by using TM terms, i.e., in terms of reading and writing of symbols or moving left or right on the TM's tape, depending on the TM's internal states. Thus, the above definition of satisfaction can be replaced by a description in TM terms in a familiar way. For example,

1. TM is at the time m in the state n iff $\mathfrak{M} \models_a Q(m, q_n)$,
2. TM is at the time m at the square n iff $\mathfrak{M} \models_a @(m, n)$
3. For TM, at the time m, 1 is written in the square n or n is blank iff $\mathfrak{M} \models_a M_1(m, n)$ or $\mathfrak{M} \models_a M_0(m, n)$, respectively.

In general, the truth of each sentence ϕ of the formal language of TJL can be expressed by a corresponding non-formalized sentence F in TM terms by using, in addition, some usual paraphrasing for logical terms and syntax. TM terms are clearly understandable without being formalized and can exactly depict the form of a TM's work.[12] Hence, they are not "informal" eventhough they are non-formalized and independent of formal systems.[13]

Soundness and completeness

Theorem 9 (TM-soundness) *If $\vdash \phi$ then $\models \phi$.*

Proof. We give some examples.

(a) Axiom **CTE** (for **M1**). Let $\mathfrak{M} \models_a q_m\colon \forall t \forall x((@(t, x) \land M_0(t, x)) \to (@(s(t), x) \land M_1(s(t), x) \land Q(s(t), q_n) \land \forall y((y \neq x \land M_k(t, y)) \to M_k(s(t), y))))$, and let $\mathfrak{M} \models_{a[\mathbf{t}/t, o/x]} @(t, x) \land M_0(t, x) \land Q(t, q_m)$. Thus, $\langle \mathbf{t}, o \rangle \in V(@)$, $\langle \mathbf{t}, o \rangle \in V(M_0)$ and $\langle \mathbf{t}, m \rangle \rangle \in V(Q)$, and hence (according to the first assumption, Definition 6 for R and V, and Definition 8), $\langle 0, m \rangle R \langle 1, n \rangle$

---

[12]Cf. [18] on the "absolute definition" of Turing computability.

[13]See [6] on Gödel's "absolute" concepts as "formal" in the sense of "universal applicability" ("without any restriction of type") and as related to Platonic "forms".

holds. Accordingly, $\mathfrak{M}$ and $a[\mathbf{t}/t,\,o/x]$ satisfy $@(s(t),x)$, $M_1(s(t),x)$ and $Q(s(t),q_n)$, and for all other squares $o' \neq o$ nothing changes in $\mathbf{t}+1$. This satisfies the consequent in $\mathbf{M1}$, i.e., $@(s(t),x) \wedge M_1(s(t),x) \wedge Q(s(t),q_n) \wedge \forall y((y \neq x \wedge M_k(t,y)) \to M_k(s(t),y))$ which is ψ of $\mathbf{CTE}$ (see special TM axioms above).

(b) The proof of the soundness for causal axioms is similar as in [35] (with In for $*$). E.g., for $\mathbf{CK}$, let $\mathfrak{M} \models_a u\colon \phi \to \psi$ and $\mathfrak{M} \models_a v\colon \phi$. Thus $\phi \to \psi \in In(u)$ and $\phi \in In(v)$, implying $\psi \in In(u \cdot v)$, and hence, $\mathfrak{M} \models_a (u{\cdot}v)\colon \psi$. The additional case of $\mathsf{gen}_x(u)$ is proved in an analogous way.

We now give the semantic account of TM descriptive inferences as a characteristic example. Let $\mathfrak{M}$ and a satisfy an axiom of the form $\mathbf{IC'}$. Let also, for instance, $\mathfrak{M} \models_a q_m\colon \forall t \forall x((@(t,x) \wedge M_k(t,x)) \to (@(s(t),s(x)) \wedge Q(s(t),q_n) \wedge \forall y(M_k(t,y) \to M_k(s(t),y))))$ (axiom scheme $\mathbf{R}$). In addition, let $\mathfrak{M}$ and $a[\mathbf{t}/t,\,o/x]$ satisfy $@(t,x)$, $M_k(t,x)$ and $Q(t,q_m)$. Hence, by Definition 8, $\mathfrak{M} \models_{a[\mathbf{t}/t,\,o/x]} (@(t,x) \wedge M_k(t,x)) \to (@(s(t),s(x)) \wedge Q(s(t),q_n) \wedge \forall y(M_k(t,y) \to M_k(s(t),y)))$. Since $\mathbf{CTE}$ is semantically valid, it follows that $\mathfrak{M} \models_{a[\mathbf{t}/t,\,o/x]} @(s(t),s(x)) \wedge Q(s(t),q_n) \wedge \forall y(M_k(t,y) \to M_k(s(t),y))$. Similarly for other TM-premises. By induction, with some logical semantics, for any $\mathbf{t}$ and o in the work of the TM, $\mathfrak{M} \models_{a[\mathbf{t}/t,\,o/x]} @(t,x) \wedge M_k(t,x) \wedge Q(t,q_j)$ for some j. This can be existentially generalized on t and x (a semantically valid step), in which way we obtain a true halting conclusion if no axiom is valid containing the instruction on how to continue further from the internal state j and scanned 'k'. $\qquad\square$

Definition 10 (Saturated set Γ_ω^{max} of closed sentences) *A saturated set of closed sentences is maximal consistent (consistent, includes ϕ or $\neg\phi$ for each sentence ϕ) and ω-complete (includes an instantiation of each $\exists$-sentence).*

Let $\mathcal{LTJL}^k$ be as $\mathcal{LTJL}$, extended by infinitely many witnesses (individual constants not in the vocabulary of $\mathcal{LTJL}$).

Lemma 11 *Each consistent set of closed sentences of $\mathcal{LTJL}$ can be extended to a saturated set Γ_ω^{max} of sentences of $\mathcal{LTJL}^k$.*

Proof. A usual method of proof, extending a given consistent set to its saturated superset by using witnesses. □

Definition 12 (TM canonical model, $\mathfrak{M}^c$) *In the following, w is a closed term, and $[\![w]\!]^c$ is its meaning in the canonical model $\mathfrak{M}^c$.*

1–2. as in Definition 6,

3. (a) $\langle m,n\rangle R\langle M_{k\neq m},n'\rangle$ *iff* $q_n\colon \forall t\forall x((@(t,x)\wedge M_m(t,x)) \to (@(s(t), x) \wedge M_{k\neq m}(s(t),x) \wedge Q(s(t),q_{n'}) \wedge \forall y((y\neq x \wedge M_k(t,y)) \to M_k(s(t),y)))) \in \Gamma_\omega^{max}$

 (b) $\langle m,n\rangle R\langle s,n'\rangle$ *iff* $(q_n\colon \forall t\forall x((@(t,x) \wedge M_m(t,x)) \to (@(s(t),s(x)) \wedge Q(s(t),q_{n'}) \wedge \forall y(M_k(t,y) \to M_k(s(t),y)))) \in \Gamma_\omega^{max})$ *(similarly for $s^{-1}(x)$ instead of $s(x)$),*

4. $In(u) = \{\phi \mid u\colon \phi \in \Gamma_\omega^{max}\}$,

5. (a) $V(0), V(q_i), V(s)$ *as in Definition 6,*

 (b) $\langle 0,0\rangle \in V(@)$, $\langle 0,[\![w]\!]^c\rangle \in V(M_k)$ *iff* $M_k(0,w) \in \Gamma_\omega^{max}$, $\langle 0,[\![q_i]\!]^c\rangle \in V(Q)$ *iff* $Q(0,q_i) \in \Gamma_\omega^{max}$,

 (c) *conditions of Definition 6,*

 (d) $V(=) = \{\langle [\![w_1]\!]^c,[\![w_2]\!]^c\rangle \mid w_1 = w_2 \in \Gamma_\omega^{max}\}$, $V(<) = \{\langle [\![w_1]\!]^c,[\![w_2]\!]^c)\rangle \mid w_1 < w_2 \in \Gamma_\omega^{max}\}$.

Lemma 13 (TM Canonical satisfaction) $\mathfrak{M}^c \models_c \phi$ *iff* $\phi \in \Gamma_\omega^{max}$ *(ϕ is a closed formula of $\mathcal{L}\mathsf{TJL}^k$).*

Proof. We elaborate specific cases of atomic and justification sentences.

1. Atomic case. The thesis holds for time 0 (Definition 12, cases 4a–b) and timeless atomic sentences ($=$, $<$). By induction on time, we prove the thesis for atomic sentences in general. By inductive hypothesis, $\mathfrak{M}^c \models @(w_t,w)$ iff $@(w_t,w) \in \Gamma_\omega^{max}$, $\mathfrak{M}^c \models M_k(w_t,w)$ iff $M_k(w_t,w) \in \Gamma_\omega^{max}$, and $\mathfrak{M}^c \models Q(w,q_i)$ iff $Q(w,q_i) \in \Gamma_\omega^{max}$. (a) Suppose that R of $\mathfrak{M}^c$ associates with k (of M_k) and i (of q_i) a new pair, e.g., $\langle 0,q_1\rangle R\langle 1,q_1\rangle$ ($k=0,i=1$), that is, TM continues to work after $[\![w_t]\!]^c = \mathbf{t}$ in $[\![w_{t+1}]\!]^c = \mathbf{t}+1$. According to definitions 6 and 8, from $@(w_t,w)$, $M_k(w_t,w)$ and $Q(w_t,q_1)$ satisfied by $\mathfrak{M}^c$, it follows that $\mathfrak{M}^c$ satisfies $@(w_{t+1},w)$, $M_1(w_{t+1},w)$ and $Q(w_{t+1},q_1)$ and for each $w' \neq w$, $M_k(w_{t+1},w')$ is satisfied if $M_k(w_t,w')$ is.

However, according to Definition 12, $\langle 0, q_1 \rangle R \langle 1, q_1 \rangle \in R$ iff the corresponding axiom $q_1 : \forall t \forall x ((@(t, x) \wedge M_0(t, x)) \to (@(s(t), x) \wedge M_1(s(t), x) \wedge Q(s(t), q_1) \wedge \forall y ((y \neq x \wedge M_k(t, y)) \to M_k(s(t), y)))) \in \Gamma_\omega^{max}$. From this axiom, the same atomic sentences for w_{t+1} are provable (and are thus members of Γ_ω^{max}) which are satisfied by $\mathfrak{M}^c$. (b) If R does not associate any new $\langle X, q_j \rangle$ with $\langle k, q_i \rangle$, i.e., TM does not continue to work after $\mathbf{t}$, then there are no atomic sentences with $@$, M_k or Q that are true for $\mathbf{t} + 1$. Equivalently, according to Definition 12, there is no corresponding axiom (TM premise) from which these atomic sentences could be provable.

2. The general case of $u : \phi$ is simple. Let $\mathfrak{M}^c \models u : \phi$. Thus, $\phi \in In(u)$ (Definition 8) from where, by Definition 12, it follows that $u : \phi \in \Gamma_\omega^{max}$. Also, $\mathfrak{M}^c \not\models u : \phi$ implies that $\phi \notin In(u)$, from where we obtain (Definition 12) that $u : \phi \notin \Gamma_\omega^{max}$.

In addition, the In conditions 4 of Definition 6 hold for a canonical model. For $\mathbf{gen}_x(u)$, assume $\phi(x) \in In(u)$ ($x \notin \mathbf{free}(u)$).

Thus $u : \phi(x) \in \Gamma_\omega^{max}$ (In in Definition 12), and therefore $\mathbf{gen}_x(u) : \forall x \phi(x) \in \Gamma_\omega^{max}$ (Axiom $\mathbf{C\forall}$). According to Definition 12 (In), it follows that $\forall x \phi(x) \in In(\mathbf{gen}_x(u))$. For other cases, cf. Lemma 10 of [35] (the case of $?u$ is proved similarly).

$\square$

Theorem 14 (Completeness) TJL *is complete with respect to* TJL *models.*

Proof. In a familiar way: from the TJL consistency of a closed formula $\neg \phi$ the satisfiability of $\neg \phi$ follows by a canonical model. Thus, if ϕ is semantically valid, it is a theorem of TJL. $\square$

"Absolute provability", "absolute notions" and completeness

We, finally, add some remarks on the Gödelian notion of "absolute provability", independent of a given formal system.

Gödel anticipated the notion of "absolute provability" already in his completeness paper from 1929 [13, pp. 62–65], where he mentioned the unrestricted principle of excluded middle, for example, in the following sense: either the validity of ϕ is provable or ϕ should be refuted by a counterexample – not in the sense of the provability in a formal system, but in the sense of any provability means. This meaning of provability was "questionable" for Gödel in 1929. However, in 1933 [15], "absolute provability" was stated in a neutral way as belonging to the S4-like "provability" operator B, and in 1938 [17], it was characterized as "curious" (*merkwürdig*, pp. 100-101). In 1946 [18], Gödel speaks with much conviction about an "absolute notion" of provability, adjoining it to the absolute notion of computability discovered by Turing in [39]. Finally, in his conversations with Wang (late 1960s/1970s), Gödel, on the one side, points to the "bankruptcy" (not just "misunderstanding") of our present theory with respect to abstract (absolute) notions (e.g., the general concepts "proof" and "concept") due to intensional paradoxes, and on the other to the possibility of a future solution of these paradoxes while, in the meantime, avoiding the self-application of abstract concepts [40, pp. 187–188, 270, 272–273].

It seems that a clue to the concept of absolute provability and the corresponding "absolute" completeness proof can be found in Gödel's ontological proof (in the system OB of his *ontologischer Beweis* [22], and in GO, Scott's slight emendation of OB [36]). There, a sort of (axiomatically described) paradigm for an "absolute" completeness proof can be recognized, deducing the existence ("realization") that exemplifies a "system" of properties of individual objects from the compatibility of the system. Instead of metatheoretical reasoning to bridge the gap between a formal system and its model theory, Gödel, in his ontological proof, introduces "abstract", higher-order reasoning, with "abstract" concepts of a property (second-order quantification), positive property (third-order property of positiveness, $\mathcal{P}$), possibility and necessity ($\Diamond, \Box$).[14] "Posi-

_____

[14]Cf. [23], where, in the context of the problem of the consistency of a formal system, Gödel (relying on Bernays' remarks) is emphasizing the need of the "abstract concepts" ("essentially of the second or higher order"). Abstract concepts "do not have as their content properties or relations of *concrete* objects (such as combinations of symbols), but rather of *thought structures* or *thought contents* (e.g., proofs, meaningful

258

tiveness" can be understood as an abstract ("absolute") criterion for the
building of a proof system, depending on what we want to have as a
consistent system of values – in the "moral esthetic sense" [22, p. 404],
or in a logical sense of "assertions (+ tautologies)" [22, p. 434][24, XIV
106] (cf. "pure 'attribution'" [22, p. 404]), in which case, according
to Gödel, a simpler system would be possible [24, XIV 106] (cf. [22,
p. 404]). Abstract provability is, again, necessity, but strengthened to
S5 propositional base (allowing "negative introspection") and having the
abstract characterization of the "following from mere concepts" ("under-
standability", *Verständlichkeit*; cf. "following from the essence of . . .",
"following from the nature of . . .", where "essence" and "nature" need not
be explicitly definable).[15]

In Gödel's ontological proof, we encounter a similar pattern of reasoning as mentioned at the beginning of [13] from 1929: in 1929, from
the consistency of a system of propositions (axioms), to the realization
(model) of this system; in GO, from the *possibility* ($\Diamond$, "compatibility" of
all "positive" properties[16] in one thing, $\Diamond \exists x G x$), to their "realization" in
an *existing* thing (that possesses all positive properties), $\Box \exists x G x$ (where
$Gx =_{def} \forall X(\mathcal{P}X \to Gx)$).[17] Thus, if we apply the decidability formulation of 1929, the completeness can, in GO, be formulated in the following
way:

> Either the system of all positive properties is refutable, or
> there is x that has all positive properties.

Let us note that Gödel's "abstract" approach to provability and its completeness differs from the reductionist completeness proof of [13, 14],
which reduces the completeness (in the form of the principle of excluded
middle between formal refutation and the possession of a model), step
by step, to the case of skolemized first-order formulas and to the propositional logic case.

---

propositions, and so on)" for which "insights" are needed that are "derived" from a
"reflection upon the *meanings* involved".

[15]See [24, XIV 118–119], [22, pp. 403, 435] and [19, p. 313].

[16]Including propositions, as closed properties, if the full comprehension scheme for
GO is accepted.

[17]On Gödel's characteristic pattern of reasoning from possibility to existence, also
in cosmology and philosophy of time, see [42, 43].

Whereas Henkin's approach consists in building a canonical model defined by means of expressive features of a given formal language (plus witnesses; see, for instance, [32]),[18] Gödel exceeds a given language and its predicates by abstract concepts and new primitive terms in order to come, by explicit abstract reasoning, to an adequate realization of a given consistent "system" of predicates together with the abstract concepts introduced. The realization is achieved in the instantiating entity x for the system of positive properties, which is completely determined by the possession of positive properties (i.e., this possession makes its "essence") – Gödel's counterpart of a Henkin-style canonical model as being entirely determined by a saturated set of formulas for which it is built.

Eventually, if absolute provability is understood from "positiveness" taken as the criterion of the choice of a proof system, absolute provability and ontological necessity coincide:

> The positive and the true sentences are the same, for different
> reasons.   [22, pp. 432–433][24, XIV 104]

In addition, in accordance with Gödel's basic philosophical views, we can assume that the abstract structure comprising all positive properties should have an objective, and moreover, a causal, but non-mechanical, meaning [31]. For Gödel, concepts, and thus necessity as "following from mere concepts" ("following from the nature of . . .") are not just our constructs ("creations"), but have an objective character and causal sense.[19] Besides general statements on "axioms causing theorems" and a "fundamental theorem causing its consequences" [40, pp. 120, 320], Gödel also seems to have in mind some "absolute" counterpart of a universal Turing machine, which he sometimes describes in Aristotelian terms as an "active intellect" working on the "passive intellect" (cf. head and tape of a Turing machine),[20] and as the influence of concepts on our mind [40,

---

[18]". . . maximal consistent set as an oracle and as building blocks for the model" [32, p. 158].

[19]See [22, p. 432] and [24, p. 104] on the Kantian categories, including necessity, which should be understood, in a Gödelian view, from the concept of cause.

[20]"The active intellect works on the passive intellect which somehow shadows what the former is doing and helps us as a medium" [40, pp. 235, 189].

4.4.7 on p. 149].[21] The development of our mind[22] and of our perception of concepts lies behind and inspires the development of the formalization work, which, in turn, corrects our uncertain conceptual perception and leads to its further precision and enrichment.

Acknowledgments

Works of Kurt Gödel used with permission of the Institute for Advanced Study. Unpublished Copyright Institute for Advanced Study. All rights reserved.

References

[1] Aristotle [1964]. *Analytica Priora et Posteriora*, D. Ross and L. Minio-Paluello (eds.). Oxford University Press.

[2] Artemov, Sergei [1995]. *Operational Modal Logic*. Cornell University, MSI 95-29.

[3] Artemov, Sergei [2001]. "Explicit Provability and Constructive Semantics". *The Bulletin of SymbolicLogic*, 7: 1–36.

[4] Artemov, Sergei and Tatiana Yavorskaya (Sidon) [2011]. *First-order Logic of Proofs*. CUNY Ph.D. Program in Computer Science, TR-2011005.

[5] Boolos, George, John P. Burgess and Richard Jeffrey [2007]. *Computability and Logic*. Fifth Edition. Cambridge University Press.

[6] Crocco, Gabriella [2017]. "Informal and Absolute Proofs: Some Remarks From a Gödelian Perspective". *History and Philosophy of Logic*.

[7] Davis, Martin (ed.) [1965]. *The Undecidable*. New York: Raven.

---

[21]See also Gödel's reflections on Kant's synthetic unity of consciousness, with category as "generating unities out of manifolds" [21, p. 268]. On a causal interpretation, see in [31].

[22]Cf. [23] on Turing's philosophical error.

[8] Fitting, Melvin [2005]. "The Logic of Proofs, Semantically". *Annals of Pure and Applied Logic*, 132: 1–25.

[9] Fitting, Melvin [2008]. "A Quantified Logic of Evidence". *Annals of Pure and Applied Logic*, 152: 67-83.

[10] Fitting, Melvin [2014]. "Possible World Semantics for First Order LP". *Annals of Pure and Applied Logic*, 165: 225–240.

[11] Frege, Gottlob [1988]. *Die Grundlagen der Arithmetik*. Hamburg: Meiner.

[12] Gödel, Kurt [1986–2003]. *Collected Works*, vols. 1–5, Solomon Feferman et al. (eds.). Oxford University Press.

[13] Gödel, Kurt [1986]. "Über die Vollständigkeit des Logikkalküls". In [12], vol. 1, 60–101.

[14] Gödel, Kurt [1986]. "Die Vollständigkeit der Axiome des logischen Funktionenkalküls". In [12], vol. 1, 102–123.

[15] Gödel, Kurt [1986]. "Eine Interpretation des intuitionistischen Aussagenkalkül". In [12], vol. 1, 300–303.

[16] Gödel, Kurt [1986]. "On Undecidable Propositions of Formal Mathematical Systems". In [12], vol. 1, 346–371.

[17] Gödel, Kurt [1995]. "Vortrag bei Zilsel". In [12], vol. 3, 86–113.

[18] Gödel, Kurt [1990]. "Remarks before the Princeton Bicentennial Conference on Problems in Mathematics". In [12], vol. 2, 150–153.

[19] Gödel, Kurt [1995]. "Some Basic Theorems on the Foundations of Mathematics and Their Implications". In [12], vol. 3, 304–323.

[20] Gödel, Kurt [1995]. "The Modern Development of the Foundations of Mathematics in the Light of Philosophy". In [12], vol. 3, 374–387.

[21] Gödel, Kurt [1990]. "What is Cantor's continuum problem (1964)". In [12], vol. 2, 254–270.

[22] Gödel, Kurt [1995]. "Ontological Proof / Texts Relating to the On-tological Proof". In [12], vol. 3, 403–404, 429–437.

[23] Gödel, Kurt [1990]. "On an Extension of Finitary Mathematics which Has Not Yet Been Used". In [12], vol. 2, 271–280.

[24] Gödel, Kurt [2016]. *Volume XIV of the Max Phil Notebooks: Draft.* G. Crocco at al. (editor-in-chief), Mark van Atten, Paola Cantú and Eva-Maria Engelen (Eds.). Library Granger-Guillermit at the Aix-Marseille University. Contains 'Phil XIV' and 'Max XV, Letztes'.

[25] Hilbert, David [1967]. "On the Infinite". In [26], 367–392.

[26] Heijenoort, Jean van (ed.) [1967]. *From Frege to Gödel.* Harvard University Press.

[27] Kant, Immanuel [1910]. *Kant's gesammelte Schriften.* Königl. Preuß. Akademie d. Wissenschaften (Ed.), Berlin, etc.: Reimer, de Gruyter, etc.

[28] Kant, Immanuel [1911]. *Kritik der reinen Vernunft.* 2. Auflage 1787. In [27], vol. 3. Berlin: Reimer.

[29] Kant, Immanuel [1924]. *Logik.* Kant's handschriftlicher Nachlaß, vol. 3. In [27], vol. 16. Berlin, Leipzig: de Gruyter.

[30] Kovač, Srecko [2015]. "Causal Interpretation of Gödel's Ontological Proof". In [38], 163–201.

[31] Kovač, Srecko [2018]. "On Causality as the Fundamental Concept of Gödel's Philosophy". *Synthese.* [https://doi.org/10.1007/s11229-018-1771-2].

[32] Manzano, María [2014]. "Henkin on Completeness". In [34], 149-176.

[33] Manzano, María and Enrique Alonso [2014]. "Completeness: From Gödel to Henkin". *History and Philosophy of Logic,* 35(1): 50–75.

[34] Manzano, María, Ildikó Sain and Enrique Alonso (eds.) [2014]. *The Life and Work of Leon Henkin: Essays on His Contributions.* Cham, Heidelberg, etc.: Springer.

[35] Mkrtychev, Alexey [1997]. "Models for the Logic of Proofs". In S. Adlan and A. Nerode (eds.), *Logical Foundations of Computer Science*. Berlin, Heidelberg, etc.: Springer, 266–275.

[36] Sobel, Jordan H. [2004]. *Logic and Theism*. Cambridge University Press.

[37] Spadoni, Carl and David Harley [1985]. "Bertrand Russell's Library". *The Journal of Library History (1974–1987)* 20(1): 25–45.

[38] Świętorzecka, Kordula (ed.) [2015]. *Gödel's Ontological Argument: History, Modifications, and Controversies*. Warsaw: Semper.

[39] Turing, Alan M [1965]. "On Computable Numbers, with an Application to the Entscheidungsproblem". In [7], 115–154.

[40] Wang, Hao [1996]. *A Logical Journey*. Cambridge, Mass.: The MIT Press.

[41] Wittgenstein, Ludwig [1958]. *Philosophische Untersuchungen / Philosophical Investigations* (2nd ed). Oxford: Blackwell.

[42] Yourgrau, Palle [1999]. *Gödel Meets Einstein: Time Travel in the Gödel's Universe*. Chicago: Open Court.

[43] Yourgrau, Palle [2005]. *World Without Time: The Forgotten Legacy of Gödel and Einstein*. New York: Basic Books.

Gettier Cases, Logical Knowledge and evidential luck

Concha Martínez-Vidal

Department of Philosophy and Anthropology, University of Santiago de Compostela (Spain)

ABSTRACT

The purpose of this paper is to refute Besson's argument [2] against the understanding account of basic logical knowledge which she frames in terms of a purported Gettier case for logical knowledge. Besson intends her modus ponens (MP) case—a Gettier case about the understanding account of logical knowledge—to be one in which, even if Nate understands the meaning of 'if,' the justificatory force for his belief in MP relies on a process that includes both Brenda's testimony and Nate's understanding. Besson considers several ways in which it could be argued that her MP-case is not problematic for the understanding account, only to reject them all. Against the counterarguments put forward by Besson, I argue that Nate both understands and knows. The problem is with what Besson takes to be the process that generates the belief. She intends the process to comprise Nate's coming to know by both testimony and understanding; while the operative justification lies in the testimony. Besson faces a dilemma: either the justificatory process is identified with the process of coming to know by testimony and in that case understanding does not play any justificatory role or both testimony and understanding are part of the process that results in Nate's coming to know MP, while understanding plays the operative justificatory role. Either way MP fails to be a case against the understanding account. If Besson embraces the first horn of the dilemma, she fails to have a case against the understanding account since the operative justification is the testimony and understanding does not play a role. If she embraces the second horn, then understanding plays the operative justificatory role while testimony merely allows Nate to acquire understanding; in this case, testimony would not be part of the operative justification process by means of which Nate comes to be justified, and, as a result, knows. An alternative way of explaining what is going on in the latter case is to claim that the fact that Nate is lucky to hear the right rule does not constitute a case of 'veritic' epistemic luck; but a case of evidential luck [4].

Introduction

Besson [2] starts by claiming there is a need to reformulate traditional ways of understanding Gettier cases [9] because such ways of understanding them deny the possibility of constructing any for logical knowledge—by definition. That is because the customary ways of understanding Gettier cases consider that what goes wrong is that a belief *turns out to be true because of mere luck*; but of course, logical rules are always valid and logical truths are always true.[1] Therefore, she proposes that a Gettier case for basic a priori knowledge would be a case in which *one comes to understand*,[2] and consequently (according to the understanding

---

[1]The same obtains for necessary truths in general.

[2]Note that there will be different formulations for Gettier cases depending on the way in which one's favorite a priori justification is acquired. Be that as it may, it

account) one is entitled to use a basic rule of logic such as modus ponens (and from this, one comes to have justification to believe in modus ponens) out of sheer luck. As a result, though one is justified, one lacks knowledge because the process by means of which one has come to believe the rule is defective: it incorporates an element of luck.

Besson's in [2, pp. 2-3] proposed a case that goes as follows. Nate and Brenda are on a desert island. Strange as it might seem for someone stranded on a desert island, Nate wants to learn the basic rules of logic. He lacks any knowledge of the laws of logic and there is also some basic logic vocabulary that Nate does not know. Brenda, who is an expert logician, agrees to teach him. Nate does not know the meaning of 'if' and Brenda teaches it to him by teaching him orally the introduction rule for the conditional: from an inference that q from the assumption that p, one can infer that *if p, then q*. However, Brenda then gets tired and angry (so Besson tells us) and decides to deceive Nate. Instead of teaching him the elimination rule for the conditional, modus ponens, she intends to teach him the fallacy of asserting the consequent. Inexplicably, while she is telling him the incorrect rule, there is a tornado that interferes with their communication and Nate hears the correct rule. Hence, Besson concludes that Nate has a true justified belief in MP "[B]ut he does not know it. For the process through which he acquired this belief was not reliable." [2, p. 4]

Besson claims the MP-case is a Gettier case regarding the understanding account of knowledge of basic rules of logic. That is because the belief-forming process that is responsible for Nate's epistemic state involves understanding as well as a failure of testimony and luck; luck and lies are incompatible with knowledge, thus the process is not reliable, and Nate does not know. Yet, Nate holds a justified true belief, because luck allowed him to hear the correct formulation of the rule. It is essential to Besson's purported Gettier case for the understanding account that testimony is part of the belief-forming process, and that the belief-forming process includes both understanding and a failure of testimony.

---

sounds plausible that similar cases could be designed for Bealer's intuitions, BonJour's rational insight or Peacocke's concept possession.

What counts as the belief-forming process?

Besson considers that a proponent of the understanding account will most probably dismiss her case. Presumable, so she reasons, proponents of the understanding account will counterargue in either or both of the following ways:

1. Besson's MP-case fails to take into consideration that Nate's justification comes "only from understanding." In other words, Nate's justification would have to do with "the fact that what he understands is an implicit definition, or with the fact that he judges it to be obvious. . ." [2, p. 9]. Besson in turn rejects these two possible answers because they are, she claims, *question-begging*. In particular, she says:

> Arguably, in the (MP)-case Nate's justification has little to do with the fact that what he understands is an implicit definition, or with the fact that he judges the rule to be obvious; it may be that he has not (yet) reflected on the sort of sentence that (MP) is, or on whether he finds it independently compelling–independently, that is, of the fact that Brenda has (apparently) told him that (MP) holds. He simply believes in what she (apparently) said: he believes (MP) because Brenda (apparently) told him it holds, and as far as he is concerned, Brenda said (MP), and it is natural for a student to believe what the teacher says. [. . .] Of course, the rule might strike him as obvious if he were to reflect on it, and if he reflected on the sort of proposition that (MP) is, his operative justification might change from testimony to understanding, but as things stand, he believes (MP) because Brenda (apparently) told him so. [4, pp. 9-10]

2. The other possibility Besson considers is found in section IX [2, pp. 18-19] and is that if Nate's justification came from testimony, then Nate came to know empirically. Hence, Nate's case would not be a Gettier case regarding the understanding account, as that account aims to explain our *a priori* knowledge of logic.

Besson also rejects this possible counterargument because defenders of the understanding account such as Peacocke consider that a priori knowledge obtains even if testimony is involved. Hence, claiming that Nate's case is not a Gettier case about the understanding account because he comes to know by testimony that is to say, empirically is not a possible move for the defender of the understanding account; or so Besson claims.[3]

Finally, she analyses a possible slight twist in this latter argument to contend that "even if it turns out that one cannot acquire an a priori belief through testimony, and thus that Nate's belief is empirical, this is still a counter-example to the understanding account, because in that case understanding would typically not generate the sorts of a priori justification or entitlement which the account requires." [2, p. 19] Hence, disagreement between Besson and the defender of the understanding account has to do with identifying the source of Nate's justification. For Besson, the operative justification comes from Brenda's testimony. Thus, the process by means of which Nate came to understand (his teacher's testimony) is unreliable because both luck and lies are involved.

In order to settle the dispute—a task that is, of course, far from easy—a few issues need to be dealt with. We need to clarify whether testimony and understanding can belong to the same type of justificatory process while only one of them is operative. Besson explains (see the quote immediately above) that the fact that eventually Nate may come to acquire a deep understanding, and consequently the burden of justification would move from testimony to understanding, does not mean that understanding is playing the operative justificatory role in Nate's case. Nonetheless, she still contends that understanding is part of the causal chain by means of which the belief was formed.

Testimony belongs in the acquisition module

Besson claims that the defender of the understanding account lacks any non-question-begging explanation that can justify the claim that Nate comes to know only by implicit definition. In other words, Besson claims that the only reasons that the defender of the understanding account can put forward presuppose that only part of the belief-forming process is

---

[3] As I cite below, Besson quotes [2, p. 746].

relevant for Nate's justification. The problem is then that they cannot give an independent reason for this [2, p. 10].

Understanding what is going on according to the defender of the understanding account amounts to accepting the acquisition/justification distinction. But according to Besson a reliabilist herself [2, p. 4] the whole causal chain that results in Nate's justified belief in modus ponens is to be considered as integrated within the belief-forming method. Her argument is that there is no principled way of establishing a difference between acquisition and entitlement, and that is so because, according to the reliabilist, the process of justification is the whole causal (and historical) process that generates Nate's *belief.*

Maybe this is not, however, as obvious as Besson takes it to be. As is well-known,[4] one general problem for the reliabilist is that of individuating the method by means of which one comes to know. In particular, our problem is that "...there clearly are all sorts of channels of cause and effect leading from the near and distant past to the belief. Which are to count as part of the method of forming the belief?" [10, p. 8]

Hawthorne systematizes this kind of problem, which has to do with identification of the type of (token of the) belief-forming method, by distinguishing two aspects of it: width and length. The length aspect has to do with determining a starting point for the historical causal chain; the width aspect with what counts as part of that causal chain, not in the sense of determining a historical starting point, but in the sense of deciding which *coincident* causal lines are to be considered as part of the method: "All sorts of facts at one time have some causal bearing on belief at a slightly later time. Which of them are to count as *part of* the belief forming process?" [12, p. 9]

Besson assumes there is no problem in identifying the process by means of which Nate formed his belief in MP with a process that involves both testimony and understanding, but with only testimony playing the operative justificatory role. She simply takes it for granted that they can both take part in the same belief-forming process; in the same causal chain. This supposition of Besson's is far from uncontroversial. For instance, Kitcher explicitly rejects the notion that the kind of mixture

---

[4]See, for instance, [1].

Besson is putting forward (testimony plus understanding) can be an element in one and the same belief-forming process: "... knowing a theorem on the basis of hearing a lecture and knowing the same theorem by following a proof count, intuitively, as different ways of knowing the theorem. Faced with such variety, what characterization should we pick? Somebody who proposed that the process of listening to a lecture (or the terminal segment of it which consists of psychological states and events) belongs to a type which consists of itself and instances of following a proof, would flout *all* our principles for dividing processes into types." [11, pp. 11-12]

My contention is that the role of testimony in Besson's MP-case is very similar to the role of lecturing in the kind of hypothetical situation Kitcher depicts here; while understanding would be playing a role analogous to that of Kitcher's proof. Besson is putting together two ways of coming to know MP that we frequently set apart. In other words, we would generally all agree that coming to know MP by testimony can be identified as a way of coming to know MP that is different from coming to know MP by understanding. Thus, we see here that two different causal chains are identified; but the issue is whether our identifying them as two different ways of coming to know (two different belief-forming processes) prevents us from mixing them in the way Besson does in her MP-case. For Kitcher, what Besson does amounts to "flouting all our intuitions." However, Kitcher does not really give, after all, (at least not in the above quote) any reason why these two ways of coming to know should be considered different types in every case. Then, neither does Besson explain why they belong to a single type in the MP case. Presumably, for Besson the reason why they are both part of the belief-forming process is that they are both involved in the historical causal chain she designs; and that should suffice. Nonetheless, here the point is that the case she has designed seems to be one in which different causal chains are involved.

The idea that different causal chains might be involved could occur to the reader of Besson's paper precisely because Besson herself considers the possibility that either testimony or understanding might be the operative justification. The situation she intends to depict in Nate's case is that both testimony and understanding form part of the same causal chain leading to Nate's belief in MP. Besson seems to believe that putting one after the other in the belief-forming process is enough for them both to play a role, even though either of them could independently count as a type that is instantiated by the belief-forming process Nate follows, and even despite her acknowledgement that only one of them plays the *operative* role. It seems to me that her very acknowledging of this fact amounts to admitting that only one of the two processes can be identified as Nate's way of coming to know MP. In other words, if Nate comes to know by testimony, then the process of belief formation ends once Nate comes to know by testimony. Why do we need to include understanding in the belief-forming process if the belief has already been formed and it has been formed independently of Nate's understanding? What would the role of understanding be in such circumstances?

One possible way of making sense of what Besson has in mind when she claims that both testimony and understanding are part of the belief-forming process would be the following. Let us consider that as an immediate and, so to say, inevitable result of Nate's hearing the MP-rule from Brenda, Nate comes to understand it at a level enough for communication, though at a level that is not sufficient for understanding to play an operative justificatory role in the belief-forming process. Such a level of understanding (that is sufficient for communication) would somehow be implied by the very notion of testimony and would not constitute any sort of knowledge that is at all different from precisely the knowledge coming from testimony.[5] But then Boghossian could answer that Nate understands in *his* (Boghossian's) sense only if the level of understanding is sufficient for it to play what Besson refers to as 'the operative justification.'[6] Of course, this is not to deny that the fact that Nate comes to know by testimony is thoroughly consistent with Nate coming to (completely) understand afterwards. As Besson puts it, it could be the case that the operative justificatory role shifts from testimony to understanding; but in Nate's case, it is testimony that plays the initial justificatory role.

It should also be manifest that Besson fails to clarify the criterion to be applied in order to establish what counts as the operative justification in a given process, or the role that 'being operative' plays in the iden-

---

[5]I would like to thank Victor Verdejo for suggesting this line of argument.
[6]See [2, pp. 9, 10, 14].

tification of that process. In an intuitive and contextual reading of the expression, it seems plausible to contend that the operative justification is exactly that based on which Nate knows (or believes he knows).

Note that, while it is possible to contend that both testimony and (thorough or substantial) understanding are part of the same type of process if understanding plays the operative role in justification, it does not seem possible to make sense of the role of (thorough or substantial) understanding in a process in which testimony plays the operative justificatory role. If Nate's were the latter case, he would come to know by testimony and hence understanding would not seem to be playing any role. In contrast, if it were understanding that was operative in Nate's case, then he would come to know only after he had understood, while testimony would allow him to *acquire* that understanding. There is a clear asymmetry here. If this is correct, Nate's case is *not* a case against the understanding account because, since Nate learns MP by testimony, understanding is not part of his belief-forming process.

Another consequence of establishing that if testimony plays the operative role, then understanding is not part of the method is that in such a case Nate comes to believe in MP empirically. Besson herself considers and rejects this possibility [2, pp. 18-19], as I mention above. She considers that even in this case we would be faced with a Gettier case regarding the understanding account because defenders of the understanding account such as Peacocke consider that a priori knowledge obtains even if testimony is involved. This is what Peacocke says and Besson quotes in her defense:

> The means by which we come to know outright *a priori* [logical] propositions [may] involve any or all of the following: conversations and discussions with others; reading books which archive knowledge achieved many generations ago; our own workings-out on paper; musing and reflection on examples; computer simulations and computer proofs; and much else. Many in this array of methods involve perception at some stage or other. [14, p. 746]

Here I think that Besson just is not being fair. The defender of the understanding account would accept that testimony is compatible with a priori knowledge in as far as testimony is part of the process that allows for the acquisition of the conceptual machinery that is necessary to form a belief. In such situations, however, justification does not stem from that testimony.

Of course, previously in her paper Besson ruled out the possibility of assigning testimony a role in the process that is not an operative part of the justification. She did so by denying that the defender of the understanding account could provide a non-question-begging argument. But we have just seen that her claim is far from indisputable.

So, at this point we need to return to the way in which defenders of the understanding account interpret the MP-case. They maintain that both testimony and understanding are part of the belief-forming process that resulted in Nate's belief in MP, but the justification comes from understanding. In Peacocke's words, 'entitlement' comes from understanding; in Besson's terminology, we should say that the 'operative' justification comes from understanding.

If we look at the process in this way, then both testimony and understanding can combine in the same process, but this is because the operative justificatory force is not to be attached to the testimony. On the contrary, the testimony allows Nate to acquire understanding, to come to understand. In this scenario, the belief-forming process ends only with understanding. Before he acquires understanding, Nate is not justified in the intended way.

A common contention of defenders of a priori knowledge is that something suitably similar to the following is required if a priori knowledge is not to collapse into innate knowledge: "In the case of a priori propositions, much experience, perhaps of a specific character, may be required to grasp the concepts implicated in the proposition or to access the entitlement to believe it; but conditions of grasp and of access remain distinct from the nature of entitlement." [14, p. 2]

What Peacocke and Boghossian call "conditions of grasp and of access" pertain to what Besson refers to as "acquisition" when she considers a possible counterargument to her Nate case. According to Besson, Nate comes to be justified by testimony. Hence, she takes the counterargument to fail because acknowledging the relevance of the acquisition/justification distinction presupposes that we should "ignore the source of the communication and the fact that luck was involved in the process by which he came to believe MP." [2, p. 9]. We have just seen that her interpretation of Nate's purported Gettier case is questionable, and that her distinction between operative and non-operative justification needs to be explained and characterized.

Nate is evidentially lucky, hence he knows

Now, there is an alternative way to argue that Nate knows. This alternative relies on the observation that there are different kinds of luck and that, depending on the sort of luck involved, knowledge might obtain even when there is luck involved in the belief-forming process.

Duncan Pritchard has acknowledged that there is a "seemingly universal intuition that *knowledge excludes luck*, or, to put it another way, that the *epistemic luck* that sometimes enables one to have true beliefs . . . is incompatible with knowledge." [16, p. 1] In contrast to this intuition, some authors, Pritchard among them, have claimed that there are different kinds of luck and that not every kind of luck is incompatible with knowledge. For instance, Engel characterizes what he calls "evidential" luck that is compatible with knowledge. According to him, we could define evidential luck thus:

(EL) A person S is *evidentially lucky* in believing that p in circumstances C if and only if it is just a matter of luck that S has evidence e for p, but given evidence e, it is not a matter of luck that the belief that p is true in C. (My paraphrasing of [16])

In contrast, 'veritic' luck would be the kind of luck that is incompatible with knowledge: "(5) It is a matter of luck, given that the agent's belief meets all the relevant epistemic conditions, that the belief is true." [15, p. 204]

Now, this way of formulating the distinction does not apply in the case of logical truths or logically valid rules because they are necessary truths: they are always true. So, Besson's MP-case is a Gettier case for logical knowledge only if: "(4) It can be a matter of luck that p is true relative to S's justification."[12, p. 57]

So, a good candidate for a Gettier case for logical knowledge would be one that emphasizes that what counts is the relation between the

276

justification and the belief, and that this relation is such that the former does not guarantee the truth of the latter. In fact, this is what underlies Besson's purported Gettier case.

Now, Besson intends the MP-case to be a case against the understanding account; hence, it should be a matter of veritic luck that Nate came to know MP when understanding obtains. This is precisely what Besson thinks we have in the MP-case: it is a case in which understanding obtains (even if it is not what provides the operative justification) but only because Nate was lucky. We have justification that includes understanding, but it is a matter of veritic luck that Nate's operative justification has the appropriate link to truth: had the tornado not taken place, Nate would not have known. So Besson claims. And she is right because the belief-forming process in which testimony plays the operative role does not have the appropriate link to truth; if testimony plays the operative role, then the kind of luck involved is veritic luck.

In contrast, the kind of luck involved would not be veritic luck but evidential luck if the operative role in justification were played by understanding.

To see this, compare Nate's case to Seth's case:

Suppose that Seth has excellent reasons for trusting Linda, his logic instructor, and has so far acquired nothing but justified true beliefs from her. Now Linda presents Seth with argument A, which is valid. Seth does not follow all of the details of the argument but gains merely a general sense of how it is supposed to work. On the basis of this limited grasp of the argument and Linda's authority, he comes to know that the premises entail the conclusions. But compatibly with this, Linda could have made two errors with negations that cancel each other out. In that case, Seth would have come to believe, with the same justification, that the premises entail the conclusion. His belief would have been true but it wouldn't have been knowledge. Despite holding the belief with considerable justification, the justification for it wouldn't have been connected to the truth in the right sort of way for it to count as knowledge. [18, p. 149]

In Seth's case, he fails to know because Linda fails to offer the proof she thinks she offers. The problem is not with testimony, but with Linda's purported proof.

The right way to explain what is going on in terms of the different kinds of luck involved would be to clarify that the kind of luck involved in Seth's case is veritic luck. Seth does not know a true proposition because Linda's purported proof is not a real one. Linda was lucky that she made two mistakes that cancel each other out. Hence, the purported proof Linda transmits to Seth by testimony is no proof at all; and the belief-forming process therefore lacks the appropriate link to truth.

In contrast, in Nate's case, if testimony is just a way of learning about the evidence for modus ponens because the operative justification comes from understanding, then Nate knows even if he was lucky to gain the evidence. The relevant point is that if the method, understanding, has the adequate link to truth, then Nate is justified. The kind of luck involved is evidential luck, not veritic luck. In order to conclude that the token method that causes Nate's belief does not lead to knowledge because lies and luck are incompatible with knowledge, testimony must play the operative role, as Besson rightly says.

My point is, again, that it is not clear whether understanding is part of the belief-forming process. In other words, to what extent can we consider that the MP-case is a Gettier case regarding the understanding account if what we have is a case in which understanding does not play the operative justificatory role?

Let us consider what type of process results from combining testimony and understanding in such a way that testimony plays the operative justificatory role. I will use Pritchard's (Pritchard [15], [16], [17]) proposed a condition on knowledge, a condition he formulates precisely in order to deal with necessary propositions:

(SF*) "S's belief is safe if and only if in most nearby possible worlds in which S continues to form her belief about the target proposition in the same way as in the actual world, and in all very close nearby possible worlds in which S continues to form her belief about the target proposition in the same way as in the actual world, the belief continues to be true." [16, p. 3]

278

If the way in which Nate forms his belief in MP involves testimony and understanding, by paraphrasing (SF*) we would have to end up with:

(SF**) In most nearby possible worlds in which Nate continues to form his belief about modus ponens by means of a belief-forming process that includes testimony and understanding with testimony playing the operative role, and in all very close nearby possible worlds in which Nate continues to form his belief about modus ponens by testimony and understanding with testimony playing the operative role, the belief does not continue to be true.

This would be so because there would be a close possible world in which the tornado does not take place and Nate fails to know by testimony. The problem is that he would also fail to understand, since he would not hear the right rule. Hence, Besson is right, Nate does not know. But since Nate would not understand, it is not easy to see that Nate's case would count as a case against the understanding account.

However, if Besson counterargued that understanding is to be part of the belief-forming process, then Nate would know. Somehow all those possible "bad" experiences would not be enough to prevent Nate from knowing the rule of logic (assuming Boghossian's proposal succeeds; which I am taking for granted here, though I think it is certainly debatable).

Conclusion

Against the Besson's claims, I have tried to defend the idea that Besson's argument to establish that Nate understands and knows (assuming Boghossian is right concerning the sufficiency of understanding, which might not be the case) fails. To do so, my main tenet has been that there is no way of combining testimony and understanding in the way Besson needs for a Gettier case to obtain.

Acknowledgements

Previous versions of this paper were presented at the European Epistemology Meeting held in Lund in March 2011; at the Universidad Complutense de Madrid in October 2011; at the Università degli Studi di Padova in 2011; and at the VIIth Conference of the Society for Logic, Methodology and Philosophy of Science in Spain held at Santiago de Compostela in July 2012. I would like to thank the people who attended those talks or read the paper for their helpful comments (especially Victor Verdejo, Javier Vilanova, Pascal Engel, Pierdaniele Giaretta, Annalisa Coliva and Fernando Broncano-Berrocal).

References

[1] Becker, Kelly [2009]. "Reliabilism". *The Internet Encyclopedia of Philosophy*, http://www.iep.utm.edu/reliabil/

[2] Besson, Corine [2009]. "Logical Knowledge and Gettier Cases", *The Philosophical Quarterly*, 59(234): 1-19.

[3] Boghossian, Paul [2000]. "Knowledge of Logic". In Christopher Peacocke and Paul Boghossian (Eds.), *Essays on the A Priori*. Oxford University Press, 229-254.

[4] Broncano-Berrocal, Fernando and J. Adam Carter [2017]. "Epistemic Luck". *Routledge Encyclopedia of Philosophy*. Taylor and Francis, Routledge.

[5] Coliva, Annalisa [2010]. "Moore's Proof And Martin Davies's Epistemic Projects", *Australasian Journal of Philosophy*, 1: 101– 116.

[6] Conee, Earl and Richard Feldman [1998]. "The Generality Problem for Reliabilism", *Philosophical Studies*, 89: 1-29.

[7] Engel Jr., Mylan [1992]. "Is Epistemic Luck Compatible with Knowledge?". *Southern Journal of Philosophy*, 30: 59-75.

[8] Engel Jr. Mylan [2011]. "Epistemic Luck". *Internet Encyclopedia of Philosophy*, http://www.iep.utm.edu/epi-luck/#H2

[9] Gettier, Edmund [1963]. "Is Justified True Belief Knowledge?", *Analysis*, 23: 121-123.

[10] Hawthorne, John [2007]. "A Priority and Externalism", in Goldberg S. (Ed.), *Internalism and Externalism in Semantics and Epistemology*. Oxford University Press, 201-218. (Pages in quotations refer to the on-line version: `http://www.philosophy.ox.ac.uk/__data/assets/pdf_file/0008/1160/Exteranlism.pdf`)

[11] Kitcher, Philip [1980]. "A Priori Knowledge". *The Philosophical Review*, 89(1): 3-23.

[12] Miščević, Nenad [2007]. "Armchair Luck: Apriority, Intellection and Epistemic Luck", *Acta Analytica*, 22(1): 48-73.

[13] Peacocke, Christopher [2005]. "The A Priori', in Frank Jackson and Michael Smith (Eds.), *The Oxford Handbook of Contemporary Philosophy*. Oxford University Press, 739-763.

[14] Peacocke, Christopher and Paul Boghossian [2000]. "Introduction" in Christopher Peacocke and Paul Boghossian (Eds.), *New Essays on the A priori*. Oxford University Press, 1-10.

[15] Pritchard, Duncan [2004]. "Epistemic Luck". *Journal of Philosophical Research*, 29: 193-221.

[16] Pritchard, Duncan [2005]. *Epistemic Luck*. Oxford University Press.

[17] Pritchard, Duncan [2007]. "Anti-Luck Epistemology", *Synthese* 158: 277-98.

[18] Reed, Baron [2002]. "How to think about fallibilism", *Philosophical Studies* 107(2):143-157.

La evaluación lógica de los argumentos

Hubert Marraud
Universidad Autónoma de Madrid

Bueno, bueno. Ya te lo había advertido -dijo Michael.
Ya sé que no es lógico. Pero, de momento,
la lógica no me ha valido de nada.
Batya Gur, *Asesinato en el kibutz*. Madrid: Siruela 2012.

RESUMEN

En su acepción más general la lógica es la teoría de los argumentos. Mientras que el campo de la teoría de la argumentación abarca las prácticas argumentativas, en toda su extensión, la teoría de los argumentos se limita al estudio de los argumentos, entendidos como productos de la actividad de argumentar. En una teoría de los argumentos pueden distinguirse dos partes: la teoría del análisis, que trata de las cuestiones relativas a la naturaleza, estructura y tipología de los argumentos, y la teoría de la evaluación, que trata de los estándares y criterios para la evaluación de los argumentos. Podríamos decir, simplificando, que la teoría del análisis trata de responder a la pregunta "¿Qué es un argumento?" y la teoría de la evaluación a la pregunta "¿Qué es un buen argumento?". Si la finalidad del análisis lógico es preparar los argumentos para su evaluación, se podría definir la lógica como la teoría de la evaluación de argumentos. Esta caracterización, sin embargo, no tiene en cuenta que los argumentos pueden evaluarse desde distintas perspectivas y con criterios muy diferentes, y que la evaluación lógica es un tipo particular de evaluación. Así que, si no queremos caer en un círculo definiendo la lógica como la teoría de la evaluación lógica de los argumentos, hay que precisar en qué consiste la especificidad de esa evaluación. En este artículo me propongo precisar y aclarar en qué consiste la evaluación lógica, distinguiéndola de las evaluaciones dialéctica y retórica.

1

En su acepción más general la lógica es la teoría de los argumentos. Esta es una de las definiciones que pueden encontrarse en los manuales de lógica: "La lógica puede definirse como el análisis y la evaluación de argumentos" [7, mi traducción]. Mientras que el campo de la teoría de la argumentación abarca las prácticas argumentativas, en toda su extensión, la teoría de los argumentos se limita al estudio de los argumentos, entendidos como productos de la actividad de argumentar.

La lógica trata de los argumentos como productos. Podemos pensar en un argumento como en un artículo: alguien lo fabrica y se lo ofrece a otro. La persona a quien se lo ofrece debe elegir: "comprarlo" o no. Del mismo modo que valoramos los productos que nos ofrecen en el mercado comercial, valoramos los argumentos y peticiones que nos ofrecen en el mercado de las ideas. Es aquí donde entra en juego la lógica en el dominio de la argumentación: nos ayuda a evaluar los argumentos como construcciones intelectuales ofrecidas para su aceptación. [17, p. 16, mi traducción]

Siguiendo a Ralph Johnson [8, pp. 40 y ss.], en una teoría de los argumentos pueden distinguirse dos partes: la teoría del análisis y la teoría de la evaluación. La teoría del análisis trata de las cuestiones relativas a la naturaleza, estructura y tipología de los argumentos, mientras que la teoría de la evaluación trata de los estándares y criterios para la evaluación y la crítica de los argumentos. Podríamos decir, simplificando mucho, que la teoría del análisis trata de responder a la pregunta "¿Qué es un argumento?" y la teoría de la evaluación a la pregunta "¿Qué es un buen argumento?". La caracterización de la lógica que hace Wenzel insiste en la teoría de la evaluación. En la medida en que pensemos que la finalidad del análisis lógico es preparar los argumentos para su evaluación, podríamos dar un paso más y definir la lógica como la teoría de la evaluación de argumentos. Esta caracterización, sin embargo, no tiene en cuenta que los argumentos pueden evaluarse desde distintas perspectivas y con criterios muy diferentes, y que la evaluación lógica es un tipo particular de evaluación. Así que si no queremos caer en un círculo definiendo la lógica como la teoría de la evaluación lógica de los argumentos, hay que precisar en qué consiste la especificidad de esa evaluación. En lo que sigue me propongo precisar y aclarar en qué consiste la evaluación lógica, distinguiéndola de las evaluaciones dialéctica y retórica.

2

Argumentar es presentar algo a alguien como una razón para otra cosa. Normalmente argumentamos en el marco de un intercambio reglado, en el que se piden, se dan y se examinan razones, y a menudo, aunque no siempre, el propósito de quien argumenta es persuadir al destinatario. Por consiguiente, quien ofrece un argumento lo hace con una triple pretensión: (a) pretende que algo es una razón para algo, (b) pretende participar en un juego de pedir, dar y recibir razones, y (c) pretende persuadir al destinatario de ese algo . En consonancia, cuando nos preguntamos si un argumento usado en una determinada situación es un buen argumento, podemos estar preguntándonos alguna o varias de estas cosas:

A. ¿La razón aducida es una buena razón?

B. ¿La propuesta respeta las reglas del intercambio?

C. ¿La propuesta es un medio eficaz para persuadir al destinatario?

En consonancia la evaluación de los argumentos puede hacerse desde tres perspectivas complementarias: lógica, dialéctica y retórica, respectivamente[1].

La pregunta A se refiere a la calidad de la razón propuesta, mientras que B y C se refieren más bien a los méritos de proponer esa razón en una situación determinada. Recurriendo a una terminología familiar para los filósofos morales, diré que aquello que alguien presenta a otro como una razón para otra cosa es, por ello, una razón *prima facie* para esta otra cosa. Una razón *prima facie* es pues una consideración que se presenta como una razón, y en esa medida parece una razón, aunque puede resultar no serlo. Un argumento se compone entonces de una razón *prima facie* y una tesis (aquello para lo que la primera es, pretendidamente, una razón). El propósito de la evaluación lógica es precisamente determinar si lo que aparece como una razón lo es realmente. Así, podría decirse que solo la evaluación lógica es, hablando con propiedad, una evaluación del argumento, puesto que en las evaluaciones dialéctica y retórica lo que se juzga es el uso del argumento. Algunos infieren de aquí que la evaluación lógica, a diferencia de las evaluaciones retórica y dialéctica, no es contextual. Sin embargo esa conclusión no está justificada. En la teoría de las razones el holismo es la tesis de que el contexto determina, en parte, qué consideraciones son razones para algo, y también qué peso tienen

---

[1]Un símil puede ayudar a entender las diferencias entre la evaluación lógica, la evaluación dialéctica y la evaluación retórica. Imaginemos que un operario debe realizar una reparación y que para ello usa una herramienta determinada -un soplete, por ejemplo. Para juzgar su acción podríamos preguntarnos (A) si el soplete utilizado es un buen soplete, (B) si el operario estaba autorizado a usarlo, y (C) si el soplete es la herramienta apropiada para realizar esa reparación.

esas razones. Si fuera así, una razón —y por tanto un argumento— solo podría evaluarse en el contexto de todas las razones que hacen al caso en una determinada situación (cfr. [3], [1]).

3

Argumentar es una acción que tiene lugar en el marco de una práctica consistente en pedir, dar y recibir razones. La finalidad de una práctica de ese tipo es examinar críticamente un asunto[2], de manera que los participantes asumen el compromiso compartido de hacerlo así. Además, quien argumento lo hace con el propósito manifiesto de mostrar al destinatario que hay buenas razones para algo. Lo anterior vale para cualquier intercambio argumentativo. Las prácticas argumentativas pue-den tener además otros fines y los participantes otros propósitos, y esos fines y propósitos extrínsecos permiten establecer una clasificación de las prácticas argumentativas (o *diálogos*, en la terminología de Walton y Krabbe [16]). Así la deliberación es una práctica argumentativa cuyo fin distintivo es "tomar de modo responsable y reflexivo una decisión o resolución práctica sobre un asunto de interés común y debatible, al menos en principio, mediante los recursos del discurso público" [15, p. 121]. El diálogo suasorio es otra práctica argumentativa, cuyo modelo ideal es la discusión crítica de la pragmadiáléctica, cuya finalidad es resolver una diferencia de opinión por medio del intercambio de razones. Quienes participan en una determinada práctica argumentativa adquieren también el compromiso de actuar para procurar la consecución de su fin distintivo, y eso determina sus obligaciones y propósitos. En concreto, el propósito de quienes argumentan en una deliberación es tomar una decisión conjunta, mientras que el propósito de quienes argumentan en un diálogo suasorio es persuadir a la otra parte [16, pp. 102-3].

La evaluación dialéctica y la evaluación retórica se refieren al uso de un argumento en una determinada práctica argumentativa. Pero mientras que la primera hace referencia a los fines de la práctica, la segundo

---

[2]Esto es, analizarlo pormenorizadamente y valorarlo según los criterios propios de la materia de que se trate.

lo hace más bien a los propósitos de los participantes. Para procurar la consecución de los fines distintivos de la práctica correspondiente, cada intercambio de argumentos está regulado por un conjunto de reglas, más o menos explícitas, que determinan las obligaciones de los participantes (por ejemplo, los turnos de intervención o la carga de la prueba). Esas reglas se justifican por su capacidad para procurar la consecución de esos fines distintivos. A su vez, los movimientos de los participantes pueden juzgarse en función de si se atienen a esas reglas, y se habla entonces de evaluación dialéctica. Por tanto, desde un punto de vista dialéctico, se puede criticar un argumento porque es improcedente o porque está fuera de lugar. Si las reglas que regulan el intercambio son adecuadas, en el sentido indicado, un argumento procedente contribuirá, en principio, a la consecución de los fines propios del intercambio, y un argumento improcedente lo obstaculizará.

Adviértase que los criterios de evaluación dialéctica se pueden aplicar a cualquiera de los movimientos que un agente puede hacer en una práctica argumentativa: pedir razones (preguntar), dar razones (argumentar) o recibir razones (cuestionar un argumento).

> No se discute si la obra del profesor [Filgueira Valverde] de tantas generaciones de pontevedreses tiene rango para la efemérides. Hasta los críticos admiten la prolífica producción de este polígrafo, sus décadas de magisterio y reconocen su papel al frente del Museo. Por tanto, desde esa perspectiva reúne los mismos o más merecimientos que anteriores homenajeados. A partir de ahí, pretender menoscabar su candidatura [a ser homenajeado en el Día das Letras Galegas de 2015] porque fue alcalde y procurador en Cortes durante el franquismo está fuera de lugar ya que distorsiona el enfoque y traslada el asunto a un terreno político que no recuerdo que se hubiera suscitado en los cincuenta casos anteriores de autores homenajeados.
>
> (Eugenio Giráldez, "Filgueira, un trauma para el nacionalismo". *La Voz de Pontevedra*, 13/07/2013.)

Giráldez alega que aducir que Filgueira Valverde fue alcalde y procurador en Cortes durante el franquismo es improcedente ("está fuera de lugar") en el marco de un debate sobre méritos literarios y académicos. Las reglas que rigen la deliberación sobre quién debe ser homenajeado en el Día das Letras Galegas no están escritas, por lo que para identificarlas se debe atender al discurrir de esas deliberaciones a lo largo de los años. Cuando Giráldez señala que no recuerda que se hayan esgrimido razones de índole política en los cincuenta casos anteriores de autores homenajeados, lo que está haciendo es argumentar que una norma consuetudinaria prohíbe usar argumentos de ese tipo en la deliberación sobre quién debe ser homenajeado en el Día das Letras Galegas.

Las reglas que rigen los intercambios argumentativo son de muy distinta índole y generalidad. La pragmadialéctica propone un conjunto de diez reglas que pretendidamente valdrían para cualquier discusión razonable, (véase. por ejemplo, el capítulo 6 de van Eemeren y Grootendorst [5]). Un análisis dialéctico y bastante popular de las falacias las define como transgresiones de las reglas de los intercambios argumentativos, especialmente de reglas pretendidamente universales que definen la discusión razonable. La definición pragmadialéctica de falacia es representativa de esos análisis dialécticos: las falacias son violaciones de las reglas de la discusión crítica que previene u obstaculiza la resolución de una discrepancia.

> Falacia n°1, del hombre de paja. Tezanos dice que lo echan por socialista, porque es más fácil defenderse desde esa posición. Pero nadie le ha dicho que se vaya por tener carnet del partido. Lo echan porque pretende llevar dos CIS al tiempo: uno partidista [Secretario de Estudios y Programas] y otro estatal [presidente del Centro de Investigaciones Sociológicas, CIS].
>
> (Máximo Pradera: "Dimitir sigue siendo un nombre ruso". Público 11/07/2018.)

Según dice Pradera, Tezanos habría replicado "No sé si es malo que un socialista sea presidente del CIS ¿si un comunista es presidente del CIS también es malo? ¡Y si es un podemita también será malo, como dicen algunos! ¿y un judío también sería malo? ¿O un gitano? ¡De qué estamos hablando!" al argumento:

Tezanos es Secretario de Estudios y Programas del PSOE. Tezanos ha sido nombrado Presidente del CIS

Los dos cargos son deonto-lógicamente incompatibles:

Por tanto

Tezanos debe dimitir como Secretario de Estudios y Programas del PSOE

Desde un punto de vista pragmadialéctico, la réplica de Tezanos viola la tercera de la discusión razonable (Los ataques deben referirse a las tesis realmente presentadas por los participantes), puesto que desfigura el argumento anterior, convirtiéndolo en:

Tezanos es miembro del PSOE
Por tanto
Tezanos no puede ser Presidente del CIS

Y ataca entonces la nueva conclusión, y no la defendida por sus críticos. Otras reglas son específicas de un tipo particular de intercambio argumentativo. Por ejemplo, el diálogo socrático es un tipo de intercambio argumentativo, desarrollado a partir de una propuesta de Leonard Nelson, en el que los participantes investigan el fundamento y el valor de sus opiniones para responder a las preguntas elegidas por ellos mismos bajo la dirección de un facilitador. Entre las reglas del diálogo socrático hay reglas para los participantes y reglas para el facilitador (véase [11]). Entre las reglas básicas para los participantes figuran que las aportaciones de cada participante deben basarse en sus experiencias, y no en lo que ha leído u oído, lo que comporta la prohibición de usar argumentos de autoridad.

4

Aunque se suele identificar de manera casi inmediata el propósito de cualquier argumentador con la persuasión, lo cierto es que el propósito intrínseco de argumentar es mostrar que hay buenas razones para algo, y que la persuasión es un propósito extrínseco propio de cierto tipo de intercambios argumentativos. Por consiguiente la pregunta clave de la evaluación retórica debería reformularse, de manera más general:

C'. ¿El uso de ese argumento es un medio eficaz para conseguir los propósitos de quien lo propone?

Para simplificar solo consideraré aquí la argumentación suasoria, en la que se intenta persuadir a alguien, de moverle con razones a creer, hacer algo o adoptar una actitud hacia algo. Cuando se considera un argumento como un instrumento de persuasión, la cuestión es si su uso es un medio eficaz para persuadir al destinatario. El modo en que un argumento afecte al destinatario depende de múltiples factores, de entre los que se pueden destacar los siguientes.

(a) La opinión que le merezca el proponente del argumento: si lo considera fiable, honesto, trapacero, etc.

(b) Su comprensión del argumento, en la que influye mucho cómo haya sido expuesto.

(c) Su evaluación de las características lógicas del argumento: para que un argumento sea persuasivo el destinatario debe estar dispuesto aceptar sus premisas y proponer una inferencia que reconozca como válida.

(d) Su manera de pensar, es decir, sus inclinaciones, opiniones y valores.

He aquí un ejemplo de evaluación retórica.

No referirse a la prevención de la muerte: es un argumento inútil con los adolescentes. Concentrarse en la prevención de la invalidez más que en la prevención de la muerte; algunos jóvenes son sensibles al hecho de que los accidentes de motocicleta causen parapléjicos y no solo muertos.

(J.A. Muir Gray y G. Fowler, *Fundamentos de Medicina Preventiva*, p. 68. Madrid: Díaz de Santos, 1990.)

Muir Gray y Fowler afirman que el hecho de que los accidentes de moto pueden ser mortales no es una razón efectiva para persuadir a los adolescentes de que sean prudentes cuando viajan en moto. Esto es, mantienen que el argumento *Los accidentes de moto pueden ser mortales, por tanto hay que ser prudente cuando se viaja en moto* no es, dirigido a adolescentes, un buen argumento desde un punto retórico. Por ello Muir Gray y Fowler recomiendan usar más bien el argumento Los accidentes de moto causan parapléjicos, por tanto hay que ser prudente cuando se viaja en moto, por considerarlo que los jóvenes son más sensibles a esta razón que a la anterior.

5

La evaluación retórica, como acabamos de ver, atiende al valor instrumental del argumento para realizar los propósitos del argumentador. En ese sentido, la retórica valora los argumentos desde el punto de vista de quien los propone, para aconsejarle sobre el mejor modo de argumentar – es decir, el más eficaz. La lógica, por el contrario, considera los argumentos desde el punto de vista del destinatario y trata de ayudarle a decidir acertadamente qué argumentos aceptar y cuáles rechazar. El título del manual fundacional de la lógica informal, *Logical Self-Defense* [*Autodefensa lógica*] refleja con meridiana claridad esta concepción de la lógica.

¿Qué hay que examinar para determinar si una razón *prima facie* es una razón genuina, y así si un argumento es lógicamente bueno? Mi respuesta es que hay que tener en cuenta tanto las relaciones intraargumentativas (la relación entre las premisas y la conclusión), como las relaciones interargumentativas de oposición entre argumentos. En Marraud ([12], [13]) he distinguido tres formas básicas de oposición entre argumentos, que corresponden a otras tantas formas de contraargumentar: objeción, recusación y refutación.

- Un argumento es una objeción a otro argumento si la conclusión del primero es contraria o contradictoria con alguna de las premisas del segundo argumento.

- Un argumento es una recusación de otro argumento si su conclusión cuestiona la legitimidad del paso de las premisas a la conclusión del segundo.

- Un argumento es una refutación de otro argumento si (1) sus premisas son aceptables conjuntamente, (2) sus conclusiones son contrarias o contradictorias y (3) el primer argumento es más fuerte que el segundo.

De un argumento que cumple las dos primeras condiciones de la última definición, se dice que es un "refutador potencial" del segundo argumento. Esta descripción de las formas básicas de oposición entre argumentos está, por supuesto, muy alejada de los presupuestos de la lógica formal deductiva. Conviene recordar, sin embargo, que a día de hoy la oferta más atractiva para el estudio formal de la argumentación son las lógicas no monótonas y, más concretamente, los sistemas de argumentación de Phan Mihn Dung [4].[3]

Pues bien, desde un punto de vista lógico, un buen argumento es el que resiste a cualquier contraargumento que pudiera aducirse. Aunque no voy a definir aquí la noción de resistencia a la que alude la frase precedente, sí voy a precisar un poco más el vocabulario de la evaluación lógica.

- Un argumento A es *prima facie convincente* con respecto a un conjunto de argumentos S si A resiste a las objeciones y recusaciones de A contenidas en S.

---

[3]Para una exposición de conjunto, véase Besnard y Hunter [2].

- Un argumento A es *concluyente* con respecto a un conjunto de argumentos S si A es *prima facie* convincente con respecto a S, y cualquier refutador potencial de A contenida en S o no es *prima facie* convincente con respecto a S o es más débil que A.

Normalmente se omite la referencia a un conjunto de argumentos S, y se habla de argumentos convincentes o concluyentes sin más, sobreentendiendo que el conjunto de referencia es el conjunto de los argumentos aducibles. Tal y como se adelantó en § 2, la evaluación lógica es contextual puesto que remite a un conjunto de posibles argumentos y contraargumentos[4]. Si se evalúa un argumento A en dos situaciones S y S' en las que están disponibles distintos conjuntos de contraargumentos, A puede ser concluyente en una de ellas pero no en la otra.

El carácter contextual de la evaluación lógica queda claro en el marco de un debate. Ehninger y Brockriede –[6]– definen un debate como un procedimiento para la toma crítica de decisiones en el que las partes apelan a un árbitro y se comprometen a acatar sus decisiones. El debate consta de tres fases. En la primera se presentan las posiciones y las razones en las que se sustentan. En la segunda se contrastan esas posiciones tratando de defenderlas de los contraargumentos de un oponente bien informado. Una vez que se han presentado y defendido todas las partes, interviene el árbitro, examinando y ponderando los argumentos ofrecidos por las partes para decidir la cuestión. Así el árbitro realiza una evaluación de los méritos lógico de cada argumento con respecto al conjunto de los argumentos propuestos por las partes.

Un buen argumento es el que tiene premisas inobjetables, propone una inferencia irrecusable y hace a su conclusión irrefutable. Lo primero exige que sus premisas se pueden justificar satisfactoriamente, y comporta que un argumento con premisas falsas o poco plausibles es deficiente desde un punto de vista lógico. En segundo lugar, un argumento es irrecusable si el paso de las premisas a la conclusión resulta de la correcta aplicación de alguna regla de inferencia admisible o es suficientemente

---

[4]Podría evitarse la dependencia contextual de la evaluación lógica interpretando que "cualquier contraargumento que pudiera aducirse" hace referencia, no al conjunto de los argumentos disponibles es una situación dada, sino al conjunto de todos los argumentos. Sin embargo, como argumenta Oller –[14]–, es dudoso que exista ese conjunto.

parecido a otro paso que no ofrece dudas (analogía). Finamente, un argumento hace irrefutable a su conclusión cuando las razones aducidas a su favor tienen más peso que las razones que pudieran aducirse en su contra.

> *Algunos obispos africanos han dicho que si la Iglesia hace un cambio en la Comunión para las personas que se divorcian y se vuelven a casar, algunas personas que tienen relaciones de poligamia podrían preguntarse por qué no se puede hacer algo por ellos también. ¿Es eso una preocupación que usted compartiría?*
>
> Sí. No es un mal argumento, porque los polígamos podrían decir, «mira, mi situación es mejor que la de esos otros que abandonan a su primera mujer y buscan una nueva. Yo no abandoné a mi primera mujer, ella permanece conmigo y solo busqué una segunda. ¡Dios aún toleraba la poligamia en el Antiguo Testamento!»
>
> Tenemos que buscar otro camino para garantizar la compasión hacia aquellos que están en dificultades. ¡Tú no resuelves un dolor de cabeza cortándola!
>
> ("Cardenal Arinze: un matrimonio santificado por el sacramento no puede ser roto por ninguna autoridad". Entrevista de John L. Allen Jr. al Cardenal Arinze. *Infocatólica*, 18/10/2015. `http://www.infocatolica.com/?t=noticia& cod=25108` Consultado 20/07/2018.)

El cardenal Arinze interpreta la pregunta de Allen como una petición para que evalúe este argumento:

Hay que admitir a los católicos divorciados y vueltos a casar civilmente a la Comunión
Por tanto
Hay que admitir a los católicos polígamos a la Comunión

La evaluación que le solicita es una evaluación lógica, centrada en la validez del argumento. La petición presupone que el argumento es pertinente y digno de ser tomado en consideración, así que no se pide una evaluación dialéctica. Allen tampoco pregunta por su fuerza suasoria, aunque menciona que a algunos obispos africanos les parece convincente *prima facie*. La distinción entre la bondad retórica y la bondad lógica se fundamenta precisamente en la capacidad de unos hablantes de corregir la evaluación lógica realizada por otros hablantes y que determina, en parte, su aceptación o rechazo del argumento.

Allen se refiere al argumento de algunos obispos africanos usando un condicional: "si la Iglesia hace un cambio en la Comunión para las personas que se divorcian y se vuelven a casar, también puede hacer un cambio quienes tienen relaciones de poligamia". Esto sugiere que la evaluación solicitada se refiere al paso de las premisas a la conclusión, interpretación que es coherente con la respuesta de Arinze. Aunque en la entrevista Arinze se declara contrario a permitir la comunión de los divorciados y vueltos a casar civilmente, dice que "no es un mal argumento". Para Arinze el argumento no es convincente porque rechaza su premisa, aunque propone una inferencia legítima. Arinze justifica esta valoración citando dos hechos que reforzarían el argumento de los obispos africanos: los polígamos, a diferencia de los divorciados, no han abandonado a su primera mujer, y Dios toleraba la poligamia en el Antiguo Testamento. Cualquiera de esos hechos es una razón *prima facie* para creer que el polígamo comete un pecado menos grave que el divorciado y vuelto a casar civilmente (cuando se invoca el Antiguo Testamento hay que sobrentender que no sucede lo mismo con el divorcio).

Los polígamos, a diferencia de los divorciados y vueltos a casar civilmente, no han abandonado a su primera mujer
Por tanto
El pecado del polígamo es menos grave que el del divorciado y vuelto a casar civilmente

Dios toleraba la poligamia en el Antiguo Testamento. La Biblia deja claro que Dios odia el divorcio (Malaquías 2:16)
Por tanto
El pecado del polígamo es menos grave que el del divorciado y vuelto a casar civilmente

A partir de ahí se puede argumentar, o mejor metaargumentar, que cualquier razón que pueda aducirse para admitir a los católicos divorciados y vueltos a casar civilmente a la Comunión vale también, y con mayor motivo, para los polígamos. El argumento de Arinze es un ejemplo de argumentación *a fortiori*.

El pecado del polígamo es menos grave que el del divorciado y vuelto a casar civilmente
Por tanto
Si la Iglesia hace un cambio en la Comunión para las personas que se divorcian y se vuelven a casar, también puede hacer un cambio quienes tienen relaciones de poligamia

El sentido en el que estas dos consideraciones "refuerzan" al argumento original se refiere al aspecto inferencial, y poco tienen que ver con la confianza en premisas, que es algo que no está siendo debatido.

6

Desde un punto de vista lógico un buen argumento es el que resiste a las objeciones, las recusaciones y las refutaciones. Las objeciones y las recusaciones, por un lado, y las refutaciones, por otro, funcionan de maneras distintas. Las primeras buscan defectos en el argumento evaluado para invalidarlo, mientras que las segundas buscan razones de más peso para concluir lo contrario. Si las fallan premisas o su conexión con la conclusión, no se ha ofrecido realmente ninguna razón para esta. Si el argumento está libre de esas deficiencias, se ha ofrecido una razón *pro tanto*, empleando otro tecnicismo de la filosofía moral. Una razón *pro tanto* es una consideración que favorece una determinada conclusión, y por tanto no carece de peso, pero que puede ser superada por otra consideración [10, 17n]. Una refutación es un intento de mostrar que una razón *pro tanto* es superada por otra razón, y que por tanto no es concluyente. La refutación solo tiene sentido cuando se admite que el argumento atacado da una razón digna de ser tenida en cuenta.

Para entender mejor el proceso de evaluación lógica de un argumento podemos compararlo con la compra de una vivienda. Imaginemos que buscamos un piso con una determinada ubicación, con un precio, con una superficie mínima y un número mínimo de dormitorios. Si una vivienda no cumple alguna de esas especificaciones, podemos descartarla sin más. La comprobación de que una vivienda cumple nuestros requisitos corresponde en el proceso de evaluación lógica al examen de las objeciones y las recusaciones. No sería sensato decidirse por la compra del primer piso que cumpla nuestras exigencias, así que a la fase de comprobación le sigue normalmente una fase de selección, en la que ponderamos los méritos de las viviendas que cumplen nuestros requisitos. Esta segunda fase corresponde en la evaluación lógica a la valoración de las posibles refutaciones del argumento. Podrían resumirse las dos fases de la evaluación lógica diciendo que en la primera se trata de determinar si se ha dado una razón para la tesis y en la segunda si se ha dado una buena razón.

La elección de una vivienda entre las que cumplen nuestros requisitos y el examen de las posibles refutaciones de un argumento se parecen en varios aspectos importantes. En primer lugar, el rango de elección depende de cuán sistemática haya sido la búsqueda. Una búsqueda más detenida promete mejores resultados que otra más apresurada, pero pocas veces podrá afirmar el comprador que no ha pasado por alto ningún posible candidato. Qué se considere una búsqueda suficiente depende de factores como el tiempo disponible, la dificultad para localizar pisos en venta, etc. Podríamos resumir este primer aspecto diciendo que en ambos casos de trata de una elección dentro de un conjunto no completamente definido de alternativas.

Un segundo aspecto tiene que ver con la diversidad de los criterios de selección: un piso más céntrico es preferible a otro más alejado, uno con 3 dormitorios a otro con 2 dormitorios, y uno más barato a otro más caro. La complejidad de la elección proviene de que tendremos que elegir entre un piso céntrico y pequeño, otro menos céntrico y mayor, y un tercero más barato que los dos anteriores, pero que es menos céntrico que el primero y más pequeño que el segundo. No solo hay múltiples criterios, sino que cada uno de ellos puede ser satisfecho en diversos grados, así que por lo general la solución no se reduce a establecer una jerarquía de criterios (por ejemplo, la ubicación es más importante que el tamaño y este que el precio).

Finalmente, del mismo modo que solo tiene sentido comparar los méritos de dos viviendas si ambas satisfacen los criterios de búsqueda, solo tiene sentido comparar dos argumentos si ambos resisten a las objeciones y las recusaciones.

No obstante, hay que cuidarse de llevar demasiado lejos el símil. En la práctica objeciones, recusaciones y refutaciones están entrelazadas, como muestra el ejemplo siguiente.

> Por último, [una razón para cambiar la visión negativa que teníamos sobre el sector financiero español y afirmar que ahora sí vemos que es un buen momento de entrar en banca es que] en Mirabaud creemos que aún existe cierta probabilidad de que pueda continuar esta concentración bancaria en España, incluso este año podemos ver alguna operación. Pero pensamos que la naturaleza de las adquisiciones que se produzcan será diferente de la que hemos visto en el pasado; creemos muy factible que pueda conllevar una prima por compra frente a la cotización actual, ya que los incentivos de las entidades por adquirir otros bancos resultan ser diferentes a lo vivido previamente.
>
> (Gonzalo López Eguiguren, analista de Mirabaud Securities. "Es el momento de los bancos en bolsa". *El Independiente*, 21/05/2018.)

La argumentación de López Eguiguren se puede diagramar así:

Los incentivos de las entidades por adquirir otros bancos son diferentes a lo vivido previamente	
Por tanto	
Es muy factible que las adquisiciones de bancos conlleven una prima por compra frente a la cotización actual	Aún existe cierta probabilidad de que continúe la concentración bancaria en España, incluso este año podemos ver alguna operación
Por tanto	
Es un buen momento de entrar en banca española	

Las premisas de esta argumentación encadenada son "Los incentivos de las entidades por adquirir otros bancos son diferentes a lo vivido previamente" y "Aún existe cierta probabilidad de que continúe la concentración bancaria en España, incluso este año podemos ver alguna operación". Un argumento cuya conclusión sea incompatible con cualquiera de esos enunciados cuenta como una objeción a la propia argumentación encadenada. Por tanto, una objeción al argumento

Los incentivos de las entidades por adquirir otros bancos son diferentes a lo vivido previamente
Por tanto
Es muy factible que las adquisiciones de bancos conlleven una prima por compra frente a la cotización actual

es por sí misma una objeción a la propia argumentación encadenada. La conclusión de la argumentación encadenada es "Es un buen momento de entrar en banca española", y por tanto toda refutación del subargumento:

Es muy factible que las adquisiciones de bancos conlleven una prima por compra frente a la cotización actual. Aún existe cierta probabilidad de que continúe la concentración bancaria en España, incluso este año podemos ver alguna operación
Por tanto
Es un buen momento de entrar en banca española

es una refutación de la argumentación encadenada en la que figura. A su vez, cualquier argumento que concluya que la inferencia propuesta por ese subargumento es ilegítima (porque, por ejemplo, apela a una regla inválida o la aplica incorrectamente), constituye una razón para creer que lo mismo sucede con el argumento:

Los incentivos de las entidades por adquirir otros bancos son diferentes a lo vivido previamente. Aún existe cierta probabilidad de que continúe la concentración bancaria en España, incluso este año podemos ver alguna operación
Por tanto
Es un buen momento de entrar en banca española

Así toda recusación de ese subargumento es una recusación del argumento principal. Pero aún hay otras maneras de atacar la argumentación encadenada; en concreto.

(a) Refutar el argumento: Los incentivos de las entidades por adquirir otros bancos son diferentes a lo vivido previamente; por tanto, si sigue la concentración bancaria en España, es muy factible que las adquisiciones conlleven una prima por compra frente a la cotización actual.

(b) Objetar a la premisa "Es muy factible que las adquisiciones de bancos conlleven una prima por compra frente a la cotización actual" del segundo eslabón del encadenamiento.

(c) Recusar el argumento: Los incentivos de las entidades por adquirir otros bancos son diferentes a lo vivido previamente; por tanto, si sigue la concentración bancaria en España, es muy factible que las adquisiciones conlleven una prima por compra frente a la cotización actual.

En realidad la diferencia entre (a) y (b) es meramente de presentación. Cualquier argumento con la conclusión "No es muy factible que las adquisiciones de bancos conlleven una prima por compra frente a la cotización actual" es una objeción al argumento

Es muy factible que las adquisiciones de bancos conlleven una prima por compra frente a la cotización actual. Aún existe cierta probabilidad de que continúe la concentración bancaria en España, incluso este año podemos ver alguna operación
Por tanto
Es un buen momento de entrar en banca española

Y un refutador potencial de

Los incentivos de las entidades por adquirir otros bancos son diferentes a lo vivido previamente
Por tanto
Es muy factible que las adquisiciones de bancos conlleven una prima por compra frente a la cotización actual
Por tanto
Es un buen momento de entrar en banca española

por lo que al evaluar la argumentación encadenada la fuerza del argumento para "No es muy factible que las adquisiciones de bancos conlleven una prima por compra frente a la cotización actual" tiene que compararse con la de este último argumento. Por consiguiente, en un caso como este en la valoración de una objeción interviene la ponderación. Finalmente parece claro que (c) es también una recusación de la argumentación encadenada, ya que ataca el paso de las premisas básicas a la conclusión principal, dejando en suspenso la conclusión.

7

La utilidad de la distinción entre la evaluación dialéctica, retórica y lógica de los argumentos no debe hacernos olvidar que en la práctica argumentativa se entremezclan, de manera que es habitual que una crítica combine dos de esas perspectivas, como se muestra a continuación.

> Me parece que no es muy difícil mostrar por qué los supuestos argumentos de Salazar no son en realidad argumentos; son, yo creo, simples falacias, algunas de ellas, la verdad, bastante gruesas. [...] Yo me voy a ocupar aquí solamente de dos de esas falacias, porque me parecen particularmente dañinas y que contribuyen, en consecuencia, a dificultar enormemente la discusión racional. [...] La primera de ellas se contiene en el fragmento de su artículo en el que a partir del dato, sin duda incontestable, de que los varones no pueden gestar un ser humano, llega a la conclusión (argumento de autoridad mediante) de que no deberían opinar sobre la gestación por sustitución: "siguiendo los consejos de Rebecca Solnit, los hombres deberíamos callar y dar la voz a las mujeres que son las únicas que pueden vivirlo". ¿Pero se ha parado Salazar a pensar en las consecuencias a que nos llevaría seguir semejante sugerencia? Por ejemplo, en mi caso, dada mi condición de varón de raza blanca y heterosexual, ¿querría decir eso que no puedo sostener con fundamento un argumento en favor del deber moral [...] de no discriminar a nadie por razones de sexo, de raza o de orientación sexual? Y en el caso de Salazar, ¿acaso no está incurriendo en contradicción cuando escribe un artículo sobre una cuestión (la

gestación por sustitución) en relación con la cual él mismo
nos está diciendo que debería callarse?

(Manuel Atienza, "Dos falacias sobre la gestación por sustitución", *El País* 21/06/2017.)

Este fragmento forma parte de una polémica entre Manuel Atienza
y Octavio Salazar, que comenzó con un artículo del primero, titulado
"La gestación por sustitución", publicado en el diario El País el 4 de
mayo de 2017. En él Atienza argumentaba a favor de tres tesis: 1) la
gestación por sustitución no está prohibida en el Derecho español; 2) ese
tipo de contrato no es en sí mismo contrario al principio de dignidad; y
3) la regulación de la gestación por sustitución no tiene por qué exigir
de la mujer gestante un comportamiento estrictamente altruista. A ese
artículo respondió Salazar con el artículo "Cedo mi cuerpo libremente
para que lo usen los demás. Pueden hacer conmigo lo que quieran",
publicado en el mismo medio el 20 de mayo de 2017. En el fragmento
citado Atienza está replicando a este artículo.

Salazar había criticado la argumentación de Atienza aduciendo, entre
otras cosas, que los hombres, y por tanto Atienza, no deben opinar sobre
la gestación por sustitución:

Los varones no pueden gestar un ser humano
Por tanto
Los varones no deberían opinar sobre la gestación por sustitución

Puesto que lo que se cuestiona es el derecho de Manuel Atienza a
participar en el debate sobre la gestación por sustitución, y no la calidad
de sus argumentos o su fuerza suasoria, se trata de una crítica dialéctica.

Atienza ataca el argumento desde un doble punto de vista, lógico y
dialéctico. Desde un punto de vista lógico trata de recusarlo, mostrando
que la aceptación de su garantía llevaría a consecuencias inaceptables.
Para ello recurre a una contraanalogía:

No es cierto que como los varones heterosexuales de raza blanca no son discriminados, no pueden argumentar a favor del deber de no discriminar a nadie por razones de sexo, raza u orientación sexual
Por tanto
No es cierto que como los varones no pueden gestar, no deben opinar sobre la gestación por sustitución

contra

Los varones no pueden gestar un ser humano
Por tanto
Los varones no deberían opinar sobre la gestación por sustitución

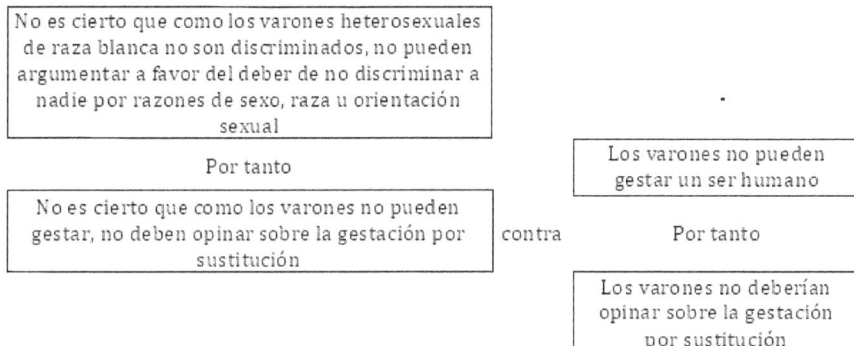

Atienza combina las perspectivas dialéctica y lógica cuando acusa a Salazar de incurrir en una contradicción pragmática, en una contradicción entre sus afirmaciones y sus actos. En primer lugar, Atienza señala que Salazar, que es un hombre, tiene por concluyente el argumento de que si los hombres no pueden gestar, no deben opinar sobre la gestación por sustitución, y al mismo tiempo escribe un artículo de opinión sobre ese tema. Si damos por bueno el argumento mencionado, Salazar no tendría derecho a intervenir en un debate razonable sobre la gestación por sustitución, y al hacerlo estaría transgrediendo las reglas del debate, por lo que sus argumentos estarían fuera de lugar. De esta manera plantea un dilema destructivo, con un cuerno lógico (el argumento de Rebecca Solnit no es válido) y un cuerno dialéctico (los argumentos de Salazar son improcedentes).

La máxima de que si ni siquiera quien propone un argumento se comporta en consonancia, entonces es probable que el argumento no sea válido, permite dar una interpretación estrictamente lógica a la argumentación de Atienza.

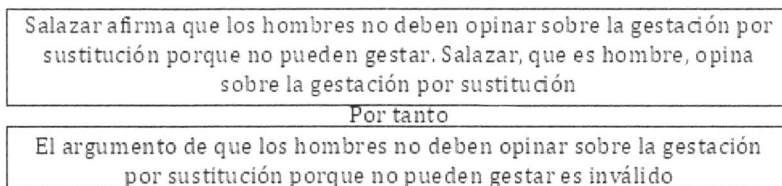

Salazar afirma que los hombres no deben opinar sobre la gestación por sustitución porque no pueden gestar. Salazar, que es hombre, opina sobre la gestación por sustitución
Por tanto
El argumento de que los hombres no deben opinar sobre la gestación por sustitución porque no pueden gestar es inválido

8

En las páginas anteriores he intentado identificar los rasgos distintivos de la evaluación lógica frente a otras formas de evaluación de argumentos. Mi punto de partida ha sido una definición de argumentar (presentar algo a alguien como una razón para otra cosa), y no una definición de argumento. Los rasgos distintivos de la evaluación lógica que han ido apareciendo son los siguientes.

1. La evaluación lógica trata de responder a la pregunta "¿La razón aducida es una buena razón?".

2. Solo la evaluación lógica es propiamente una evaluación del argumento, puesto que en las evaluaciones dialéctica y retórica lo que se juzga es el uso del argumento.

3. La lógica considera los argumentos desde el punto de vista del destinatario y trata de ayudarle a decidir qué argumentos aceptar y cuáles rechazar.

4. Desde un punto de vista lógico, un buen argumento es el que resiste a cualquier contraargumento que pudiera aducirse, dirigido a sus premisas (objeción), al paso de éstas a la conclusión (recusación) o directamente a su conclusión (refutación).

5. Por tanto, la evaluación lógica es contextual, puesto que remite al conjunto de los argumentos disponibles en una situación.

6. Las objeciones y las recusaciones, por un lado, y las refutaciones, por otro, funcionan de maneras distintas. Las primeras buscan defectos en el argumento evaluado para mostrar que realmente no da ninguna razón, mientras que las segundas intentan mostrar que hay mejores razones para concluir lo contrario. Por consiguiente, la evaluación lógica de los argumentos no es solo contextual, sino también comparativa.

Agradecimientos

Este investigación ha sido financiada por FEDER (Ministerio de Ciencia, Innovación y Universidades, Agencia Estatal de Investigación) Proyecto Prácticas argumentativas y pragmática de las razones ($Parg - Praz$), número de referencia PGC2018-095941-B-I00.

Referencias

[1] Bader, Ralf M. [2016]. "Conditions, Modifiers and Holism". En Errol Lord y Barry Maguire (Eds.), *Weighing Reasons*, 27-55. New York: Oxford University Press.

[2] Besnard, Philippe y Anthony Hunter [2008]. *Elements of Argumentation*. Cambridge, MA: MIT Press.

[3] Dancy, Jonathan [2004]. *Ethics without Principles*. Oxford: Oxford University Press.

[4] Dung, Phan Mihn [1995]. "On the acceptability of arguments and its fundamental role in nonmonotonic reasoning, logic programming, and n–person games". *Artificial Intelligence*, 77(2): 321–357.

[5] Eemeren, Frans H. y Rob Grootendorst [2004]. *A Systematic Theory of Argumentation*. Nueva York: Cambridge University Press.

[6] Ehninger, Douglas y Wayne Brockriede [2008]. *Decision by Debate*. Nueva York: Idebate Press.

[7] Gensler, Harry J. [2002]. *Introduction to Logic*. Londres y Nueva York: Routledge.

[8] Johnson, Ralph H. [2000]. *Manifest Rationality*. Mahwah, NJ: Lawrence Erlbaum.

[9] Johnson, Ralph H. y Anthony Blair [1977]. *Logical Self-Defense*. Toronto: McGraw Hill-Ryerson.

[10] Kagan, Shelly [1989]. *The Limits of Morality*. Oxford, Clarendon Press.

[11] Leal, Fernando y Rene Saran [2000]. "A dialogue on the Socratic Dialogue". En *Ethics and Critical Philosophy*, 2.

[12] Marraud, Hubert [2017]. "De las siete maneras de contraargumentar / On the seven ways to counter an argument". *Quadripartita Ratio*, 4: 52-57.

[13] Marraud, Hubert [2019]. "On the logical ways to counter an argument: A typology and some theoretical consequences". En Frans H. van Eemeren y Bart Garssen (Eds.) *From argument schemes to argumentative relations in the wild. A variety of contributions to argumentation theory*, Cap. 10. Cham: Springer.

[14] Oller, Carlos A. [2019]. "El conjunto de todos los argumentos (deductivos; válidos; sólidos) no existe". Disponible en `https://www.academia.edu/39279308/El_conjunto_de_todos_los_argumentos_deductivos_v%C3%A1lidos_s%C3%B3lidos_no_existe_abstract_extenso_There_is_no_set_of_all_deductive_valid_sound_arguments_extended_abstract_`

[15] Vega, Luis [2013]. *La fauna de las falacias*. Madrid: Trotta.

[16] Walton, Douglas N. y Eric Krabbe [2017]. *Argumentación y normatividad dialógica*. Lima: Palestra.

[17] Wenzel, Joseph [2006]. "Three Perspectives on Argument. Rhetoric, Dialectic, Logic". En Robert Trapp y Janice H. Schuetz (Eds.) *Perspectives on Argumentation: Essays in Honor of Wayne Brockriede*. New York: Idebate Pres, 9-26.

On Functional Uses of Definite Descriptions

Andrei Moldovan

Departamento de Filosofía, Lógica y Estética, Universidad de
Salamanca

and

Manuel Crescencio Moreno

ABSTRACT

In this paper we aim to contribute to the analysis of functional and other similar uses of definite descriptions that are
usually analysed by assigning an intensional semantic value
to the description. After a brief introduction of the functional
use of certain definite descriptions, we discuss the so-called
"temperature paradox", due to Montague [15]. We look at
Lasersohn's [11] proposal, which has the advantage of maintaining a uniform semantics for definite descriptions, as well
as extending in a conservative way the well-known apparatus for analyzing intensional contexts in natural language to
cover functional uses of descriptions without recourse to artificial postulates. Finally, we compare functional uses with
other uses of definite descriptions that are plausibly analyzed
as contributing intensions to the semantic value of the sentence in context.

Introduction

Benson Mates begins his 1973 paper on definite descriptions as follows: "The philosophic literature on Russell's theory of descriptions is so voluminous that anyone proposing to add to it must somehow excuse himself." [13, p. 409]. He went on to provide not one, but two excuses. Almost half a century later, we are writing a paper on the subject, but we have found no good excuses for this. We would like to think that this tells something about the perennial interest in the quest for the true semantics of definite descriptions. (It might as well tell something about the limitations of our philosophical imagination.)

Instead of an excuse, we will make an effort to provide a motivation. Why are definite descriptions ('DDs' henceforth) still an interesting subject to philosophers and logicians? Russell took his Theory of Descriptions to be vey helpful in clarifying the relation between natural language and the extra-linguistic reality. In particular, he imposed very strict epistemic requirements on successful reference, which he argued are never fulfilled by ordinary proper names, demonstratives, and other alleged referential expressions. As a result, he concluded that these are not referential expressions at all, but instead abbreviated definite descriptions, which in turn are quantifier phrases. This form of descriptivism, which postulates that language connects only descriptively to the world, underwent serious criticism in the decade of the '60s and '70s, especially due to the hugely influential work done by Keith Donnellan, Saul Kripke and Hilary Putnam. Today, the mainstream view is that DDs have a variety of uses. However, as María Manzano writes in the description of her current research project, which is dedicated to the study of intensional logic and its applications, the treatment of descriptions, but also quantifiers and indexicals in natural language, often time "does not benefit from the formal sophistication that recent intensional logics have achieved." These considerations have inspired and motivated the discussion in this paper. We aim to make a modest contribution to the analysis of some uses of DDs in natural language, and, in particular, to show that the apparatus of intensional logics can serve the purpose of modeling certain uses of these expressions in ways that have not been (or not sufficiently) emphasized in the literature.

Among the uses that Keith Donnellan identifies are the ones he calls *referential uses*. A use of a DD is referential when it is used "to enable his audience to pick out whom or what he is talking about and states something about that person or thing." [4, p. 285]. Suppose that, upon arriving at a banquet offered in honour of the rector of the university, and upon seeing his red nose and unsecured steps, you tell your friend:

(1) The rector is drunk.

The DD is used here as a tool to pick out a particular individual, that you (the speaker) have in mind and want to talk about. But there are other uses, apart from referential ones. Consider a scenario in which a professor gives to students in class a problem in mathematics and invites them to solve it. She utters:

(2) The first student to solve the problem, whoever she or he is, will receive an extra point.

Clearly the DD here is not used referentially, in the sense in which Donnellan defines this use, as the professor does not have one particular student in mind, and is not in a position to pick out any one of them. The world has not yet produced a denotation for the DD she used. In Donnellan's terminology, the DD "the first student to solve the problem" is used here *attributively*. The mark of attributive uses of DDs is the appropriateness of adding "whoever she or he is" as a qualifier of the DD is, Donnellan notes.

The difference between these two uses is sometimes taken to have semantic import. Attributive uses seem to be better represented by a Russellian account of DDs, on which they are not singular (referential) terms, but existential quantifier expressions.[1] The Russellian theory

---

[1]Russellians, such as Neale [17] and Bach [1], take DDs to have a uniform Russellian semantics and subscribe to pragmatic accounts of referential uses. On this view, the difference between referential and attributive uses is not semantically relevant, but it is to be explained by appeal to considerations concerning the speaker's intentions, rationality, cooperation etc. A different approach is one that takes referential uses to have a lexical entry that is different from that of attributive uses, as in Reimer [19] and Devitt [3]. That is, the definite article is ambiguous, and two independent semantic values are specified.

takes DDs to be quantifier phrases. If we use First Orden Logic to represent the semantic value (i.e. truth-conditions) of (an occurrence of) a sentence of the form "The F is G", according to the Russellian theory, the result is the following:

(3) $\exists x(\forall y(Fx \leftrightarrow x = y) \wedge Gx)$

Referentially used descriptions seem to be better accounted for by the Fregean theory, on which definite descriptions are singular terms that contribute to truth-conditions the individual that uniquely satisfies the description, if any. That is, the DD introduces a presupposition of existence and uniqueness: if the presupposition is not satisfied, the occurrence of the sentence does not have a semantic value. In FOL the truth-conditions of an occurrence of a sentence of the form "The F is G" according to the Fregean approach to DD could be represented if we introduce the following operator (where φ is an open or close formula):

(4) $[\![\iota x \varphi]\!]^g$ is the unique object d in the domain such that $[\![\varphi]\!]^{g'}$ (where g' is an assignment like g except for the difference that $g'(x) = d$) if such an object exists; undefined otherwise.

The description operator serves to represent the contribution of the DD to the truth-conditions of sentence. This contribution is defined only in case there is a unique element that fulfils the description. Consequently, the truth-conditions of "The F is G" on the Fregean analysis is:

(5) $G\iota x Fx$, in case there is a unique F; undefined, otherwise.

In a compositional semantic framework for natural language, each expression is assigned a semantic value of a particular type. Lambda calculus is used in the metalanguage to express these semantic values. The framework is modal: expressions are interpreted relative to indices, which are world-time pairs. The framework is also compositional: semantic values of complex expressions are determined from the semantic value of simple expressions following rules of composition.[2] In such a framework, a simple Russellian analysis of DDs assigns to them a semantic value of type $\langle\langle e,t\rangle,t\rangle$, the same type as that of binary quantifier phrases. It assigns to the definite article a value of type $\langle\langle e,t\rangle,\langle\langle e,t\rangle,t\rangle\rangle$ (where g is an assignment function and w and t are the indices of evaluation):

(6) $[\![\text{the}]\!]^{w,t,g} = \lambda P_{\langle e,t\rangle}.(\lambda Q_{\langle e,t\rangle}.\exists x(\forall y(Px \leftrightarrow x = y) \wedge Qx))$

In turn, the Fregean account assigns to the definite article the following semantic value of type $\langle\langle e,t\rangle,e\rangle$:

(7) $[\![\text{the}]\!]^{w,t,g} = \lambda P_{\langle e,t\rangle}.\iota x Px$

On the Fregean account, referentially used DD to have a semantic value of type $\langle e\rangle$, and the definite article 'the' one of type $\langle\langle e,t\rangle,e\rangle$.

The temperature paradox

Let us now resume our discussion of the various uses of DDs. While the distinction between referential and attributive uses of DDs has received a great deal of attention in philosophy of language and linguistics, other uses have received less attention. Notice that both referential and attributive uses of DDs are such that the speaker intends to denote a particular individual with her use of the DD. Call these, for lack of a better term, "objectual uses" of DDs. But the speaker might have different communicative intentions. Consider the following example of Barwise and Perry [2, p. 158]:

(8) The number of people voting for president peaked in 1956.

In (8) the speaker does not use the DD with the intention to pick out a particular number, as it does not make sense to talk about individual numbers peaking. We naturally interpret (8) as meaning that

---

[2]The space of this article does not allow for a detailed presentation of this type of framework, both with respect to the technical aspects and the methodology of natural language semantics. We direct the reader to classical textbooks such as Dowty, Wall and Peters [5], Heim and Kratzer [10] and von Fintel and Heim [8], in which versions of this semantic framework are presented.

312

the *function* that delivers a numeric value for different moments of time (corresponding to election periods) has a certain property.[3] That is why Barwise and Perry [2] call this *the functional use* of DDs.[4]

Functional uses of DDs are usually discussed in connection to the so-called "temperature paradox", which is attributed to Barbara Partee. Consider the following inference from (9) and (10) to (11):

(9) The temperature rises.

(10) The temperature is ninety.

(11) Ninety rises.

The inference is clearly invalid. But now consider the rendering of this inference in an extensional First Order Language. An analysis of the inference in FOL, assuming the Russellian theory of DDs, would go as follows (where *temp* and *rise* are extensional predicates, x and y are extensional variables, and n is an extensional constant that stands for 90°F):

(12) $\exists x (\forall y (temp(x) \leftrightarrow x = y) \wedge rise(x))$

(13) $\exists x (\forall y (temp(x) \leftrightarrow x = y) \wedge x = n)$

(14) $rise(n)$

On this analysis the argument turns out valid: if there is a unique temperature and it rises, and it is equal to 90°F, then 90°F rises. So, the analysis cannot be right, as the original argument we aimed to formalize is not valid.

Montague [15] proposes a different analysis, in a compositional semantic framework for natural language in which expressions are assigned

[3]Of course, the claim is not that the speaker herself thinks explicitly in terms of functions and their values. She might not even be familiar with this terminology. Instead, the idea is that the concept of function allows us to offer the intuitively correct interpretation of the use of the DD in (8).

[4]Alternative terminology is sometimes used: Schwager [21, p. 254] uses "role-reading" vs. "occupant-reading", while Lobner [12] uses "functional reading" vs. "value reading".

both extensional and intensional semantic values. The standard notation for the type of intensional semantic values is $\langle s, \sigma \rangle$, where σ is any type. Montague's [15][5] analysis of the inference from (9) and (10) to (11) is the following:

(15) $\exists x(\forall y(temp'(x) \leftrightarrow x = y) \wedge rise'(x))$

(16) $\exists x(\forall y(temp'(x) \leftrightarrow x = y) \wedge \check{}x = n)$

(17) $rise'(\hat{}n)$

Both x and y are intensional variables of type $\langle s, e \rangle$. Semantic values of this type are sometimes called "individual concepts", or functions from indices to individuals. The expressions "the temperature" and "rise" are interpreted as taking as arguments intensions, and so, their semantic value is of type $\langle \langle s, e \rangle, t \rangle$. The constant n is extensional, type $\langle e \rangle$, and its value is 90°F. So, $\hat{}n$ is an expression of type $\langle s, e \rangle$, denoting the constant function which returns at every index the individual denoted by n. On this analysis, (9)/(15) says that the unique temperature function (i.e. the function from moments of time to temperatures) rises; (10)/(16) says that the value of the unique temperature function for the index of evaluation (i.e. the time and world of the utterance) is 90°F; and (11)/(17) says that the function which picks out 90°F at all indices rises. The conclusion is clearly false, while the premises might very well be true, exactly as in the case of the original argument we aimed to formalize. This suggests that it is more promising to use intensional semantic values, as Montague does, in analysing the argument.

Now, Lasersohn [11] notes, Montague correctly takes the argument of "rises" be an intension:

> you cannot determine whether the temperature is rising at a given moment by examining a snapshot of a thermometer taken at that moment — you need more than one snapshot, taken at different times. This sort of consideration makes it seem quite reasonable to regard *rise* as creating an authentic

---

[5]We follow here the presentation in Lasersohn [11, p. 127].

temporally intensional context, and to analyze it as taking individual concepts, rather than individuals, as its arguments. [11, p. 130].

On the other hand, Lasersohn [11, pp. 130–131] notes that there is no reason to treat "temperature" in the same way as "rises", that is, as taking intensions as arguments. The reason why Montague does so, according to Lasersohn [11], is indirect: Montague [15] takes DD to have a Russellian semantics. Montague assumes a version of the Russellian theory on which the two predicates the definite article combines with are of type $\langle\langle s, e\rangle, t\rangle$. This is not the Russellian theory introduced in (6) above, on which "the" combines with two extensional semantic values of type $\langle e, t\rangle$, but a different version of it. In (9) both "rise" and "temperature" must have a value of semantic type $\langle\langle s, e\rangle, t\rangle$. So, the meaning of "the" is of type $\langle\langle\langle s, e\rangle, t\rangle, \langle\langle\langle s, e\rangle, t\rangle, t\rangle\rangle$, and could be represented as follows (where variables x and y are intensional):

(18) $[\![\text{the}]\!]^{w,t,g} = \lambda P_{\langle\langle s,e\rangle,t\rangle}.(\lambda Q_{\langle\langle s,e\rangle,t\rangle}.\exists x(\forall y(Px \leftrightarrow x = y) \wedge Qx))$

But, the Russellian analysis is not the only option for analysing DDs. Lasersohn [11] proposes to use a Fregean analysis of the definite article, in which a DD is treated as a singular term, as the one introduced in (4) and (7) above. Thus, Lasersohn proposes the following analysis of the inference from (9) and (10) to (11) on which both x and n are extensional:[6]

(19) $rise(\lambda(w,t).\iota x\, temp(x))$

(20) $\iota x\, temp(x) = n$

(21) $rise(\lambda(w,t).n)$

On this analysis, all semantic values are extensional. (19) says that the function from indices to the temperatures rises; (20) says that the value of the temperature at the indices of the utterance is 90°F; and (21) says that the function from indices to 90°F rises. The premises might

---

[6]This particular formalism is taken from Schwager [21, p. 250], who follows Lasersohn [11] on this point.

be true, but the conclusion is clearly false. So, the "paradox" dissolves, and the analysis seems correct.

Now, which option should we prefer: (15)–(17) or (19)–(21)? Let us first enumerate some general reasons to prefer the latter option. As already mentioned, the former analysis assumes a version of the Russellian theory of DD, while the latter assumes the Fregean theory. And there are independent overwhelming reasons to prefer the Fregean account of DDs to the Russellian one, which have nothing to do with Montague's temperature paradox.[7] Another reason for opting for the latter analysis is methodological: in contrast to Montague [15], much work done on natural language semantics assumes an *extensional* semantic framework, one in which expressions are assigned by default an extensional semantic value, and in which intensions are introduced conservatively, only when non-extensional interpretations are needed (as, for instance, in Heim and Kratzer [10, p. 303]). On such a framework, the analysis in (15)–(17) implies that we need to assume *two versions* of the Russellian theory of DDs, and so that we postulate an unexplained ambiguity in the definite article. On the one hand, as already noted, the analysis in (15)–(17) assumes an intensional version of the Russellian theory, the one in (18). On the other hand, in the case of simple extensional contexts, the determiner "the" has the usual meaning of type $\langle\langle e, t\rangle, \langle\langle e, t\rangle, t\rangle\rangle$, presented in (6). For reasons having to do with uniformity and systematicity, it is preferable to avoid multiplying lexical entries and postulating ambiguities, especially where intuitively there are none.

Apart from these general reasons, Lasersohn argues, as we have seen, that the latter analysis is preferable, on the basis of the way it analyses "temperature". Thus, the former (Montague's) analysis, given that it assumes the Russellian analysis in (18), needs to assign an intensional semantic value of type $\langle\langle s, e\rangle, t\rangle$ to "temperature". This is not warranted, Lasersohn [11, pp. 130–131] argues. In change, the latter analysis treats "temperature" as a predicate of type $\langle e, t\rangle$. So, "the temperature" has a semantic value of type $\langle e\rangle$ in normal (extensional) contexts, such as in (10), analysed as (20). Indeed, the use of the DD in (10) is objectual, as it picks out a particular value of temperature at the index of the

---

[7]See, for instance, von Fintel [7], Elbourne [6] and Moldovan [14].

316

context, a value which is said to be 90°F. Intensionality is triggered by
"rises", which introduces an intensional context and takes an individual
concept as its argument. Thus, the latter analysis takes into account
the difference between the uses of "the temperature" in (9) and in (10):
the use of the DD in (9) is functional, as we are not talking about the
particular temperature at a certain moment, but about the function
that represents temperature relative to time. Lasersohn [11, p.132] sees
here an argument in favour of the Fregean presuppositional analysis of
DD, which does not force us to assign an incorrect semantic value to
"temperature".

It looks like there are good reasons to prefer (19)–(21) to (15)–(17).
Lasersohn's semantic analysis of the temperature paradox in (19)–(21)
has the advantage of maintaining a uniform semantics for DD, the semantic value of which is extensional in normal contexts.[8] It also assigns
"temperature" a uniform extensional semantic value. At the same time,
the account treats functional uses as being introduced by verbs that
create intensional contexts. As we see in what follows, the well-known
apparatus for analyzing intensional contexts is extended in a conservative
way to cover a new phenomenon, without recourse to artificial postulates.

Functional uses and intensionality

Let us now pay some attention to the treatment of "rises" in this analysis.
"Rises" applies not to a particular individual, but to a function. The
same is the case with "peaked" in (8): there is only one possible reading
of the DD "the number of people voting for president", and this is the
functional reading. In both cases, *it is the verb* that requires a functional
(in the mathematical sense of the term) reading of the DD, and not the
DD itself that introduced this reading. That is, the semantic value of
the verb specifies that its argument is not the usual extensional semantic
value of the DD, but the intension. This is an important advantage for
semantic theorizing, in the sense of allowing for a uniform extensional

---

[8]Lasersohn's [11] proposal is not without problems, as pointed out in Romero [20],
Hansen [9] and Schwager [21]. We do not discuss these problems further here, as they
are not the main focus of the paper.

semantics of the DD and avoiding postulating unnecessary ambiguities of the definite article.

In other words, "rises" and "peaks" create intensional contexts. The standard analysis of intensional contexts in Montague-style approaches to natural language semantics is such that an intensional verb (such as, for instance, "believes") takes as argument the intension of the sentential expression it combines with, and not its standard extensional semantic value. For instance, in Dowty, Wall and Peters [5, p. 164] the verb "believe" has a semantic value of type $\langle\langle s,t\rangle,\langle e,t\rangle\rangle$, thus creating an intensional context with respect to its object clause. Verbs like "rise" and "peaks" also belong to this category of verbs that create intensional contexts, with semantic values of type $\langle\langle s,e\rangle,t\rangle$. Of course, given that the default semantic value of "rises" is of type $\langle\langle s,e\rangle,t\rangle$, and that of "the temperature" is $\langle e\rangle$, the two do combine according to the standard composition rule of Functional Application. Simple Functional Application is the composition rule when both expressions (i.e. the argument and its value) are extensional, and it reads as follows [5, p. 164]; [10, pp. 13, 105]:

(22) *Functional Application*: If α is a complex expression composed of two simple expressions β and γ, then, for any index (w,t) and assignment g: if $[\![\beta]\!]^{w,t,g}$ is a function whose domain contains $[\![\gamma]\!]^{w,t,g}$ then $[\![\alpha]\!]^{w,t,g} = [\![\beta]\!]^{w,t,g}([\![\gamma]\!]^{w,t,g})$

In the case of intensional contexts, the solution is to postulate a new rule of composition, called Intensional Functional Application [10, p. 308], which allows the intensional verb to take as argument not the standard extensional value of its argument, but the corresponding intension:

(23) *Intensional Functional Application*: If α is a complex expression composed of two simple expressions β and γ, then, for any index (w,t) and assignment g: if $[\![\beta]\!]^{w,t,g}$ is a function whose domain contains $\lambda(w',t').[\![\gamma]\!]^{w',t',g}$ then $[\![\alpha]\!]^{w,t,g} = [\![\beta]\!]^{w,t,g}(\lambda(w',t').[\![\gamma]\!]^{w',t',g})$

However, there is an obvious difference between intensional operators such as "believes" and "it is possible that" and the intensional verbs "peaks" or "rises": both take as argument functions from indices to denotations, but in the former case, the value of the function varies with the world-component of the index, while in the latter case, with the time-component. In particular, the semantic value of "believes" is more or less the following (where p is a propositional variable of type $\langle s, t \rangle$):

(24) $[\![\text{believes}]\!]^{w,t,g} = \lambda p.(\lambda x.p(w', t)$ for all (w', t) compatible with what x believes in $(w, t))$

The semantic value for "rises", as suggested in Schwager [21, p. 248], following Montague [15], is the following (where σ is an individual variable of type $\langle s, e \rangle$, such as the temperature function, or some other function that is said to be rising):

(25) $[\![\text{rises}]\!]^{w,t,g} = \lambda \sigma_{\langle s,e \rangle}.$there is an interval T that contains t, and for all t_1 and t_2 in T such that $t_2 > t_1$, $\sigma(w, t_2) > \sigma(w, t_1)$

Of course, "rise" is not the only verb that imposes a functional reading of the DD it takes as an argument. Consider also the uses of "decrease", "change", "varies", "differs":

(26) The price of housing has decreased considerably.

(27) The President is elected through popular vote every four years.

(28) The picture on Jordan's wall has changed ([21, p. 253], modified).

(29) The temperature varies widely in the Spring here [18, p. 185].

(30) The instructor of Logic 101 differs from semester to semester [18, p. 185].

Appropriate semantic values could be specified for these verbs, following the example of "rise" given above. A semantic value for "change" might be the following:[9]

(31) $[\![\text{changes}]\!]^{w,t,g} = \lambda \sigma_{\langle s,e \rangle}.$there is an interval T that contains t, and there are at least two values t_1 and t_2 in T such that $t_2 \neq t_1$, and $\sigma(w, t_1) \neq \sigma(w, t_2)$

---

[9]Compare with Schwager [21, p. 255].

For "decreases" we suggest the following semantic value:

(32) $[\![\text{decreases}]\!]^{w,t,g} = \lambda\sigma_{\langle s,e\rangle}$. there is an interval T that contains t, and for all t_1 and t_2 in T such that $t_2 > t_1$, $\sigma(w,t_2) < \sigma(w,t_1)$

A different kind of intensional predication

One reason for skepticism about the proposed analysis is advanced by Diana Puglisi in her 2014 PhD thesis. Puglisi [18, p. 185] considers the following sentence:

(33) The President of the U.S. changes every four years.

An utterance of (33) might be interpreted in at least two ways, already differentiated so far. The first one is to give the DD an objectual reading, on which it picks out the individual person, elected as president, and to assert of him/her that he/she changes every four years. The most salient reading of (33) is a different one, in which the DD is interpreted functionally, and according to which at every four years the individual that fulfils the role of president is being replaced by a different one.

Puglisi considers the option of analysing sentences such as (33) by taking the DD to express a "type-concept", one that denotes not an individual, but *a kind*. This option, she argues [18, p.174], is plausible for generic uses of DDs (as in "The whale is a mammal."). However, she ultimately rejects this possibility for sentences such as (33), commenting that, on such a view,

> 'the president of the U.S.' in [(33)] refers to the type president of the U.S.... But this won't work... A typical utterance of [(33)] does not mean that the type president of the U.S. changes every four years. What it means is that which individual tokens the type president of the U.S. changes every four years. [18, p. 185].

The option we have been considering here, that of taking verbs such as "raises" and "changes" to create intensional contexts, might be open to a similar objection. If we take the DD in its functional reading to pick out an intension and the verb "changes" to take that intension as argument, the objection is that our proposal wrongly predicts that *that intension* – which is a function from indices to values – changes. But, of course, this prediction is not correct: the utterance does not say that *the function* changes, but that the values of the function (i.e. the individual that fulfils the role of being the president of the U.S.) change relative to the indices considered.

Now, it is easy to see that Puglisi's objection does not resist scrutiny: although it is true that "changes" takes as argument an intension, the sentence does not say that *the function* from world-time pairs to individuals changes. The intension is indeed the argument for "changes", but the lexical entry for "changes" specifies the exact contribution of the verb to the truth conditions of the utterance. And these conditions require that there be a variation in the *values* of the function when we vary the index.

However, Puglisi's objection turns our attention to an important distinction: while the semantic value for "change" makes it clear that the sentence does not say that the intension itself changes, there are other verbs that arguably assign properties to the intension itself. It is a rather common assumption in the literature that the intension of a predicate or singular term is a representation of its meaning. This function is called *a property* in the case of predicates, and *an individual concept* in the case of a singular term such as a DD. Thus, the institutional role of being president of the US, winner of the Ballon D'Or, or the Pope, could be represented as the intension that assigns to any world-time pair the individual that fulfils that role at that world and time (if any). Under this assumption certain predicates that assign properties to the institution of presidency or papacy itself might be analyzed as creating intensional contexts. Manuel Moreno's (2017) PhD thesis, written under María Manzano's supervision, discusses such cases of intensional predication. Compare the above cases with the following two examples, inspired in Moreno [16, p.78]:

(34) The Pope is the sovereign of the Vatican City.

(35) The winner of the Ballon D'Or has the most important sports distinction.

In (34) and (35) the objectual reading of the DD is available. For instance, (34) could be read as saying that *the actual Pope* is the sovereign of the Vatican City. But there is an alternative reading as well, on which the DD is not used to refer to the individual person fulfilling the role of Pope, but instead to the institutional role itself, which is fulfilled by different persons at different moments of time. On this reading, the DDs "the Pope" and "the winner of the Ballon D'Or" do not pick out individuals, but institutions, and they are not about any particular Pope or winner of the distinction. Instead, on this reading we are stating that a certain relation holds between the institution of papacy and that of being the head of Vatican City. In relation to this point, notice the difference between predicates such as "rises" or "peaks" and "is the sovereign" or "has the most important sports distinction". Most of the previous examples analyzed above, involving the former predicates, in sentences (8) or (26)–(30), only have the functional reading of the DD. In the case of (34) and (35) both the objectual and the non-objectual ("institutional") reading are available. The verbal phrase does not require the non-objectual reading (as it was the case with "rises" and "peaks"). Instead, the source of the non-objectual reading is a possible interpretation of the DD itself.

Notice also that, strictly speaking, we do not have here a functional reading of the DD, because nothing indicates that the DD picks out a function, in the mathematical sense. In (34) and (35) the DDs are used to make reference to a particular institution. It is a theoretical choice, that might or might not prove successful, to represent the institutions referred to by the DDs in the two sentences as intensions (of type $\langle s, e \rangle$), i.e. as functions that assign a particular person to any world-time pair. *If* this hypothesis is correct – a claim that we do not argue for here – we have a further kind of uses, different from the functional uses analyzed above, of DDs that contribute an intensional semantic value to the truth-conditions of the utterance of the sentence. The important difference is that here it is the DD itself that introduces an intensional context. Naturally, not only the DDs will have an intensional interpretation, but the verb phrases also, for the compositional calculation to be possible in accordance to the rule Intensional Functional Application.

Along the same lines, Pavel Tichý uses the word *office* to refer to what we have called institutional role. He also holds the use of a proper intensional predication with regard to the predicate of existence. Moreover, the semantics counterpart of intensions are for Tichý partial functions:

> Now what *does* it take for someone to be the king of France? He must occupy the *office* of the king of France, enjoy the *status* of the king of France. Thus to say that the king of France does not exist is just a brief way of saying that the office of the king of France is vacant. The topic of the statement is the office, not any particular individual. [...] But the statement says nothing about that particular individual. Its topic is the office [...] The notion of a partial function from world-times to individuals can thus serve as an explication of the notion of office. To define an individual office is to specify the corresponding function: one has to specify which individuals hold the office in what worlds at what times. [22, pp. 405–406].

What we do want to suggest, as a tentative conclusion of this discussion, is that this kind of use is different from the functional use of DDs discussed above, in the previous sections. And it is different in at least two ways. First of all, because the DD is not obviously interpreted as a function from world-time pairs to individuals. Instead, the intensional interpretation is the result of a further claim, that of analyzing institutions as functions from indices to individuals. And second, that in the latter examples it is not the verb (or verb phrase) that introduces the intensional context and requires an intensional interpretation of the DD; instead, it is the DD itself that receives an intensional analysis (assuming a certain analysis of certain singular terms that refer to institutions).

Acknowledgements

The research for this paper was funded by the research project "Translations, Combined Logics, Descriptions, Intensional Logic, Type Theory, Hybrid Logic, Identity, Logic and Education", FFI2017-82554-P, University of Salamanca, IP: María Manzano, Financed by MINECO, Spanish Government.

Referencias

[1] Bach, Kent [2007]. "Referentially Used Descriptions: A Reply to Devitt". *European Journal of Analytic Philosophy*, 3 (2): 33–48.

[2] Barwise, Jon and John Perry [1983]. *Situations and attitudes*. Cambridge, MA: MIT Press.

[3] Devitt, Michael [2004]. "The Case for Referential Descriptions". In Marga Reimer and Anne Bezuidenhout (Eds.), *Descriptions and Beyond*. Oxford: Oxford University Press.

[4] Donnellan, Keith S. [1966]. "Reference and Definite Descriptions". *The Philosophical Review*, 75 (3): 281–304.

[5] Dowty, David, Robert Wall and Stanley Peters [1981]. *Introduction to Montague semantics*. Dordrecht: Reidel.

[6] Elbourne, Paul [2013]. *Definite Descriptions*. Oxford: Oxford University Press.

[7] Fintel, Kai von [2004]. "Would you believe it? The King of France is back! (Presuppositions and truth-value intuitions)". In Marga Reimer and Anne Bezuidenhout (Eds.), *Descriptions and Beyond*. Oxford: Oxford University Press, 315–341.

[8] Fintel, Kai von and Irene Heim [2011] *Intensional Semantics*, retrieved from `http://web.mit.edu/fintel/fintel-heim-intensional.pdf`.

[9] Hansen, Casper S. [2016]. "The Temperature Paradox and Russell's Analysis of the Definite Determiner". *Linguistic Inquiry*, 47(4): 695–705.

[10] Heim, Irene and Angelika Kratzer [1998]. *Semantics in Generative Grammar*. Oxford: Wiley-Blackwell.

[11] Lasersohn, Peter [2005]. "The temperature paradox as evidence for a presuppositional analysis of definite descriptions". *Linguistic Inquiry*, 36(1): 127–134.

[12] Löbner, Sebastian [1981]. "Intensional Verbs and Functional Concepts: More on the 'Rising Temperature' Problem". *Linguistic Inquiry*, 12(3): 471–477.

[13] Mates, Benson [1973]. "Descriptions and reference". *Foundations of Language*, 10(3): 409–418.

[14] Moldovan, Andrei [2017]. "The Real Problem with Uniqueness". *SATS - Northern Journal of Philosophy*, 18(2): 125–139.

[15] Montague, Richard [1973]. "The proper treatment of quantification in ordinary English". In Patrick Suppes, Julius Moravcsik and Jaakko Hintikka (Eds.), *Approaches to Natural Language*. Dordrecht: Reidel, 221–242.

[16] Moreno, Manuel C. [2017]. *Intensions, Types and Existence*. PhD Thesis. University of Salamanca, Spain.

[17] Neale, Stephen [1990]. *Descriptions*. Cambridge, MA: MIT Press.

[18] Puglisi, Diana C. [2014]. *A Relevance Theoretic Account of Definite Descriptions*. PhD Thesis. University of Georgetown, Washinghton D.C.

[19] Reimer, Marga [1998]. "Donnellan's Distinction/Kripke's Test". *Analysis*, 58(2): 89–100.

[20] Romero, Maribel [2008]. "The temperature paradox and temporal interpretation". *Linguistic Inquiry*, 39(4): 655–667.

[21] Schwager, Magdalena [2007]. "Bodyguards under Cover: the Status of Individual Concepts". In Tova Friedman and Masayuki Gibson (Eds.), *Proceedings of the 17th Semantics and Linguistic Theory Conference (SALT XVII)*. Ithaca, NY: Cornell University, 246–263.

[22] Tichý, Pavel [1979]. "Existence and God". *The Journal of Philosophy*, 76(8): 403–420.

The Non-Monotonic Notion of System-Relative Possibility

Raymundo Morado

Institute for Philosophical Research, UNAM

ABSTRACT

Manzano has remarked that expressiveness limitations can be useful. Blindness can be bliss, making things easier for meta-theory or computation. As Manzano [8] has written, "a logic is like a scale where expressiveness and computability tend to be in an equilibrium".[1] So, lack of expressiveness might be accepted provisionally, or be strategically preferred to more powerful but also more costly languages.

In "Mathematical Modal Logic: A View Of Its Evolution" [6], Robert Goldblatt presents a relational view of possibility. The possibility he describes is cashed out in the traditional sense of "relative to a point in the model of a system": what is possible or accessible from a situation, understood as a complete possible world or a set of them. In what follows, we will try and extend this to a notion of possibility relative to a state in the development of the logical systems themselves. We shall make some theoretical comments along the way, hopefully developing further Manzano's intuitions.

---

[1]Later, she elaborates: "A logic is like a scale: the expressive power is on one pan whilst the computational complexity is on the other. We should decide what logic we need, what virtues we want to preserve and how much we are willing to pay for the expressive power." [8]

We seem to have Non-Monotonicity

Let us consider Carnap and Bar-Hillel's seminal 1952 paper "An Outline of a Theory of Semantic Information" [3] ("C/B-H" from now on). They present the notion of a state-description as a total assignment of values to atomic predications. For instance, in the toy case when our language has only two unary predicates: "Male" and "Young",which we interpret bivalently, and only three constants: "a", "b", and "c", the number of state-descriptions is $(2^2)^3 = 64$. They represent the classes of possible worlds expressible by our language. It is well know that Carnap extended valuations to modal operators, where a 2-valued valuation v_i of $\Diamond p$ is 1 iff there is some 2-valued valuation v_i' that extends, while obeying the classical truth-tables, some 2-valued interpretation i' of the atomic sentences, and p is assigned the designated value by v_i'. In plain words, something is possible if it happens in some description of the world. Since the available descriptions are derived from all the combinations of truth and falsity ascribed to atomic sentences, and for any atomic sentence p there is always some combination in which p is assigned the value True, then, no matter what valuation we use, $\Diamond p$ comes out true and therefore is valid, since validity is the same as being true in all valuations. Of course, the reason is that atomic propositions are not complex enough, by definition, to have a contradictory nature, as far as our system is capable of representing it. So, $\vDash \Diamond p$ for any atomic p, which Mike Dunn calls "a curious wrinkle". Dunn remarks that if "p" is a variable, we would expect all its substitution instances to be true also, including the instances that are contradictory formulas. Calling them valid "clearly is an absurdity".

The approach in C/B-H can be defended. Since at least the Middle Ages with the *Ars Magna* of Ramon Lull, we want to exhaust the combinatory, and to do this we must include the possibility of truth for things about which we have no other information. For instance, Lull combines three properties of God, just as we examine in a truth table the eight combinations of values for three propositions, A, B, and C, considering the cases when each one of them is alternatively true or false. Yet, one of A, B or C might be a necessary proposition. What does it mean then to consider the case of the three of them being false? And if one of A, B, or C is impossible, what does it mean to consider the case of A, B, and C being true? We cannot simply say that because A, B, and C are variables we have to consider all the combinations; mere variables have no truth-value. When we assign a truth-value to propositional symbols, we are treating them as constants expressing a proposition, that is, something either true or false.

Yet, even if we accept that "p" is not a variable but a constant (since it is either true or false), and therefore needs not be substituted, the problem remains that logic should not be in the business of declaring possible a constant whose content we ignore. If the constant "p" is false because it means the same as $q\&\neg q$, we are no better off than if "p" is a variable and $q\&\neg q$ is one of its substitution instances. It is revealing the fact that Carnap and Bar-Hillel call $Pa \vee [M.\neg N]b$ "factual", "logically indeterminate", and "synthetic". If the components like "P" and "a" are constants, the meaning of the whole proposition might not be any of those things. If the components are not constants, then calling them "factual" and "synthetic" is misleading.

By the way, we also have the question of indexical propositions. It can be said that constants that stand for propositions like "I am here now" do not express a full proposition separated from the context of utterance that provides the designation for a specific person, time, and place. They just express proposition schemas to be filled contextually. Since we cannot assign a definite truth-value to mere proposition schemas, we do not know the truth-values of the mere schemas A, B, and C, and therefore we must run the gamut for a full combinatory. Although it looks like we treat A, B, and C as semantically definite, they still have a value unknown to us. This, of course, happens to be the case for many important propositions in our life whose meaning is sufficiently clear but whose truth-value remains a mystery for us.

Declaring any atomic sentence possible has as a consequence that many molecular sentences must also be declared so as long as they are satisfiable by the semantics of the system, that is, as long as there is an interpretation as far as the system knows (cfr. Dunn p. 433, n. 17). Cutting down the space of interpretations allows us to obtain, for instance, S5, as Dunn mentions. We want any such cutting down to be philosophically motivated. As Cocchiarella and Freund [4, p. 75] write:

"The semantical system of this section is conceptually defective in at least one respect—namely, that no explanation or rationale is provided for the restricted interpretation of 'all possible worlds' in the semantical clause for necessity". They are trying to avoid results like Lemma 202:

If φ is modal free and not tautologous, then $\neg\Box\varphi$ is L-true
[4, p. 65]

Notice that something similar will occur on the syntactic side, at least for interesting systems susceptible to goedelization. All such systems will have syntactic blind spots, since for each system S there is always some p_s which S cannot demonstrate or refute.[2]

Stages

As we know since the times of Stoic logic, propositional logic is enough to detect the incompatibility between "Everything is F" and "Not everything is F". Nevertheless, it cannot detect the incompatibility between propositions like "Everything is F" and "Everything is non-F" and we need to expand the system into relational logic to detect, among other things, such incompatibilities. Until the incompatibility is detected, the conjunction of the incompatible propositions must be handled as a logical possibility. To say that a wff X is S-logically possible is to say that the logical system S has no resources to rule it out. For a more fine-grained system S', X might not be S'-logically possible.

For any logical calculus with atomic sentences, since they cannot be analyzed, they might be true as far as that calculus is able to ascertain. This means that in a simple application of Carnap's ideas, for the corresponding semantics we can expect each atomic proposition to be declared possible: $\vDash \Diamond p$ for any atomic p.[3]

---

[2]Of course, syntactical indemonstrability in S doesn't mean the semantics of S cannot validate p_s; that is an issue up to completeness and correctness. That is to say, the contingency of p_s is a shortcoming of the proof theory of S, not necessarily of its semantics.

[3]And also its negation, as in the lemma of Cocchiarella and Freund mentioned above.

This is as it should be. We start with simple notions in the full awareness that, due to their very simplicity, they will prove insufficient for some analyses. We know a preliminary system is blind to important distinctions. Sometimes the language of the system is still incapable of expressing those distinctions; sometimes they can be expressed but the calculus in the system is incapable of handling the syntactic transformations necessary for a diagnosis in terms of validity, be it due to a lack of basic principles, postulates or axioms, or to a lack of syntactic rules to transform the formulas. The notion of possibility can be relative to such a stage of development of logical theory. More abstractedly, LC-possibility is the semantic notion of possibility relative to a particular system comprising a language L with some negation operator "¬" and a calculus C. The wff X is LC-possible iff X is in L and $\nvDash_C \neg X$.[4] So, this notion of possibility is predicated with respect to a system-relative notion of semantic validity.[5]

Is this real possibility?

So, a proposition might be LC-possible for a certain system LC, but not for other systems. This does not preclude having other forms of possibility due to extra-systemic reasons. For instance, in their paper C/B-H used "O" (old), as the negation of "Y" (young); but, to be old is not the negation of being young in certain senses, since for that to be the case we would need at least the exhaustivity of the options. Also, we know there are atomic propositions that are impossible, whether we are able to cash out that impossibility in terms of some structural logical inconsistency or not. Think of impossibilities such as "I do not exist", or "4 is green". You might believe they do have an internal structure, just

[4]A more elegant semantic interpretation can be derived from Batens and Meheus notion of compatibility [1, p. 328]: "A is compatible with Γ iff Γ $\nvdash$ ¬A[...] iff it is true in some model of Γ". So, LC-possibility means there is a C-model of X. But notice that Batens and Meheus [1] keep C fixed to classical logic so the non-monotonicity comes from enlarging the premises in Γ, while in this paper the non-monotonicity might also come from enlarging the rules in C and so it is not only intra-systemic but also inter-systemic.

[5]We are only talking about the content of propositions but we can think of related notions, especially if we model orders, questions, etc., as operations on propositions.

like other sentences that are not semantically atomic, like "All is false" and "This is completely red and completely green". Furthermore, you might also believe that this internal structure is logical. Still, the fact remains that they have no analysis as far as some systems are concerned, and for those systems they do appear as atomic. Such systems cannot distinguish between their syntactic and their semantic atomicity.

Does LC-possibility capture a natural sense of "possibility"? As happens with most interesting words, "possible" possesses several meanings. In the history of logic, possibilities have been understood as what happens "at some time", "if the laws of physics were different", "if history had been different", etc. Metaphysical or ontological readings of possibility are very appealing but hard to handle. It is much easier to work with something like "X is possible if it can be the interpretation of a formula F (in a specific language L) and there is no inconsistency in F detectable by the calculus C". Such LC-possibility can be further relativized to a set of previous presuppositions, or to a situation from where a situation in which X is true is accessible. After all, it seems natural to ask "possible with respect to what?". Even if an approach to possibilities as absolutes were most intuitive, there would also be room for a corresponding relational understanding.

Going back to our C/B-H illustration, if we determine consistently for all individuals whether they posses or not each primitive property, we have a "state-description". Carnap and Bar-Hillel [3] knew that states-descriptions are not guaranteed to be possible states of the universe of discourse. They wrote "a state-description completely describes a possible state of the universe of discourse in question [...] strictly speaking, only if the primitive properties are logically independent" [3, p. 5]. In his famous "Meaning Postulates", Carnap gives the synonymous definition of state-description: "A state-description is a conjunction containing for every atomic statement either it or its negation but not both, and no other statements" [2, p. 67] and considers the property for an open formula of holding in all state-descriptions as equivalent to being universally valid. But then he acknowledges the cases when the primitive properties are not logically independent, since Kemeny and Bar-Hillel, independently, noticed in 1951 that some state-descriptions might not be possible cases if we allow relations that have their own constraints; if the constraints rule out a sentence, then all state-descriptions that contain it "do not represent possible cases" [2, p. 70].

This should not be too much of a surprise. State-descriptions are linguistic devices and they do not capture perfectly the idea of possible worlds, even when they are inspired by it. Ontological possibilities will not coincide with what can be built from the combinatory of the atomic sentences without further information on the meaning constraints. We naturally relativize possibilities to what the language can express when we use a device like state-descriptions but that cannot be the whole story. A formal semantics might declare something a possibility even if it cannot hold in reality because of constraints that the formal semantics does not capture. Even when our semantics captures something that the formal calculus is unable to express or process, it is limited to the expressive powers of the language of the metatheory, which might be purely formal, and to the richness of the semantical operations the system captures in its metatheory.

Indexing to specific systems

There are important consequences of the fact that system-relative possibility, like validity, completeness, and other metatheoretical notions, is contextual. How can we understand a provisional ruling from logic? After all, logic is considered to be so immutable that, as with the Goddess of Parmenides, her judgements are expected to be timeless and final (if this conjunction is not a paradox in itself).

One way to understand the provisionality of the ruling is as sensitivity to context. This can be nicely captured, among other ways, with a notion of information containment relative to the background logical space. Some propositions convey different information according to how other premises have restricted the logical space. Carnap and Bar-Hillel (p. 8) say that "When we use the term 'information' in ordinary language, we often refer to the information carried by a sentence absolutely, so to speak. At least as often, however, we intend to refer to the information carried by a sentence in excess of that carried by some other sentence (or class of sentences). If not otherwise stated or implicitly understood through the context, this other sentence will often be that in which the total knowledge available to the receiver of the information, before he receives the new information, is stated. In contradistinction to the concept of absolute information treated so far, we shall now define, still on the presystematic level, the concept of relative (or additional or excess) information".

Now the question presents itself whether we are dealing with true non-monotonicity. On one hand, it is certainly contextual and we see the same formula $\vDash \Diamond p$ as true or false at different stages of theory development. On the other hand, "_is possible" does not work here like the predicate "_flies" which is not indexed. We predicate flying of Tweety in the same sense before and after learning it is a penguin, which need not be the case with metatheoretical properties. Having a system-relative meaning, the same predicate may express different properties, and so it would appear we are not in the presence of true non-monotonicity.

It is tempting to read "$\vDash A$" as the absolute semantic validity of A. But if each "$\vDash$" is relative to a system, it really is $\vDash_S$, $\vDash_{S'}$, $\vDash_{S''}$, etc. As such, it should not come as a surprise that for some formulation K of a contradiction, $\vDash_S \Diamond K$ in some system S. That is, no matter how blatant a contradiction, there is some system blind to it even if it can express K in its language. The logical fact that such contradiction is possible, with respect to such system, is hardly paradoxical.

A bird's-eye view

The contextual nature of system-relative possibility is part of a more general phenomenon, which is perhaps best exemplified by the dynamics of the modification of theories, especially scientific ones. The increase in knowledge (or at least in beliefs) opens possibilities for action and for inquiry into other areas; but it does not open possibilities in our conception of the world. Just the opposite happens: the more we know about the world the less rational it is to believe in Santa Claus. When we are ignorant we can fantasize; but knowledge blocks ignorance-based possibilities.

Does it mean that at the end or our inquiries only truth will remain possible? Yes, for certain forms of ontological possibility; but the notion we are exploring now is that of mere logical possibility and it seems dubious that logic is enough to close down all erroneous paths. Logic helps prevent logical errors, but non-logical errors are abundant and pervasive in our mental lives. There is little danger or hope of asymptotically approaching determinism just by successive refinement of our logical systems. Perhaps for some superhuman beings all truths reduce to necessary identities, as Leibniz seems to have envisioned. Ourselves, we can only use systems that leave some questions unanswered. For us, some falsehoods are inferentially impeccable and some mistakes are logically irreducible possibilities.

Logic, like any other science, comprises families of theories that are roughly organized chronologically or informationally in partially ordered trees. Each branch represents families of systems at different stages. For instance, as we start an introductory course in contemporary symbolic logic, we face the problem that natural languages are heavily intensional, with conditionals, conjunctions and disjunctions drenched in modalities; it is a rare occasion when our natural language propositional connectives are truly extensional. It would therefore appear more psychologically plausible to present our students first with some modal logic and afterwards extract from the intensional presentation the extensional classical calculus which is normally contained in them, as C.I. Lewis already remarked. Yet, there are pedagogical, methodological, and technical reasons to start with a narrowly extensional logic and build on it by addition of operators.

The truth of $\vDash \Diamond p$ for any atomic p can be an instance of system-relative semantic properties and consistency, completeness, decidability, validity, are all system-relative notions. As a consequence, a meta-theorem might not remain when we add information or expressiveness to the system. To say that the logic of a system validates a possibility is just a way of saying that the system is incapable of eliminating that option from the combinatory produced by that language through that calculus. Naturally, an atomic formula is not contradictory as far as the calculus for which the formula appears as atomic knows. The negation-as-failure (NAF) we are talking about here is a property of the system, not necessarily an explicit part of the system and it might not even be expressible in the object language.

The research into NAF phenomena has mostly been intra-theoretic, at the level of the object language of the calculus, not at the level of the transformation of one calculus into another. The NAF we are proposing is at the level of our theory about the system, in its metatheory, and it is a NAF-possibility relativized to each specific system. This possibility for the system is not the possibility in the system, but a possibility of the system.

As Manzano has correctly remarked, classical logic started by turning its back on the notion of necessity. "En el *Begriffsschrift* de Frege se critican implícitamente las nociones intensionales diciendo, por ejemplo, que en "necesariamente A" la información lógicamente relevante es "A es verdadero", lo demás no pasa de ser percepción psicológica"[7]. Frege goes on to add something very interesting about possibility: "Wenn ein Satz als möglich hingestellt wird, so enthält sich der Sprechende entweder des Urtheils, indem er andeutet, dass ihm keine Gesetze bekannt seien, aus denen die Verneinung folgen würde" [11, par.4, p. 5]. If we understand those "laws" Frege mentions as additional information (proper axioms, inference rules, etc.), Frege is giving us intimations of a notion of possibility in terms of negation as failure. This information might be considered extra-logical or simply beyond the reach of the logical system currently at hand, e.g., the first-order logic of the *Begriffsschrift*. This does not accord well with his remarks about necessity, but he was not trying to offer a theory about modality or to rigorously systematize the relations between modal notions. He only presents his different readings of necessity and possibility to leave them aside. It is our luck that he understood a reading of possibility in such a close way to what we are presenting here as system-relative possibility.

Is this logic?

One more remark about possibility and logicality: generalizing further, we do not even need to say that the system S with language L and calculus C is logical. We are analysing LC-possibility and this is orthogonal to the question of whether S captures partially, completely, or at all, a reasonable notion of "logicality". The systems we work with are often intended to capture some form of logical entailment, but they can as well be about causal, legal or physical inferential relations. There are many inferential systems with their own languages and calculi. It would be a stretch to call all the systems that capture inferential relations in Chemistry or Generative Linguistics, "logical".

Under this general view, the tree of inferential systems, which includes all the sciences with more or less definite languages and rules for information processing, has among its branches at least one for whichever systems we might recognize as "logical". These logical systems will branch out as they become incomparable to each other. Of course, if all systems had something a common core, (maybe something like Richard Routley's ultralogic), all logical systems would be part of one branch. But we might simply have a set of different branches that generate different systems of "logic". Each system of each branch in the whole tree generates a notion of possibility according to what elements that system is capable of ruling out from the combinatory generated by its particular calculus over its particular language.

Each combinatory introduces the necessity of what appears in all combinations and the possibility of what appears in some cases. This is the way in which the lowly material conditional of classical logic can become a strict modal conditional when it appears as the main connector and we exhaust the infinite situations represented in each of the rows of a finite truth table. Every sentence that is contingent in propositional logic has to be capable of being interpreted, when we refine further our analysis, as a valid (or a contradictory) sentence. That is the reason all judgements of necessity or impossibility are upwardly final [6], while all judgements of contingency are non-monotonically revisable.

Manzano's investigation on logical matters and especially on the rigorous development of our modal notions are a solid foundation for a generalization of the notion of possibility that recovers basic intuitions about the contextuality of possibility and the role of systemic relations as crucial elements of evaluative contexts.

---

[6]By a natural duality, downwardly, as we go into substructural logics, necessary formulas might become contingent and impossible ones might become possible. This is to be expected: as we lose the strictures of some data or some rules, fewer things are necessarily true or necessarily false.

336

Acknowledgements

An earlier version of this paper was presented at AAL 2018.

References

[1] Batens, Diderik and Joke Meheus [2000]. "The Adaptive Logic of Compatibility". *Studia Logica*, 66: 327-348.

[2] Carnap, Rudolf [1952]. "Meaning postulates". *Philosophical Studies*, 3(5): 65-73.

[3] Carnap, Rudolf and Yehoshua Bar-Hillel [1954]. "An Outline of a Theory of Semantic Information". *Journal of Symbolic Logic*, 19(3): 230-232.

[4] Cocchiarella, Nino B. and Max A. Freund [2008]. *Modal Logic: An Introduction to Its Syntax and Semantics*. New York: Oxford University Press.

[5] Frege, Gottlob [1879]. *Begriffsschrift: Eine der arithmetischen nachgebildete Formelsprache des Reinen Denkens*. Halle: Verlag von Louis Nebert.

[6] Goldblatt, Robert [2003]. "Mathematical modal logic: A view of its evolution". *Journal of Applied Logic*, 1(5-6): 309-392.

[7] Manzano, María [2006]. "Logica modal". Unpublished manuscript, uploaded to *Summa Logicae*, https://logicae.usal.es on 13-02-2007.

[8] Manzano, María [2012]. "Logic and Fiction". En Ribeiro, Henrique J. (Ed.), *Inside Arguments: Logic and the Study of Argumentation*. Newcastle upon Tyne (UK): Cambridge Scholars Publishing.

Lógica y lenguaje: dinámica lógica de la información y la representación

Ángel Nepomuceno Fernández

Grupo de Lógica, Lenguaje e Información

Universidad de Sevilla

RESUMEN

En lógica se produce un giro dinámico en el siglo XX. Dicho de manera muy resumida, este giro emerge a partir de tres líneas de trabajo que, a un tiempo, constituyen sus pilares fundamentales. Nos referimos a la semántica de la teoría de juegos, a la lógica dialógica y a la dinámica lógica de la información y la representación. Se instaura así un nuevo paradigma en la investigación lógica en el que se contempla la inferencia como un proceso dinámico.

Introducción

De acuerdo con Paul Gochet [12], el giro dinámico en lógica tiene lugar a partir de la aparición de la semántica de teoría de juegos (GTS, en

Hintikka [13]) en la búsqueda de solución al problema del significado; se presenta como la emergencia de un nuevo paradigma para el abordaje de los problemas de semántica formal, y tiene repercusiones, por ejemplo, en filosofía de las matemáticas. Para Baltag-Smet [3], la raíz del giro dinámico hay que buscarla, no solo en el mencionado nacimiento de la GTS, sino también en la irrupción de la lógica modal y su desarrollo, la aparición de lógicas polivalentes, y el tratamiento lógico de la acción. Frente a los clásicos planteamientos estáticos, en adelante la teoría lógica incorpora el estudio de fenómenos que solo pueden ser entendidos dinámicamente.

En este trabajo, hacemos en la próxima sección un breve resumen de los hitos más destacados en el desarrollo de la lógica. Sigue una sección dedicada a los juegos lógicos, en la que se presentan de manera sumaria la GTS para la lógica favorable a la independencia de Hintikka y la lógica dialógica (de Lorenz-Lorenzen, desarrollada por S. Rahman). En la siguiente, nos ocupamos del programa general de investigación conocido como «dinámica lógica de la información y la representación» [5], cuya columna vertebral es la lógica epistémica dinámica, una lógica con operadores modales para el conocimiento (y la creencia, en su caso) así como operadores para anuncios públicos como formas básicas de acción [8].

Incluimos también algunos desarrollos a partir de los sistemas básicos de lógica epistémica dinámica, con los que se pueden tratar problemas epistemológicos. Aquí nos referimos brevemente a la abducción –[7]; [9]; [19]–. Finalmente se añade un apéndice sobre el homenaje que motiva este volumen y una bibliografía básica relativa a la temática abordada.

De los orígenes a los juegos lógicos

Un recorrido por la historia de la disciplina, aunque sea resumido, debería ocuparse, al menos, de los siguientes puntos,

1. Lógica tradicional, período que abarca desde la antigüedad clásica, hasta el siglo XVIII, pasando por toda la lógica medieval y la lógica de Port Royal.

2. Período de transición, representado principalmente por las aportaciones de Leibniz.

3. La matematización de la lógica, en el que destacan los hitos fundamentales, especialmente en los siglos XIX y XX, y llega hasta nuestros días. Se trata de un fructífero período en el que destacan la tradición algebráica, las corrientes fundamentistas y el giro dinámico, que conduce, dicho en términos kuhnianos, al principal paradigma de la investigación actual.

En la —hasta ahora insustituible— historia de la lógica de Kneale [17] se señala que los filósofos anteriores a Platón y Aristóteles ya estaban preocupados por fijar un concepto de validez y la distinción entre argumentación dialéctica y demostrativa. El modelo de discurso demostrativo era el de los *Elementos* de Euclides. En la argumentación dialéctica, contra la existencia del movimiento, Zenón nos presenta el modo de aplicar la regla de inferencia de *reductio ab absurdum*, aunque vio una contradicción donde no la había, mientras la refutación socrática niega la hipótesis inicial al llegar a una conclusión falsa. Con la sofística creció el interés por la valoración de argumentos. A este respecto, la forma dialógica de reflexión filosófica de Platón asocia la expresión del pensamiento filosófico y científico a un tipo de discurso claramente argumentativo.

La primera teoría de la demostración propiamente dicha, se debe a Aristóteles[1] [2]. Las obras que integran el *Organon* tratan diversos aspectos de nuestra disciplina. Así, *Categorías* es una incipiente teoría de los tipos [17, p. 30]. En *Tópicos*, y en *Refutaciones sofísticas*, se perfila el método dialéctico, las líneas útiles para una teoría de la argumentación, mientras que en *De Interpretatione* Aristóteles estudia el enunciado y aborda el problema de la verdad. Considera cuatro formas de enunciar la proposición categórica: universal afirmativa, esquemáticamente "todo S es P"; universal negativa, "ningún S es P"; particular afirmativa, "algún S es P" y particular negativa, "no todo S es P" (alternativamente, "algún S es no-P"). Las singulares son desestimadas en consonancia con el convencimiento arisotélico de que de lo singular no cabe hacer ciencia. La doctrina silogística se establece en *Primeros Analíticos* y una teoría del conocimiento científico en *Segundos Analíticos*. El silogismo

---

[1]Las obras lógicas de Aristóteles se reúnen en el conjunto llamado *Organon*. Véase *Tratados de lógica (Organon)*.

es un discurso en el que, sentadas ciertas afirmaciones, se sigue de ellas otra afirmación distinta, a partir de considerar una estructura sujeto-predicativa del enunciado. Aristóteles establece tres figuras silogísticas —la cuarta fue añadida posteriormente—, cada una compuesta por diversos modos. Asimismo aparecen en sus escritos esbozos de otros temas de interés para la teoría lógica, como las modalidades aléticas, el problema de la inferencia con la mediación del tiempo, etc.

Durante la Edad Media la Escolástica desarrolla la lógica aristotélica con importantes incorporaciones, como la fijación de que la teoría lógica se centre en los términos sincategoremáticos —sin referencia a entidades extralingüísticas— y no en los categoremáticos —referidos a entidades extralingüísticas—, la teoría de la *suppositio*, que estudia principalmente la extensión de los predicados, la teoría de las consecuencias, que se ocupa sobre todo de la proposición hipotética condicional, o el planteamiento del problema de los universales, entre otros. Son nombres significativos Pedro Hispano, Ockham, Buridán y Alberto de Sajonia, entre otros [6].

Leibniz, quien representa un punto de inflexión, desarrolló un cálculo simbólico interpretable en un sentido proposicional o como un cálculo de clases. Establece las características de la identidad entre dos clases (de proposiciones, tal identidad es la equivalencia de ambas), y define una operación, $\oplus$, para representar los dos elementos constituyentes de un tercero, $B \oplus N = L$ expresa que B y N constituyen L, la cual verificará conmutatividad e idempotencia, es decir $B \oplus N = N \oplus B$ y $A \oplus A = A$. Asimismo, la igualdad es conmutativa y transitiva. En su afán por introducir el máximo rigor, Leibniz intentó elaborar un lenguaje lógico que proporcionara el máximo rigor en las pruebas. De hecho intentó una matematización de la silogística. De ahí que sea considerado un precursor de la moderna lógica clásica, tanto en el sentido de adoptar métodos matemáticos, como después hará Boole, como en sus propósitos de conseguir un lenguaje lógicamente perfecto, como más tarde intentaría Frege.

Por lo que respecta a la tradición algebráica, G. Boole concibe la lógica como un álgebra general y entiende que las leyes de combinación de los símbolos son independientes de lo que éstos representan. Las formas canónicas de la proposición categórica (la mayúscula entre corchetes indica la denominación de la lógica tradicional) son:

1. $x(1 - y) = 0$ o bien $x = vy$ Todo X es Y [A]

2. $xy = 0$ o bien $x = v(1 - y)$ Ningún X es Y [E]

3. $v = xy$ o bien $vx = vy$ Algún X es Y [I]

4. $v = x(1 - y)$ o bien $vx = v(1 - y)$ Algún X no es Y [O]

De esta manera el estudio de la silogística se reduce a la presentación de sistemas de ecuaciones en los que, a partir de las ecuaciones que representan las premisas de un silogismo, se resuelven y se alcanza la expresión de la correspondiente conclusión.

Para Bolzano las proposiciones se pueden descomponer en constituyentes generales. Por otra parte, hace una distinción relevante entre vocabulario fijo y vocabulario variable y reconoce diversas formas de deducibilidad (general, estricta, estadística, etc.), anticipa la noción de consecuencia lógica clásica.

G. Frege, que es a la lógica contemporánea clásica lo que Aristóteles a la antigua y medieval, elabora un lenguaje simbólico en el que expresar sin ambigüedad las formas lógicas, portadoras de la verdad, no siempre coincidentes con las formas gramaticales. A partir de este lenguaje —que aspiraba a ser lógicamente perfecto— nos propone la presentación axiomática de lo que llamó "juicios del pensamiento puro" (principios lógicos, tautologías correspondientes a cada argumentación bien hecha). En su *Conceptografía* se formula, por primera vez, un sistema de lógica clásica (correcto y completo en la parte de primer orden), y tras el estudio del concepto de número en *Fundamentos de la aritmética* –ambos en [11]– inicia la tarea (fracasada) de fundamentar lógicamente la aritmética.

El *giro dinámico* en lógica, por cuanto éste representa en terminos kuhnianos, como hemos apuntado, un cambio de paradigma en nuestra disciplina, tiene lugar a partir de la aparición de la GTS, como P. Gochet [12, p. 175] afirma certeramente,

> The invention of game-theoretic semantics by J. Hintikka in the seventies (Hintikka 1973, Saarinen 1979) can be described as the emergence of a new paradigm not only for semantics but also for logic and the philosophy of mathematics.

Cómo incide este giro dinámico en la teoría lógica es materia que tratamos brevemente en el próximo apartado.

Juegos lógicos

Al producirse el giro dinámico, surgen varias propuestas para entender las tareas lógicas en forma de juegos con lo que las nociones lógicas básicas emergen uniformemente como estrategias ganadoras en diversos escenarios. De manera muy resumida, mencionamos algunas de estas propuestas.

1. Hintikka (Semántica de Teoría de Juegos —GTS—). Se presenta una evaluación de juegos entre un *Verificador* y un *Falsificador*, teniendo en cuenta un oráculo (un modelo).

2. Ehrenfeucht-Fraïssé. Se trata de juegos entre *Duplicador* y *Estropeador* —*spoiler*—, que comparan modelos.

3. Lorenz-Lorenzen, establecen juegos de diálogos de argumentación entre un *Proponente* y un *Oponente*.

Entre los elementos desencadenantes de este nuevo paradigma se debe mencionar también el origen de los computadores modernos y el diseño de máquinas de deducción lógica. En definitiva, surge un extraordinario interés por la comunicación en general. Ahora bien, para trabajar con todo este espectro se plantea la necesidad de interacción de estructuras estáticas y dinámicas

Se puede decir que tanto la lógica clásica como los avances en la tradición algebraica convergen en los planteamientos de la GTS. No obstante, se ha señalado a Peirce como un precedente. En efecto, éste considera que el hablante es esencialmente un defensor de su propia proposición y quiere interpretarla de manera que sea defendible, mientras que el intérprete no está tan interesado en interpretarla plenamente sin considerar a qué extremo se puede llegar, es relativamente hostil y busca la interpretación menos defendible.

Considerada la actividad lógica como un juego, se había de replantear el sentido de las reglas de inferencia. Para justificar una inferencia, Hintikka propone dos clases de reglas o principios, a saber, las reglas definitorias, similares a las que definen un juego, como, por ejemplo, en el ajedrez —la deducción o la indagación científica podrían ser vistas como un juego estratégico—. Estas reglas nos indican los movimientos posibles en una situación dada (en el curso del juego, en el ajedrez, cómo se mueven la reina, el álfil, la torre, etc.). Por contra, otras reglas, las estratégicas, nos dicen cuales son los mejores movimientos para ganar el juego (o evitar que nos gane el contrincante; en el ajedrez, cómo evitar un jaque pastor, etc.). Además Hintikka establece una lógica de cuestiones y respuestas, de acuerdo con las diferencias entre razonamiento ampliativo y no ampliativo –distinción que se da entre pasos de un argumento: interrogativos (ampliativos) y deductivos (no ampliativos)–. En la indagación interrogativa la cosa es anticipar la situación epistémica provocada por la respuesta. En definitiva, sus observaciones podrían tenerse en cuenta como un importante conjunto de consejos certeros para abordar aproximaciones lógicas a la inferencia científica.

El giro dinámico se ha dado también en la comprensión del discurso. Desde la GTS, propuesta para interpretar la lógica favorable a la independencia (If-logic, Hintikka-Sandu [16]), donde el lenguaje es considerado orientado a metas más que una actividad gobernada por reglas, conocer el significado de una oración es conocer el cambio en el estado de información, que parece ampliar, así se podría definir una noción de actualización mínima (van Benthem [5]), siempre que los estados cognitivos (o de información) sean ordenados por inclusión. La semántica montagoviana de la lengua natural se basa en la semántica científica (tarskiana), de acuerdo con el fregeano principio de composicionalidad, ya anticipado en el *Tractatus* (4.024) como "(una proposición) se la entiende cuando se entienden sus partes constitutivas". El punto de vista de la GTS se basa en el principio de significado dependiente del contexto y considera que éste resulta incompatible con el principio de composicionalidad tal cual, incompatibilidad que podría ser eliminada cambiando la concepción estática del significado por otra dinámica. Asi, el cálculo de predicados dinámico es un intento de reconciliar composicionalidad y dependencia del contexto.

Atendiendo a la información en el estudio del problema del significado, se pueden considerar dos tipos, *información sobre el mundo*, un conjunto de situaciones posibles (que el agente no distingue desde la situación o estado actual); actualizar esta información equivale a abandonar estados posibles (eliminar alternativas). Por otra parte, *información sobre el discurso*, constituida por los items de texto disponible en el estado; entonces actualizar esta información consiste en añadir o quitar items de texto. De aquí que se pueda hablar de dos tipos de significado: (a) comprende el significado de una oración quien conoce el cambio de estado de información que se efectúa en cualquiera que acepta los contenidos de la oración desencadenante. (b) El significado de una oración declarativa es el cambio mínimo en el contenido informacional de la oración desencadenante. Por otro lado, desde el punto de vista de la GTS, para comprender una sentencia F (de primer orden) normalmente no tenemos tiempo suficiente (o, en su caso, espacio de memoria); nuestra comprensión real debe basarse en comparaciones finitas (paso a paso) entre F y el mundo (más que por la naturaleza pictórica de F). En definitiva, lo característico de la GTS no descansa en reglas particulares que definen las condiciones de éxito de un movimiento en el juego, sino, más bien, en la noción de estrategia.

El otro punto de vista significativo es el de la elaboración de una lógica dialógica. Se puede decir que existe una relación entre los diálogos y las reglas de razonamiento correcto (dialéctica, *obligationes*, etc.). A Mediados del XX, P. Lorenzen puso en relación diálogos y fundamentos constructivos de la lógica. Se define un diálogo D sobre una proposición (en su caso, una fórmula) φ —$D(\varphi)$—, que comienza con φ afirmada por un jugador, y alcanza una posición final con victoria o derrota después de un número finito de movimientos de acuerdo con reglas definidas –[20]; [21]–. La noción dialógica de demostración descansa en esta noción de juego. En cuando a la estructura de un juego dialógico, se considera que en el diálogo participan un proponente (P) y un oponente (O), que discuten una tesis siguiendo ciertas reglas, ejecutando los movimientos de ataque o de defensa. Las reglas se dividen en

1. De partícula (de las constantes lógicas), que muestran qué movimientos están autorizados para atacar los movimientos del otro jugador o defender los propios movimientos.

2. Estructurales, que determinan el curso general del juego dialógico. Estas a su vez son

   (a) R. Inicial: la fórmula es afirmada por P. Alternativamente habrá movimientos de P y de O. Cada movimiento que sigue al inicial es un ataque o una defensa.

   (b) R. Situación: P y O sólo pueden hacer movimientos que cambien la situación.

   (c) R. Formal: P no puede introducir fórmulas atómicas, salvo que previamente las haya afirmado O.

   (d) R. Ganancia: X gana syss es el turno de Y pero éste no puede hacer ningún movimiento.

   (e) R. Intuicionista: en cada movimiento, cada jugador puede atacar una fórmula compleja afirmada por el otro o puede defenderse contra el último ataque que no ha sido aún defendido.

   (f) R. Clásica: en cualquier movimiento un jugador puede atacar una fórmula compleja afirmada por el otro o puede defenderse contra cualquier ataque (incluyendo aquellos que ya han sido defendidos).

En la construcción de diálogos se usará la regla intuicionista o la regla clásica, según la finalidad que se persiga. No ha estado exento de críticas este planteamiento, que han visto la lógica dialógica como exótica y se ha afirmado que es una lógica constructiva. En su origen, en efecto, fue propuesta como lógica intuicionista, sin embargo los posteriores desarrollos la han convertido en una especie de marco general, a partir del cual se pueden establecer diálogos para otras lógicas (modal, epistémica, etc.) y, aunque hace uso de alguna terminología propia, no complica demasiado las prácticas más que otros procedimientos (ya sean secuentes, tableaux, etc.). Este planteamiento ofrece una dimensión pragmática de las constantes lógicas. Desde luego constituyen una proto-semántica: esquema de juego que al completarse con reglas estructurales presenta la semántica del juego. Los operadores lógicos forman juegos desde otros juegos más simples, que muestran cómo relacionar sentencias y proposiciones; la aserción de una sentencia contiene una proposición con cierta fuerza conferida por el ataque (demanda de proferir una afirmación) y la defensa (respuesta de que se puede proferir la aserción).

En cualquier caso, se trata de una importante manifestación del giro dinámico que venimos comentando y se puede considerar afín a los planteamientos de la lógica favorable a la independencia y la correspondiente GTS.

Dinámica Lógica de la Información

Además de la perspectiva de los juegos lógicos, con el giro dinámico se presenta una propuesta de un amplio proyecto de investigación, que se concreta y consolida en las actividades llevadas a cabo por (la que podríamos llamar) "escuela holandesa". En van Benthem [5] se especifican las características de este magno proyecto. El punto de partida está en la consideración inicial de que la inferencia es un proceso informacional de manera que la representacion de la información no debería quedar separada del mismo. Las actividades de inferencia, evaluación, revisión de creencias, etc. son tan importantes como sus correspondientes productos en la configuración de la teoría lógica.

Al concluir un proceso informacional, por lo general, ha habido, al menos, observación, comunicación e inferencia, tal vez cuestiones y respuestas, lo que permite una actualización del estado de información del que se partía. Veamos, a este respecto, el sencillo ejemplo del puzzle de la reunión en la universidad. Sobre tal reunión se conoce lo siguiente. Si asiste el decano o el vicerrector, entonces asiste el director del departamento; si no asiste el decano, entonces asiste el vicerrector; si asiste el vicerrector, no asiste el director. Utilizando las minúsculas iniciales, se formalizan estas circunstancias como

$$d \lor v \to t; \ \neg d \to v; \ v \to \neg t.$$

El estado inicial de información lo constituyen estas 8 opciones —cada literal positivo representa que la correspondiente circunstancia se da, pero si es negativo, que no se da—:

$$\{dvt, dv\neg t, d\neg vt, \neg dvt, d\neg v\neg t, \neg dv\neg t, \neg d\neg vt, \neg d\neg v\neg t\}$$

Cada una de las afirmaciones indicadas da lugar a una actualización del estado inicial:

1. $d \vee v \rightarrow t$. Nuevo estado $\{dvt, d \neg vt, \neg dvt, \neg d \neg vt, \neg d \neg v \neg t\}$

2. $\neg d \rightarrow v$. El nuevo estado (se eliminan más opciones) es
   $\{dvt, d \neg vt, \neg dvt\}$

3. $v \rightarrow \neg t$. Entonces el nuevo estado es $\{d \neg vt\}$

Así pues, el resultado es que a la reunión asiste el decano, no asiste el vicerrector y también asiste el director del departamento.

Otro ejemplo habitual es el de tres individuos, sean 1, 2 y 3, que constituyen un jurado, con el encargo de elegir entre A y B (obras literarias finalistas de un concurso, o dos individuos que optan a cualquier otro tipo de premio, por ejemplo). Cada uno escribe una nota indicando su voto. El secretario, que no es ninguno de los tres y no vota, examina las notas y afirma "no hay consenso". Entonces 2 muestra a 1 su voto y declaran que han votado distinto. De esta manera, 1 y 2 desconocen el resultado. Sin embargo, 3 ¡sí lo sabe!. En efecto, puesto que el voto de 3 coincide con uno de los otros dos —de acuerdo con la información hecha pública por el secretario y los otros dos—, 3 ya sabe que ha ganado justo quien ha sido votado por él. Se suelen dar otros ejemplos, como el de los niños con la frente manchada, a partir de los cuales se introducen las cuestiones más relevantes que se presentan en el tratamiento lógico del conocimiento –véase [10]).

En última instancia, el propio giro dinámico en lógica y semántica ha inspirado la aparición y el desarrollo de la lógica epistémica dinámica (LED), como ingrediente esencial del mismo, teniendo en cuenta que el aparato formal de los sistemas elaborados es similar al de la lógica proposicional (también la cuantificada, aunque aquí nos centramos de aquélla), así como al de la semántica de actualización. Estos estudios se potencian a partir de los tratamientos lógicos que se proponen, como el de los anuncios públicos. La confluencia de esfuerzos se da por parte de investigadores cuyo trabajo se realiza en diversas disciplinas, principalmente, filosofía, lingüística, álgebra, teoría de juegos, etc.

Lógica Epistémica Dinámica

La lógica epistémica es una extensión de la lógica clásica que estudia operadores epistémicos. En esta breve presentación seguimos sobre todo van Ditmarsch, van der Hoek, Kooi [8], con ligeras modificaciones de notación. Dado un conjunto de variables proposicionales $\mathcal{P} \neq \varnothing$, un lenguaje proposicional básico para LED se define de acuerdo con la siguiente regla BNF,

$$\varphi ::= p \mid \bot \mid \neg\varphi \mid \varphi \vee \chi \mid \varphi \wedge \chi \mid \varphi \to \chi \mid K_a\varphi \mid [\varphi!]\chi;$$

donde $p \in \mathcal{P}$; $\bot$ es una constante proposicional (contradicción); $K_a\varphi$ representa "el agente a conoce φ"; $a \in G$, el conjunto de todos los agentes; $[\varphi!]\chi$ indica que tras cada anuncio de φ, χ es el caso. El operador de conocimiento K, como los operadores modales en general, tiene su dual, a saber $\hat{K}$, el cual, para el agente a, es definible como $\hat{K}_a\varphi = \neg K_a\neg\varphi$, que se lee hasta donde el agente a conoce, φ.

La semántica para este lenguaje proposicional se suele establecer en términos kripkeanos. Un modelo

$$M = \langle W, \{\Re_a : a \in G\}, v \rangle,$$

donde $W \neq \varnothing$ es el conjunto de estados (o mundos); $\{\Re_a : a \in G\}$ es un conjunto de relaciones definidas en W para cada individuo $a \in G$ (son las relaciones de *accesibilidad*), escribiremos sólo $\Re_a$, no $\{\Re_a : a \in G\}$; $v : \mathcal{P} \longrightarrow 2^W$, asigna a cada variable proposicional el conjunto de estados (mundos) en los que vale la viariable, de manera que $v(\bot) = \varnothing$ y $v(p) \in \wp(W)$ —o, lo que es lo mismo, $v(p) \subseteq W$—.

A veces se menciona el conjunto de estados W como el dominio del modelo, por lo que se puede decir que $D(M) = W$, y, puesto que M es un modelo epistémico, para referirnos al modelo epistémico en el estado w, se anotará M, w. Teniendo en cuenta estas consideraciones, a partir de un modelo epistémico $M = \langle W, \Re_a, v \rangle$ y el estado $s \in W$, el modelo en tal estado satisface una fórmula φ, simbólicamente, $M, s \models \varphi$, según el siguiente clausulado:

- $M, s \models p$ si y solo si (en adelante, "syss") $s \in v(p)$,

- $M, s \models \neg\varphi$ syss $M, s \not\models \varphi$,

- $M, s \models \varphi \vee \psi$ syss $M, s \models \varphi$ o $M, s \models \psi$,

- $M, s \models \varphi \wedge \psi$ syss $M, s \models \varphi$ y $M, s \models \psi$,

- $M, s \models \varphi \rightarrow \psi$ syss $M, s \not\models \varphi$ o $M, s \models \psi$,

- $M, s \models K_a \varphi$ syss para todo $s' \in W$, si $R_a(s, s')$, entonces $M, s' \models \varphi$,

- $M, s \models \hat{K}_a \varphi$ syss existe un $s' \in W$, tal que $R_a(s, s')$ y $M, s' \models \varphi$,

- $M, s \models [\varphi!]\chi$ syss $M, s \models \varphi$ implica que $M|\varphi, s \models \chi$,

teniendo en cuenta que $M|\varphi$, M restringido a φ, se define $M|\varphi = \langle W', \Re_a', v' \rangle$ de tal manera que

1. $W' = \{s \in W : M, s \models \varphi\}$,

2. $\Re_a' = \Re_a \cap (W' \times W')$, para cada $a \in G$,

3. $v'(p) = v(p) \cap W'$, para cada $p \in \mathcal{P}$,

Las relaciones de accesibilidad pueden tener determinadas características (serialidad, reflexividad, transitividad, etc.). Por otra parte, sólo se anuncian públicamente verdades, en ningún caso falsedades. De acuerdo con estas carácteristicas se identifican clases de marcos de Kripke, para los cuales se establecen ciertas axiomatizaciones. Un sistema axiomático mínimo para lógica epistémica consta de los siguientes (esquemas de) axiomas y reglas (haciendo uso del lenguaje referido):

1. Todas las instancias de las tautologías proposicionales

2. $K_a(\varphi \rightarrow \psi) \rightarrow (K_a \varphi \rightarrow K_a \psi)$

3. Regla de *Modus Ponens*:

$$\frac{\vdash \varphi \rightarrow \psi; \, \vdash \varphi}{\vdash \psi}$$

4. Regla de necesitación:

$$\frac{\vdash \varphi}{\vdash K_a \varphi}$$

Si se añaden al sistema mínimo los axiomas que indicamos a continuación, tendremos un sistema epistémico $S5$ y la clase de marcos de Kripke para la semántica correspondiente es aquella que contiene los marcos cuyas relaciones de accesibilidad son, además de seriales, reflexivas, transitivas y simétricas. Los nuevos axiomas, relativos al conocimiento, son:

1. $K_a\varphi \to \varphi$

2. $K_a\varphi \to K_a K_a\varphi$

3. $\neg K_a\varphi \to K_a \neg K_a\varphi$

Estos se corresponden con los habituales T, $S4$ y $S5$ de la lógica modal alética. El axioma 2 establece que "si el agente a conoce φ, entonces este agente conoce que conoce φ", lo que es una expresión de la introspección positiva, mientras que el 3, "si el agente a no conoce φ, entonces este agente sabe que no conoce φ", se refiere a la introspección negativa. Con independencia de la discusión que se puede suscitar, en particular por lo que respecta a la introspección negativa, esta consideración del conocimiento en contextos inferenciales puede resultar útil, tanto en ámbitos computacionales como epistemológicos. Nótese que estos axiomas determinan condiciones de las relaciones de accesibilidad (como reflexividad, transitividad y simetría).

El sistema axiomático indicado es ampliable para llegar a constituir un sistema básico de LED. Estos esquemas específicos para anuncios públicos son

1. $[\varphi!]p \leftrightarrow (\varphi \to p)$ — Permanencia atómica

2. $[\varphi!]\neg\chi \leftrightarrow (\varphi \to \neg[\varphi!]\chi)$ — Anuncio y $\neg$

3. $[\varphi!](\chi \wedge \psi) \leftrightarrow ([\varphi!]\chi \wedge [\varphi!]\psi)$ — Anuncio y $\wedge$

4. $[\varphi!]K_a\chi \leftrightarrow (\varphi \to K_a[\varphi!]\chi)$ — Anuncio y conocimiento

5. $[\varphi!][\chi!]\psi \leftrightarrow [\varphi \wedge [\varphi!]\chi!]\psi$ — Composición de anuncios.

Por lo que respecta al conocimiento de grupos, se utilizan nuevos operadores. Para representar que todos y cada uno de los agentes de un grupo $\mathcal{A}$ conocen φ, se define el operador $E_{\mathcal{A}}$,

$$K_{a_1}\varphi \wedge ... \wedge K_{a_n}\varphi = \bigwedge_{a_i \in \mathcal{A}} K_{a_i}\varphi = E_{\mathcal{A}}\varphi$$

Se puede iterar este operador: $E_{\mathcal{A}}\varphi$, $E_{\mathcal{A}}E_{\mathcal{A}}\varphi = E_{\mathcal{A}}^2\varphi$, etc. Por otra parte, el conocimiento común se define como

$$C_{\mathcal{A}}\varphi = \bigwedge_{n=0}^{\infty} E_{\mathcal{A}}^n \varphi$$

De manera análoga se procede para la expresión formal de conocimiento distribuido (entre varios agentes). En general, dado que $\varphi, \chi \vdash \psi$,

$$\text{Si } K_a\varphi \wedge K_b\chi, \text{ entonces } D_{\{a,b\}}\psi$$

Para la semántica de los nuevos operadores,

$$R_{E_G} = \bigcup_{a \in G} R_a; \; R_{D_G} = \bigcap_{a \in G} R_a.$$

Teniendo en cuenta que $R_{E_G}^*$ es la clausura reflexiva transitiva de R_{E_G},

1. $M, s \models E_G\varphi$ syss para todo $w \in W$ tal que $R_{E_G}(s, w)$, $M, w \models \varphi$

2. $M, s \models D_G\varphi$ syss para todo $w \in W$ tal que $R_{D_G}(s, w)$, $M, w \models \varphi$

3. $M, s \models C_G\varphi$ syss para todo $w \in W$ tal que $R_{C_G}^*(s, w)$, $M, w \models \varphi$

Lógica y conocimiento científico

A partir de un sistema básico de LED es abordable el problema de la revisión de creencias. El modelo AGM —Alchourrón, Gärdenfors. Makinson— de revisión de creencias parte de los postulados de la lógica clásica y considera tres operaciones epistémicas fundamentales, a saber, *expansión, contracción* y *revisión*. Un problema no menor, si en el horizonte tenemos cómo evoluciona el conocimiento científico, es que la base de conocimiento sobre la que se ejecutan estas operaciones en AGM es cerrada bajo consecuencia lógica (en sentido clásico). Un sistema básico de creencias (KD45), con el lenguaje habitual, que contiene un operador de conocimiento K y otro de creencia B, además de todas las instancias de las tautologías proposicionales, consta de los siguientes esquemas axiomáticos, además de las reglas de *modus ponens* y necesitación de creencia,

1. $K_a(\varphi \to \psi) \to (K_a\varphi \to K_a\psi)$

2. $\neg B_a \perp$

3. $B_a\varphi \to B_a B_a\varphi$

4. $\neg B_a\varphi \to B_a \neg B_a\varphi$

Para razonar sobre ciertas acciones, se usa un lenguaje para fórmulas y acciones, según la (doble) regla BNF siguiente:

- $\varphi := p \mid \neg\varphi \mid \varphi \wedge \varphi \mid \varphi \vee \varphi \mid \varphi \to \varphi \mid B_a\varphi \mid [\alpha]\varphi$

- $\alpha := +_a\varphi \mid -_a \varphi \mid *_a \varphi$

Las acciones doxásticas son justamente las de expansión, contracción y revisión. Para la semántica del operador de expansión se opera como con el operador de anuncio público. Es decir, $M, s \models [+\varphi]\psi$ syss $M, s \models \varphi$ implica que $M|+\varphi, s \models \psi$, y de manera análoga con el de contracción. En cuanto al de revisión, haciendo uso de la identidad de Levi [22], tenemos

$$[*_a\varphi]\psi = [-_a\neg\varphi][+_a\varphi]\psi.$$

Es definible entonces un sistema básico, LDD, que consta de los siguientes postulados específicos (en lugar de anotar uno, consideramos un agente ideal, para abreviar),

1. $\psi \leftrightarrow [\#\varphi]\psi$ —$\# \in \{+, -, *\}$— \hfill Persistencia

2. $\langle\#\varphi\rangle\psi \to [\#\varphi]\psi$ \hfill Funcionalidad parcial

3. $[\#\varphi]\psi \to [\#\varphi][\#\varphi]\psi$ \hfill Idempotencia

4. Si $\vdash \varphi \leftrightarrow \psi$, entonces $\vdash [\#\varphi]\chi \leftrightarrow [\#\psi]\chi$ \hfill Congruencia

5. $B\varphi \to (\psi \leftrightarrow [+\varphi]\psi)$ \hfill Característica específica

6. $[+\varphi]\psi \leftrightarrow B(\varphi \to \psi)$ \hfill Expansión de Ramsey

7. $[-\varphi]B\psi \to B\psi$ Característica específica

8. $B\varphi \to (\psi \to [-\varphi][+\varphi]\psi)$ Recuperación modal

El abordaje de la abducción —calificado por Hintikka como el problema fundamental en la epistemología contemporánea— con estas herramientas lógicas se puede hacer en más de una dirección. Por un lado, una teoría Θ que contenga una fórmula del tipo $B_a(\varphi \to \psi)$, de surgir ψ (como novedad, por tanto $\Theta \not\vdash \psi$ y $\Theta \not\vdash \neg\psi$), basta con la expansión de ψ para que $\Theta \vdash [+\varphi]B_a\psi$ (van Ditmarsch, Nepomuceno [9]). Por otra parte, en caso de considerar que la teoría en cuestión sólo contiene fórmulas creídas, en consecuencia no contiene las no creídas, dado que $\psi \notin \Theta$, tendremos que $\neg B_a\psi$, tambien $B_a\neg B_a\psi$ y así sucesivamente. En esta última perspectiva, la expansión para la solución del problema abductivo es imposible, sólo cabría la revisión, pues primero hay que descartar $\neg B_a\varphi$ —la existencia del problema abductivo mismo hace que $\varphi \notin \Theta$—.

Por otra parte, el recurso a modelos de plausibilidad permite un tratamiento de la abducción mediante lógica epistémica dinámica [19]. El lenguaje básico de define con la siguiente regla BNF

$$\varphi := p \mid \neg\varphi \mid \varphi \wedge \varphi \mid \varphi \vee \varphi \mid \varphi \to \varphi \mid [\leq]\varphi \mid [\sim]\varphi,$$

donde $[\leq]\varphi$ expresa que en cada mundo tan plausible como el actual (del observador) φ es el caso, y $[\sim]\varphi$ que en cada mundo epistémicamente indingueble del actual φ es el caso. Se interpreta este lenguaje con modelos de plausibilidad. Un modelo de plausibilidad se define como $M = \langle W, \leq, v\rangle$, donde $\leq \subseteq W \times W$ es una relación localmente conectada, y conversamente bien fundada. Para cada $w, s \in W$, $w \leq s$ —indica que w es al menos tan plausible como s. La relación $\leq$ tiene como conversa la relación $\geq$, a partir de las cuales se define otra relación $\sim\ :\ =\leq \cup \geq$. La noción de satisfacción se define como es habitual, y teniendo en cuenta los operadores duales, tanto el conocimiento como la creencia son definibles en términos de este lenguaje para los modelos de plausibilidad. Así, $K_a\varphi := [\sim]\varphi$, y $B_a\varphi := \langle\leq\rangle[\leq]\varphi$. Una acción de actualización (mediante una fórmula, expresable como $\langle\psi!\rangle$) de un modelo M reduce el dominio inicial y se mantienen las propiedades del modelo de plausibilidad, es decir, $M|\psi!$ es también un modelo de plausibilidad. Ahora

354

son definibles tanto qué es un problema abductivo y cuando una fórmula puede convertirse en solución del mismo.

Una fórmula χ es un problema abductivo en $(M|\psi!, w)$ —omitimos la indicación del agente para abreviar— syss $M|\psi!, w \models K\chi$ y $M, w \models \neg K\chi$. Nótese que la fórmula es conocida en el mundo actual, pero no antes; llegaría a ser un problema abductivo si no se conoce en el estado actual, pero lo será tras la obervación de ψ, es decir $M, w \models \neg K\chi \wedge [\psi!]K\chi$. En estos términos se pueden estudiar las características de las soluciones abductivas, su clasificación, establecer criterios para la selección de la mejor solución y explorar cómo operar con agentes no ideales (no omniscientes lógicamente).

Para finalizar, nos referimos brevemente a los problemas que se plantean al considerar la relación de consecuencia lógica cuando se trabaja con anuncios públicos —por extensión, con acciones de actualización o modificación de la información [7]. La idea de relación de consecuencia dinámica se debe a van Benthem [4]–, quien la presenta, tomando Σ como una secuencia de fórmulas $\psi_1, ..., \psi_n$, y $[\Sigma]$ como una abreviatura de[2] $[\psi_1][\psi_2]...[\psi_n]$ y C es el operador de conocimiento común, de la siguiente manera, $\Sigma \models^d \varphi$ syss $\models [\Sigma]C\varphi$, si bien $\models [\Sigma]C\varphi$ equivale a $\models [\Sigma]\varphi$, por lo que finalmente tenemos

$$\Sigma \models^d \varphi \text{ syss } \models [\Sigma]\varphi.$$

Establecemos la noción de *consecuencia dinámica condicional*,

$\Sigma \models^d_\Gamma \varphi$ syss para todo modelo M, si $M \models \Gamma$, entonces $M \models [\Sigma]\varphi$

En este caso Γ representa un conjunto de fórmulas, que se puede considerar un conjunto de condiciones básicas. Fácilmente se comprueba que esta relación no cumple las reglas estructurales propias de la lógica clásica. La noción de van Benthem [4] verifica corte por la izquierda, monotonía izquierda y monotonía cautelosa. En el caso de la relación dinámica condicional $\models^d$, se verifica

- Si $\Sigma \models^d_\Gamma \varphi$ y $\Sigma, \Sigma' \models^d_\Gamma \psi$, entonces $\Sigma, \varphi, \Sigma' \models^d_\Gamma \psi$ (monotonía cautelosa)

---

[2]En caso de que la secuencia fuera infinita, cabe conjeturar la compacidad, pero no se ha probado; aquí consideramos secuencias finitas de anuncios.

- Si $\Sigma_\Gamma^d \models \psi$ y $\Sigma, \psi, \Sigma' \models_\Gamma^d \varphi$, entonces $\Sigma, \Sigma' \models_\Gamma^d \varphi$ (corte izquierda)

Sin embargo, tomando $\Sigma = \top$ ($\top = \neg\bot$), $\psi = p$, $\varphi = \neg Kp$ y $\Gamma = \{\neg Kp\}$, ocurre que

$$\top \models_{\{\neg Kp\}}^d \neg Kp \text{ pero } p, \top \not\models_{\{\neg Kp\}}^d \neg Kp.$$

Es decir, no se verifica monotonía izquierda.

Si consideramos una forma de anuncio público suave, en el sentido de una oservación tentativa, expresable como $[|\varphi|]\psi$ (tras el anuncio público suave de φ. ψ es el caso), se puede apelar a los modelos de plausibilidad, en los cuales, además de una relación (de equivalencia) para el agente a, $\sim_a$, tenemos una relación de plausibilidad $<_a$ (un preorden; $\leq$ es su clausura reflexiva), de manera que

- $M, s \models^b B_a\varphi$ syss para todo t tal que $s \sim_a t$ y $t \leq_a u$, para todo $u \sim_a s$, $M, t \models^b \varphi$

- $M, s \models^b [|\varphi|]\psi$ syss $M^\varphi, s \models^b \psi$, teniendo en cuenta que M^φ es como M excepto que la relación $<'$ se define como $t <'_a t'$ syss $t <_a t'$, y $M, t \models^b \varphi$ y $M, t' \models^b \varphi$.

Cabe entonces definir una relación de consecuencia dinámica condicional para creencias, que representamos añadiendo b en el índice superior, que tendrá las mismas características estructurales que la anterior.

$\Sigma \models_\Gamma^{bd} \varphi$ syss para todo M, si $M \models \Gamma$, entonces $M \models [|\Sigma|]B_a\varphi$.

En definitiva, una expresión del tipo $\Sigma \models_\Gamma^d \varphi$ representa que todos los modelos que satisfacen el conjunto básico de condiciones, Γ, tras anunciar la secuencia Σ, satisfacen φ (análogo para $\Sigma \models_\Gamma^{bd} \varphi$). Son varias las ramificaciones, pero, entroncando con la precedente muestra del tratamiento lógico de la abducción, vemos que podríamos plantearnos $\Sigma \models_\Gamma^d ?$, qué podríamos obtener dadas las condiciones Γ —con el papel de una teoría base— y una secuencia de anuncios Σ —acciones realizadas en la comunidad científica—; o bien $? \models_\Gamma^d \varphi$, a partir de unas condiciones básicas (teoría) y una cierta meta (por ejemplo, solución a un problema abductivo), qué secuencia de anuncios será necesaria para alcanzar esta meta.

Apéndice

Cuando Enrique me invitó a participar en este volumen homenaje a Mara Manzano, acepté de inmediato. Es una obligación moral para cualquiera que se haya beneficiado de su magisterio. En los últimos años he trabajado con mi grupo en tratamientos lógicos de la abducción, en los que no hemos estado ajenos al giro dinámico en lógica, en particular en la línea mencionada de dinámica lógica de la información. La lógica epistémica dinámica se ha desarrollado en este marco, de ahí que mi contribución se haya centrado en esta rama de las lógicas no clásicas.[3]

Pero el propósito del libro es el homenaje a Mara, por lo que me permito en los próximos párrafos entrar en cuestiones más personales. Hace ya mucho, al terminar los entonces llamados "cursos de doctorado", aconsejado por el Dr. Díaz Estévez (q. e. p. d.), mi Director —quien siempre tuvo a Mara en gran estima, dicho sea de paso—, decidí orientar mi tarea de tesis hacia la lógica de segundo orden. Me recomendó el trabajo de Mara titulado *Sistemas Intermedios*, editado en 1978 por la Fundación Juan March, número 62 de la Serie Universitaria. Hallé también un pequeño artículo firmado por el Dr. Mosterín (q. e. p. d.), a quien escribí para que me aclarara el uso de ciertos símbolos con objeto de entender bien la noción de "dominio relacional"; esto se debía a que yo solía distinguir[4] entre las notaciones $\subset$ (o bien $\subsetneq$) y $\subseteq$. Además le mostré mi interés en contactar con la profesora María Manzano. Pasó mi escrito a Mara y el siguiente mes de julio nos entrevistamos, bajo una sombrilla, en la Playa de Punta Umbría —ella veraneaba allí con su familia; yo pasé un día de playa con la mía, salvo ese rato de estudio tan fructífero como inolvidable, una clase particular en el escenario menos académico que se pueda imaginar—. Me llevé varias folios con anotaciones, información bibliográfica imprescindible, además de útiles consejos para proseguir el trabajo de la tesis.

---

[3]En última instancia, se podría decir que los sistemas de lógica epistémica dinámica son extensión de lógica clásica. No obstante, lo más común en el uso de "lógicas no clásicas" es incluir las lógicas modales o multimodales.

[4]Costumbre adquirida tras mi curso en la Facultad de Matemáticas de la Universidad de Sevilla.

Recuerdo una de sus observaciones, cuando iba avanzando el trabajo, dada la preocupación que le mostré por algo que tal vez afecta a muchos doctorandos. Me refiero al problema de la "originalidad". Esa pregunta que nos acucia, en concreto ¿Qué puedo aportar en este campo que sea realmente original? A esta cuestión Mara me dio una respuesta clara, una afirmación de indudable valor didáctico, "nada hay tan original como los propios errores". Pude recorrer así los últimos tramos de aquel tortuoso camino con alguna tranquilidad.

En otros momentos de mi vida profesional ella ha sido una referencia. No digo que siempre haya mantenido una total complicidad y aceptación plena de todas y cada una de sus actuaciones. A este respecto, la discrepancia, si se me permite la expresión, es, para todos, garantía de libertad, de independencia. La vida misma es dinámica, como la lógica y otras disciplinas. En cualquier caso, siempre he tenido el máximo respeto y admiración a su trayectoria, no contaminada de ciertos vicios frecuentes en la academia, y que ella ha sufrido en parte. No hay más que pensar en cómo es este ámbito y considerar que Mara, a priori, lo tenía todo en contra: mujer —¿En cuantos tribunales se ha visto en la obligación de participar por la (por otra parte, saludable) normativa de la representación de género?—; andaluza —"Quiero cruzar la bahía, cuando ya los pescadores, cansados de sus labores, regresan a Punta Umbria, hay mi Huelva, navegar y navegar" dice una sevillana de Cantores de Híspalis acerca de esa bendita tierra, y ella, nacida en Archidona, navegó en Huelva sus años adolescentes y jóvenes—; para colmo, dedicada a la lógica matemática —tan poco valorada, incluso mal vista a veces, en los ambientes filosóficos, donde han campado a sus anchas algunas "autoridades", no portadoras, por cierto, de la *auctoritas* (en el más puro sentido ciceroniano del término), de la que, sin duda, ha sido agraciada Mara (después de todo, Gracia forma parte de su nombre completo)—.

Hemos compartido muy buenos momentos, no sólo desde un punto de vista académico, sino también humano. Un botón de muestra, en Agosto de 1995, en Florencia, Alfonso, su marido, Isabel, mi mujer, Pepe y Ulises, sus hijos, Juan Antonio e Isabel, los míos, mientras atendíamos las sesiones del Congreso Mundial de Lógica, Metodología y Filosofía de la Ciencia, ellos pasaron una intensa semana de visitas turísticas que luego, en torno a la mesa, nos relataban, incluyendo las proezas de la conducción en el laberinto del tráfico florentino. También coincidimos en 1999, en el congreso de Cracovia y en otros muchos encuentros científicos, cursos y otros eventos. Girona, Madrid, Sevilla, Barcelona, Salamanca, Valladolid, Tenerife, Morelia (México), Montreux (Suiza), etc. forman parte de una larga lista de lugares donde hemos tenido ocasión de apuntalar trabajo y amistad.

Ahora, aparte de los temas de investigación, proyectos, iniciativas, y demás, es muy difícil hablar sin que se nos ponga cara de abuelos. Se suele decir "soy profesor", "soy investigador", cuando lo más propio sería usar el verbo estar (alguna ventaja habría de tener nuestra lengua) y afirmar "estoy profesor", "estoy investigador". En cambio, abuelo se es para siempre. Y, en cierto modo, si no se es catedrático, titular, etc., sí que, con nietos a los que enseñar —y otras personas que tengamos cerca—, se puede "estar profesor" *sine die*. En esta tan importante etapa vital hago votos por que Mara disfrute del sabor dulce con que la fortuna suele premiar a quienes en su vida laboral han llevado a cabo un trabajo bien hecho. Es mucho lo que le queda por enseñar, así que, ánimo, y manos a la obra.

Referencias

[1] Aho, Tuomo y Ahti-Veikko Pietarinen [2006]. *Truth and Games. Essays in Honor of Gabriel Sandu.* Acta Philosophica Fennica, vol. 78.

[2] Aristóteles [1982]. *Tratados de Lógica (Organon)*, vols. I y II, trad. M. Candel Sanmartín, Madrid, Gredos.

[3] Baltag, Alexandru y Sonia Smets [2012]. "The dynamic turn in quantum logic". *Synthese*, 186: 753–773.

[4] van Benthem, Johan [2008]. "Logical dynamics meets logical pluralism?". *Australasian Journal of Logic*, 6, 182-209.

[5] van Benthem, Johan [2011]. *Logical Dynamics of information and interaction.* New York: Cambridge University Press.

[6] Boehner, Philotheus [2007]. *Lógica Medieval. Un bosquejo de su desarrollo de 1250 a 1400*, Trad. F. Alvarez Ortega, México, Universidad Iberoamericana.

[7] Cordón-Franco, Andrés, Hans van Ditmarsch y Angel Nepomuceno [2013]. "Dynamic Consequence and Public Announcement". *The Review of Symbolic Logic*, Volume 6, Issue 4: 659-679.

[8] van Ditmarsch, Hans, Wiebe van der Hoek y Barteld Kooi [2008]. *Dynamic Epistemic Logic*. Dordrecht. Springer, Synthese Library: Studies in Epistemology, Logic, Mathodology and Philosophy of Science, vol. 337.

[9] van Ditmarsch, Hans y Angel Nepomuceno [2019]. "Public announcements, belief expansion and abducción". Olga Pombo, Ana Pato y Juan Redmond (Eds.), *Epistemologia, Lógica e Linguagem*, Lisboa, Centro de Filosofia das Ciências da Universidade de Lisboa, 151-161.

[10] Fagin, Ronald, Joseph Y. Halpern, Yoram Moses and Moshe Y. Vardi [1995]. *Reasoning about Knowledge*. Cambridge, Massachussetts: the M.I.T. Press.

[11] Frege, Gottlob [1972]. *Conceptografía. Los Fundamentos de la aritmética. Otros estudios filosóficos*. Trad. H. Padilla, México, Instituto de Investigaciones Filosóficas de la U.N.A.M.

[12] Gochet, Paul [2002]. "The dynamic turn in twentieth century logic", *Synthese* 130: 175–184.

[13] Hintikka, Jaakko [1973]. *Logic, Language-Games and Information*. Oxford: Clarendon Press.

[14] Hintikka, Jaakko [1996]. *Ludwig Wittgenstein: Half Truths and One-and-a-Half Truths*. Dordrecht: Kluwer.

[15] Hintikka, Jaakko [1997]. "A revolution in the foundation of mathematics?", *Synthese* 111: 155–170.

360

[16] Hintikka, Jaakko y Gabriel Sandu [1997]. "Game-Theoretical Semantics" En Johan van Benthem y Alice ter Meulen (eds.) *Handbook of Logic and Language*. Amsterdam, Elsevier: 361–410.

[17] Kneale, William y Martha [1972]. *El desarrollo de la lógica*, Trad. Javier Muguerza, Madrid, Editorial Tecnos.

[18] Marion, Mathibu [2006]. "Hintikka on Wittgenstein: From Language-Game to Game Semantics", *Acta Philosophica Fennica*, vol 78: 255-274.

[19] Nepomuceno-Fernández, Angel, Fernando Soler-Toscano y Fernando R. Velázquez-Quesada [2017]. "Abductive Reasoning in Dynamic Epistemic Logic". Lorenzo Magnani y Tommaso Bertolotti (eds.), *Springer Handbook of Model-Based Science*, Dordrecht, Springer: 269-293.

[20] Rahman, Shahid, Nicolas Clerbout y Laurent Keiff [2009]. "Dialogues and Natural Deduction". G. Primiero (ed.) *Acts of Knowledge, History, Philosophy, Logic*, London, College Publication: 301-336.

[21] Redmond, Juan y Matthieu Fontaine [2011]. *How to Play Dialogues. An Introduction to Dialogical Logic*, London, College Publication.

[22] Schurz, Gerhard [2011]. "Abductive Belief Revision in Science", E. J. Olsson, S. Enqvist (eds.) *Belief Revision meets Philosophy of Science*. Dordrecht: Springer (Logic, Epistemology, and the Unity of Science, vol. 21, 77-104.

[23] Wittgenstein, Ludwig [1973]. *Tractatus Logico-Philosophicus*. Ed. Bilingüe (versión española E. Tierno Galván), Madrid, Alianza.

[24] Wittgenstein, Ludwig [2003]. *Investigaciones Filosóficas*. Trad. A. García Suárez y C. U. Moulines, México, Instituto de Investigaciones Filosóficas de la U.N.A.M.

¿Es la lógica cosa de hombres?

Eulalia Pérez Sedeño

Instituto de Filosofía-CSIC (España)

RESUMEN

El último tercio del siglo XX vio una revolución sin prece-
dentes y de consecuencias aún insospechadas: la irrupción del
feminismo, no sólo en el ámbito político, sino en el terreno
intelectual. Desde entonces, el feminismo ha hecho diversas
aportaciones a las distintas ramas del saber. Por ejemplo,
las críticas a diversas prácticas y teorías científicas han producido serias reflexiones sobre la ciencia en general, y ha
llevado a reconsiderar y revisar diversos conceptos desde la
perspectiva de género. En este terreno, una de las primeras
actuaciones fue examinar la presencia (o ausencia) de mujeres en las distintas disciplinas o áreas. Otro fue la recuperación de figuras históricas. La recuperación del trabajo
de mujeres ha producido historias de las mujeres matemáticas, astrónomas o biólogas y el género biográfico dedicado a
mujeres amplía sus ejemplares continuamente.

Esta recuperación es claramente escasa en el caso de la
historia de la lógica, disciplina que parece haber sido poco
propicia a las mujeres (y menos al feminismo). Resulta cuando
menos curioso que haya tan pocas mujeres dedicadas a esa
disciplina a lo largo de la historia o, por lo menos, la poca
información que tenemos de ellas. ¿Será como en otros campos, que hay que escarbar para que salgan? ¿O es que en

esta disciplina se da la discriminación horizontal o territorial? ¿Perviven en ella los estereotipos que asocian, entre otras muchas cosas, lo racional y la abstracción con lo masculino?

En este trabajo repasaremos la situación de las académicas españolas pertenecientes al área de Lógica y Filosofía de la Ciencia. Además, como una de las posibles vías para aumentar el número de mujeres en esta área es dotarlas de modelos de referencia, esbozaremos las aportaciones de algunas lógicas, en las que niñas y mujeres se puedan mirar.

Introducción: números y estereotipos

Durante las últimas décadas se han multiplicado los estudios sobre las mujeres en las ciencias y las ingenierías, haciendo hincapié en los diferentes factores que inciden en la escasa participación de las mujeres en físicas e ingenierías.[1] Sin embargo, apenas se ha prestado atención al exiguo número de mujeres en filosofía y, menos aún, en el área de Lógica y Filosofía de la Ciencia. En el año 2006 [16] publiqué un artículo en la revista *Clepsydra* en el que presentaba datos de los escasísimos artículos escritos por mujeres que aparecían en las principales revistas de lógica: *Journal of Symbolic Logic*, *Archive of Mathematical Logic* y *Studia Logica*. También advertía de la alarmante situación del área de Lógica y Filosofía de la Ciencia en nuestro país. Si bien las mujeres constituyen mayoría en la universidad, en todas las áreas, excepto en las ingenierías

---

[1]La evolución de los estudios matemáticos puede resultar muy interesante. Hasta muy recientemente, en nuestro país, el porcentaje de mujeres cursando matemáticas estaba en torno al 49%, con ligeras oscilaciones. La salida profesional de esta carrera era la enseñanza en sus distintos niveles. Dado que, desde hace tres años la demanda profesional de graduados en matemáticas se ha disparado, será interesante observar si varía la participación de las mujeres y si en este caso se cumple la tesis de que cuanto más prestigio y poder tiene un área, menos mujeres hay en ella y a la inversa.

desde 1986 [17], son pocas las mujeres que estudian lógica, bien en las facultades de matemáticas o en las de filosofía y menos aún las que se dedican a su docencia e investigación en el área mencionada. También daba cuenta de los datos que proporcionaba el Informe de 12 de mayo de 2004 del Consejo de Coordinación Universitaria (CCU) acerca de la distribución del profesorado universitario en función del sexo: las mujeres eran el 32,26% de todo el profesorado universitario español. Con respecto a las dos categorías principales, había 7.179 catedráticos de universidad (CU) y tan sólo 1055 catedráticas (es decir, ellas constituían el 12,8% de todas las cátedras) y 16.966 profesores titulares de universidad y 9149 profesoras titulares (esto es, ellas eran el 35,03% del profesorado titular (TU). En el área de Lógica y Filosofía de la Ciencia, sin embargo, las mujeres constituían tan sólo el 13,95% del profesorado y las catedráticas el 6,4% del total de catedráticos y un 16% en el caso de las TU, porcentajes, como se ve, muy por debajo de la media nacional.

A partir de este porcentaje, como señalaba en mi trabajo, el Informe distribuía las áreas de conocimiento en tres grupos: el tipo A, que abarca las áreas donde hay menos profesoras (el porcentaje de mujeres docentes está por debajo del 28% es decir, más de 4 puntos por debajo de la media nacional); el tipo B, que aglutina las áreas en las que el porcentaje de mujeres está entre el 28% y el 36% (un 4% por encima y por debajo del 32% de profesoras), esto es, las áreas cuyo porcentaje de mujeres se encuentra próximo al porcentaje global. Finalmente, el Tipo C, reúne las áreas donde las mujeres docentes están por encima del 36%, esto es, su porcentaje es superior en más de cinco puntos de la media nacional. Pues bien, el área de Lógica y Filosofía de la Ciencia estaba en el grupo A (que está constituido por 79 áreas, casi todas de ingeniería) junto con las otras áreas de filosofía o vinculadas a ellas: Estética y teoría de las Artes, Filosofía, Filosofía Moral y Filosofía del Derecho, Moral y Política. Esto me dio pie a manifestar que la filosofía se comporta como la peor de las ingenierías.

Me he permitido traer estos datos a colación, ya antiguos, porque se podría pensar que la situación ha cambiado, tras los múltiples informes y medidas a favor de la igualdad en educación superior e investigación. Y, sin embargo, un reciente trabajo [21] muestra que la situación apenas ha cambiado. Según estos datos, el porcentaje total de mujeres es del

37%, pero hay que advertir que en este porcentaje no se encuentran sólo CU y TU, sino que se contemplan las otras categorías no funcionariales existentes: contratadas doctoras, ayudantes doctoras, ayudantes, asociadas y eméritas. El porcentaje nacional de catedráticas ha ascendido al 21,2% y el de TU a 39,6 en el global de todas las áreas. Ahora bien, en el caso del área de Lógica y Filosofía de la Ciencia, el porcentaje de mujeres asciende al 21,8%, siendo un 8,3% las catedráticas y el 21,2% las TU. Es decir, en poco más de diez años, el porcentaje de mujeres en el área ha subido poco más de siete puntos, el de TU 5 y el de CU no llega a 2.[2]

El excelente trabajo de Torres muestra que "realidades como la de los estudios de filosofía se diluyen en el tratamiento estadístico de los datos" [21, p. 337] al quedar diluidos dentro del genérico 'Humanidades', donde sí hay áreas muy feminizadas. Como señala, la discriminación en los estudios de filosofía es superior a la que se da en las áreas de ciencias y similar a la que se da en ingeniería, tanto por lo que se refiere a la discriminación horizontal (las mujeres no eligen esa área), como a la jerárquica (no llegan a los puestos más altos). Y, sin embargo, eso no ha suscitado reacción alguna, por parte de las autoridades académicas españolas, ni en la Unión Europea, donde, al parecer, la situación es semejante [9].

¿Qué ha sucedido en el área de Lógica y Filosofía de la Ciencia para que se encuentre tan por debajo de la media nacional, por lo que a participación de mujeres se refiere? No podemos pensar, parafraseando las tesis del que fuera Presidente de la Universidad de Harvard en el año 2005, que las mujeres no están 'genéticamente' o 'cognitivamente' capacitadas para la lógica. Pues, como han señalado diversos estudios psicológicos y biológicos, no hay evidencia de que esas sean habilidades innatas, mientras que sí hay evidencia de que dependen de factores socioeducativos y culturales [5]. Recientes trabajos de EEUU ofrecen datos que muestran que, no sólo las mujeres no llegan a los puestos más altos, sino que tienen menos probabilidad de ser contratadas en las Facultades o Departamentos más prestigiosos y publicar en las revistas de mayor impacto [4] lo que ha llevado a algunas autoras a preguntarse cuáles son

[2]Torres [21] también ofrece datos de las otras áreas de Filosofía.

las actitudes, normas y valores subyacentes, en concreto si las normas filosóficas compartidas contribuyen a la exclusión de las mujeres de la filosofía académica ([9], [5]). Los estudios dedicados a los factores que operan para que las mujeres no se dediquen a ciertas disciplinas y sí a otras son muchos y han señalado diversos: socioculturales, educativos e históricos. En todos ellos, los estereotipos de género desempeñan un importante papel. Dichos estereotipos reflejan ideas normativas de lo que es femenino y lo que es masculino, a la vez que se presentan como dualismos dicotómicos jerárquicos y excluyentes. Estos estereotipos definen metas y expectativas distintas para cada sexo, marcando un desarrollo diferente para mujeres y hombres y justificando muchas veces desigualdades. Algunos de los estereotipos asociados a lo masculino son: agresividad, objetividad, racionalidad, fortaleza.... Mientras que los asociados a las mujeres son emotividad, irracionalidad, sensibilidad, dependencia... Como se puede ver, las primeras 'cualidades' se asocian al desempeño de carreras científicas, mientras que no sucede lo mismo con las segundas. En el caso del área que nos ocupa, reúne los estereotipos típicos de la ciencia, pero también los asociados a la racionalidad, que se supone una característica fundamental del **filósofo** (el masculino viene al caso). Estos estereotipos se transmiten en las familias, en la escuela (por parte del profesorado, pero también de los iguales), en los libros de texto, en los medios de comunicación, etc. y contribuyen a dirigir las carreras de unas y otros en direcciones distintas. Pero además, esos estereotipos también se plasman en lo que consideramos importante o no, en qué figuras debemos considerar prominentes... Eso se se muestra de manera notable en las colaboraciones entre científicos o cuando se producen descubrimientos simultáneos. Robert K. Merton [12] lo denominó el "efecto Mateo" (por el versículo de *El Evangelio* que dice "a quien más tiene, más se le dará"), dado que el beneficació recae sobre el científico con más prestigio. En el caso de las mujeres científicas se produce lo que Margaret Rossiter [19] ha denominado el "efecto Matilda", pues como ese evangelio dice a continuación "y a quien menos tiene, se le quitará incluso lo poco que posee".

El hecho de que no aparezcan mujeres en los libros de texto o en las historias de diferentes disciplinas no significa que no fueran suficientemente importantes, sino que quienes aparecen – varones – se han convertido en importantes porque están ahí. Esa descalificación epistémica y ocultamiento de las mujeres en la ciencia (aunque la ciencia no es un caso aislado) se traduce en la ausencia de modelos de referencia que impiden que las jóvenes la consideren un campo adecuado para desempeñarse en él. Por eso es importante que en las aulas, en los libros de texto, etc. aparezcan mujeres que contribuyan, además, a eliminar esos estereotipos de género que impiden que niñas y mujeres consideren esas tareas adecuadas para ellas.

Algunos modelos de referencia

Como mencioné al principio, en las últimas décadas se han publicado historias de las mujeres en diversas disciplinas: biología, geología, medicina, matemáticas, etc., aunque las propias disciplinas siguen sin incorporarlas apenas. También se ha desarrollado el género de las biografías que permiten "profundizar en los marcos personales de las mujeres y mostrar las intersecciones entre distintos factores que han sido influyentes en el desarrollo de sus vidas y de sus actividades profesionales" [22, p. 32]. No pretendo realizar una historia de las lógicas, ni siquiera escribir una biografía de las cuatro mujeres que voy a presentar a continuación. Eso supondría un acercamiento más profundo que permitiera presentar su contexto educativo histórico y político, pero también sus identidades fragmentarias, a veces incompatibles, a veces no, visibilizar sus espacios, sus tiempos de trabajo [9] algo que excede este texto. Tan sólo quiero presentar el esbozo de la riqueza de sus aportaciones, de sus vidas situadas, que anime a otras investigadoras a profundizar en ellas.

La primera de la que quiero hablar es una mujer que no ha recibido la atención merecida, hasta bien recientemente, fundamentalmente porque se la considera sobre todo educadora, jerarquizando las disciplinas, en este caso para minusvalorar su trabajo. Mary (Everest) Boole (1832-1916) nació en 1832 en Wickwar, Gloucestershire. Mary era sobrina de un profesor de clásicas y escalador de montañas por el cual recibe su nombre la más alta del planeta. Además, un tío materno de Mary era el vicepresidente del Queen's College de Cork que contrataría posteriormente a su esposo. A pesar de nacer en Inglaterra, creció y se educó cerca de París, a donde su padre y toda la familia se trasladaron por motivos de salud del progenitor. A Mary le interesaban las matemáticas, al igual que a su padre, y desde muy pequeña fue educada en esa disciplina por un tutor [15].

Cuando tenía dieciocho años conoció al lógico y matemático Geoge Boole. Precisamente años más tarde, ella contaría que fue su libro sobre lógica matemática lo que la hizo enamorarse de él. De 1850 a 1852 tuvieron una abundante correspondencia sobre ciencias y matemáticas y a partir de 1852 él comenzó a enseñarle acústica y cálculo diferencial, aunque ella comentaba que le resultaba más fácil el cálculo de fluxiones que el cálculo diferencial, sugiriendo que aquél era el enfoque más lógico.[3]

Cuando murió su padre y ella quedó sin recursos económicos, Boole le propuso matrimonio, casándose el 11 de septiembre de 1855 y se fueron a vivir a Cork, donde George comenzó a impartir clases en la universidad y animaba a Mary a que fuera a sus clases para mejorar sus conocimientos de matemáticas. Mary le ayudó a escribir de forma clara e inteligible su libro sobre ecuaciones diferenciales. También compartían ambos intereses por las ideas socialistas cristianas de F. D. Maurice y por el pensamiento judío. La pareja tuvo cinco hijas, que destacaron más adelante en matemáticas, ciencia y otras disciplinas, lo que indica, sobre todo, que los Boole no mantenían las ideas de la gran parte de la sociedad de su época sobre la educación de las mujeres. Al fallecer su marido, se quedó sin recursos financieros, pero le concedieron una pequeña pensión de 100 libras y el puesto de matrona en el Queens College, así que se ocupó de todo el edificio de estudiantes hasta 1873. Pero los administradores comenzaron a considerar que sus ideas eran demasiado novedosas y progresistas y la despidieron en 1873 [11].

Mary Boole escribió una biografía de su esposo, pero no la publicó hasta 1878, catorce años después de su muerte. En 1897, también escribió un análisis detallado de los escritos filosóficos del francés P. Gantry, por el que George Boole había sentido gran admiración, comparándolos con los conceptos matemáticos de su esposo que ella intentaba explicar utilizando conceptos geométricos simples, aunque no tuvo el éxito esperado. Este libro también intentó investigar lo que ella denominaba "psicología matemática", la importancia del pensamiento lógico y la nat-

---

[3]Hay que señalar que fue una mujer, Maria Gaetana Agnesi (Italia, 1718-1799), la que unió el cálculo de fluxiones y el diferencial [15].

368

uraleza del genio, comenzando a idear un nuevo enfoque matemático del aprendizaje. En especial, a Mary le preocupaba saber por qué los niños, una vez aprendidos ciertos conceptos matemáticos, no los saben aplicar a cuestiones de la vida real. En ese sentido, consideraba que en la educación matemática había que plantearse la siguiente cuestión: "¿Cuáles son las condiciones que favorecen un conocimiento vital de las matemáticas?" [1, p. 20]. Contesta diciendo que "Puede sorprender a muchos lectores que se afirme que estas condiciones son casi enteramente morales y espirituales más que intelectuales" (*ibidem*). Frente a la educación coercitiva que se ejerce sobre las personas que aprenden y que conlleva la coerción e impedimento de aprender por parte del profesor o profesora, Mary Boole abogaba por la necesidad de educación y aprendizaje continuo del profesorado, revisando y mejorando los métodos utilizados, para lo cual se necesita, sobre todo "ver su conducta [del profesorado], sus propósitos, todas sus actitudes hacia sus discípulos" (*ibidem*). Entre sus publicaciones destacamos *Symbolical Methods of Study* (1884)[4], *The Preparation of the Child for Science* (1904)[5] y *Philosophy and Fun of Algebra* (1909)[6]. Sus obras completas, publicadas después de su muerte en 1931[7], contienen interesantes artículos, que habían aparecido en diversos medios ante-riormente, sobre la educación matemática que incluyen la idea de que un niño debe construir una tabla matemática antes de utilizarla, lo que su-braya la necesidad del pensamiento lógico. Comercializó las Boole Sewing Cards, que son cartas con rejillas en las que se pueden construir y con las que se pueden ilustrar muchos conceptos geométricos, de modo que, si se les dan a los niños o niñas, pueden desarrollar los conceptos de orden o patrón, a su propio ritmo. También publicó diversos libros sobre cómo preparar a los niños para que hagan matemáticas y ciencia. En los últimos años, en especial la *Association of Teachers of Mathematics* y la *International Society for General Seman-*

[4]Disponible en `https://archive.org/details/symbolicalmetho00boolgoog/page/n14`. Último acceso, 20 de junio de 2019.
[5]Disponible en `https://archive.org/details/preparationofchi00boolrich/page/n4`. Último acceso 22 de junio de 2019.
[6]Disponible en `http://www.gutenberg.org/files/13447/13447-pdf.pdf?session_id=7af642ecaf24810f0e5844c86065a15e10f5a12b`. Último acceso 24 de junio de 2019.
[7]Las citas refieren a la selección publicada en 1972.

tics, entre otras asociaciones han recuperado sus métodos de enseñanza de las matemáticas y la lógica para gente joven y han reeditado sus libros sobre estas cuestiones.

En [16] también analicé, aunque de manera más exhaustiva el trabajo de Rose Rand (Lemberg, entonces Austria, hoy Ucrania, 1903-1980), un caso de "desaparición" bastante parecido al anterior. La vida de Rose Rand no fue nada fácil. Nacida en Lemberg (hoy, Ucrania), estudió en el Polish Gymnasium de Viena, a dónde su familia se había mudado. En 1924 se matricula en la Universidad de Viena, donde se gradúa en 1928 y donde había entrado en estrecho contacto con los y las filósofas del Círculo de Viena en cuyos seminarios y discusiones participa durante la realización de su Doctorado y de los que mantiene registros. Entre 1930 y 1937 trabaja e investiga en la Clínica Psiquiátrico-neurológica de la Universidad de Viena, además de trabajar como tutora y profesora de adultos. En 1938 se doctora con una tesis sobre la Filosofía de Kotarbiński.

Rand, desempleada y con ascendencia judía, emigra a Londres en 1939 como judía sin nacionalidad. Después de un periodo de tiempo en Inglaterra, en el que trabaja como enfermera, es admitida en la Faculty of Moral Science de la Universidad de Cambridge. En 1943 tiene que ponerse a trabajar en una fábrica de metal, y por la noche enseña alemán y psicología en dos universidades, hasta que Karl Popper le ayuda a conseguir una subvención para investigar en la Universidad de Oxford. Rand se traslada a Estados Unidos en 1954. Entre 1955 y 1959 enseña matemática elemental, lógica y filosofía antigua, y fue investigadora asociada, en la Universidad de Chicago, y en la Universidad de Notre Dame, entre otras. En 1959 se traslada a Cambridge, Massachusetts y luego a Princeton, New Jersey. En los años siguientes vive de subvenciones y becas obtenidas por su trabajo como traductora o directamente de hacer traducciones.

En 1936 escribe "Die Logik der verschiedenen Arten von Sätzen", que fue presentado en el Congreso Nacional Polaco de Filosofía, en el que anticipa algunas tesis que desarrollará posteriormente en su obra de 1939. En concreto, se pregunta acerca de la aplicabilidad de la lógica de los enunciados apofánticos (esto es, los que pueden ser verdaderos o falsos) a los no apofánticos y, en especial, si se puede aplicar a este último tipo de enunciados las conectivas veritativo-funcionales, los principios lógicos (el de no contradicción y el principio del tercero excluido) y las reglas de inferencia.

Su trabajo pionero sobre lógica deóntica es su *Logik der Forderungs-sätze*, publicada en 1939[8], es decir, 12 años antes de *Deontic Logic* (1951) de Georg Henrik von Wright, que pasa por ser la obra en la que nace la lógica deóntica. Ya en el ensayo de Alf Ross *Imperatives and Logic* (1941) se cita el trabajo de Rand como uno de los 4 que están en el origen y aumentan el interés por la lógica de las normas [16]. Y también A. N. Prior lo incluye en la bibliografía de su artículo "Deontic Logic" de la *Encyclopedia of Philosophy* editada por P. Edwards. Sin embargo, ni siquiera aparece citada en el correspondiente artículo de la *Stanford Encyclopaedia of Philosophy*.

Una mujer fundamental en el desarrollo de la lógica y la teoría de la computación es Rozsa Péter (Budapest, 1905-1977), la 'madre' fundadora de la teoría de las funciones recursivas. Aunque realizó importantes contribuciones a la teoría matemática, por lo que recibió algún reconocimiento durante su vida, y a pesar del renacido interés por su obra en la última década,[9] su nombre está hoy ausente de las aulas y los manuales, compartiendo el destino de otras muchas mujeres, a pesar de que debería estar junto a los fundadores reconocidos de la teoría computacional [13]. Rozsa Peter presentó en el Congreso Internacional de Matemáticas (Zurich, 1932) un trabajo sobre las funciones recursivas en el que por primera vez proponía que esas funciones se estudiaran como una subárea separada de las matemáticas. En una serie de artículos posteriores [16], Peter desarrolló diversos teoremas sobre las funciones recursivas primitivas, la mayoría de ellos con un contenido algorítmico explícito y se dedicó a aplicar la teoría de las funciones recursivas a las computadoras, convirtiéndola en un área obligada en la Computación Teórica, en la que sus aplicaciones son irreemplazables.

En 1951 publicó una monografía, *Rekursive functionen* (*Las funciones recursivas*), en la que reunía todo lo que se sabía por entonces

---

[8]La versión inglesa se publicó veintitrés años después [18], que es la que seguí en mi trabajo de 2006 [16].

[9]Por ejemplo, en el *Journal of Symbolic Logic* han aparecido diversos artículos sobre su obra en los últimos años.

sobre las funciones recursivas incluyendo su propio trabajo, siendo la primera obra dedicada exclusivamente a este tema. David Hilbert y Paul Isaac Bernays le dedicaron dos capítulos a esa cuestión en su obra *Grundlagen der Mathematik* (1934-39), en la que se citaban diversos trabajos previos de Peter. Sin embargo, la teoría de las funciones recursivas fue conocida a través del libro de Kleene, *Introduction to Metamathematics*, publicado un año después en 1952. A pesar de todo ello y de que Kleene, en un artículo publicado ese mismo año en el *Bulletin of the American Mathematical Society*, la consideró "la principal contribuyente a la teoría especial de las funciones recursivas", otra mujer más ha 'desaparecido' de la historia. A eso contribuye, además, que en las bibliografías en que sí se citan sus trabajos, aparece con la inicial de su nombre 'R' (como sucede en el artículo "Recursive Functions" de la *Stanford Encyclopaedia of Philosophy*) por lo que, operando los estereotipos de género, se atribuyen a un varón. Murió el 16 de febrero de 1977.

La última mujer que quiero presentar aquí tiene relación con la anterior y a la que rendimos homenaje en este libro.

Carol Ruth (Vander Velde) Karp nació el 10 agosto de 1926 en Forrest Grove, Michigan, Estados Unidos, en una familia conservadora donde no estaba permitido bailar o ir al cine. Sin embargo sí que se preocupaban por la educación de sus dos hijos y de su hija. Se graduó en matemáticas en el Michigan State College a la vez que estudiaba viola. Tras su graduación recorrió el país con una orquesta sólo de mujeres. En 1951 se trasladó a California para hacer el doctorado en la Universidad del Sur de California, a la vez que conoce al que sería su marido, Arthur Karp del que toma el apellido, cuando se casan en 1952. En el año 1953, su director de tesis, Leon Henkin se traslada a Berkeley, a donde le sigue Carol Karp en 1954 [4]. Es interesante señalar los espacios de las investigaciones de Carol Karp, pues viajó y se trasladó a distintos lugares siguiendo a su marido o a su mentor.

En 1956, Alfred Tarski y Leon Henkin organizaron un seminario sobre el desarrollo de lenguajes infinitarios, en el que Carol Karp pudo exponer el trabajo sobre la cuestión que estaba comenzando a desarrollar y que tuvo su culminación con la presentación de su tesis doctoral en 1959, titulada *Languages with Expressions of Infinite Length*, que sería publicada posteriormente en 1964, casi en su totalidad, pero con capítulos nuevos añadidos [7]. Como ella misma señala en el prefacio de esta obra, los resultados de Tarski, Hanf y Scott en 1960 le dieron un enfoque distinto a la cuestión. El problema central podría ahora formularse como: "¿Para qué cardinales a, b existen sistemas formales completos definibles para fórmulas de longitud inferior a a en las que menos de b variables pueden ser cuantificadas a la vez...?" Según Carol Karp, esa pregunta se respondía casi completamente en su monografía.

Tras su doctorado inició una brillante carrera académica que culminaría con su nombramiento como Catedrática en la Universidad de Michigan, en 1966. Allí se convirtió en la líder del *Maryland Mathematical Colloquium and Logic Seminar*, por el que pasaron los más importantes lógicos de la época. Muy respetada en la comunidad científica, publicó numerosos trabajos y participó en muchos congresos y simposios, por todo el mundo. Ella se consideraba una lógica algebraica y siempre parecía obtener resultados sobre las álgebras booleanas a partir de sus resultados en lenguajes infinitarios. Gracias a sus trabajos (y a los de Leon Henkin) sobre lógica infinitaria, ésta se convirtió en un área bien establecida dentro de la lógica matemática. Fue también una gran profesora y siguió ejerciendo y supervisando a sus doctorandos durante su enfermedad, de la cual moriría a las 46 años. Desde 1973, un año des-pués de su muerte, y cada cinco años, la *Association for Symbolic Logic* otorga el Premio Karp [10].

Reflexiones finales

Estas figuras oscurecidas u olvidadas en la historia constituyen ejemplos y referentes en los que las jóvenes de hoy en día se podrían mirar, pero que raras veces aparecen en las aulas. Sus vidas son muy distintas, complejas y variadas, aunque investigadoras y dedicadas a su trabajo. Pero también fueron esposas o madres (asumiendo las tareas que se esperaba de ellas), profesoras, ejerciendo su magisterio hasta su muerte, como Carol Karp, o adquiriendo otros compromisos institucionales, como en el caso de Rozsa Peter, que dirigió durante años el *Journal of Symbolic Logic*. Otras, luchando por su supervivencia, sin abandonar sus ideales investigadores.

Pero no son los únicos casos. Por ejemplo, Philippa Fawcett (1868-1948) fue la primera mujer en obtener la máxima nota en el Tripos de matemáticas en 1890 [20]. En el Círculo de Viena participaron varias mujeres (hermanas o esposas de algunos de sus más conocidos miembros): Olga Hahn-Neurath (hermana de Hans Hahn y esposa de Otto Neurath), Amalie Rosenbluth (quien cambió su nombre por el de Margarete Dengle al escapar de la Alemania nazi), Kate Strauss-Steinhardt hija y hermana de los Drs. Strauss, Olga Taussky-Todd (esposa del también matemático John Todd, discípula de Gödel y de Emmy Noether y experta en teoría de grupos y teoría de matrices). La escuela de Lvov-Varsovia, establecida a finales del siglo XIX por Kazimierz Twardowski, también merece ser objeto de investigación desde la perspectiva de los estudios de género, pues en ella participaron muchas mujeres, algunas de las cuales están comenzando a ser visibilizadas: Janina Hosiasson-Lindenbaum [6], Seweryna Luszczeweska-Rohman [14], Maria Kokosynska-Lutman [8], [2] o Janina Kotarbinska.

Pero después han venido otras. Verena Huber-Dyson (1923-2016), dedicada a la teoría de grupos y experta en la indecidibilidad de la teoría de grupos. La historiadora de la lógica y biógrafa de Alfred Tarski y de Jean van Heijenoort, Anita Burdman Feferman (1927-2015) o Judy Green, discípula de Carol Karp y socia fundadora de la *Association for Women in Mathematics* y autora de *Pioneering Women in American Mathematics: The Pre-1940 PhD's.* Y una nueva generación de mujeres que están contribuyendo con sus trabajos al desarrollo de la lógica matemática: Noriko H. Arai (inteligencia artificial), Ranee Brylinski (teoría de la representación y lógica cuántica), Agata Ciabattoni (lógicas no clásicas) Valeria de Paiva (lógica categorial), Jo Ellis-Monaghan (teoría topológica de grafos), Karin Erdmann (teoría de la representación modular y álgebra homológica), Vera Fischer (teoría de conjuntos), Gudrun Kalmbach (lógica cuántica), por citar unas cuantas de distintos países. Entre ellas, por supuesto, está Mara Manzano, a quien se rinde homenaje en este libro.

Referencias

[1] Boole, Mary [1972]. *A Boolean Anthology: Selected Writings of Mary Boole—On Mathematical Education.* Dikran G. Tahta (Comp.). Lancashire: Association of Teachers of Mathematics.

[2] Brożek, Anna [2017]. "Maria Kokoszyńska: Between the Lvov-Warsaw School and the Vienna Circle". *Journal for the History of Analytical Philosophy*, 5(2).

[3] García Dauder, Silvia y Eulalia Pérez Sedeño [2017]. *Las 'mentiras' científicas sobre las mujeres*. Madrid: Los libros de la Catarata.

[4] Green, Judy [1987]. "Carol Karp (1926-1972)". En Louise S. Grinstein y Paul J. Campbell (Eds.), *Women of Mathematics*. Westport: Greenwood Press, 86-91.

[5] Hutchinson, Katrina [2013]. "Sages and cranks: The difficulty of identifying first-rate philosophers". En Katrina Hutchison y Fiona Jenkins (Eds.) *Women in philosophy. What needs to change?*. Oxford: Oxford University Press, 103-126.

[6] Jedynak, Anna [2001]. "Janina Hosiasson-Lindenbaumowa: the logic of induction". En Wladyslaw Krajewski (Ed.) *Polish philosophers of science and nature in the 20th century*. Amsterdam: Rodopi, 97-102.

[7] Karp, Carol [1964]. *Languages with expressions of infinite length*. Amsterdam: North-Holland Publishing Company.

[8] Kawczynski, Filip [2010]. "Maria Kokosynska-Lutman: The Great Polemist". En Ángel Garrido y Urzsula Wybraniec-Skardowska (Eds.) *The Lvow-Warsaw School. Past and Present*. Studies in Universal Logic. Birkhäuser: Springer Verlag, 235-240.

[9] Leuschner, Anne [2015]. "Social Exclusion in Academia through Biases in Methodological Quality Evaluation: On the Situation of Women in Science and Philosophy". *Studies in History and Philosophy of Science*, 54: 56–63.

[10] Lopez-Escobar, Edgar G. K. [1975]. "Introduction". En Kueker, David W. (Ed.) *Infinitary Logic: In memoriam Carol Karp*, Lecture Notes in Mathematics, Vol. 492. Berlin: Springer-Verlag, 1-16.

[11] MacHale, Desmond [1985]. *George Boole: His Life and Work*. Dublin: Boole Press.

[12] Merton, Robert K. [1968]. "The Matthew Effect in Science", *Science*, 159(3810): 56-63.

[13] Morris, Edie y Leon Harkleroad [1990]. "Rozsa Peter: Recursive Function Theory's Founding Mother". *Mathematical Intelligencer*, 12(1).

[14] Murawsky, Roman y Jercy Pogonowski [2010]. "Seweryna Łuszczewska-Romahnowa". En Ángel Garrido y Urzsula Wybraniec-Skardowska (Eds.) *The Lvow-Warsaw School. Past and Present.* Studies in Universal Logic. Birkhäuser: Springer Verlag, 241-247.

[15] Pérez Sedeño, Eulalia [1994]. "Mujeres matemáticas en la historia de la ciencia". En Adela Salvador (Ed.) *Matemáticas y coeducación.* Sociedad Ada Lovelace para la Coeducación en Matemáticas.

[16] Pérez Sedeño, Eulalia [2006]. "Las lógicas que nunca nos contaron (y las que nunca serán)". *Clepsydra*, 5.

[17] Pérez Sedeño, Eulalia y Paloma Alcalá Cortijo [2006]. "La Ley de la ciencia, 20 años después. ¿Dónde estaban las mujeres? 20 Años de la Ley de la Ciencia. Madri+D." Disponible en `http://www.madrimasd.org/revista/revistaespecial1/sumario.asp`

[18] Rand, Rose [1962]. "The Logic of Demand Sentences", *Synthese*, 14: 237-254.

[19] Rossiter, Margaret W. [1993]. "The Matthew/Matilda Effect in Science", *Social Studies of Science*, 23: 325-341.

[20] Siklos, Stephen [1990]. *Philippa Fawcett and the Mathematical Tripos.* Cambridge: Newnham College.

[21] Torres González, Obdulia [2018]. "La situación de la mujer en los estudios de filosofía. Un análisis basado en indicadores." *Investigaciones Feministas* 9(2): 327-342. Disponible en `https://revistas.ucm.es/index.php/INFE/article/view/58916`

[22] Velasco Martín, Marta [2019]. *Genética de Drosophila y género: circulación de objetos y saberes.* Tesis doctoral dirigida por María Jesús Santesmases. Universidad de Salamanca.

Hypo.
A simple constructive semantics for Intuitionistic Sentential Logic, soundness and completeness

Wagner de Campos Sanz

Universidade Federal de Goiás. Faculdade de Filosofia. Brasil

ABSTRCT

This paper presents a semantics for Intuitionistic Sentential Logic. We call it Hypo. Its basic relation is neither that of truth in a model or a world, and nor that of proof or construction. It is the relation of semantical consequence. The meaning of each logical constant is made explicit by clauses stated in terms of this relation. Also, Hypo can be extended to cover Classical Sentential Logic. Inferential validity in both cases, intuitionist and classical sentential logic, is easily derivable.

Introduction

Heyting's Intuitionist Sentential Logic (ISL) is our focus here. This logic was developed through distinct and temporally separated steps. And stating a formal semantics was not the first one.

A common characteristic of semantics is what Schröder-Heister [17] and Kosta Dosen [1] have been calling the *categorical transmission view*. Validity in classical semantics is defined as preservation of truth from premises to conclusion. Validity in intuitionistic logic is defined as preservation of proof or construction from premises to conclusion.

A non-transmissibility semantics rejects the transmission view for explaining meaning of logical constants. The transmission becomes a derived property. The aim here is to present a non-transmission semantics for intuitionist sentential logic.

In formulating the new semantics we assume the mentioned rejection. We claim that Heyting's Sentential Logic can be interpreted in a straightforward and simple way without using the concepts of proof, construction or truth in a state of knowledge. And this interpretation is, nonetheless, constructive since all principles employed are so.

The background where the semantics is going to be defined takes as primitive the concept of semantical consequence together with the concept of hypothesis. One dogma of traditional semantics, according to Kosta Dosen ([1, p.4]) is that "the correctness of the hypothetical notions reduces to the preservation of the correctness of the categorical ones". We are going to defy that dogma, although not in the same way as this author envisaged.

ISL Sequent Calculus

Our considerations will be based on a handy formulation of the ISL Sequent Calculus[1]. Its inference rules will be presented linearly. We

---

[1] Not because we consider it a privileged calculus vis-à-vis Natural Deduction, but because it makes comparison with semantic clauses easier. In fact the paper gives many clues why the sequent systems are better for talking about semantics of logical constants. However, in terms of capturing a deductive practice, they are not good. Natural deduction seems to fare fair better than it.

suppose given a recursively defined sentential language $\mathfrak{L}$ containing the atomic absurd sentence $\perp$ and containing no sentential parameters. Capital Latin letters C, D, etc. (with or without subindexes) represent sentences of language $\mathfrak{L}$. Small Latin letters c, d, etc. (with or without-subindexes) represent sentences belonging to $\mathfrak{L}_{At}$, the subset of atomic sentences of $\mathfrak{L}$. Capital Greek letters Γ and Δ represent finite subsets of $\mathfrak{L}$ (including the empty set). Θ and Λ represent either finite or potentially infinite subsets of $\mathfrak{L}$ (including the empty set). Small Greek letters γ and δ (with or without subindexes) represent finite subsets of $\mathfrak{L}_{At}$ (including the empty set). Capital Greek letters Ψ and Ω represent finite multisets[2] of sentences from $\mathfrak{L}$ (including the empty multiset). Small Greek letters λ and μ (with or without subindexes) represent finite multisets of $\mathfrak{L}_{At}$ (including the empty multiset). The tautology sentence is defined as follows: $\top \equiv \perp \to \perp$. The sentential intuitionist sequent logic LJ^s, is defined by the following rules:

Structural rules

Basic sequents: $C \Vdash C$

Thinning on the left: $\Omega \Vdash C \Longrightarrow \Omega, D \Vdash C$

Contraction on the left: $\Omega, E, E, \Psi \Vdash C \Longrightarrow \Omega, E, E, \Psi \Vdash C$

Cut: $(\Omega \Vdash C$ and $C, \Psi \Vdash D) \Longrightarrow \Omega, \Psi \Vdash D$

Operational rules

Implication introduction on the right: $\Omega, C \Vdash D \Longrightarrow \Omega \Vdash C \to D$

Implication introduction on the left:
$\Omega \Vdash C$ and $\Psi, D \Vdash E \Longrightarrow \Omega, \Psi, C \to D \Vdash E$

Disjunction introduction on the right:

$\Omega \Vdash C \Longrightarrow \Omega \Vdash C \vee D$

$\Omega \Vdash D \Longrightarrow \Omega \Vdash C \vee D$

---

[2]That is, sets admitting multiple occurrences of a same element.

Disjunction introduction on the left:

$$\Omega, C \Vdash E \text{ and } \Omega, D \Vdash E \Longrightarrow \Omega, C \vee D \Vdash E$$

Conjunction introduction on the right:

$$\Omega \Vdash C \text{ and } \Omega \Vdash D \Longrightarrow \Omega \Vdash C \wedge D$$

Conjunction introduction on the left:

$$\Omega, C, D \Vdash E \Longrightarrow \Omega, C \wedge D \Vdash E$$

Absurd "rule" (as a basic sequent): $\bot \Vdash e$

Negation is a defined constant: $\neg C \equiv_{def} C \rightarrow \bot$

A syntactical proof in LJ^s is a structure (either a sequence or a tree, reader's choice) of sequents governed by the above rules, eventually including axiom sequents. When all sentences in an axiom sequent are atomic we say it is an atomic axiom. In order to obtain the classical sequent calculus LK^s from LJ^s, an extra structural rule is added, Peirce's rule[3]:

Discharge of implication on the left: $\Omega, E \rightarrow F, \Psi \Vdash E \Longrightarrow \Omega, \Psi \Vdash E$

Theorem 1 *For any proof over LJ^s there is a corresponding proof with the same conclusion in which there is no instance of Cut.*
Proof. *Roughly similar to the traditional one, see [4].* ■

Semantics

Although in contemporary logic the word "semantics" is many times assumed to be synonymous with model theory, here we stress its original sense as a theory focusing meaning of logical constants.

From a philosophical point of view, semantical clauses for logical constants are supposed to contain an explicitation[4] of their sense in terms of the meaning given to the constituent part(s) of the expression in which the constant occurs, via a basic primitive relation.

---

[3]It is a hypothesis discharging rule.
[4]We use as a verb the expression "to explicitate". It means to unfold, to make it clear, to make it explicit. All derived forms are to be acquainted too.

Hypo Semantics

The question

The semantics based on the use of hypotheses for intuitionistic sentential logic is named here as **Hypo Semantics**. Its basic relation is that of semantical consequence.

A constructive semantical consequence relation and its negation

In a constructive vein, semantical clauses serve as rules guiding recognition of semantical consequence. They establish how to recognize consequence. It is the reference to recognizability that avoids ontological commitments at the semantical level for intuitionist logic. For representing **recognizability** of semantical consequence we employ the expression $\Gamma \Vdash C$. Explicitly formulated it means: **it is recognizable that C follows from the set of hypotheses** Γ. As recognition is an act, and here it is being taken as a legal act too, recognizability rules state the laws under which semantical consequence is going to be judged. The rules to be stated are assumed to be immediately valid. Their validity is not tied to the acts of any specific agent. They are legal rules so to speak.

Two distinct acts can be accomplished with semantical rules. One is the act of using the rule, done by an agent A when generating a correct recognition act. The other is the act of recognizing recognizability, i.e., of deriving new recognizability rules from the primitive ones. The validity of the new rules is then traced back to the validity of the basic semantical clauses stated.

Negation[5] of recognizability is represented by $\Gamma \nVdash C$ and it means: it is absurd to suppose the recognizability of C being a consequence of Γ.

---

[5]This negation is the usual constructive negation

Failure

A failure in recognition of consequence occurs mainly when the attempt to verify a necessary condition fails. It can be of two distinct natures: (i) when it is shown that at least one of the necessary conditions implies an absurd; (ii) when the attempt(s) to carry a verification fails, ending without success and without any refutation. Failure of kind (i) is **semantical**. Failure of kind (ii) is **pragmatical**. Other two extreme cases of pragmatical failures are also: (iii) when there was no attempt to verify the conditions; (iv) although the conditions were already verified, the last final (legal) act of recognition is missing.

Pragmatical failures are beyond the scope of a semantical investigation.

Semantical failures occur when: (i) a deduction showing that the supposition of recognizability of consequence results an absurd ($\Gamma \nVdash C$); (ii) a deduction showing $\Gamma, C \Vdash \bot$ when both the consistency of the semantics and the consistency of Γ were previously granted.

Any agent must fail in recognizing consequence after it is proved that $\Gamma \nVdash C$. Additionally, $\Gamma, C \Vdash \bot$ implies $\Gamma \nVdash C$ if Γ is consistent.

Hypothesis, truth and proof

The general concepts of truth and of categorical (or closed) proof are not considered primitives here. We assume to be plainly meaningful to talk about consequence from hypotheses, and even so of consequence from hypotheses in metahypothetical terms. An exemplification of that is to be found in the proof of Theorem 4 bellow.

Given that hypotheses are conceived as introduced by an act of supposition, the elements of the set of hypotheses must be, somehow, accessible. Hypotheses are a certain sentential content of which we are invited, or are inviting - it depends on our dialogical position in argumentation -, to accept as a starting point for reasoning. It is more specifically an invitation to take the information expressed by a sentence "**as if it were true**", without any definitive commitment of both parts in dialogue. Prototypically, truth is attached provisionally to the sentential content, without presupposing possession/existence of either a closed proof or even an open proof for the sentence in question[6]

To formulate a hypothesis[7] is not the same as to assert and suppose the possession of a proof of it[8].

For example, under the supposition that someone is in possession of a proof (or a refutation) for the $P \neq NP$ statement, it would be concluded that this person has the right to win a prize[9], while a similar conclusion does not follow from the mere supposition of $P \neq NP$ being true, although many other consequences follow.

No invitation for supposing can be considered as effective if it cannot be told for a given sentence whether it is one of those being taken as a hypothesis or not.

Semantical Clauses

Clauses for logical constants are divided into two groups: those in which the logical constant occurs in the **left side of the primitive relation**, as a **hypothesis** among others, and those in which it occurs in the **right side**, as the **consequence**. The symbol "≅" in the clauses means that the clause makes explicit the meaning of an expression of semantical consequence (in the left side) through necessary and sufficient conditions (in the right side). Clauses are asymmetrical. The left side contains the "explicitandum", and the right side the "expliciens"[10]. The explicitation clauses must (i) accurately explicitate the meaning of the logical constants and, at the same time, (ii) be so formulated as to be formally

---

[6]Hypotheses as supposition of truth also extends to negation sentences: - "Suppose that not all integers are the sum of two primes".

[7]One example of a hypothesis being proposed to an audience of non-mathematicians, let's say, is: -Suppose that the squared root of two were rational. This is not an assertion, but an invitation, and yet an act of speech.

[8]When truth is equated with possession of a proof, then supposition of truth becomes supposition of possessing a proof.

[9]https://www.claymath.org/millennium-problems/millennium-prize-problems.

[10]The words explicandum and explicans are good alternatives, they are already taken in the literature. However, these terms seem to suppose an assumption: that the fact of making meaning explicit would do as an explanation of meaning, thesis with which we are inclined to agree, but which is a difficult thesis and one which we are not going to argue for here.

correct. This explicitation sometimes makes use in metalanguage of the meaning this expression conveys.

Clauses for the sentential logical constants

The semantical clauses are:

Leftist clauses:

$(\wedge^l)$ $\Gamma, C \wedge D \Vdash E \cong \Gamma, C, D \Vdash E$

$(\vee^l)$ $\Gamma, C \vee D \Vdash E \cong \Gamma, C \Vdash E$ and $\Gamma, D \Vdash E$

$(\rightarrow^l)$ $\Gamma, C \rightarrow D \Vdash E \cong$ for any $F : (F, C \Vdash D \Rightarrow \Gamma, F \Vdash E)$

$(\perp^l)$ $\Gamma, \perp \Vdash c \cong$ under any condition (no matter which, for atomic c)

Rightist clauses:

$(\wedge^r)$ $\Gamma \Vdash C \wedge D \cong \Gamma \Vdash C$ and $\Gamma \Vdash D$

$(\vee^r)$ $\Gamma \Vdash C \vee D \cong$ for any F $((\Gamma, C \Vdash F$ and $\Gamma, D \Vdash F) \Rightarrow \Gamma \Vdash F)$

$(\rightarrow^r)$ $\Gamma \Vdash C \rightarrow D \cong \Gamma, C \Vdash D$

$(\perp^r)$ $\Gamma \Vdash \perp \cong$ for any atomic $f : \Gamma \Vdash f$

Theorem 2 *(i) For any $F : \Gamma, \perp \Vdash F$; (ii) $\Gamma \Vdash \perp \Leftrightarrow$ for any $F : \Gamma \Vdash F$.*
Proof. *Straightforward induction.* ∎

The spelling of both clauses for conjunction are:

For E being recognized to follow from the set of hypotheses $\Gamma, C \wedge D$ **it is necessary and sufficient** to be recognizable that E follows from the set of hypotheses Γ, C, D.

For $C \wedge D$ being recognized to follow from the set of hypotheses Γ **it is necessary and sufficient** to be recognizable that C follows from the set of hypotheses Γ and to be recognizable that D follows from the set Γ.

The spelling for right implication is:

> For $C \to D$ being recognized to follow from the set of hypotheses Γ **it is necessary and sufficient** to be recognizable that D follows from the set of hypotheses Γ, C.

The reading of other clauses is a variation of the above examples. Quantified conditions will receive special attention bellow. The expression "for ... being recognized to follow ..." is to be understood as a description of a potential act of recognition. In other words the clauses make explicit the conditions of recognizability for a logical constant. The conditions presented as sufficient and necessary in the right hand side do not involve ontological determination. The expression "to be recognizable" points the requirement that recognizability be shown. Of course, this will be established as so by means of an act of recognition, recognition of recognizability. The conditions indicate what constitutes the grounds for accomplishing a further act of recognition (by an agent), the potential act of recognition relative to what is in the *explicitandum*, i.e., the assertion or judgement (and so recognition) that it is recognizable that E follows from certain hypotheses.

Semantical Principles for Hypotheses

As hypotheses are a primitive element in the above clauses, there must be principles laying out how to semantically operate on them:

(Idempotence) $C \Vdash C$

(Loading hypothesis)[11] $\Gamma \Vdash C \Rightarrow \Gamma, \Delta \Vdash C$

(Droping hypothesis)[12] $(\Gamma, C \Vdash D$ and $\Gamma \Vdash C) \Rightarrow \Gamma \Vdash D$

This group of semantical principles constitutes the **structural consequence (SC) principles**.

(Idempotence), as any other (SC) principle (and clause), is schematic. It is immediately recognizable that a sentence C follows semantically

---

[11](Load)
[12](Drop)

from the supposition of C, always. This way, once a sentence is picked, any agent A can effect a correct legal act of recognizing that this sentence follows from itself taken as a hypothesis[13]. We notice that an atomic version of (Idempotence) suffices as a structural principle. The proof of this fact is in the Appendix B.

(Load) principle is comparable to the weakening rule of sequent calculus. Recognition of recognizability of a semantic consequence relation with an extended set of hypotheses can be effected once a former recognition of recognizability with a lesser set of hypotheses has already been done. [14].

(Drop) principle is roughly **complementar** to (Load). It states the conditions under which a hypothesis can be dropped, keeping recognizability of semantical consequence[15]. We notice that an atomic version of (Drop) suffices as a structural principle. The proof of this fact is in the Appendix B.

Theorem 3 (Transitivity) $(\Gamma \Vdash C$ and $C, \Delta \Vdash E) \Rightarrow \Gamma, \Delta \Vdash E$

Proof. *Suppose* $\Gamma \Vdash C$ *and* $C, \Delta \Vdash E$. *By using* **(Load)** *we obtain* $\Gamma, \Delta \Vdash C$ *and also* $C, \Gamma, \Delta \Vdash E$. *By* **(Drop)** *it results* $\Gamma, \Delta \Vdash E$. ∎

(Transitivity) is the semantical version of the cut rule for sequent calculus. It is clear that (Drop) is a particular case of it. We are going to use this fact bellow for supposing semantical proofs build with (Transitivity). Notice that (Drop) is an entirely separated independent principle while (Transitivity) is not so according to the above theorem.

---

[13](Idempotence) can be obtained by induction from an atomic version of (Idempotence). The proof makes use of leftist and rightist logical constant clauses and requires the (Load) principle.

[14]Intuitionists tend to conceive premises as starting assertions of an (a chain of) inference(s). They also assume that the act of making an assertion is equivalent to the possession of a proof for the sentence asserted. However, no counterfactual hypothesis is formulated as an assertion, since the mood used in them is not the indicative and yet some relation of consequence between a counterfactual hypothesis and the consequence sentence must hold. In case the set of sentences being extended by (Load) is a set of assertions, the principle does not guarantee that the resulting set will be of assertions only.

[15]Classical logic is the result of adding another principle allowing a new way of dropping hypotheses. See bellow.

Predicativity x Impredicativity

Conditions of clauses $(\to^l), (\vee^r)$ and $(\perp^r)$ contain a quantification. A reading "by range" makes them impredicative. For avoiding impredicativity, quantifiers are to be read in the same way Heyting [5] did for quantifiers in BHK. The rightist absurd clause is read as:

$(\perp^r)$ For $\perp$ being recognized to follow from the set of hypotheses Γ **it is necessary and sufficient**, for any given atomic sentence f, to be recognizable that f **WOULD** follow from the set of hypotheses Γ.

What does this condition mean? It means that, in order to establish recognizability, one has to show a schematic semantical deduction over a sentential metaparameter e such that by substituting an atomic sentence s in place of this metaparameter e it results a semantical deduction of $\Gamma \Vdash s$, under the proviso that an explicandum of similar nature and similar complexity cannot be either introduced by sufficient conditions or eliminated by necessary conditions in the schematic deduction. This makes explicit how to understand the auxiliary "WOULD".

A similar attitude applies to the other cases:

$(\to^l)$ For E being recognized to follow from the set of hypotheses $\Gamma, C \to D$ **it is necessary and sufficient**, for any given sentence F, to be recognizable that E **WOULD** follow from Γ, F on the supposition that D be recognizable to follow from the set of hypotheses F, C.

$(\vee^r)$ For $C \vee D$ being recognized to follow from the set of hypotheses Γ **it is necessary and sufficient**, for any given sentence F, to be recognizable that **F** WOULD follow from the set of hypotheses Γ on the supposition that: (i) F be recognizable to follow from hypothesis C; and (ii) **F** be recognizable to follow from hypothesis D.

We claim that these clauses can be used[16] without violating predicativity if the proviso is respected. An example follows in the proof bellow, in particular lines 1 to 3:

---

[16]With some precaution.

Theorem 4 $C \Vdash C \wedge D$
Proof. [17]

1. $C, C \Vdash E$ and $C, D \Vdash E$, *suppose*

2. $C \Vdash E$, *from 1*

3. *for any F ($C \Vdash F$ and $C, D \Vdash F \Rightarrow C \Vdash F$) (1), (2), discharging (1)* [18]

4. $C \Vdash C \vee D$, $(\vee^r)$ *over (3)*

∎

Parameter E is used freely in the steps (1) and (2). C and D are parameters that can be freely substituted by sentences in the whole schema. An ideal agent can recognize that $C \vee D$ follows from hypothesis C once he is either able to build the schema or to understand it. His behavior cum understanding entitles him to perform the recognition of recognizability. An instance of the explicitandum in the middle of the schema would bring impredicativity in.

By recognition of recognizability, we are asserting that $C \vee D$ is recognizable as a consequence of C. That is, we recognize it, given the definitions of Hypo. Now, if the sentences "John bought a car" and "Mary bought a bicycle" belong to $\mathfrak{L}$ then the following assertion is correctly made since it is an application of the semantical rule derived in Theorem 4: - It is recognized by me that "John bought a car or Mary bought a bicycle" follows from the hypothesis or supposition that "John bought a car".

Equivalences

Some notable equivalences between clauses are worth of attention.

Theorem 5 *All rightist clauses are equivalent to the respective leftist clauses under (SC) principles.*

---

[17]Another proof of this same consequence relation can be given, a proof more in the style of an axiomatic proof. We present it bellow.

[18]Since hypotheses are given by sets, "C,C" and "C" are the same set.

Proof. *We examine here the case of left implication, the other cases are to be treated similarly. Assuming* $(\to^r)$ *let's show* $(\to^l)$. *First, the necessary condition direction. Suppose* $\Gamma, C \to D \Vdash E$. *By (Load)* $\Gamma, F, C \to D \Vdash E$. *Suppose* $F, C \Vdash D$. *By* $(\to^r)$ $F \Vdash C \to D$. *By (Load)* $\Gamma, F \Vdash C \to D$. *By (Drop)* $\Gamma, F \Vdash E$. *Second, the sufficient condition direction. Suppose for any* F: $(F, C \Vdash D \Rightarrow, \Gamma F \Vdash E)$. *By instantiation* $(C \to D, C \Vdash D) \Rightarrow (\Gamma, C \to D \Vdash E)$. *We obtain* $C \to D, C \Vdash D$ *as follows. By (Idempotence),* $C \to D \Vdash C \to D$. *By* $(\to^r)$, $C \to D, C \Vdash D$[19].
∎

Pragmatics versus semantics

For an agent A, it is pragmatically the case that either he recognized C to follow from Γ $(\Gamma \Vdash_A C)$ or he didn't $(\Gamma \nVdash_A C)$. The negation here is of a factual kind. It involves a judgement about matters of fact and the verb has to be used in the past. The above principle is a subspecie of *tertium non datur*.

However there is no a priori reason for assuming validity of the *tertium non datur* for semantical recognizability. This principle is formulated as follows, we call it decidability:

(Dec) $\Gamma \Vdash C$ or $\Gamma \nVdash C$.

The *tertium non datur* for recognition does not imply tertium non datur for recognizability (that "either a consequence relation is recognizable or it cannot be recognized").

Although for the time being we have no grounds to support (Dec), this principle is correct for sentential languages as it is going to be shown later.

Theorem 6 *The following equivalence is an alternative to the rightist implication clause, assuming (Dec):*

$(\to^{r\#})$ $\Gamma \Vdash \mathbf{C} \to \mathbf{D} \cong$ *for any* F $(F \nVdash C$ *or* $\Gamma, F \Vdash D)$.

Proof. *It suffices to show that* $[$*For any* F $(F \Vdash C \Rightarrow \Gamma, F \Vdash D)] \Leftrightarrow$ $[$*For any* F $(F \nVdash C$ *or* $\Gamma, F \Vdash D)]$. ∎

---

[19]See Appendix A for a full proof concerning implication.

Semantical proofs

Hypo semantical proofs are deductions built with logical inferences, clauses, structural rules and naïve set theoretic considerations. For sure, semantics can always be extended by adjoining new principles. Some properties will keep holding when new principles are added, others don't. We are going to consider a few properties in the next paragraphs.

Structural Hypo

Hypo clauses with quantification are more complex to treat syntactically and, in full form, they require a first order language. By another hand, it might prove useful to have under the sight a simplified equivalent version of the semantics given.

Let's say that **a clause is structural** if its condition is stated in a finite metaexpression containing only: (i) the punctuation marks "(" and ")" for disambiguating expressions, (ii) the semantical relation of consequence "$\Vdash$", (iii) the metasentential logical constants "and" and "tautology", (iv) recursive definitions for sets of hypotheses[20], (v) metasentential parameters C,D,E,....

Structural clauses are directly **amenable** to a **simple syntactical treatment**. They can easily be converted into rules of a finitary calculus. There will be one or more syntactical rules for the necessary conditions and one or more for the sufficient conditions.

A structural well suited characterization of Hypo semantics is such that each logical constant clause is structural. A particular wise choice is the following (the second statement presents the inference rule corresponding to the first, semantical, statement, and such that the double line indicates inferences on both directions).

Structural Hypo

$(\wedge^l)$

$$\Gamma, \mathbf{C} \wedge \mathbf{D} \Vdash E \cong \Gamma, C, D \Vdash E$$

$$\Gamma, \mathbf{C} \wedge \mathbf{D} \Vdash E \;/\!/\; \Gamma, C, D \Vdash E$$

---

[20]Enumeration is one of them.

$(\vee^l)$

$\Gamma, \mathbf{C} \vee \mathbf{D} \Vdash E \cong \Gamma, C \Vdash E$ and $\Gamma, D \Vdash E$

$\Gamma, \mathbf{C} \vee \mathbf{D} \Vdash E \;//\; \Gamma, C \Vdash E$ and $\Gamma, D \Vdash E$

$(\rightarrow^r)$

$\Gamma, \mathbf{C} \rightarrow \mathbf{D} \cong \Gamma, C \Vdash D$

$\Gamma, \mathbf{C} \rightarrow \mathbf{D} \;//\; \Gamma, C \Vdash D$

$(\perp^l)$

$\Gamma, \perp \Vdash e \cong$ tautology (for e atomic)

$\Gamma, \perp \Vdash e$ (axiom)

With the respective **(SC) principles**

(Idempotence)

$C \Vdash C$

$C \Vdash C$ (axiom)

(Load)

$\Gamma \Vdash C \Rightarrow \Gamma, \Lambda \Vdash C$

$\Gamma \Vdash C \;/\; \Gamma, \Lambda \Vdash C$

(Transitivity)

$(\Gamma \Vdash C$ and $\Delta, C \Vdash D) \Rightarrow \Gamma, \Delta, \Vdash D$

$(\Gamma \Vdash C$ and $\Delta, C \Vdash D) \;/\; \Gamma, \Delta, \Vdash D$

Judgments of recognizability of the form $\Gamma \Vdash C$ are valid in Hypo when a **Hypo semantical proof** of this statement can be offered. Such a proof can be done through an **axiomatic proof**[21] in Structural Hypo, one in which every occurrence of a statement is either an instance of (Idempotence); or of $\Gamma, \perp \Vdash e$; or is the conclusion of an inference rule above. As an example we restate Theorem 4 with a semantical "axiomatic proof":

---

[21] An axiomatic proof in semantics, and of a particularly interesting form (since this is favorable to later considerations): tree from.

Theorem 7 ((second version of Theorem 4)) $C \Vdash C \vee D$
Proof.

1. $C \vee D \Vdash C \vee D$ *(Idempotence)*

2. $C \Vdash C \vee D$ *by* $\vee^1$

∎

Potentially infinite sets of hypotheses, i.e. those for which we have an effective method for determining when a sentence belongs or not to the set, are admissible. We call them unbounded sets of hypotheses. For a Λ unbounded, we assume without proof the following **compactness** property for Structural Hypo: $\Lambda \Vdash \mathbf{C}$ **iff there is a finite** $\Gamma \subseteq \Lambda$ **such that** $\Delta \Vdash \mathbf{C}$.[22]

Logical Consequence

The concept of **logical consequence** for the sentential environment can now be defined as follows: $\Lambda \vDash \mathbf{C}$ **iff** there is a finite $\Gamma \subseteq \Lambda$ such that $\Delta \Vdash \mathbf{C}$. That is, for **C being a constructive logical consequence of a Λ, finite or unbounded, it is necessary and sufficient that C be a constructive semantical consequence of** a finite Γ subset of Λ in Hypo.

Considerations

We claim that **the above characterization of logical consequence formally captures the constructive meaning of intuitionist sentential constants.**

---

[22]For some intuitive consequence relations, compactness does not hold. As an example, suppose that $\mathfrak{L}_{At} = \{\bot, c_1, c_2, c_3, \ldots\}$. Consider the unbounded set of hypotheses $\Lambda = \{c_{i+1} \to c_i \mid c_i \in \mathfrak{L}_{At}$ for $i \in \mathbb{N}^+\}$. For $\mathfrak{L}^2$ a second order sentential logic containing universal quantification over sentences the following is expected to hold: $\Lambda \Vdash$ for any given atomic c $(c \to c_1)$. As it can be noticed, the consequence sentence being considered in the relation is not a sentence of $\mathfrak{L}$ and the above relation does hold for pure sentential logic $\mathfrak{L}$ simply because the consequence sentence is not a sentence of $\mathfrak{L}$ The weak expressiveness of pure sentential $\mathfrak{L}$ is then the real support for compactness.

This is so, **first of all**, because any logical constant meaning is explicitated by means of a semantical clause presenting necessary and sufficient conditions for the use of that constant. Some might think that this would be primarily done through inferences or deduction rules. But we claim semantical knowledge to be descriptive. Deduction rules do not fit so well such a function, since they require explanation of use. Structural clauses explain how and why deduction rules, i.e. deductive consequence, work. But, it is not clear beforehand that some given deduction rules are enough for establishing sufficient and necessary conditions for a constant: these are the cases of right disjunction introduction and left implication introduction. Additionally, according to the dogma mentioned, the use of rules was sometimes made having the objective of reducing the hypothetical to the categorical. We intend to show here that the inverse endeavour is simple, feasible and offers an alternative semantics for ISL.

Second, there is only one structure over which the semantics is build, a structure that is more complex than a simple Kripke model but at the same time much simpler than the set of all Kripke models. This structure is the set of all finite sets of hypotheses, i.e., the semilattice of all finite subsets of the sentential language.

Third, the meaning of each logical constant is made explicit by using the relation of semantical consequence, taken as a primitive relation. This relation involves another primitive notion: that of hypothesis. It has also to be made semantically explicit. This is done by stating the principles of (Idempotence), (Load) and (Drop). From now on, any definition of simple consequence (in particular of simple atomic consequence) can be closed by the relation of logical consequence thus generating what is called a Theory[23].

At this point a comment concerning Dosen's ([KDo15], p. 9) remarks about the consequence relation is opportune. We agree with him that it is an unfounded dogma the conception according to which categor-

---

[23]The case of absurd, and of negation, which is intimately related, is quite interesting. The semantical clauses make it explicit how to use the absurd, but it is the association of absurd with the relation of consequence between certain sentences that will give more content to the absurd. In this sense we can make a distinction between core sense (the one explicitated in the clause) and plus sense (the one added to the core content by a general relation of consequence).

394

ical notions should be primitive with respect to hypothetical notions. However, this author also says:

Since B is a consequence of A whenever the implication A → B is true or correct, there would be no essential difference between the theory of inference and the theory of implication. An inference is often written vertically, with the premise above the conclusion, A/B, and an implication is written horizontally A → B, but besides that, and purely grammatical matters, there would not be much difference.

And we disagree. The relation of consequence used for making explicit the meaning of logical constants is the strict relation of **semantical consequence**. Other concepts of consequence may very well extend themselves beyond semantics but the definition of implication as a constant relies on the strict notion of semantical consequence. Here lies a major divergence between our above proposal and intuitionists general point of view.

The author says that the concept of consequence is an extensionalization of the concept of inference. But some distinctions seem to be necessary: there is semantical consequence and there is synthetic consequence[24], and they are not of the same nature. Also, the difference between Hypo and the Category Theory treatment by Dosen boils down to a difference between a theory of meaning and a mathematical theory of syntactical proofs. However, the true concept of proof is not syntactical[25].

Fourth, the concept of a basis, usual in proof-theoretic semantics, plays no role in the core meaning of logical constants from Hypo's perspective. Bases were not introduced until now. Also, it is not urgent to answer the question of what is a basis, if they should be of semantical nature, of synthetic nature or of mixed nature.

Fifth, Hypo semantics can be extended to become a model theory, endowing us with the ability to build countermodels when needed. But

---

[24]One example is $a = b \vDash a' = b'$.

[25]At least it is not clear how Dosen might consider proofs as objects of Category Theory if they were not taken as syntactical (and, probably, finite) objects.

before doing that it can be shown that the background already given is enough for doing semantical proof-search.

LH Sequent Calculus

From Structural Hypo we extract LH **sequent calculus.** In the left side of its sequents occur finite syntactical lists that are to be treated as **multisets.** The calculus contains an extra rule of contraction, since syntactical sequents contain multisets in the left side:

Structural rules

Basic Sequents: $C \vdash C$

Thinning on the left: $\Omega \vdash C \Rightarrow \Omega, D \vdash C$

Contraction on the left: $\Omega, E, E, \Psi \vdash C \Rightarrow \Omega, E, \Psi \vdash C$

Dropping: $(\Omega \vdash C$ and $C, \Omega \vdash D) \Rightarrow \Omega \vdash D$

Operational rules

Implication on the right: $\Omega \Vdash C \to D \Leftrightarrow \Omega, C \vdash D$

Disjunction on the left: $\Omega, C \vee D \vdash E \Leftrightarrow (\Omega, C \vdash E$ and $\Omega, D \vdash E)^{26}$

Conjunction on the left: $\Omega, C \wedge D \vdash E \Leftrightarrow \Omega, C, D \vdash E$

Absurd axiom for an atomic e: $\perp \vdash e$

Negation is a defined constant: $\neg C \equiv_{df} C \to \perp$

The left side of the semantical symbol contains sets of hypotheses and the left side of a sequent contains finite multisets. "C" in the left side of the semantic relation designates the same set of hypotheses than "C, C", but in the syntax it has to be viewed as a different multiset from "C". Contraction rule in the syntactic calculus "brings them together".

---

^{26}The "and" can be eliminated if we state three distinct rules.

LH is an example of a calculus where no rule contains quantification in the premises (like LJ^s). That is, the calculus only involves expressions belonging to a recursive sentential language (it does not contain sentential parameters). Once soundness and completeness are established, a true simplification on how to use logical constants will be granted. The same observations will hold for LJ^s once it is proven equivalent to *LH*.

ISL Soundness and Completeness

Theorem 8 *LJ^s and LH are sound and complete with respect to Finite Structural Hypo.*
Proof. *Proof: Here is a description of the proof. First, it is immediate that LH sequent calculus is sound with respect to Structural Hypo, just exchange the semantical symbol by the syntactical one. The contraction rule in LH has identical premise and conclusion from the semantical point of view. Second, prove that LH sequent calculus and LJ^s sequent calculus are equivalent. Third, as a Corollary, LJ^s sequent calculus is sound with respect to Structural Hypo. Fifth, LH is complete with respect to Structural Hypo since all clauses and principles of Structural Hypo are metaproperties of LH. Sixth, LJ^s **is complete with respect to Structural Hypo**.* ∎

At this point we have an argument for defending (Dec), by using Gentzen's remark about decidability in his seminal paper [4]. Gentzen was the first to show that his system of sequents supports a finite proof-search procedure.

Corollary 1 $\Gamma \Vdash C$ *or* $\Gamma \nVdash C$
Proof. *Gentzen [4] observes that ISL is decidable. Therefore, $\Gamma \vdash C$ or $\Gamma \nvdash C$ for LJ^s and, because of equivalence, for LH too. By completeness and soundness, $\Gamma \Vdash C$ or $\Gamma \nVdash C$. I.e., (Dec).* ∎

Of course, this is not a pure semantical argument for the validity of (Dec)[27].

---

[27]The reason why this is not a semantical argument lies on the fact that Gentzen's proof of syntactical decidability requires induction on the length of proofs.

Semantical Proof Search

Rules for proof-search can be extracted from Hypo clauses and (SC) principles assuming that the sets of hypotheses are given by finite enumeration.

A tableau is built by developing the necessary conditions associated with each semantical judgement. Here, our semantical judgements are of semantical consequence. But only those cases in which the sentence being considered is complex have to be dealt with, thus making clauses for the absurd irrelevant for developing the search. The maximal necessary conditions are the ground for developing the search:

Proof-search principles

Leftist rules:

L1) $\Gamma, C \wedge D \Vdash E \Rightarrow \Gamma, C, D \Vdash E$

L2) $\Gamma, C \vee D \Vdash E \Rightarrow \Gamma, C \Vdash E$ and $\Gamma, D \Vdash E$

*3) $\Gamma, C \rightarrow D \Vdash E \Rightarrow$ for any $F \colon (F, C, \Vdash D \Rightarrow \Gamma, F \Vdash E)$

Rightist rules:

R1) $\Gamma \Vdash C \wedge D \Rightarrow \Gamma \Vdash C$ and $\Gamma \Vdash D$

*2) $\Gamma \Vdash C \vee D \Rightarrow$ for any $E((C \Vdash E$ and $D \Vdash E) \Rightarrow \Gamma \Vdash E)$

R3) $\Gamma \Vdash C \rightarrow D \Rightarrow \Gamma, C \Vdash D$

In two cases, *3 and *2 there are multiple possible results. All other four rules are such that the development is made in only one way according to a necessary maximal condition. As a consequence, it is guaranteed that the result obtained can be read in a reversed direction, offering then a proof of the consequence relation.

The starred rules can be so modified that they will also be developed through maximal necessary conditions, just by taking the usual sufficient condition of sequent calculus and turning it into a maximal necessary condition thus obtaining the reverse reading:

L3) $\Gamma, C \to D \Vdash E \Rightarrow (\Gamma, D \Vdash E$ and $\Gamma \Vdash C)$ or $\Gamma, C \to D \Vdash E$

R2) $\Gamma \Vdash C \vee D \Rightarrow (\Gamma \Vdash C$ or $\Gamma \Vdash D)$ or $\Gamma \Vdash C \vee D$

As it is clear, the new rules may generate a loop in the development if we don't take care.

There will be two kinds of branching in the development of the proof-search: (i) "and" branchings with a unique path; (ii) "or" branchings with two alternative paths. A consequence relation cannot be further developed when one of the two forms are the case: $\Gamma, C \Vdash C$ or $\Gamma, \bot \Vdash C$. In those cases we say that the statement is initial (and correct). It also cannot be further developed in case all sentence occurrences in the statement are atomic. If neither of the two above forms apply it is non-initial (it cannot be the start of a proof). A branch is closed and finished if all consequence relations on it are either developed or are initial. Otherwise it is open. In case the branch is entirely developed and has at least one non-initial statement then it is open and finished.

The strategy for avoiding loops is the following. First apply L1, L2, R1 and R3 rules until none of them can be further applied. On those still unfinished branches occurs at least one consequence statement of form $\gamma, C_1 \to D_1, \ldots, C_n \to D_n \Vdash C_{n+1} \vee D_{n+1}$ or of form $\gamma, C_1 \to D_1, \ldots, C_n \to D_n \Vdash e$. These statements will be developed according to a specific strategy which avoids looping. Each occurrence (the marked one) receives only one development, indicated by the dots in the left path bellow, until all them are examined:

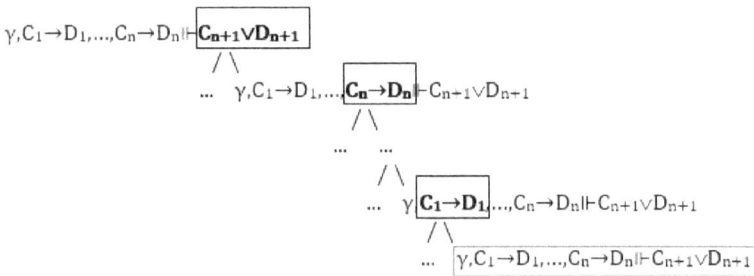

The last statement of consequence in the rightest path (inside the box) finishes that branch and leaves it open.

It is a relevant question to ask under what premises is it guaranteed that the strategy will find one proof when there exists one. We don't prove it, only indicating the reasons. First, in Hypo, (Transitivity) is dispensable. Second, (Load) can be amalgamated with (Idempotence), that is, used only in the leaves of the proof search. Last, but not least, a consequence judgement is proved by an immediate step through the application of one of the sufficient conditions reading of the clauses. Gentzen had already shown that there is a finite strategy for finding proofs. This is the ground on which (Dec) is based.

Bases and Consequence

In order to establish what is the case for atomic sentences when constructively reasoning we do not dispose of the simple method of valuation. Something else has to be done. For completing the semantics it is necessary to make room for atomic consequence, i.e., **atomic bases** establishing atomic consequence. However, we do not consider it necessary or desirable to restrict bases to be of atomic relations of consequence only. Although we are not going to discuss non-atomic bases here, they can be interpreted as containing an extension of meaning for some logical constants.

Let $\mathrm{Hyp}^+ = \{d \mid d \in \mathcal{L}_{At} - \{\bot\}\}$ and $\mathrm{Hyp}^- = \{d \to \bot \mid d \in \mathcal{L}_{At} - \{\bot\}\}$. The atomic sentence d is the core of the positive hypothesis molecule d and of the negative hypothesis molecule $d \to \bot$. Hypothesis molecules are the basic hypotheses that can figure in a consequence relation of an atomic basis. Let SetOfBasicHypotheses=$\{\gamma \cup \delta \mid \gamma \subseteq Hyp^+$ and $\delta \subseteq Hyp^-$ such that γ and δ are finte sets disjoint on their core sentences$\}$. Let BasicPairs$\mathcal{L} = \{< \gamma, c > \mid c \in \mathcal{L}_{At}\}$ and $\gamma \in$ SetOfBasicHypotheses. For the sake of simplicity let $R_B \subseteq BasicPairs\mathcal{L}$ such that R_B is characterized constructively. The atomic **consequence relation on basis B over $\mathcal{L}$** is defined as follows:

$$\gamma \Vdash^B c \text{ if } < \gamma, c > \in R_B$$

A **basis B is inconsistent** when $\Vdash^B \perp$. A **basis B is trivial** when, for any atomic sentence $c, \Vdash^B c$. Normally, none is desirable[28]. The absurd is being considered a logical constant. However, it is present in atomic bases – either in the role of a consequence or in a negative hypothesis molecule. Relations of basic consequence involving absurd are to be seen as an extension of the core meaning of this constant – core meaning given by the semantical clauses.

An atomic basis **B'** is an extension of the atomic basis **B** whenever: for all $< \gamma, c > \in$ BasicPairs$\mathfrak{L}(\gamma \Vdash c^B \rightarrow \gamma \Vdash^{B'} c)$. The extension of an atomic basis **B** means that the relation of atomic consequence in the extended basis **B'** is a superset of that in basis **B**.

The reason for considering sentences of form $\mathbf{e} \rightarrow \perp$ as a negative hypothesis molecule is that not all suppositions are of the form "suppose that it were true". They can also be like "suppose that it were false". These suppositions should have space in our semantical considerations, since we are taking hypotheses to be a primitive notion in our environment. We follow the usual constructive practice of representing the case of a sentence $\mathbf{e}$ being mathematically false as $\mathbf{e} \rightarrow \perp$. Constructively speaking, it could occur that, for some atomic sentence $\mathbf{e}$, $\nVdash^B \mathbf{e}$ and, at the same time, $\mathbf{e} \rightarrow \perp \Vdash^\mathbf{B} \perp$, from which follows that $\Vdash^B \neg\neg \mathbf{e}$ given the usual definitions of negation and the clauses for implication. The basic relation $e \rightarrow \perp \Vdash^B \perp$ can be established at a basic level, i.e. in the basis.

The empty basis ($\emptyset$) is the atomic basis defined over the BasicPairsOf$\mathfrak{L}$ and such that, for every $< \gamma, c >, \gamma \Vdash^\emptyset c \Leftrightarrow c \in \gamma$[29]. Decidable atomic bases are those atomic basis B in which R_B is decidable: $\gamma \Vdash^B c$ iff $< \gamma, c > \in R_B$.

Theorem 9 *For any* $< \gamma, c >$ *belonging to BasicPairsof$\mathfrak{L}$* $\gamma \Vdash^\emptyset c$ *or* $\gamma \nVdash^\emptyset c$[30].
Proof. *Directly from the definition of empty basis.* ∎

Theorem 10 *For any atomic c:* $\nVdash^\emptyset c$.
Proof. *Directly from the definition of empty basis.* ∎

---

[28]In a basis this are different concepts.
[29]$\perp$ cannot belong to γ by definition.
[30]Observe that by Corollary 2, already $\gamma \vDash c$ or $\gamma \nvDash c$.

Theorem 11 $\nVdash^{\emptyset} \perp$ *(The empty basis is neither inconsistent nor trivial).*
Proof. *Immediate* ∎

Given a basis **B**, a theory $\mathbf{T_B}$ is the closure of B by logical consequence. **The constructive relation of consequence over B is then
the result of extending basis B with the relation of logical consequence** (all clauses are to be read accordingly). The extended relation
of consequence is going to be represented as $\Gamma \vDash^B C$. In other words,
given a generic consequence relation, this consequence relation can be
extended by the semantical consequence relation of Hypo.

Atomic bases are defined as the minimal working ground for examining models when considering constructive logical constants. The objective is to be able to present countermodels, specially over the empty
basis[31].

One Structure Model

The Ground Hypo Structure (GHS) of a language $\mathfrak{L}$ is the set of all recursive subsets of $\mathfrak{L}$ ordered by inclusion (all possible sets of hypotheses),
i.e., the semilattice of recursive subsets of $\mathfrak{L}$ ordered by inclusion. This
structure has a bottom, the empty set. A **Hypo Semantics Model
over a basis B** of $\mathfrak{L}$ (**Hypo**$_B$) is a semantic model over a GHS structure
over $\mathfrak{L}$ in a basis B given by the semantical clauses for logical constants
plus the structural consequence (SC) principles above.

A set of sentences is contradictory when it contains a sentence C
and its negation $\neg C$. It is clear from the definition that a GHS for a
language containing a way of expressing sentential negation contains sets
of hypotheses that are contradictory.

---

[31]One point of difference between the usual intuitionist conception of logical constants and Hypo lies over disjunction. According to BHK, a disjunction can be
asserted if and only if at least one of the components can be asserted. This is slightly
different in Hypo. This statement holds in Hypo only for closed semantical proofs in
the empty basis. It does not hold for proofs in a non-atomic basis Y that extends the
empty basis and in which - for **c**, **d** and **e** distinct atomic sentences - it holds, for any
C, that $c, d \to C, e \to C \Vdash^Y C$. In such a non-atomic basis, the following is provable:
$c \vDash^Y d \vee e$. But, neither $c \vDash^Y d$ nor $c \vDash^Y e$.

We say that $\mathbf{T_B}$ is inconsistent if and only if, $\vDash^B \bot$. If $\Gamma \vDash^B C$ and $\Gamma \nvDash^B C$, then $\vDash^B \bot$. Above, we saw that $\nvDash^\emptyset \bot$. But this is not sufficient.

Theorem 12 *$T_\emptyset$ is consistent - $\nvDash^\emptyset \bot$.* ***Proof.*** *Let's consider Structural Hypo in the Empty basis. Attribute the following values v to each expression. (i) $v(C) = 0$ for any atomic sentence. (ii) $v(C) = u$ where u is the usual truth value for C, $u \in \{0,1\}$. (iii) Let $\Gamma^\wedge$ be the sentence obtained by the conjunction of all sentences in Γ with $\bot \to \bot$. Since $\Gamma^\wedge$ is a sentence, $V(\Gamma^\wedge)$ is exactly as described in the previous step. (iii.i) $v(\Gamma \vDash C) = 0$ only in the case where $v(\Gamma^\wedge) = 1$ and $v(C) = 0$, otherwise $v(\Gamma \vDash C) = 1$. It is clear that $v(\vDash^\emptyset) = 0$. Any (Idempotence) has $v(C \Vdash C) = 1$. $(\bot^1)$ is such that $v(\Gamma, \bot \Vdash e) = 1$. All other clauses will always result semantical consequence relations with value 1, if the premise(s) has (have) value 1. Therefore it is impossible to recognize a consequence relation with value 0 having an empty set of hypotheses.* ∎

Corollary 2 *Hypo is consistent ($\nVdash \bot$).*
Proof. *If $\Vdash \bot$ in Hypo, then also $\vDash^\emptyset \bot$ in Structural Hypo over the Empty basis, which is not the case.* ∎

In a semantics in which hypotheses enter as primitive, sets of hypotheses can be contradictory as we noticed above. We'll say that a set Γ of sentences is **inconsistent** if and only if $\Gamma \vDash^\emptyset \bot$, and a set Γ of hypothesis is **trivial** if and only if for all $F: \Gamma \vDash^\emptyset F$. Our definition of the absurd above is such that it is known to follow from a set of hypotheses when this set is atomically trivial.[32]

Semantical non-recognizability of consequence

Tertium non datur holds for a theory T_B – the closure of basis B by logical consequence – if and only if B is an extension of the empty basis and *tertium non datur* holds for basis B – i.e. basis B is decidable. The reason is that the semantical relation of consequence is decidable. Corollary 2 states (Dec) for the semantical relation of consequence: it

---

[32]Triviality is then a strategy that can be used for telling when a situation, or set of hypotheses, is impossible.

is either recognizable or it is not. Here we examine non-recognizability starting with structural principles.

Theorem 13

(unLoad) $\Gamma, D \nVdash C \Rightarrow \Gamma \nVdash C$

(unDrop) $\Gamma \nVdash E \Rightarrow (\Gamma \nVdash C \ or \ \Gamma, C \nVdash E)$

Proof. *(unLoad) and (unDrop) are the contrapositions of (Load) and (Drop) respectively.* ■

Theorem 14

Leftist equivalences:
$(\wedge^{l})^{-}$ $\Gamma, C \wedge D \nVdash E \Leftrightarrow \Gamma, C, D \nVdash E$

$(\vee^{l})^{-}$ $\Gamma, C \vee D \nVdash E \Leftrightarrow \Gamma, C \nVdash E \ or \ \Gamma, D \nVdash E$

$(\rightarrow^{l})^{-}$ $\Gamma, C \rightarrow D \nVdash E \Leftrightarrow$ *(for any F $(F, C \Vdash D \Rightarrow \Gamma, F \Vdash E)) \Rightarrow$* *absurd*

$(\perp^{l})^{-}$ $\Gamma, \perp \nVdash c \Leftrightarrow$ *absurd*

Rightist equivalences:

$(\wedge^{r})^{-}$ $\Gamma \nVdash C \wedge D \Leftrightarrow \Gamma \nVdash C \ or \ \Gamma \nVdash D$

$(\vee^{r})^{-}$ $\Gamma \nVdash C \vee D \Leftrightarrow$ *(for any $E((\Gamma, C \Vdash E \ and \ \Gamma, D \Vdash E) \Rightarrow \Gamma \Vdash E)) \Rightarrow$* *absurd*

$(\rightarrow^{r})^{-}$ $\Gamma \nVdash C \rightarrow D \Leftrightarrow \Gamma, C \nVdash D$

$(\perp^{r})^{-}$ $\Gamma \nVdash \perp \Leftrightarrow$ *(for any c: $\Gamma \Vdash c) \Rightarrow$* *absurd*

Proof. *Straightforward over Hypo clauses by contraposition and using (Dec).* ■

The reading of $(\wedge^{r})^{-}$ is the following:

$C \wedge D$ cannot be recognized to follow from the set of hypotheses Γ **if and only if** C cannot be recognized to follow from Γ or D cannot be recognized to follow from Γ.

The quantified clauses are stated using "$\Rightarrow$ absurd" since the validity of (Dec) – i.e., $\Gamma \Vdash C$ or $\Gamma \nVdash C$ – does not suffice for establishing the equivalence with "There is ... which is not"[33].

Theorem 15 $\Gamma, \bot \nVdash^B E$ *under no condition* **Proof.** *Straightforward* ∎

An example of a proof using $(\bot^{\mathbf{r}})^-$ is the following. Consider the empty basis, and consider d and e to be two distinct atomic sentences and both distinct from $\bot$. Take Γ to be d. The objective is to establish that $d \nvDash^\emptyset \bot$. Now comes the reasoning. Suppose that for any c: $d \vDash^\emptyset c$. Thus, in particular $d \Vdash^\emptyset e$ for an atomic sentence e. But $d \nVdash^\emptyset e$ by the definition of the empty basis, since d and e are distinct. Hence, from the hypothesis an absurd was extracted. Therefore, it is absurd to suppose that for any c: $d \vDash^\emptyset c$ – considering this "absurd" as a metalinguistic intuitionistic negation. Thus, $d \nvDash^\emptyset \bot$.

The rules for the analytic tableaux are easily extracted from the above clauses inspired by the considerations already made about proof-search. The idea of an analytical tableau is to show that a certain consequence relation is impossible, i.e., starting with the supposition that $\Gamma \nvDash^\emptyset C$, if an analytic tableau has all branches as impossibilities, then by using (Dec) and the decidability of the Empty basis we have that $\Gamma \vDash^\emptyset C$.

Classical Logic Semantics

Sentential classical logic semantics is about truth tables. It is simple, elegant and decidable. The number of lines in the table is 2^n where n is the number of different (atomic) sentences, independently valued, in the whole entire sentence under examination. Each line in the table corresponds to a possible valuation. Each line in the table should correspond to a partition of bases, in our terminology.

---

[33]If full *tertium non datur* were assumed in the metalanguage, the three clauses would become: $(\rightarrow^1)^- \Gamma, \mathbf{C} \rightarrow \mathbf{D} \nVdash E \Leftrightarrow$ There is an F such that $(F, C \Vdash D$ and $\Gamma, F \nVdash E)$; $(\vee^{\mathbf{r}})^- \Gamma \nVdash \mathbf{C} \vee \mathbf{D} \Leftrightarrow$ There is an F such that $((C \Vdash F$ and $D \Vdash F)$ but $\Gamma \nVdash F)$; $(\bot^{\mathbf{r}})^- \Gamma \nVdash \bot \Leftrightarrow$ There is an $\mathbf{f}$ such that $\Gamma \nVdash f$

It is an interesting fact that **the above semantics for Intuition-istic Sentential Logic can be extended to a semantics for Sentential Classical Logic by the addition of only one semantical principle not involving any logical constant**:

(Peirce) $\Gamma \Vdash D \Leftarrow$ For any Δ (for any C $(\Delta, D \Vdash C) \Rightarrow \Gamma, \Delta \Vdash D$)

Let's call **HypoC** the semantics obtained from Hypo by the addition of the above principle.

Suppose that $\Delta, \Gamma \Vdash D$ can be established in Hypo on the supposition, for a given list $C_1, \ldots, C_n$, that $(\Delta, D \Vdash C_1), \ldots, (\Delta, D \Vdash C_n)$, for any Δ. Hence, according to (Peirce), this will be enough for saying that we have shown $\Gamma \Vdash D$. The principle is then an addition to the drop conditions for hypothesis already present in Hypo for the intuitionistic case. The hypotheses $(\Delta, D \Vdash C_1), \ldots, (\Delta, D \Vdash C_n)$ are then only part of what is allowed as suppositions by the principle.

Theorem 16 *Peirce's sentence* $((D \to E) \to D) \to D$ *is validated in* HypoC.

Proof. *Suppose that, for any* C, $(\Delta, D \Vdash C)$. *By instantiation,* $\Delta, D \Vdash$ E. *Then,* $\Delta \Vdash D \to E$. *By (Load)* $\Delta, (D \to E) \to D \Vdash D \to E$. *By (Idempotence) and (Load)* $\Delta, (D \to E) \to D \Vdash (D \to E) \to D$. *By modus ponens,* $\Delta, (D \to E) \to D \Vdash D$. *Thus, for any* $C, (\Delta, D \Vdash C) \Rightarrow$ $\Delta, (D \to E) \to D \Vdash D$, *discharging the supposition. Hence, for any* Δ, *(for any* C $(\Delta, D \Vdash C) \Rightarrow \Delta, (D \to E) \to D \Vdash D)$. *By (Peirce),* $(D \to E) \to D \Vdash D$. *Finally, by* $(\to)^r$, $\Vdash ((D \to E) \to D) \to D$. ∎

There are many different ways of obtaining classical logic. One is through the addition of a semantical principle of third midlle excluded, another is through new clauses for just implication or new clauses for implication and disjunction. We exemplify with the case of rightist implication:

$(\to^K r)$ $\Gamma \Vdash C \to D \cong$ for any F : (for any G : (for any $H : G, D \Vdash$ $H \Rightarrow \Gamma, G, C \Vdash F$))

This new clause holds unaltered the interpretation given for the constructive semantical relation of consequence!

Conclusion

We presented Hypo constructive semantics for Intuitionistic Sentential Logic and HypoC for Classical Sentential Logic. The proposal uses as its primary relation that of semantical consequence, with the inherent primary concept of hypothesis.

From Hypo's perspective, the semantical distinction between classical and intuitionistic logic at the sentential level is not necessarily tied to any particular logical constant. That is, from a formal point of view, clauses for intuitionistic logic and classical logic are the same. The divergence might be attributed to the way the relation of semantical consequence is interpreted. The intuitionists use an epistemological concept of semantical consequence (which requires an act of cognition), the classical logicians use an ontological concept of semantical consequence (which is committed with the existence of a definite answer for every consequence question, but at the sentential level there is no difference between them since (Dec) holds). The difference is represented by an extra principle for the concept of semantical consequence. It allows droping hypotheses in more situations than intuitionistic logic do. Alternatively, if we keep the relation unchanged, then classical logic can be obtained if we give a new clause for implication, in which case implication can be pointed as the ground for the whole divergence between constructivists and classical logicians.

From the perspective of Hypo semantics, Kripke semantics is criticizable. It depends on accepting something that an intuitionist cannot. This is the case of the third middle excluded for the relation of forcing involving atomic sentences in a state of knowledge. States of knowledge are really defined by the set of atomic sentences that are forced on it. But there is no restriction of which kind of atomic sentences sets are to be accepted. If α is infinite and non-denumerable, then the principle that $\alpha \Vdash c$ or $\alpha \nVdash c$ does not hold since it might be the case that one cannot tell if $c \in \alpha$ or not for a given c.

We claim that the canonical way of semantically making explicit the meaning of logical constants is by means of clauses stating necessary and sufficient conditions. Additionally, the best way of doing it is through a relation of semantical consequence. The advantages can be clearly stated. While in the intuitionistic transmission view possession of a proof is the property that grounds logical consequence, in the classical transmission the grounding is given by truth preservation. Neither of those concepts of preservation are needed for characterizing logical consequence in Hypo. It is even unnecessary to grant that the sentences we are dealing with have statable truth conditions or that they have statable proof conditions as a previous step for saying something about the relation of logical consequence involving that sentence. What would be the truth conditions or the proof conditions for the sentence "Messi is not of this world" which we do think can be used meaningfully? In Hypo no appeal to the notions of truth or of proof is made. Once the concept of logical consequence is established with the support of the concept of semantical consequence, we can now define the concepts of proof and of valid inference in an easy way that the reader may well figure out.

Appendix A

Theorem 17 *Hypo's implication clause $(\to^r)$ is equivalent to the following alternative formulation:*

$$(\to^{\mathbf{r}*})\ \Gamma \Vdash C \to D \Leftrightarrow \textit{For all } \Delta \geq \Gamma : (\Delta \Vdash C \Rightarrow \Delta \Vdash D)^{34}$$

Proof.

(i) $(\to^{r*})$ *from* $(\to^r)$. *From right to left. Suppose for all* $\Delta \geq \Gamma$: $(\Delta \Vdash C \Rightarrow \Delta \Vdash D)$. *By instantiation,* $\Gamma, C \Vdash C \Rightarrow \Gamma, C \Vdash D$. *By (Idempotence) and (Load)* $\Gamma, C \Vdash C$. *By modus ponens,* $\Gamma, C \Vdash D$. *Hence, by* $(\to^r)$, $\Gamma \Vdash C \to D$. *Now the reverse. Suppose* $\Gamma \Vdash C \to D$. $\Gamma \Vdash C \to D$. *By* $(\to^r)$, $\Gamma, C \Vdash D$. *Suppose* $\Delta \geq \Gamma$. *Suppose* $\Delta \Vdash C$. *By (Transitivity),* $\Delta \Vdash D$. *Thus* $\Delta \Vdash C \Rightarrow \Delta \Vdash D$. *Finally, for any* $\Delta \geq \Gamma : ((\Delta \Vdash C \Rightarrow \Delta \Vdash D)$.

(ii) $(\to^r)$ *from* $(\to^{r*})$. *From left to right. Suppose* $\Gamma \Vdash C \to D$. *By* $(\to r*)$, *for all* $\Delta \geq \Gamma$, $(\Delta \Vdash C \Rightarrow \Delta \Vdash D)$. *By instantiation,* $\Gamma, C \Vdash C \Rightarrow \Gamma, C \Vdash D$. *By (Idempotence) and (Load)* $\Gamma, C \Vdash C$. *By modus ponens,* $\Gamma, C \Vdash D$. *Now the reverse. Suppose* $\Gamma, C \Vdash D$.

---

[34] Compare it to Kripke semantics intitionistic logic clause for implication.

408

Suppose $\Delta \geq \Gamma$. Suppose $\Delta \Vdash C$. By (Transitivity), $\Delta \Vdash D$. Thus, for any $\Delta \geq \Gamma : ((\Delta \Vdash C \Rightarrow \Delta \Vdash D)$. By $(\to r*), \Gamma \Vdash C \to D$.

■

Appendix B

Idempotence

Theorem 18 (Idempotence) $(C \Vdash C)$ *follows from atomic Idempotence* $(c \Vdash c)$.

Proof. *By induction on the degree of the sentence A. The basis is trivial (observe that $\bot$ is atomic). Inductive step: (i) If C is $D \wedge E$, then by IH $D \Vdash D$ and $E \Vdash E$. By **(Load)** $D, E \Vdash D$ and $D, E \Vdash E$. By $(\wedge^l), D \wedge E \Vdash D$ and $D \wedge E \Vdash E$. Finally, $D \wedge E \Vdash D \wedge E$ by $(\wedge^r)$. (ii) If C is $D \vee E$, then by Theorem 8 $D \Vdash D \vee E$ and $E \Vdash D \vee E$. Finally, $D \vee E \Vdash D \vee E$ by $(\vee^l)$. (iii) If C is $D \to E$, then suppose $F, D \Vdash E$. By $(\to^r)$ $F \Vdash D \to E$. Thus, $F, D \Vdash E \Rightarrow F \Vdash D \to E$. A fortiori, for any F $(F, D \Vdash E \Rightarrow F \Vdash D \to E)$. Finally, $D \to E \Vdash D \to E$ by $(\to^l)$.*
■

DROP

Theorem 19 (Drop) $[(\Gamma \Vdash C$ *and* $\Gamma, C \Vdash D)\Gamma \Vdash B]$
follows from atomic (Drop)
$[(\Gamma \Vdash c$ *and* $\Gamma, c \Vdash D) \Rightarrow \Gamma \Vdash D]$.

Proof. *By induction on the degree of the droping sentence C. The basis is trivial. Inductive step: (i) If C is $E \wedge F$, then suppose $\Gamma \Vdash E \wedge F$. By $(\wedge^r)$, $\Gamma \Vdash E$ and $\Gamma \Vdash F$. By (Load) $\Gamma, F \Vdash E$. Suppose $\Gamma, E \wedge F \Vdash D$. Thus, $\Gamma, E, F \Vdash D$ by $(\wedge^l)$. By IH $\Gamma, F \Vdash D$. Finally, by IH $\Gamma \Vdash D$. (ii) If C is $E \vee F$, then suppose $\Gamma \Vdash E \vee F$ and suppose $\Gamma, E \vee F \Vdash D$. By $(\vee^r)$ for all H $[(\Gamma, E \Vdash H$ and $\Gamma, F \Vdash H) \Rightarrow \Gamma \Vdash H]$. Instantiating it we obtain $(\Gamma, E \Vdash D$ and $\Gamma, F \Vdash D) \Rightarrow \Gamma \Vdash D$. By $(\vee^l)$ $\Gamma, E \Vdash D$ and $\Gamma, F \Vdash D$. By modus ponens $\Gamma \Vdash D$. (iii) If C is $E \to F$, then suppose $\Gamma \Vdash E \to F$. By $(\to^r)$, $\Gamma, E \Vdash F$. Suppose $\Gamma, E \to F \Vdash D$. By $(\to^l)$, for all $\Delta \geq \Gamma$ $(\Delta, E \Vdash F \Rightarrow \Delta \Vdash D)$. Instantiating it with the empty set of hypotheses we obtain $\Gamma, E \Vdash F \Rightarrow \Gamma \Vdash D$. By modus ponens $\Gamma \Vdash D$.* ■

References

[1] Dosen, Kosta [2015]. *Inferential Semantics*. In: H. Wansing (Ed.), *Dag Prawitz on Proofs and Meaning*. Springer, 147-162.

[2] Dummett, Michael [1991]. *Logical Basis of Metaphysics*. London: Duckworth.

[3] Fitting, Melvin [1969]. *Intuitionistic Logic Model Theory and Forcing*. Amsterdam: North-Holland.

[4] Gentzen, Gerhard [1969]. *Investigations Into Logical Deduction*. In Miklos Erdelyi-Szabo (Ed.), *Gentzen's Collected Papers*. Amsterdam: North-Holland, 68-131.

[5] Heyting, Arend [1956]. *Intuitionism: an introduction*. Amsterdam: North-Holland.

[6] Kripke, Saul [1965]. "Semantical analysis of intuitionistic logic". In John N. Crossley and Michael A. E. Dummett (Eds.), *Formal Systems and Recursive Functions: Proceedings of the Eighth Logic Colloquium, Oxford July 1963*. Amsterdam: North Holland, 92-130.

[7] Manzano, María and Enrique Alonso [2014]. "Completeness from Gödel to Henkin", *History and Philosophy of Logic*, 35(1): 1-26.

[8] Moschovakis, Joan [2015]. "Intuitionistic logic". In Edward Zalta (Ed.), *Stanford Encyclopedia of Philosophy*, `https://plato.stanford.edu/entries/logic-intuitionistic/`.

[9] Oliveira, Hermógenes [2019]. "On dummett's pragmatist justification procedure", *Erkenntniss*, `https://doi.org/10.1007/s10670-019-00112-7`.

[10] Piecha, Thomas, Wagner de Campos Sanz and Peter Schroeder-Heister [2015]. "Failure of completeness in proof-theoretic semantics". *Journal of Philosophical Logic*, 44: 321–335.

[11] Piecha, Thomas and Peter Schroeder-Heister [2019]. "Incompleteness of Intuitionistic Propositional Logic with Respect to Proof-Theoretic Semantics". *Studia Logica*, 107(1): 233-246

410

[12] Pinto, Luis and Roy Dickhoff [1991]. "Loop-free Construction of Countermodels for Intuitionistic Propositional Logic". In Minaketan Behara, Rudolf Fritsch, Rudolf G. Lintz (Eds.) *Proceedings of the 2nd Gauss Symposium: Conference A. Mathematics and theoretical physics, Munich, Germany, August 2-7, 1993*. Berlin: Walter de Gruyter, 226-232.

[13] Prawitz, Dag [1965]. *Natural deduction*. Alqmvist & Wiksell.

[14] Prawitz, Dag [1971]. "Ideas and results in proof theory". In J.E. Fenstad (Ed.) *Proceedings of the Second Scandinavian Logic Symposium*. Amsterdam: North-Holland, 235-307.

[15] Prawitz, Dag [1973]. "Towards A Foundation of A General Proof Theory", in Patrick Suppes et al., (Eds.), *Logic, Methodology and Philosophy of Science IV*. Amsterdam: North-Holland, 225–250.

[16] Sanz, Wagner de Campos and Hermógenes Oliveira [2016]. "On Dummett's verificationist justification procedure", *Synthese* 193(8): 2539-2559.

[17] Schroeder-Heister, Peter [2018]. "Proof-theoretic semantics". In Edward N. Zalta (Ed.) *The Stanford Encyclopedia of Philosophy*, https://plato.stanford.edu/entries/proof-theoretic-semantics/.

[18] van Atten, Mark [2017]. "The development of intuitionistic logic". In Edward N. Zalta (Ed.) *The Stanford Encyclopedia of Philosophy*, https://plato.stanford.edu/entries/intuitionistic-logic-development/.

Lógica y pensamiento computacional

Fernando Soler Toscano

Universidad de Sevilla

RESUMEN

J.M. Wing define el pensamiento computacional como la habilidad consistente en aplicar nociones provenientes de las ciencias de la computación a la resolución de problemas en cualquier ámbito, sin que necesariamente se emplee una computadora.

La metodología habitualmente propuesta para el desarrollo del pensamiento computacional consta de cuatro fases: (i) descomposición, (ii) abstracción, (iii) reconocimiento de patrones y (iv) diseño de algoritmos. Proponemos que la lógica puede servir como herramienta para guiar estos cuatro pasos y, a la vez, la motivación hacia el pensamiento computacional puede servir para despertar interés por el aprendizaje de la lógica.

Pensamiento computacional

Jeannette M. Wing (2006) define el pensamiento computacional como la
habilidad consistente en aplicar nociones provenientes de las ciencias de
la computación a la resolución de problemas en cualquier ámbito, sin que
necesariamente se emplee una computadora. Piensa que, del mismo modo
que la biología computacional ha cambiado la forma de pensar de los
biólogos, o la teoría de juegos ha modificado el modo en que piensan los
economistas, la introducción de nociones computacionales en cualquier
ámbito puede ofrecer nuevas soluciones que doten de mayor creatividad
y eficiencia el modo en que nos enfrentamos a los problemas. Se trata de
preguntarnos sobre la dificultad de resolver un cierto problema, sobre si
hay forma de optimizar una solución determinada, o si podemos reducir
nuestro problema a otro conocido, empleando conceptos propios de la
computación para tratar de abordar estas preguntas.

Wing entiende que el pensamiento computacional es una «competen-
cia fundamental para todos, no solo para científicos de la computación».
Cree que del mismo modo que desde pequeños adquirimos las habilidades
básicas de lectura, escritura y aritmética, el pensamiento computacional
se debe añadir a las habilidades analíticas de cualquier niño. En el tiempo
que ha pasado desde el manifiesto de Wing ciertamente existen numerosos programas educativos y propuestas como Scratch para que niños de
edades muy tempranas se acerquen al mundo de la computación. Pero
la propuesta de Wing va más allá del uso de computadoras. Su carrac-
terización del pensamiento computacional (Wing, 2006, la traducción de
las citas es nuestra) reúne, entre otras, las siguientes notas:

- *Conceptualizar, no programar*: «Pensar como un científico de la
computación significa más que ser capaz de programar una computadora. Requiere pensar a múltiples niveles de abstracción».

- *Es una habilidad fundamental*, algo que cualquier persona debe
dominar en la sociedad contemporánea.

- *El modo en que piensan los humanos, no las computadoras*: «El
pensamiento computacional es un modo en que los humanos resuelven problemas [...]. Las computadores son torpes y aburridas;
los humanos son inteligentes e imaginativos».

- *Complementa y combina las matemáticas y la ingeniería.* Las ciencias de la computación se fundamentan en las matemáticas, pero resolver problemas computacionalmente requiere asumir el punto de vista del ingeniero, en tanto que nos preguntamos por el coste de resolver un problema y la posibilidad de hacerlo con los recursos disponibles.

- *Ideas, no aparatos.* Como indicamos más arriba, no se trata de usar computadoras, sino conceptos computacionales que nos ayudan en los problemas cotidianos.

- *Para todos y en cualquier situación*: «El pensamiento computacional será una realidad cuando esté tan presente en las tareas humanas que desaparezca como una filosofía explícita».

Ciertos autores se han preguntado por la relación entre el *pensamiento computacional* y el *pensamiento crítico*. La propuesta original de Wing y los desarrollos posteriores de la noción de pensamiento computacional guardan muchas similitudes con las competencias que tradicionalmente se han calificado de pensamiento crítico. La diferencia evidente es que el pensamiento computacional recurre a nociones básicas de las ciencias de la computación, mientras que el pensamiento crítico tiene como modelo nociones clásicas de la lógica. Pero realmente la lógica se encuentra también entre los fundamentos de las ciencias de la computación como bien señala María Manzano (2005). Otra diferencia es la relevancia de las nociones de complejidad y optimización en el pensamiento computacional. Esa es tal vez la novedad más notable que aporta a la idea de pensamiento crítico. Siguiendo la ecuación de Kowalski (1979),

$$\text{Algoritmo} = \text{Lógica} + \text{Control}$$

lo que el pensamiento computacional (`Algoritmo`) añade al pensamiento crítico (`Lógica`) es la idea del `Control`, que incluye la mencionada preocupación por la eficiencia de las soluciones.

Lógica y pensamiento computacional

La metodología habitualmente propuesta para el desarrollo del pensamiento computacional consta de cuatro fases: *descomposición, abstrac-*

414

ción, reconocimiento de patrones y *diseño de algoritmos*. Proponemos que la lógica puede servir como herramienta para guiar estos cuatro pasos y, a la vez, la motivación que existe hacia el pensamiento computacional puede servir para despertar interés por el aprendizaje de la lógica. Vamos a analizar dos ejemplos. El primero de ello es la resolución de un problema MAFIA [4] utilizando lógica proposicional. El siguiente problema, de Alfredo José Villarino Medina, se encuentra publicado en *Summa Logicae* XXI[1]:

El cocinero del padrino III

Tras los sucesos acaecidos tiempo atrás en los que el cocinero del padrino murió de forma sospechosa, éste ha decidido hacer una prueba a cuatro cocineros famosos de la cocina italiana. Les propone un menú degustación de tal forma que cada uno pueda mostrar sus cualidades al padrino. Desgraciadamente el padrino murió instantes después de la gran comida. Estos son los resultados que arrojan los forenses tras el análisis de los platos y tras la autopsia realizada al padrino:

1. El padrino comió aquel día.

2. El harina usada para hacer la Pizza y los Tagliatelle es mortal si se mezcla con un ingrediente de los Spaghetti.

3. Si comió Tagliatelle entonces no comió Ravioles.

4. La autopsia demostró que no comió ni Pizza ni Ravioles.

5. Siempre que el padrino come Spaghetti la acompaña con Ravioles o Tagliatelle.

Descomposición. La descomposición consiste en transformar un problema complejo en pequeños problemas más simples. La propia estructura del enunciado del problema MAFIA permite identificar cinco enunciados con las pistas relevantes. En lógica proposicional, cada pista se convertirá en una fórmula.

---

[1]http://logicae.usal.es/.

Abstracción. La abstracción consiste en detectar cuál es la información relevante del problema y eliminar lo accesorio. En lógica proposicional se utilizan variables para representar los portadores básicos de información. En la solución ofrecida por el autor de este problema MAFIA, se utilizan cuatro proposiciones: p (pizza), r (ravioles), s (spaguetti), t (tagliatelle).

Reconocimiento de patrones. Pese a la distinta forma gramatical de cada una de las pistas del problema MAFIA, reconocemos en ellas patrones, esquemas que representan distintos tipos de relación entre proposiciones. En la lógica proposicional, los patrones vienen dados por las conectivas y determinen la estructura de las fórmulas. Cada una de las cinco pistas del enunciado del problema MAFIA es formalizada por su autor, respectivamente, como:

1. $p \lor r \lor s \lor t$

2. $(p \lor t) \land s$

3. $t \to \neg r$

4. $\neg p \land \neg r$

5. $s \to (r \lor t)$

Diseño de algoritmos. Finalmente, la metodología del pensamiento computacional recurre a algoritmos para resolver los problemas. En lógica, los algoritmos pueden ser procedimientos sistemáticos de prueba como los tableaux semánticos [4]. El tableau de la figura 1 resuelve el problema MAFIA que hemos tomado como ejemplo. Para reducir el tamaño del tableau, se ha omitido la primera pista $p \lor r \lor s \lor t$ dado que solo impone que alguna de las variables proposicionales sea verdadera, lo cual podemos comprobar en la solución, que viene dada por los literales que aparecen en la intersección de todas las ramas abiertas.

1. $(p \vee t) \wedge s$
2. $t \rightarrow \neg r$
3. $\neg p \wedge \neg r$
4. $s \rightarrow r \vee t$
5. $p \vee t$ $\alpha,1$
6. s $\alpha,1$
7. $\neg p$ $\alpha,3$
8. $\neg r$ $\alpha,3$

9. p $\beta,5$ 10. t $\beta,5$
$\otimes$ 11. $\neg t$ $\beta,2$ 12. $\neg r$ $\beta,2$
7,9 $\otimes$ 13. $\neg s$ $\beta,4$ 14. $r \vee t$ $\beta,4$
                    10,11 $\otimes$ 15. r $\beta,14$ 16. t $\beta,14$
                                   6,13 $\otimes$
                                                 8,15

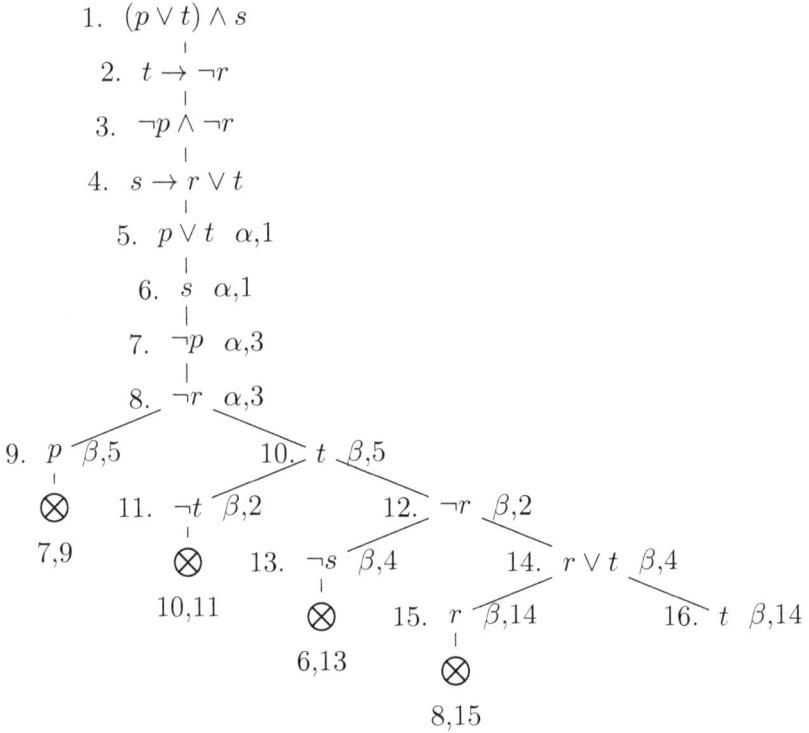

Figura 1: Tableau semántico para resolver un problema MAFIA

En este caso solo hay una rama abierta con: $\{\neg p, \neg r, s, t\}$. Así que, como concluye Alfredo J. Villarino,

> Tras analizar las pesquisas y realizar el cálculo los resultados muestran que la mezcla de Tagliattele y Spaghetti fue mortal para nuestro querido padrino. Así pues, los cocineros de estos platos recibirán la visita de la mafia. . .

Nuestro segundo ejemplo es para ilustrar cómo podemos utilizar la metodología del pensamiento computacional para introducir una nueva lógica. Se trata de la lógica proposicional dinámica (PDL, *Propositional Dynamic Logic*), una lógica multi-modal para realizar razonamiento proposicional acerca de la ejecución de programas [1].

Figura 2: El robot Bee Bot® de TTS Group. A la derecha, sobre un tablero en una imagen de `Bee-Bot Emulator`

Nuestra motivación será modelar el comportamiento de Bee Bot, un robot educativo que se ha hecho muy popular en los programas de pensamiento computacional. La figura 2 muestra su aspecto y permite apreciar su funcionalidad. Dispone de cuatro botones de control que permiten girar 90 grados sobre sí mismo a *izquierda* o *derecha* y *avanzar* o *retroceder* una posición. A la derecha de la figura 2 lo vemos en acción sobre un tablero en una simulación de `Bee-Bot Emulator`[2]. Pulsando sucesivamente los botones rojos se programa un camino que comienza a ejecutarse cuando se pulsa el botón verde de OK. Los botones azules sirven para borrar el programa introducido o pararlo cuando se está ejecutando.

Vamos a acercarnos a `PDL` a través de la metodología del pensamiento computacional. En lugar de ofrecer la sintaxis y la semántica de modo convencional, el formalismo aparecerá en la medida en que lo necesitemos.

En la fase de **descomposición**, nos damos cuenta de que se trata de modelar por una parte las posiciones del tablero y por otra el movimiento del robot. Los tableros por los que se mueve Bee Bot están divididos en celdas. Podemos identificar como w_{ij} la celda que está en la fila i y columna j del tablero. En cada momento, Bee Bot se encuentra sobre una de tales celdas y los pasos de computación consisten en cambiar de celda hacia adelante o atrás o bien rotar sobre sí mismo a izquierda o derecha sin cambiar de celda. En los tableros que tienen obstáculos, habrá desplazamientos que estarán prohibidos.

[2]https://www.bee-bot.us/emu/beebot.html

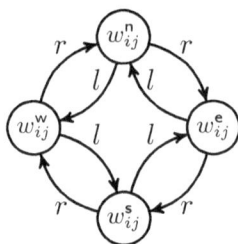

Figura 3: Giros del robot sobre sí mismo en una celda: izquierda (l, *left*) o derecha (r, *right*)

En la fase de **abstracción** tenemos que dar forma a los elementos que acabamos de presentar. La noción clave es la de *estado*. Los movimientos que puede realizar el robot no solo dependen de la celda sobre la que está, sino también de su orientación. La figura 3 muestra un esquema de los cuatro estados en que puede encontrarse Bee Bot en una celda w_{ij}: mirando hacia el *norte* (w_{ij}^{n}), hacia el *sur* (w_{ij}^{s}) al *este* (w_{ij}^{e}), o al *oeste* (w_{ij}^{w}). Además, se han representado las rotaciones del robot dentro de una celda: a *izquierda* (l) y *derecha* (r). Las rotaciones solo cambian la orientación del robot.

Los desplazamientos entre distintas celdas están representados en la figura 4. Son dos tipos de movimiento: hacia adelante (f, *front*) y hacia atrás (b, *back*). Dependiendo de la orientación del robot, cada movimiento le lleva a una celda diferente.

Ya que tenemos idea de cuál es la información relevante que debemos modelar, podemos pasar a la fase de **reconocimiento de patrones** para adaptar la información que tenemos al formalismo de la lógica dinámica proposicional. Vamos a presentar únicamente los elementos que necesitamos para modelar el movimiento del robot. Para una presentación completa de PDL se puede acudir a [1].

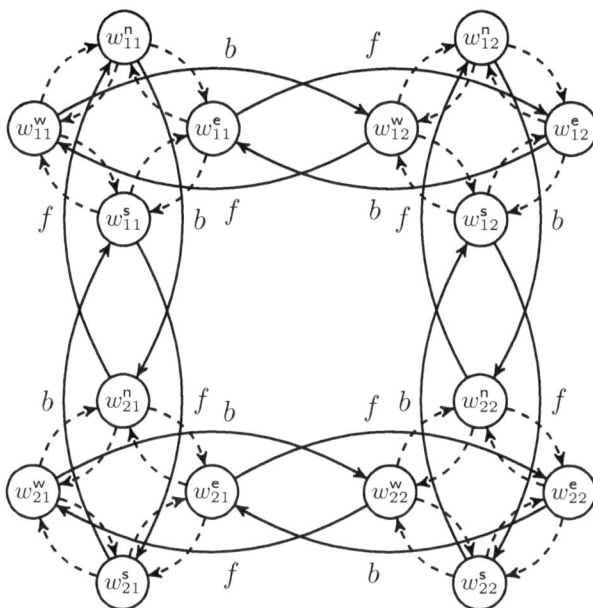

Figura 4: Movimientos del robot por cuatro celdas: hacia adelante (f, *front*) o atrás (b, *back*). Por claridad, se han omitido las etiquetas l y r de los giros del robot (ver Fig. 3)

Definición 1 (Lenguaje $\mathcal{L}_{\mathsf{PDL}}$) *Dado un conjunto de variables proposicionales* P *y un conjunto de operaciones básicas* A, *el lenguaje* $\mathcal{L}_{\mathsf{PDL}}$ *viene dado por las fórmulas* φ *y programas* π *que se definen mediante la siguiente gramática,*

$$\varphi \ ::= \ \top \mid p \mid \neg\varphi \mid \varphi \wedge \varphi \mid [\pi]\varphi$$
$$\pi \ ::= \ a \mid ?\varphi \mid \pi;\pi \mid \pi \cup \pi \mid \pi^*$$

para cualquier $p \in \mathsf{P}$ *y* $a \in \mathsf{A}$.

Las fórmulas tipo $[\pi]\varphi$ se leen como "tras ejecutar el programa π se verifica φ". En cuanto a los programas, cada $a \in \mathsf{A}$ representa una instrucción elemental, para nosotros serán los desplazamientos del robot (l, r, f y b). El test $?\varphi$ comprueba si la fórmula φ es verdadera. Dados dos programas π_i y π_j, el programa $\pi_i;\pi_j$ es la concatenación que primero ejecuta π_i y después π_j. Por otra parte $\pi_i \cup \pi_j$ consiste en la elección no determinista entre π_i y π_j. Una fórmula como $[\pi_i \cup \pi_j]\varphi$ se lee como "tras ejecutar π_i o π_j, indistintamente, se verifica φ". Finalmente, π^* representa la ejecución de π un número arbitrario de veces que puede ser cero. Se pueden utilizar otras conectivas como $\vee$ o $\rightarrow$. Además, $\langle \pi \rangle \varphi$ se interpreta como $\neg[\pi]\neg\varphi$.

La semántica de PDL viene dada por modelos de Kripke multimodales en que cada operación básica $a \in \mathsf{A}$ está representada por una relación de accesibilidad.

Definición 2 (Estructuras PDL) $M = (W, \langle R_a \rangle_{a \in \mathsf{A}}, V)$ *es una estructura para* $\mathcal{L}_{\mathsf{PDL}}$ *que viene dada por*

- $W \neq \varnothing$, *que es el conjunto de estados.*

- *Para cada* $a \in \mathsf{A}$, $R_a \subseteq W \times W$.

- $V : \mathsf{P} \mapsto 2^W$, *es la función de evaluación atómica, que asigna a cada proposición* $p \in \mathsf{P}$ *el conjunto de estados en los que es verdadera:* $V(p) \subseteq W$.

Podemos usar la definición 2 para convertir la información de las figuras 3 y 4 en un modelo PDL para cualquier tablero por el que vaya a moverse Bee Bot. Por ejemplo:

- Por cada casilla w_{ij} del tablero introducimos en W los estados w_{ij}^{n}, w_{ij}^{s}, w_{ij}^{e} y w_{ij}^{w}.

- Para cada una de las cuatro operaciones básicas l, r, f y b, se define la correspondiente relación de accesibilidad. Por ejemplo, si el tablero tuviera solo las cuatro celdas de la figura 4, $R_f = \{(w_{11}^{\mathsf{e}}, w_{12}^{\mathsf{e}})$, $(w_{12}^{\mathsf{o}}, w_{11}^{\mathsf{o}}), (w_{21}^{\mathsf{e}}, w_{22}^{\mathsf{e}}), (w_{22}^{\mathsf{o}}, w_{21}^{\mathsf{o}}), (w_{11}^{\mathsf{s}}, w_{21}^{\mathsf{s}}), (w_{21}^{\mathsf{n}}, w_{11}^{\mathsf{n}}), (w_{12}^{\mathsf{s}}, w_{22}^{\mathsf{s}})$, $(w_{22}^{\mathsf{n}}, w_{12}^{\mathsf{n}})\}$. Si en nuestro modelo hay movimientos prohibido, los omitiremos de la relación de accesibilidad correspondiente.

- Se pueden introducir variables proposicionales para representar toda la información necesaria en cada problema. Por ejemplo, si queremos saber qué orientación tiene Bee Bot, podemos usar las variables proposicionales o^{n} (norte), o^{s} (sur), o^{e} (este), o^{w} (oeste), de modo que, por ejemplo, $V(o^{\mathsf{n}}) = \{w_{ij}^{\mathsf{n}}\}$. Estas variables nos van a permitir verificar en el modelo fórmulas como

$$o^{\mathsf{n}} \rightarrow [(l;l) \cup (r;r)]o^{\mathsf{s}}$$

que indica que si el robot está mirando hacia el norte entonces, después de hacer o bien dos rotaciones a la izquierda $(l; l)$ o a la derecha $(r; r)$, se encontrará mirando hacia el sur. También podemos introducir variables que indican sobre qué tipo de celda está el robot, por ejemplo p_h puede indicar que está sobre la hierba, p_e que está en un edificio, etc.

El último paso que debemos abordar es el **diseño de algoritmos**. Dado que estamos usando PDL, acudimos en primer lugar a su semántica, que nos da los criterios para verificar fórmulas sobre el comportamiento de Bee Bot en el tablero que estemos modelando.

Definición 3 (Semántica de PDL) *Dada $M = (W, \langle R_a \rangle_{a \in A}, V)$, definimos la función $[\![\cdot]\!]^M$, que devuelve tanto los estados de W donde una fórmula es verdadera como los pares de $W \times W$ entre los que se puede ejecutar un programa de $\mathcal{L}_{PDL}$. Se define como*

$$
\begin{aligned}
[\![\top]\!]^M &:= W & [\![a]\!]^M &:= R_a \\
[\![p]\!]^M &:= V(p) & [\![?\varphi]\!]^M &:= \mathsf{Id}_{[\![\varphi]\!]^M} \\
[\![\neg\varphi]\!]^M &:= W \setminus [\![\varphi]\!]^M & [\![\pi_1; \pi_2]\!]^M &:= [\![\pi_1]\!]^M \circ [\![\pi_2]\!]^M \\
[\![\varphi_1 \wedge \varphi_2]\!]^M &:= [\![\varphi_1]\!]^M \cap [\![\varphi_2]\!]^M & [\![\pi_1 \cup \pi_2]\!]^M &:= [\![\pi_1]\!]^M \cup [\![\pi_2]\!]^M \\
[\![[\pi]\varphi]\!]^M &:= \{w \in W \mid \forall v((w,v) \in [\![\pi]\!]^M \Rightarrow v \in [\![\varphi]\!]^M)\} & [\![\pi^*]\!]^M &:= ([\![\pi]\!]^M)^*
\end{aligned}
$$

donde $\circ$ es el operador de composición de relaciones y $*$ representa la clausura reflexiva transitiva. Mediante $\mathsf{Id}_{[\![\varphi]\!]^M}$ representamos la relación identidad restringida a los estados en que φ es verdadera.

Existen herramientas como DEMO [5] que permiten describir un modelo PDL y comprobar la verdad de una fórmula en un cierto estado o en todo el modelo. Un buen ejercicio puede ser representar fórmulas acerca de los recorridos de Bee Bot sobre cierto tablero y verificar que logran los objetivos planteados. Por ejemplo, podemos verificar que si Bee Bot está en la biblioteca (p_b) mirando hacia el norte (o^n) entonces puede llegar a casa (p_c) moviéndose dos celdas hacia adelante y tres a la derecha,

$$
M \models p_b \wedge o^n \to \langle f; f; r; f; f; f \rangle p_c
$$

Como Bee Bot solo se desplaza hacia adelante y atrás, para moverse a la derecha, primero ha rotado (r) y luego ha avanzado las tres posiciones ($f; f; f$). Es importante notar que la fórmula usa $\langle f; f; r; f; f; f \rangle$ y no $[f; f; r; f; f; f]$ dado que la semántica de $[f; f; r; f; f; f]\varphi$ no requiere que de hecho exista la posibilidad de ejecutar el programa, sino que de cualquier modo que se ejecute se verificará después φ. Sin embargo, $\langle f; f; r; f; f; f\rangle\varphi$ requiere que el programa sea de hecho ejecutable y entonces se verifique φ.

Pensamiento computacional en filosofía

Como vimos más arriba, el pensamiento computacional, tal como lo propone Wing, es una habilidad básica para cualquier persona. También para el filósofo. Lo que aporta el calificativo de computacional es la manipulación eficiente de la información. Vivimos en la sociedad de la información, por lo que disponer de herramientas que nos permitan explotar eficazmente dicha información resulta de interés para cualquiera. La biología computacional, por ejemplo, es hoy un área de investigación bien establecida. Es importante estructurar nuestra mente con patrones de resolución de problemas que tengan en cuenta la manipulación eficiente de grandes cantidades de información, con las que también nos encontramos en las ciencias humanas. El ámbito de las *humanidades digitales* pretende ser la intersección entre humanidades y computación.

La noción de pensamiento computacional resulta útil como objeto de estudio filosófico. ¿En qué se diferencia de la lógica? ¿Y del pensamiento crítico? Son preguntas interesantes para el análisis epistemológico. Numerosas nociones provenientes de la lógica se han convertido en objeto de estudio filosófico, en el campo tradicionalmente conocido como *filosofía de la lógica*. Del mismo modo, las técnicas y paradigmas del pensamiento computacional son interesantes problemas para la filosofía. De hecho, desde mediados del siglo XX han aparecido numerosos problemas filosóficos que no pueden comprenderse sin disponer de ciertas nociones de computación. Por poner solo algunos de los ejemplos más conocidos, podemos pensar en la conocida pregunta de Turing sobre si las máquinas pueden pensar, o la analogía funcionalista entre mente y computador, o el experimento mental de la habitación china de Searle. Es muy difícil comprender estos problemas y los argumentos de sus autores sin ciertas nociones sobre cómo funciona una computadora. El pensamiento computacional nos da las claves que los ingenieros utilizan para transformar la resolución de un problema en un conjunto de pasos que pueden ser ejecutados por una máquina. Nos enseña que el procesador de esa máquina se limita a ejecutar el programa que le dieron, a través de millares de pequeñas instrucciones que ejecuta una a una sobre los datos de su memoria. ¿Es eso pensar? ¿Funciona así nuestro cerebro/mente? El pensamiento computacional no nos da la respuesta, pero nos ayuda a descubrir lo fascinante de las preguntas.

Referencias

[1] Fischer, Michael J., y Richard E. Ladner [2019]. "Propositional dynamic logic of regular programs". *Journal of Computer and System Sciences, 18 (2)*, 194 - 211.

[2] Kowalski, Robert [1979]. "Algorithm = logic + control". *Commun. ACM, 22 (7)*, 424-436

[3] Manzano, María [2005]. "La Bella y la Bestia (perdón, lógica e informática)". *Summa logicae en el siglo XXI.*

[4] Manzano, María y Antonia Huertas [2006]. *Lógica para principiantes*. Madrid: Alianza Editorial.

[5] van Eijck, Jan [2004]. *Dynamic epistemic modelling (Inf. Téc.)*. Amsterdam: CWI.

[6] Wing, Jeannette M. [2006]. "Computational thinking". *Commun. ACM , 49 (3)*, 33–35.

www.ingramcontent.com/pod-product-compliance
Lightning Source LLC
Chambersburg PA
CBHW060316200326
41519CB00011BA/1739